Heinz Mayer

Fachrechnen Physik
Teil 1: Grundlagen, Mechanik

Die Praxis der Labor- und Produktionsberufe

herausgegeben von U. Gruber und W. Klein

Band 1	Schmittel/Bouchée/Less	**Labortechnische Grundoperationen**
Band 2a	Hahn/Haubold	**Analytisches Praktikum: Qualitative Analyse**
Band 2b	Gübitz/Haubold/Stoll	**Analytisches Praktikum: Quantitative Analyse**
Band 3	Dickler/Dilsky/Schneider	**Präparatives Praktikum**
Band 4a	Gottwald/Puff/Stieglitz	**Physikalisch-chemisches Praktikum**
Band 4b	Gottwald	**Instrumentell-analytisches Praktikum**
Band 5	Hahn/Reif/Lischewski/Behle	**Betriebs- und verfahrenstechnische Grundoperationen**
Band 6	Simic/Hochheimer/Reichwein	**Messen, Regeln und Steuern**
Band 7a	Mayer	**Fachrechnen Chemie**
Band 7b	Mayer	**Fachrechnen Physik** Teil 1: Grundlagen, Mechanik Teil 2: Kalorik, Optik, Elektrik
Band 7c	Burggraf/Fluck	**Fachrechnen Physikalische Chemie**
Band 8	Gottwald/Sossenheimer	**Angewandte Informatik im Labor**

Fachrechnen Physik

Teil 1: Grundlagen, Mechanik

Heinz Mayer

A Wiley company

Heinz Mayer
Burgweg 3
D-65779 Kelkheim

> Das vorliegende Werk wurde sorgfältig erarbeitet. Dennoch übernehmen Autor, Herausgeber und Verlag für die Richtigkeit von Angaben, Hinweisen und Ratschlägen sowie für eventuelle Druckfehler keine Haftung.

Lektorat: Karin Sora
Herstellerische Betreuung: Hans-Jochen Schmitt

Die Deutsche Bibliothek – CIP-Einheitsaufnahme
Mayer, Heinz:
Fachrechnen Physik / Heinz Mayer. – Weinheim : VCH
   (Die Praxis der Labor- und Produktionsberufe ; Bd. 7b)
   Teil 1. Grundlagen, Mechanik. – 1997
   ISBN 3-527-28580-6

© VCH Verlagsgesellschaft mbH, D-69451 Weinheim (Federal Republic of Germany), 1997.

Gedruckt auf säurefreiem und chlorfrei gebleichtem Papier.

Alle Rechte, insbesondere die der Übersetzung in andere Sprachen, vorbehalten. Kein Teil dieses Buches darf ohne schriftliche Genehmigung des Verlages in irgendeiner Form – durch Photokopie, Mikroverfilmung oder irgendein anderes Verfahren – reproduziert oder in eine von Maschinen, insbesondere von Datenverarbeitungsmaschinen, verwendbare Sprache übertragen oder übersetzt werden. Die Wiedergabe von Warenbezeichnungen, Handelsnamen oder sonstigen Kennzeichen in diesem Buch berechtigt nicht zu der Annahme, daß diese von jedermann frei benutzt werden dürfen. Vielmehr kann es sich auch dann um eingetragene Warenzeichen oder sonstige gesetzlich geschützte Kennzeichen handeln, wenn sie nicht eigens als solche markiert sind.

All rights reserved (including those of translation into other languages). No part of this book may be reproduced in any form – by photoprint, microfilm, or any other means – nor transmitted or translated into a machine language without written permission from the publishers. Registered names, trademarks, etc. used in this book, even when not specifically marked as such, are not to be considered unprotected by law.
Satz: Lichtsatz Glaese GmbH, D-69502 Hemsbach.
Druck: betz-druck, D-64291 Darmstadt
Bindung: W. Osswald, D-67433 Neustadt
Printed in the Federal Republic of Germany

Vorwort

Die schwierigste Frage, die der Autor dieses Buches im Laufe von einigen Jahrzehnten in der jeweils ersten Unterrichtsstunde in einer Lerngruppe zu beantworten hatte, lautete: „Welches gute Buch können Sie denn für dieses Unterrichtsfach empfehlen?" Die Beantwortung der Frage war nicht etwa deshalb schwierig, weil es keine guten Fachbücher gegeben hätte. (Die gibt es, seit es Bücher gibt!). Die Schwierigkeit bestand vielmehr darin, ein Buch zu empfehlen, das – vom Anspruch und der Aufbereitung des Lernstoffes her – gerade für diese bestimmte Gruppe oder gar für jeden einzelnen das richtige gewesen wäre.

Es wäre vermessen zu behaupten, das vorliegende Buch würde Lehrern und Ausbildern zumindest im physikalischen Rechnen aus dem geschilderten Dilemma helfen. Auch hier werden dem einen die jeweils vorangestellten theoretischen Grundlagen zu umfangreich oder nicht ausführlich genug sein, ein anderer könnte z. B. von notwendigem Transfer reden und deshalb viele Rechenbeispiele für überflüssig erachten.

Ein wichtiger didaktischer Anspruch im Physikunterricht besteht darin, Gesetzmäßigkeiten und Phänomene in mathematischen Größengleichungen formulieren zu können. Es genügt beispielsweise nicht, nur zu wissen, wie eine bestimmte physikalische Größe definiert ist, der Lernende muß auch erkennen, welcher Zusammenhang zwischen ihr und anderen physikalischen Größen besteht. Dabei helfen geeignete Rechenaufgaben in ganz besonderer Weise.

Der Autor versucht, die vier Lehr- und Lernschritte *vorbereiten, vormachen, nachmachen und üben lassen* und *Lernfortschritt kontrollieren* konsequent einzuhalten. Diesen Schritten entsprechend sind die einzelnen Abschnitte im Buch wie folgt aufgebaut: *theoretische Grundlagen, Rechenbeispiele, Übungsaufgaben* und *Wiederholungsaufgaben*. Zusätzliche Aufgaben am Ende eines Kapitels ermöglichen einen übergreifenden Transfer.

Der Autor kennt aus seiner langjährigen Tätigkeit in der Aus- und Weiterbildung im Bereich der chemischen Industrie die Bedürfnisse von Auszubildenden und Absolventen von Weiterbildungsmaßnahmen recht gut. Für sie ist dieses Buch geschrieben; es eignet sich aber ganz sicher auch für Schüler an Berufsfach- und Fachoberschulen.

An einen damals etwa 45jährigen Absolventen erinnert sich der Autor besonders gut, der nach bestandener Prüfung sagte: „Ich habe Ihre ewigen Übungs- und Wiederholungsaufgaben gehaßt! Aber heute weiß ich, daß Sie recht hatten ..."

Fischbach, April 1997
Heinz Mayer

Inhaltsverzeichnis

1	**Rechnen zur Einführung in die Physik**	1
1.1	Theoretische Grundlagen	1
1.1.1	Wesen der Physik	1
1.1.2	Physikalische Größen	1
1.1.2.1	Größe	1
1.1.2.2	Dimension	3
1.1.2.3	Einheit	4
1.1.3	Physikalische Gleichungen	5
1.1.3.1	Größengleichung	5
1.1.3.2	Einheitengleichung	6
1.1.3.3	Zahlenwertgleichung	7
1.1.4	Bedeutung von Meßwerten	8
1.2	Rechnen mit Basisgrößen	10
1.2.1	Länge	10
1.2.1.1	Theoretische Grundlagen	10
1.2.1.2	Umrechnen von Längen	11
1.2.2	Masse	13
1.2.2.1	Theoretische Grundlagen	13
1.2.2.2	Umrechnen von speziellen Massewerten	13
1.2.3	Zeit	14
1.2.3.1	Theoretische Grundlagen	14
1.2.3.2	Umrechnen von speziellen Zeitwerten	15
1.2.4	Elektrische Stromstärke	15
1.2.4.1	Theoretische Grundlagen	15
1.2.4.2	Umrechnen von speziellen Stromstärkewerten	16
1.2.5	Thermodynamische Temperatur	16
1.2.5.1	Theoretische Grundlagen	16
1.2.5.2	Umrechnen von speziellen Temperaturwerten	17
1.2.6	Stoffmenge	18
1.2.6.1	Theoretische Grundlagen	18
1.2.6.2	Umrechnen von speziellen Stoffmengewerten	19
1.2.7	Lichtstärke	20
1.2.7.1	Theoretische Grundlagen	20
1.2.7.2	Umrechnen von speziellen Lichtstärkewerten	20
1.2.8	Wiederholungsaufgaben	21
1.3	Fläche	22
1.3.1	Theoretische Grundlagen	22
1.3.2	Umrechnen von speziellen Flächenwerten	22
1.4	Volumen	25

1.4.1	Theoretische Grundlagen	25
1.4.2	Umrechnen von speziellen Volumenwerten	26
1.5	Regelmäßige, geometrische Flächen	27
1.5.1	Dreieck	27
1.5.1.1	Rechtwinkliges Dreieck	30
1.5.1.2	Gleichschenkliges Dreieck	32
1.5.1.3	Gleichseitiges Dreieck	34
1.5.2	Rechteck, Quadrat	37
1.5.3	Parallelogramm	43
1.5.4	Trapez	44
1.5.5	Kreis, Halbkreis	47
1.5.6	Kreisring	55
1.5.7	Wiederholungsaufgaben	58
1.6	Regelmäßige, geometrische Körper	62
1.6.1	Würfel	62
1.6.2	Quader	64
1.6.3	Zylinder	67
1.6.4	Hohlzylinder	72
1.6.5	Kugel	81
1.6.6	Halbkugel	84
1.6.7	Wiederholungsaufgaben	87
1.7	Dichte	90
1.7.1	Theoretische Grundlagen	90
1.7.2	Umrechnen von speziellen Dichtewerten	91
1.7.3	Berechnen von Dichtewerten	92
1.7.3.1	Dichte aus Masse und Volumen	92
1.7.3.2	Dichte regelmäßiger Körper	93
1.7.3.3	Dichtebestimmung mit dem Pyknometer	94
1.7.3.4	Schütt- und Rüttdichte	98
1.7.3.5	Dichte von Gasen im Normzustand	99
1.7.4	Rechnen mit Dichtewerten	99
1.7.4.1	Masse von Stoffportionen	99
1.7.4.2	Volumen von Stoffportionen	101
1.7.4.3	Längen und Flächen von geometrischen Körpern	102
1.7.5	Wiederholungsaufgaben	103
1.8	Aufgaben	105
2	**Rechnen in der Mechanik**	**113**
2.1	Kinematik (Bewegungslehre)	113
2.1.1	Geschwindigkeit	113
2.1.1.1	Umrechnen von Geschwindigkeitswerten	114
2.1.2	Beschleunigung	116
2.1.3	Bewegungsarten	117
2.1.3.1	Fortschreitende Bewegung (Translation)	117
2.1.3.1.1	Gleichförmige Translation	118
2.1.3.1.2	Gleichmäßig beschleunigte Translation	120

2.1.3.1.3	Ungleichmäßig beschleunigte Translation	141
2.1.3.1.4	Sonderfälle der gleichmäßig beschleunigten Translation	144
2.1.3.1.4.1	Freier Fall	144
2.1.3.1.4.2	Senkrechter Wurf nach unten	145
2.1.3.1.4.3	Senkrechter Wurf nach oben	145
2.1.3.1.5	Zusammengesetzte Bewegungen	147
2.1.3.2	Drehbewegung (Rotation)	155
2.1.3.2.1	Größen bei Rotationsvorgängen	157
2.1.3.2.1.1	Drehwinkel	157
2.1.3.2.1.2	Drehzahl (Umlauffrequenz)	159
2.1.3.2.1.3	Winkelgeschwindigkeit	162
2.1.3.2.1.4	Winkelbeschleunigung	166
2.1.3.2.2	Umfangsbewegung	168
2.1.3.2.2.1	Weg auf der Kreisbahn	169
2.1.3.2.2.2	Umfangsgeschwindigkeit	171
2.1.3.2.2.3	Umfangsbeschleunigung	174
2.1.3.3	Bewegung auf gekrümmter Bahn	176
2.1.3.3.1	Zentralbeschleunigung	176
2.1.4	Wiederholungsaufgaben	178
2.2	Statik (Gleichgewichtslehre)	181
2.2.1	Statik von festen Körpern	181
2.2.1.1	Zusammensetzen von Kräften	182
2.2.1.1.1	Kräfte mit gleicher Wirkungslinie	182
2.2.1.1.2	Kräfte mit einem gemeinsamen Angriffspunkt	183
2.2.1.1.3	Kräfte mit verschiedenen Angriffspunkten	185
2.2.1.1.4	Parallele Kräfte	186
2.2.1.2	Zerlegen von Kräften	186
2.2.1.3	Drehmoment	188
2.2.1.4	Gleichgewichtsbedingungen	191
2.2.1.5	Einfache Maschinen	192
2.2.1.5.1	Hebel	192
2.2.1.5.2	Feste Rolle	197
2.2.1.5.3	Lose Rolle	198
2.2.1.5.4	Flaschenzüge	201
2.2.1.5.4.1	Faktorenflaschenzug	201
2.2.1.5.4.2	Potenzflaschenzug	205
2.2.1.5.4.3	Differentialflaschenzug	207
2.2.1.5.5	Wellrad, Seilwinde	210
2.2.1.5.6	Schiefe Ebene	213
2.2.1.5.7	Keil	216
2.2.1.6	Standfestigkeit von Körpern	218
2.2.1.7	Schweredruck	220
2.2.1.8	Wiederholungsaufgaben zu Abschn. 2.2.1	223
2.2.2	Statik elastischer Körper	225
2.2.2.1	Stoffeigenschaften fester Körper	225
2.2.2.2	Federkraft, Hookesches Gesetz	226

2.2.2.3	Spannung, Drehung und Elastizitätsmodul	227
2.2.2.3.1	Spannung	227
2.2.2.4	Dehnung und Elastizitätsmodul	229
2.2.2.5	Dehnungszahl	234
2.2.2.6	Wiederholungsaufgaben	236
2.2.3	Hydrostatik (Statik der Flüssigkeiten)	238
2.2.3.1	Allgemeine Eigenschaften von Flüssigkeiten	238
2.2.3.2	Hydrostatischer Druck (Schweredruck von Flüssigkeiten)	239
2.2.3.3	Boden-, Seiten- und Aufdruckkraft	241
2.2.3.3.1	Bodendruckkraft	242
2.2.3.3.2	Seitendruckkraft	243
2.2.3.3.3	Aufdruckkraft	245
2.2.3.4	Auftriebskraft in Flüssigkeiten	246
2.2.3.4.1	Prinzip von Archimedes	246
2.2.3.4.2	Verhalten von Körpern in einer Flüssigkeit	248
2.2.3.4.3	Schwimmende Körper	249
2.2.3.4.4	Belastung von schwimmenden Körpern	256
2.2.3.4.5	Methoden zur Dichtebestimmung	264
2.2.3.5	Verbundene (kommunizierende) Gefäße	269
2.2.3.6	Druckausbreitung in Flüssigkeiten, Hydraulische Presse	271
2.2.3.7	Oberflächenspannung und Kapillarität	275
2.2.3.8	Wiederholungsaufgaben	277
2.2.4	Aerostatik (Statik von Gasen)	281
2.2.4.1	Allgemeine Eigenschaften von Gasen	281
2.2.4.2	Druck in Gasen	281
2.2.4.2.1	Gasdruck	281
2.2.4.2.2	Schweredruck von Gasen, Luftdruck	281
2.2.4.2.3	Zusammenhang zwischen Gasdruck und Umgebungsdruck	284
2.2.4.3	Druck und Volumen eines Gases bei konstanter Temperatur	286
2.2.4.4	Volumen und Dichte eines Gases bei konstanter Temperatur	290
2.2.4.5	Druck und Dichte eines Gases bei konstanter Temperatur	291
2.2.4.6	Wiederholungsaufgaben	293
2.3	Dynamik (Kinetik)	294
2.3.1	Dynamik fester Körper	294
2.3.1.1	Kräfte bei der Translation	294
2.3.1.1.1	Masse, Kraft und Beschleunigung	294
2.3.1.2	Trägheitskräfte bei der Translation	298
2.3.1.3	Hemmende Kräfte bei der Translation	300
2.3.1.3.1	Reibungskraft	300
2.3.1.3.2	Fahrwiderstand	305
2.3.1.4	Arbeit, Energie, Leistung und Wirkungsgrad	306
2.3.1.4.1	Arbeit	306
2.3.1.4.2	Energie	317
2.3.1.4.3	Gesetz von der Erhaltung der Energie	321
2.3.1.4.4	Leistung	328
2.3.1.4.5	Wirkungsgrad	337

2.3.1.4.6	Impuls und Stoß	343
2.3.1.5	Kräfte bei der Rotation	348
2.3.1.5.1	Zentripetalkraft	348
2.3.1.5.2	Trägheitskräfte	350
2.3.1.6	Massenträgheitsmoment	360
2.3.1.6.1	Massenträgheitsmomente von Körpern mit Hauptträgheitsachsen	363
2.3.1.6.2	Massenträgheitsmomente von Körpern mit parallelen Drehachsen	364
2.3.1.7	Drehmoment	366
2.3.1.8	Energie, Arbeit und Leistung bei der Rotation	369
2.3.1.8.1	Rotationsenergie	369
2.3.1.8.2	Rotationsarbeit	370
2.3.1.8.3	Rotationsleistung	372
2.3.1.9	Wiederholungsaufgaben	374
2.3.2	Dynamik strömender Flüssigkeiten (Hydrodynamik)	380
2.3.2.1	Reibungsfrei (ideal) strömende Flüssigkeiten	380
2.3.2.1.1	Durchfluß durch Röhren	382
2.3.2.2	Druck in strömenden Medien	386
2.3.2.3	Ausfluß aus Gefäßen	392
2.3.2.4	Wiederholungsaufgaben	394
2.4	Aufgaben	396

Literatur ... 405

Ergebnisse der Übungsaufgaben ... 407

Ergebnisse der Wiederholungsaufgaben ... 420

Ergebnisse der Aufgaben ... 426

Register ... 431

1 Rechnen zur Einführung in die Physik

1.1 Theoretische Grundlagen

1.1.1 Wesen der Physik

Die Physik gehört zu den Naturwissenschaften. Sie befaßt sich mit den Erscheinungen in der Natur, die *nicht* mit einer stofflichen Veränderung der beteiligten Körper[1] verbunden sind, wohl aber mit der Änderung des *Energiezustandes* dieser Körper.
Es ist die Aufgabe der Physik, solche Erscheinungen zu beobachten und Messungen zugänglich zu machen. Oft müssen dabei störende Einflüsse ausgeschaltet werden. Das geschieht mit Hilfe geeigneter Versuchsanordnungen. Aus den Meßwerten ergeben sich Gesetzmäßigkeiten, die durch mathematische Beziehungen wiedergegeben werden können. Deshalb bezeichnet man die Physik als *exakte* Naturwissenschaft.

Die Physik ist die Lehre von den Eigenschaften von Stoffen und ihren Energiezustandsänderungen.

Die einzelnen Teilgebiete der Physik beschäftigen sich mit unterschiedlichen Energiearten, die bei bestimmten Vorgängen (z. B. Bewegungsvorgängen, elektrischem Strom, Aussenden von Licht usw.) eine Rolle spielen.

1.1.2 Physikalische Größen

1.1.2.1 Größe

Die Begriffe, die zur qualitativen und quantitativen Beschreibung physikalischer Vorgänge verwendet werden, nennt man *physikalische Größen*, im folgenden auch kurz *Größen* genannt [1]. Sie beschreiben meßbare Eigenschaften der Stoffe.
Man unterscheidet zwischen *Basisgrößen* (Grundgrößen) und *abgeleiteten* Größen. Basisgrößen sind die Begriffe eines Größensystems, die keiner besonderen Definition

---

[1] Unter einem Körper versteht man jede abgegrenzte Portion eines festen, flüssigen oder gasförmigen Stoffes.

bedürfen und voneinander unabhängig sind. Für sie sind im *Internationalen Einheitensystem* (Abkürzung: SI[2]) je ein Größenwert als *Einheit* festgelegt (vgl. Tab. 1-1). Alle anderen Größen lassen sich durch Basisgrößen ausdrücken. Als *Größensymbole* (Formelzeichen) werden lateinische oder griechische Buchstaben verwendet [2].

Der spezielle Wert einer Größe ist der *Größenwert*. Im Bereich der Meßtechnik wird er auch *Meßwert* genannt. Er läßt sich als Produkt aus einem Zahlenwert und einer Einheit ausdrücken:

Größenwert = Zahlenwert · Einheit

Eine physikalische Größe ist das Produkt aus einem Zahlenwert und einer Einheit.

Mathematisch läßt sich das durch eine Gleichung darstellen:

$$G = \{G\} \cdot [G] \tag{1-1}$$

Darin bedeuten:

G Größenwert
$\{G\}$ zugehöriger Zahlenwert
$[G]$ Einheit der Größe

Beispiel 1-1

$l = \{l\} \cdot [l]$ Beliebiger Größenwert der Länge
$l = 3$ m   Spezieller Größenwert der Länge

$m = \{m\} \cdot [m]$ Beliebiger Größenwert der Masse
$m = 10$ kg   Spezieller Größenwert der Masse

$t = \{t\} \cdot [t]$ Beliebiger Größenwert der Zeit
$t = 5$ s   Spezieller Größenwert der Zeit

Bei einem Einheitenwechsel verhalten sich Zahlenwert und Einheit gegenläufig, d. h. bei Verwendung einer größeren Einheit wird der Zahlenwert kleiner (und umgekehrt):

Ein Größenwert ist gegen einen Einheitenwechsel *invariant*[3].

Beispiel 1-2

Ein Körper hat eine Länge $l = 25$ cm. Drückt man seine Länge in Millimeter aus, ist $l = 250$ mm. Das jeweilige Produkt aus Zahlenwert und Einheit ergibt den selben Wert für die Größe Länge:

$l = 25$ cm $= 250$ mm

---

[2] Système International d'Unités [3].
[3] lat. invariantus = unveränderlich.

1.1.2.2 Dimension

Die *Dimension*[4] einer physikalischen Größe ergibt sich aus ihrer Definitionsgleichung.

Beispiel 1-3

Die Dichte eines Körpers ist das Verhältnis (der Quotient) aus seiner Masse und seinem Volumen, d. h. die Dichte ist Masse durch Volumen:

$$\text{Dichte} = \frac{\text{Masse}}{\text{Volumen}}$$

Die Dimension der Dichte ist demnach *Masse durch Volumen*[5].

Durch die Dimension einer Größe ist festgelegt, welche Art von Einheit zur Angabe ihrer speziellen Größenwerte verwendet wird.

Beispiel 1-4

Die Werte für die Länge *l* eines Fußballplatzes, die Strecke *s*, die eine Wandergruppe zurücklegt, die Breite *b* einer Straße, die Höhe *h* einer Mauer, den Halbmesser *r* eines Kreises und die Dicke *d* eines Brettes können ohne Ausnahme in Meter angegeben werden. Alle diese Größen haben offensichtlich die selbe Dimension, nämlich die Basisdimension *Länge*. Sie gehören alle zu *einer* Art von Größe, der Basisgröße *Länge*.
Die Darstellung einer Dimension erfolgt mit Hilfe des Zeichens *dim* vor dem Größensymbol der entsprechenden Größe, z. B. dim *l* für die Dimension Länge [1].
Für ein Größensystem, das sich aus bestimmten Basisgrößen aufbaut, existiert folglich auch immer ein zugehöriges Dimensionssystem aus entsprechenden Basisdimensionen. Davon leiten sich alle übrigen Dimensionen des Systems durch Multiplikation, Division oder Potenzierung ab.

Beispiel 1-5

Die Mechanik beschäftigt sich mit Erscheinungen, bei denen die mechanische Energie eine Rolle spielt. Zur Beschreibung solcher Vorgänge reichen die Größen *Länge*, *Zeit* und *Masse* aus.
Dementsprechend dienen die Dimensionen Länge (dim *l*), Zeit (dim *t*) und Masse (dim *m*) hier als *Basisdimensionen*.

Die Dimension Geschwindigkeit ist dann eine abgeleitete Dimension:

$$\dim v = \frac{\dim l}{\dim t} = \dim l \cdot (\dim t^{-1}) = \dim (lt^{-1})$$

---

[4] lat. dimensio = Ausdehnung.
[5] Nach DIN 1313 sollte bei Größenquotienten das Wort „durch" und nicht „pro" oder „je" verwendet werden.

1.1.2.3 Einheit

Eine *Einheit* ist ein Größenwert, der aus einer Menge von Werten, die durch Messung miteinander vergleichbar sind, herausgegriffen, genau definiert und als Bezugsgröße verwendet wird [1].

Man unterscheidet zwischen Basiseinheiten (Tab. 1-1) und abgeleiteten Einheiten.

Eine Basiseinheit ist eine aus der Menge der Größen gleicher Dimension bezüglich ihres Größenwertes ausgewählte und genau festgelegte Größe.

Tab. 1-1. SI-Basiseinheiten

Basisgröße		Basiseinheit	
Name	Größensymbol	Name	Zeichen
Länge	l, s	Meter	m
Masse	m	Kilogramm	kg
Zeit	t	Sekunde	s
elektrische Stromstärke	I	Ampere	A
thermodynamische Temperatur	T	Kelvin	K
Stoffmenge	n	Mol	mol
Lichtstärke	I	Candela	cd

So ist z. B. für alle Größen, die die Dimension *Länge* besitzen (vgl. Beispiel 1-4), durch das *Gesetz über Einheiten im Meßwesen* [4] 1 Meter (1 m) als Basiseinheit ausgewählt und definiert worden (s. Abschn. 1.2.1).

Das seit 1960 gültige Internationale Einheitensystem umfaßt sieben Basiseinheiten, die sog. SI-*Basiseinheiten* (vgl. Tab. 1-1).

Die sich aus den Basiseinheiten *kohärent*[6], d.h. mit dem Faktor 1 ergebenden, übrigen Einheiten sind abgeleitete SI-Einheiten. Sie sind Produkte, Quotienten oder Potenzen von Basiseinheiten. Das gilt in gleicher Weise auch für die entsprechenden Einheitenzeichen.

Beispiel 1-6

$$1 \text{ Newton} = \frac{1 \text{ Kilogramm} \cdot 1 \text{ Meter}}{1 \text{ Sekunde}^2}$$

$$1 \text{ N} = \frac{1 \text{ kg} \cdot 1 \text{ m}}{1 \text{ s}^2} = 1 \frac{\text{kg m}}{\text{s}^2} = 1 \text{ kg m s}^{-2}$$

Eine abgeleitete SI-Einheit kann mit den Namen der Basiseinheiten oder mit den Namen von abgeleiteten Einheiten auf mehrere Arten ausgedrückt werden.

---

6 lat. cohaerere = zusammenhängen.

Beispiel 1-7

Arbeit ist das Produkt aus einer Kraft und dem Weg, entlang dem diese Kraft wirkt:

Arbeit = Kraft · Weg

$W = F \cdot s$

Die abgeleitete Größe *Arbeit* hat also die Dimension *Kraft mal Weg*:

$\dim W = \dim F \cdot \dim s$

Durch eine sog. *Dimensionsbetrachtung*, d.h. durch Einsetzen der entsprechenden Art von Einheit für die einzelnen Größen, ergibt sich die abgeleitete Einheit:

$[W] = [F] \cdot [s] = 1 \text{ N} \cdot 1 \text{ m} = 1 \text{ N m} = 1 \text{ J}$

Die Einheit der Arbeit ist 1 *Newtonmeter* (1 N m) oder 1 *Joule* (1 J).

1.1.3 Physikalische Gleichungen

Physikalische Gleichungen geben Beziehungen zwischen physikalischen Größen, Einheiten oder Zahlenwerten in einer vereinbarten Schreibweise wieder [1].
Dabei werden Zeichen (Symbole) verwendet, die entweder physikalische Größen oder Einheiten oder Zahlenwerte bedeuten. Man unterscheidet deshalb

– Größengleichungen,
– Einheitengleichungen,
– Zahlenwertgleichungen.

1.1.3.1 Größengleichung

Mit einer Größengleichung wird die Beziehung zwischen Größen dargestellt [1].

Beispiel 1-8

Die Beziehung zwischen der Geschwindigkeit v eines Körpers, dem von diesem Körper zurückgelegten Weg s und der dazu notwendigen Zeit t wird durch die folgende Größengleichung beschrieben:

$v = \dfrac{s}{t}$

Solche Größengleichungen werden bevorzugt angewendet, weil sie unabhängig von der Wahl der Einheiten gelten.

1 Rechnen zur Einführung in die Physik

Beispiel 1-9

Die Auswertung der Größengleichung

$$\rho = \frac{m}{v}$$

liefert für einen bestimmten Stoff (bei gegebener Temperatur) immer das gleiche Ergebnis. Die Wahl der Einheiten für einen speziellen Massewert und einen speziellen Volumenwert nimmt keinen Einfluß auf das Ergebnis:

a) $m = 1560$ kg; $V = 200$ L

$$\rho = \frac{1560 \text{ kg}}{200 \text{ L}} = 7{,}80 \text{ kg/L}$$

b) $m = 1{,}560$ t; $V = 0{,}2$ m³

$$\rho = \frac{1{,}560 \text{ t}}{0{,}2 \text{ m}^3} = 7{,}80 \text{ t/m}^3 = 7{,}80 \text{ kg/L}$$

Wegen der Einheitengleichungen **1 t = 1000 kg** und **1 m³ = 1000 L** sind die beiden Ergebnisse gleich.

Eine spezielle Art von Größengleichung, die neben einem Größensymbol auch das Produkt aus einem Zahlenwert und einer entsprechenden Einheit enthält, dient bevorzugt zur Angabe von Ergebnissen aus Berechnungen oder Messungen.

Beispiel 1-10

$m = 2{,}6$ kg (spezieller Größenwert der Masse)
$F = 9{,}81$ N (spezieller Größenwert der Kraft)

1.1.3.2 Einheitengleichung

Eine Einheitengleichung gibt die zahlenmäßige Beziehung zwischen Einheiten an [1].

Beispiel 1-11

1 bar = 100 000 Pa
1 kWh = 3 600 000 Ws
1 km/h = 3,6 m/s

Besondere Bedeutung haben die Einheitengleichungen bei der Umrechnung von Größenwerten.

Rechenbeispiel 1-1. Eine Wärmeleitfähigkeit $\lambda = 25{,}0$ kcal/(m h K) soll in SI-Einheiten umgerechnet werden.

Gesucht: λ (in SI-Einheit)   **Gegeben:** $\lambda = 25{,}0$ kcal/(m h K)
                                         1 kcal = 4187 Ws
                                         1 h = 3600 s

1.1 Theoretische Grundlagen

Durch Einsetzen der Einheitengleichungen in den speziellen Größenwert für λ ergibt sich:

$$\lambda = 25 \text{ kcal m}^{-1} \text{ h}^{-1} \text{ K}^{-1} = \frac{25{,}0 \cdot 4187 \text{ Ws}}{\text{m} \cdot 3600 \text{ s K}}$$

$$\lambda = 29{,}1 \; \frac{\text{W}}{\text{m K}}$$

In diesem Zusammenhang sind die dezimalen Teile und Vielfache der SI-Einheiten von Bedeutung. Sie werden gebildet, indem man den Namen bzw. den Zeichen der Einheiten besondere Vorsätze (*Präfixe*) bzw. Vorsatzzeichen voranstellt.

Beispiel 1-12

1 Million Watt = 1 Megawatt	1 000 000 W = 1 MW
1 Tausend Meter = 1 Kilometer	1 000 m = 1 km
1 Tausendstel Ampere = 1 Milliampere	0,001 A = 1 mA

Diese Vorsätze und Vorsatzzeichen sind international festgelegt (vgl. Tab. 1-2).

Tab. 1-2. Vorsätze und Vorsatzzeichen für SI-Einheiten

Faktor	Vorsatz	Zeichen	Faktor	Vorsatz	Zeichen
10^{-18}	Atto	a	10^{1}	Deka	D
10^{-15}	Femto	f	10^{2}	Hekto	h
10^{-12}	Piko	p	10^{3}	Kilo	k
10^{-9}	Nano	n	10^{6}	Mega	M
10^{-6}	Mikro	µ	10^{9}	Giga	G
10^{-3}	Milli	m	10^{12}	Tera	T
10^{-2}	Zenti	c	10^{15}	Peta	P
10^{-1}	Dezi	d	10^{18}	Exa	E

1.1.3.3 Zahlenwertgleichung

Eine Zahlenwertgleichung gibt die Beziehung zwischen den Zahlenwerten von Größen wieder [1].

Sie erfordert immer die zusätzliche Angabe von Einheiten, die für diese Zahlenwerte gelten.

Beispiel 1-13

Ein Körper, der sich mit einer Geschwindigkeit von 1 m/s bewegt, hat gemäß der entsprechenden Einheitengleichung auch eine Geschwindigkeit von 3,6 km/h:

$$3{,}6 \; \frac{\text{km}}{\text{h}} = 1 \; \frac{\text{m}}{\text{s}}$$

Die Zahlenwerte stehen demnach unter Berücksichtigung der angegebenen Einheiten im Verhältnis 1:3,6. Das läßt sich durch die Zahlenwertgleichung

$$\{v\} = 3{,}6 \frac{\{s\}}{\{t\}}$$

ausdrücken, wenn v in km/h, s in m und t in s angegeben wird. Man bezeichnet solche Gleichungen als *zugeschnittene* Größengleichungen.

Für $\{s\} = $ **450** und $\{t\} = $ **30** ergibt sich

$$\{v\} = 3{,}6 \cdot \frac{450}{30} = 54.$$

Das Ergebnis einer Zahlenwertgleichung ist immer ein Zahlenwert. Bei den verwendeten Einheiten bedeutet dies im vorliegenden Beispiel, daß sich der Körper mit einer Geschwindigkeit von 54 km/h bewegt.

1.1.4 Bedeutung von Meßwerten

Eine wichtige Aufgabe der Physik besteht darin, physikalische Größen möglichst genau zu messen, d. h. einen Größenwert mit einer Einheit zu vergleichen. Die verwendeten Meßgeräte sind mehr oder weniger genau. Sie liefern deshalb nicht den *wahren* Wert einer Größe, sondern immer nur einen mit einem Fehler behafteten Wert. Der so ermittelte Größenwert wird als *Meßwert* bezeichnet.
Um die Ungenauigkeit einer Messung auszudrücken, versieht man das Meßergebnis mit dem *absoluten* oder *prozentualen* Fehler.

Beispiel 1-14

d(Zylinder) = 25,4 cm ± 0,1 cm
            = (25,4 ± 0,1) cm
            = 25,4 cm ± 0,39%

Das bedeutet, daß der wahre Wert zwischen 25,3 cm und 25,5 cm liegt.
Wenn ein Meßwert ohne besonders ausgewiesenen Fehler angegeben ist, gilt vereinbarungsgemäß, daß seine letzte Stelle schon ungenau ist.

Beispiel 1-15

Mit einem Meßgefäß werden 250 mL einer Flüssigkeit abgemessen. Der wahre Volumenwert liegt somit zwischen 250,5 mL und 249,5 mL:

V(Fl) = (250 ± 0,5) mL

Die Ungenauigkeit von Meßwerten spielt bei der Berechnung von Größen aus zwei oder mehr Meßwerten eine besondere Rolle, weil sich der Fehler entsprechend fortpflanzt.

Beispiel 1-16

Für einen zylindrischen Körper werden folgende Meßwerte ermittelt:

$h = 7{,}3$ cm ; $d = 2{,}2$ cm

Für das Volumen eines Zylinders gilt:

$$V = \frac{d^2 \pi h}{4} = \frac{(2{,}2 \text{ cm})^2 \cdot \pi \cdot 7{,}3 \text{ cm}}{4}$$

$\underline{V = \mathbf{27{,}749688 \text{ cm}^3}}$

Legt man die maximal mögliche Abweichung von den angegebenen Meßwerten bei der Berechnung zugrunde, gilt:

$$V(\text{max}) = \frac{(2{,}25 \text{ cm})^2 \cdot \pi \cdot 7{,}35 \text{ cm}}{4}$$

$\underline{V(\text{max}) = \mathbf{29{,}224175 \text{ cm}^3}}$

Ein Vergleich der beiden Zahlenwerte

$$\begin{array}{r} 29{,}224175 \\ -27{,}749688 \\ \hline 1{,}474487 \end{array}$$

zeigt, daß schon in der Stelle vor dem Komma eine Abweichung der beiden Ergebnisse vorliegt. Das Ergebnis der Berechnung darf deshalb nur so angegeben werden, daß vereinbarungsgemäß die Stelle vor dem Komma schon ungenau ist:

$\underline{V = \mathbf{28 \text{ cm}^3}}$

Das Rechnen mit Taschenrechner verführt häufig dazu, Ergebnisse *scheinbar* genauer angeben zu wollen, als es den Meßwerten entspricht, die den Berechnungen zugrunde gelegt werden.

1.2 Rechnen mit Basisgrößen

1.2.1 Länge

1.2.1.1 Theoretische Grundlagen

Nach dem Internationalen Einheitensystem gehört die *Länge* zu den sieben Basisgrößen der Physik. Als Größensymbol verwendet man *l* (vgl. Tab. 1-1). Andere Größen, die ebenfalls die Dimension *Länge* besitzen, kürzt man oft durch eigene Symbole ab, z.B. einen Weg oder eine Strecke mit *s*, eine Breite mit *b*, eine Höhe mit *h* usw.
Die Einheit der Länge ist 1 *Meter* (Einheitenzeichen: m). 1 Meter gehört zu den SI-Basiseinheiten und gilt für alle Größen der Dimension *Länge*.
Grundlage der Längenmessung ist das Urmeter, ein in Paris aufbewahrter Stab aus einer Platin-Iridium-Legierung. Der Abstand zwischen den beiden Markierungen auf diesem Prototyp wird als 1 Meter bezeichnet:

1 Meter ist der Abstand zwischen den beiden Markierungen des Urmeter-Prototyps.

Von der Einheit 1 Meter leiten sich – den international festgelegten Vorsätzen für SI-Einheiten entsprechend – alle SI-Längeneinheiten ab (vgl. Tab. 1-3).

Tab. 1-3. Abgeleitete SI-Längeneinheiten

Längeneinheit	Einheitenzeichen	Zusammenhang mit 1 Meter
1 Kilometer	km	10^3 m = 1000 m
1 Dezimeter	dm	10^{-1} m = 0,1 m
1 Zentimeter	cm	10^{-2} m = 0,01 m
1 Millimeter	mm	10^{-3} m = 0,001 m
1 Mikrometer	µm	10^{-6} m
1 Nanometer	nm	10^{-9} m
1 Pikometer	pm	10^{-12} m

Ursprünglich sollte die Länge von 1 Meter genau dem 40millionsten Teil des über die Pole gemessenen Erdumfangs gleich sein. Heute ist man mit Hilfe optischer Methoden in der Lage, die Länge von 1 Meter präziser festzulegen:

1 Meter ist das 1 650 763,73fache der Wellenlänge der von Atomen des Nuklids ^{86}Kr beim Übergang vom Zustand $5d^5$ zum Zustand $2p^{10}$ ausgesandten, sich im Vakuum ausbreitenden Strahlung [3][7].

Daneben finden im Alltag und in der Technik noch andere Einheiten Verwendung.

---

7 Festgelegt von der Generalkonferenz für Maß und Gewicht im Jahr 1960.

Tab. 1-4. Längeneinheiten außerhalb des SI

Längeneinheit	Einheitenzeichen	Zusammenhang mit 1 Meter
1 Ångström	Å	10^{-10} m
1 Seemeile	sm	1852 m
1 Landmeile	mi	1609 m
1 Yard	yd	0,9144 m
1 Foot	ft	0,3048 m
1 Inch	in	0,0254 m

1.2.1.2 Umrechnen von Längen

Bei der Umrechnung von Längen werden Einheitengleichungen zugrundegelegt.

Rechenbeispiel 1-2. Wieviel Zentimeter sind 1,03 km?

Gesucht: l (in cm)　　　　**Gegeben:** l = 1,03 km

Mit der Einheitengleichung **1 km = 1000 m** gemäß Tab. 1-3 gilt:

l = 1,03 km　　←　　1 km = 1000 m
　= 1,03 · 1000 m　　←　　1 m = 100 cm
　= 1,03 · 1000 · 100 cm

$\underline{l = \mathbf{103\,000\ cm}}$

Es empfiehlt sich, anstelle großer Zahlenwerte entsprechende Potenzen zu verwenden.

Rechenbeispiel 1-3. Wieviel Pikometer sind 25,26 cm?

Gesucht: l (in pm)　　　　**Gegeben:** l = 25,26 cm

Mit den Einheitengleichungen **1 cm = 10^{-2} m** und **1 m = 10^{12} pm** gemäß Tab. 1-3 gilt:

l = 25,26 cm　　←　　1 cm = 10^{-2} m
　= 25,26 · 10^{-2} m　　←　　1 m = 10^{12} pm
　= 2,526 · 10^1 · 10^{-2} · 10^{12} pm

$\underline{l = \mathbf{2{,}526 \cdot 10^{11}\ pm}}$

1 Rechnen zur Einführung in die Physik

Rechenbeispiel 1-4. Eine Länge von 650 mm soll in Kilometer umgerechnet werden!

Gesucht: l (in km)   **Gegeben:** $l = 650$ mm

Mit den Einheitengleichungen **1 mm = 0,001 m** und **1 m = 0,001 km** gemäß Tab. 1-3 gilt:

$l = 650$ mm   ←   1 mm = 0,001 m

$ = 650 \cdot 0{,}001$ m   ←   1 m = 0,001 km

$ = 650 \cdot 0{,}001 \cdot 0{,}001$ km

$\underline{l = 0{,}00065 \text{ km}}$

Vorteilhaft wäre das Rechnen mit Potenzen:

$l = 650$ mm $= 650 \cdot 0{,}001 \cdot 0{,}001$ km

$ = 6{,}5 \cdot 10^2 \cdot 10^{-6}$ km

$\underline{l = 6{,}5 \cdot 10^{-4} \text{ km}}$

Rechenbeispiel 1-5. Wieviel Meter sind 25,65 Seemeilen?

Gesucht: s (in m)   **Gegeben:** $s = 25{,}65$ sm

Mit der Einheitengleichung **1 sm = 1852 m** gemäß Tab. 1-4 gilt:

$s = 25{,}65$ sm   ←   1 sm = 1852 m

$ = 25{,}65 \cdot 1852$ m

$\underline{s = 47500 \text{ m}}$

Übungsaufgaben:

1-1. Welche Größenwerte ergeben sich bei der Umrechnung der Länge $l = 2{,}5$ km in a) Meter, b) Zentimeter und c) Millimeter?

1-2. Wieviel Dezimeter sind a) 2500 mm, b) 6,45 m, c) 17,2 km, d) 0,0025 m und e) 0,038 km?

1-3. Wieviel Zentimeter sind a) 275 mm, b) 0,95 m, c) 28,75 m, d) 0,25 km und e) 28 m?

1-4. Welche Größenwerte in Potenzen ergeben sich bei der Umrechnung folgender Längen? a) 275,3 km in mm, b) 62 m in µm, c) 0,075 cm in m

1-5. Ein Läufer legt in 40 Minuten eine Strecke von 11,6 km zurück. Wieviel Landmeilen sind das?

1.2.2 Masse

1.2.2.1 Theoretische Grundlagen

Nach dem Internationalen Einheitensystem gehört die *Masse* zu den sieben Basisgrößen der Physik. Als Größensymbol verwendet man m (vgl. Tab. 1-1). Die Einheit der Masse ist 1 *Kilogramm* (Einheitenzeichen: kg). 1 Kilogramm gehört zu den SI-Basiseinheiten. Grundlage der Massenmessung ist der *Urkilogramm-Prototyp*, ein in Paris aufbewahrter Zylinder aus einer Platin-Iridium-Legierung. Die Masse dieses Körpers wird als 1 Kilogramm bezeichnet:

1 Kilogramm ist die Masse des Urkilogramm-Prototyps.

Anschaulicher ist die ältere Definition:

1 Kilogramm ist die Masse von 1 Kubikdezimeter chemisch reinem Wasser von +4 °C.

Von der Einheit 1 Kilogramm leiten sich alle SI-Masseeinheiten — den international festgelegten Vorsätzen für SI-Einheiten entsprechend — ab (vgl. Tab. 1-5).

Tab. 1-5. Abgeleitete Masseeinheiten

Masseeinheit	Einheitenzeichen	Zusammenhang mit 1 Kilogramm
1 Tonne	t	10^3 kg = 1 000 kg
1 Gramm	g	10^{-3} kg = 0,001 kg
1 Milligramm	mg	10^{-6} kg = 0,000001 kg
1 Mikrogramm	µg	10^{-9} kg = 0,000000001 kg

1.2.2.2 Umrechnen von speziellen Massewerten

Bei der Umrechnung von Massen in Größenwerten mit anderen Einheiten verwendet man Einheitengleichungen, die sich aus der Anwendung von Tab. 1-5 ergeben.

Rechenbeispiel 1-6. Wieviel Milligramm sind 0,0525 t?

Gesucht: m (in mg)   **Gegeben:** m = 0,0525 t

Mit den Einheitengleichungen

1 t = 1000 kg, 1 kg = 1000 g und 1 g = 1000 mg

1 Rechnen zur Einführung in die Physik

gemäß Tab. 1-5 ergibt sich:

$$m = 0{,}0525 \text{ t} \quad \longleftarrow \quad 1 \text{ t} = 10^3 \text{ kg}$$
$$= 5{,}25 \cdot 10^{-2} \cdot 10^3 \text{ kg} \quad \longleftarrow \quad 1 \text{ kg} = 10^3 \text{ g}$$
$$= 5{,}25 \cdot 10^{-2} \cdot 10^3 \cdot 10^3 \text{ g} \quad \longleftarrow \quad 1 \text{ g} = 10^3 \text{ mg}$$
$$= 5{,}25 \cdot 10^{-2} \cdot 10^3 \cdot 10^3 \cdot 10^3 \text{ mg}$$

$m = 5{,}25 \cdot 10^7$ mg

Übungsaufgaben:

1-6. Welche Größenwerte ergeben sich bei der Umrechnung der Masse $m = 1{,}75$ kg in a) Tonnen, b) Gramm, c) Milligramm und d) Mikrogramm?

1-7. Wieviel Gramm sind a) 3,26 t, b) 45,80 kg, c) 275 mg und d) 500 000 µg?

1.2.3 Zeit

1.2.3.1 Theoretische Grundlagen

Nach dem Internationalen Einheitensystem gehört die *Zeit* zu den sieben Basisgrößen der Physik. Als Größensymbol verwendet man *t* (vgl. Tab. 1-1). Die Einheit der Zeit ist 1 *Sekunde* (Einheitenzeichen: s). 1 Sekunde gehört zu den SI-Basiseinheiten.

1 Sekunde ist das 9 192 631 770fache der Periodendauer der dem Übergang zwischen den beiden Hyperfeinstrukturniveaus des Grundzustandes von Atomen des Nuklids ^{133}Cs entsprechenden Strahlung [3].

Anschaulicher sind die beiden älteren Definitionen:

1 Sekunde ist der 31 556 925,98te Teil eines Jahres, bezogen auf den 1. Januar 1900, 12 Uhr.

1 Sekunde ist 86 400ste Teil eines mittleren Sonnentages.

Von der Einheit 1 Sekunde leiten sich alle übrigen Zeiteinheiten ab (vgl. Tab. 1-6).

Tab. 1-6. Abgeleitete Zeiteinheiten

Zeiteinheit	Einheitenzeichen	Zusammenhang mit 1 Sekunde
1 Jahr	a	31 556 926 s
1 Tag	d	86 400 s
1 Stunde	h	3 600 s
1 Minute	min	60 s
1 Millisekunde	ms	0,001 s

1.2.3.2 Umrechnen von speziellen Zeitwerten

Bei der Umrechnung von Zeiten in Größenwerte mit anderen Einheiten verwendet man Einheitengleichungen, die sich aus der Anwendung von Tab. 1-6 ergeben.

Rechenbeispiel 1-7. Wieviel Sekunden sind 7,35 h?

Gesucht: t (in s) **Gegeben:** t = 7,35 h

Mit den Einheitengleichungen **1 h = 60 min** und **1 min = 60 s** gemäß Tab. 1-6 ergibt sich:

t = 7,35 h ← 1 h = 60 min

= 7,35 · 60 min ← 1 min = 60 s

= 7,35 · 60 · 60 s

t = **26460 s**

Übungsaufgaben:

1-8. Welche Größenwerte ergeben sich bei der Umrechnung der Zeit t = 32,5 h in Zeitwerte mit den Einheiten a) Jahr, b) Tag, c) Minute, d) Sekunde und e) Millisekunde?

1-9. Folgende Zeitwerte sollen umgerechnet werden:

a) 520 s in Minuten
b) 12,5 h in Sekunden
c) 5000 s in Stunden
d) 6500 min in Tage

1.2.4 Elektrische Stromstärke

1.2.4.1 Theoretische Grundlagen

Nach dem Internationalen Einheitensystem gehört die *elektrische Stromstärke* zu den sieben Basisgrößen der Physik. Als Größensymbol verwendet man I (vgl. Tab. 1-1). Die Einheit der elektrischen Stromstärke ist 1 *Ampere*[8] (Einheitenzeichen: A). 1 Ampere gehört zu den SI-Basiseinheiten.

1 Ampere ist die Stärke eines zeitlich unveränderlichen elektrischen Stromes, der, durch zwei im Vakuum parallel im Abstand von 1 Meter voneinander angeordnete, geradlinige, unendlich lange Leiter von vernachlässigbar kleinem, kreisförmigem Querschnitt fließend, zwischen diesen Leitern je 1 Meter Leiterlänge die Kraft von 10^{-7} Newton hervorrufen würde [3].

---
[8] Zu Ehren von Andre Marie Ampere, 1735–1836, Professor der Physik in Marseille.

1 Rechnen zur Einführung in die Physik

Anschaulicher ist die ältere Definition:

1 Ampere ist die Stromstärke, die in einer Sekunde 1,118 mg Silber aus einer wäßrigen Silbersalzlösung abscheidet.

Von der Einheit 1 Ampere leiten sich alle übrigen Stromstärkeeinheiten ab.

1.2.4.2 Umrechnen von speziellen Stromstärkewerten

Bei der Umrechnung von Stromstärken in Größenwerte mit anderen Einheiten verwendet man Einheitengleichungen, die sich aus der Anwendung der Vorsätze für SI-Einheiten (vgl. Tab. 1-2) ergeben.

Rechenbeispiel 1-8.   Wieviel Ampere sind 57,4 mA?

Gesucht: I (in A)   **Gegeben:** $I = 57,4$ mA

Mit der Einheitengleichung **1 A = 1000 mA** gemäß Tab. 1-6 gilt:

$I = 57,4$ mA $\longleftarrow$ 1 mA = 10^{-3} A
$= 5,74 \cdot 10^1 \cdot 10^{-3}$ A

$\underline{I = 5,74 \cdot 10^{-2} \text{ A} = 0,0574 \text{ A}}$

Übungsaufgaben:

1-10. Welche Größenwerte ergeben sich bei der Umrechnung der elektrischen Stromstärke $I = 32,5$ A in Stromstärkewerte mit den Einheiten a) Milliampere, b) Kiloampere und c) Mikroampere?

1.2.5 Thermodynamische Temperatur

1.2.5.1 Theoretische Grundlagen

Nach dem Internationalen Einheitensystem gehört die *thermodynamische Temperatur* zu den sieben Basisgrößen der Physik. Als Größensymbol verwendet man T (vgl. Tab. 1-1). Die Einheit der Temperatur ist 1 *Kelvin* (Einheitenzeichen: K). 1 Kelvin gehört zu den SI-Basiseinheiten.

1 Kelvin ist der 273,16te Teil der thermodynamischen Temperatur des Tripelpunktes des Wassers [3].

Von der Einheit 1 Kelvin leiten sich alle übrigen Temperatureinheiten ab (vgl. Tab. 1-7). In der Praxis und im Alltag wird häufig noch die Celsius-Temperatur mit dem Größensymbol t oder ϑ und der Einheit 1 *Grad Celsius* (Einheitenzeichen: °C) verwendet. Dabei gilt für die Umrechnung der thermodynamischen Temperatur in die Celsius-Temperatur die Beziehung:

$$t = T - T_0 \tag{1-2}$$

t Celsius-Temperatur
T Thermodynamische Temperatur
T_0 Thermodynamische Temperatur des Tripelpunktes des Wassers = 273 K

Neben der Celsius-Temperatur spielten Temperaturangaben in *Grad Reaumur* (°R) früher in Frankreich eine Rolle. Die Angabe in *Grad Fahrenheit* (°F) ist heute noch in Amerika üblich.

Tab. 1-7. Andere Temperatureinheiten

Temperatureinheit	Einheitenzeichen	Zusammenhang mit der Celsius-Temperatur t
1 Kelvin	K	$T = t + T_0$
1 Grad Reaumur	°R	$t_R = \dfrac{4}{5} t$
1 Grad Fahrenheit	°F	$t_F = \dfrac{9}{5} t + 32$

1.2.5.2 Umrechnen von speziellen Temperaturwerten

Bei der Umrechnung von Temperaturen in Größenwerte mit anderen Einheiten verwendet man Größengleichungen, die sich aus der Anwendung von Tab. 1-7 ergeben.

Rechenbeispiel 1-9. Wieviel Grad Kelvin sind 120 °C?

Gesucht: T **Gegeben:** $t = 120\,°C$

Der gegebene Celsius-Temperaturwert wird in die entsprechende Beziehung aus Tab. 1-7 eingesetzt:

$T = t + T_0$
  $= (120 + 273)\,K$

$\underline{T = 393\,K}$

Rechenbeispiel 1-10. Wieviel Grad Reaumur sind 600 °F?

Gesucht: t_R **Gegeben:** $t_F = 600\,°\text{F}$

Die entsprechenden Beziehungen aus Tab. 1-7 werden miteinander kombiniert:

$$t_R = \frac{4}{5}t \quad \leftarrow \quad t = \frac{5}{9}(t_F - 32) \quad \leftarrow \quad t_F = \frac{9}{5}t + 32$$

$$t_R = \frac{4}{5} \cdot \frac{5}{9}(t_F - 32)$$

$$t_R = \frac{4}{9}(t_F - 32)$$

$$= \frac{4}{9}(600 - 32)\,°\text{R}$$

$$\mathbf{t_R = 252{,}4\,°\text{R}}$$

Übungsaufgaben:

1-11. Welche Größenwerte ergeben sich bei der Umrechnung der Temperatur $T = 300$ K in Temperaturwerte mit den Einheiten a) Grad Celsius, b) Grad Reaumur und c) Grad Fahrenheit?

1-12. Folgende Temperaturwerte sollen umgerechnet werden:

a) 620 °F in Grad Celsius
b) −65 °C in Kelvin
c) 1080 K in Grad Fahrenheit

1.2.6 Stoffmenge

1.2.6.1 Theoretische Grundlagen

Nach dem Internationalen Einheitensystem gehört die *Stoffmenge* zu den sieben Basisgrößen der Physik. Als Größensymbol verwendet man n (vgl. Tab. 1-1). Mit der Stoffmenge wird die Quantität einer Stoffportion auf der Grundlage der Anzahl der darin enthaltenen Teilchen bestimmter Art angegeben [5].
Die Einheit der Stoffmenge ist 1 *Mol* (Einheitenzeichen: mol). 1 Mol gehört zu den SI-Basiseinheiten.

1 Mol ist die Stoffmenge eines Systems[9], das aus ebensoviel Einzelteilchen besteht, wie Atome in 12/1000 Kilogramm des Kohlenstoffnuklids ^{12}C enthalten sind [3].

Mit neuesten physikalisch-chemischen Methoden wurde die Zahl dieser Einzelteilchen mit

$$N^0 = (6{,}022045 \pm 0{,}000031) \cdot 10^{23}$$

ermittelt.
Da die Stoffmenge $n(^{12}\text{C}) = 1$ mol einerseits einer Masse von 12 Gramm entspricht, diese Masse andererseits aber die Teilchenzahl $N^0 = 6{,}022 \cdot 10^{23}$ enthält, gilt auch:

1 Mol ist die Stoffmenge einer Portion des Stoffes X, die aus $6{,}022 \cdot 10^{23}$ Teilchen der Art X besteht.

1 mol = $6{,}022 \cdot 10^{23}$ Teilchen

Bei Verwendung der Einheit Mol müssen die Einzelteilchen der Stoffportion (des Systems) genau spezifiziert sein. Es können Atome, Moleküle, Ionen, Elektronen sowie andere Teilchen oder Gruppen solcher Teilchen genau angegebener Zusammensetzung sein.
Von der Einheit 1 Mol leiten sich alle anderen Stoffmengeeinheiten ab.

1.2.6.2 Umrechnen von speziellen Stoffmengewerten

Bei der Umrechnung von Stoffmengen in Größenwerte mit anderen Einheiten verwendet man Einheitengleichungen, die sich aus der Anwendung der Vorsätze für SI-Einheiten (vgl. Tab. 1-2) ergeben.

Rechenbeispiel 1-11. Wieviel Millimol sind 0,0195 kmol eines Stoffes X?

Gesucht: $n(\text{X})$ in mmol   **Gegeben:** $n(\text{X}) = 0{,}0195$ kmol

Mit den Einheitengleichungen **1 kmol = 10^3 mol** und **1 mol = 10^3 mmol** gemäß Tab. 1-2 gilt:

$$
\begin{aligned}
n(\text{X}) &= 0{,}0195 \text{ kmol} \\
&= 1{,}95 \cdot 10^{-2} \text{ kmol} \quad \longleftarrow \quad 1 \text{ kmol} = 10^3 \text{ mol} \\
&= 1{,}95 \cdot 10^{-2} \cdot 10^3 \text{ mol} \quad \longleftarrow \quad 1 \text{ mol} = 10^3 \text{ mmol} \\
&= 1{,}95 \cdot 10^{-2} \cdot 10^3 \cdot 10^3 \text{ mmol}
\end{aligned}
$$

$n(\text{X}) = 1{,}95 \cdot 10^4$ mmol = 19 500 mmol

---

9 Das Wort „Stoffportion" nach DIN 32 629 und das Wort „System" in der Moldefinition haben die gleiche Bedeutung.

Übungsaufgaben:

1-13. Welcher Größenwert ergibt sich bei der Umrechnung der Stoffmenge $n(X) = 23,5$ mol in Stoffmengenwerte mit den Einheiten a) Kilomol und b) Millimol?

1.2.7 Lichtstärke

1.2.7.1 Theoretische Grundlagen

Nach dem Internationalen Einheitensystem gehört die *Lichtstärke* zu den sieben Basisgrößen der Physik. Als Größensymbol verwendet man I (vgl. Tab. 1-1). Die Einheit der Lichtstärke ist 1 *Candela* (Einheitenzeichen: cd). 1 Candela gehört zu den SI-Basiseinheiten.

1 Candela ist die Lichtstärke, mit der 1/600000 Quadratmeter der Oberfläche eines schwarzen Strahlers bei der Temperatur des bei einem Druck von 101 325 Newton durch Quadratmeter erstarrenden Platins senkrecht zu seiner Oberfläche leuchtet [3].

Von der Einheit 1 Candela leiten sich alle übrigen Lichtstärkeeinheiten ab.

1.2.7.2 Umrechnen von speziellen Lichtstärkewerten

Bei der Umrechnung von Lichtstärken in Größenwerte mit anderen Einheiten verwendet man Einheitengleichungen, die sich aus der Anwendung der Vorsätze für SI-Einheiten (vgl. Tab. 1-2) ergeben.

Rechenbeispiel 1-12. Wieviel Candela sind 22,6 mcd?

Gesucht: I (in cd)   **Gegeben:** $I = 22,6$ mcd

Mit der Einheitengleichung **1 mcd = 10^{-3} cd** gemäß Tab. 1-2 gilt:

$I = 22,6$ mcd   ← 1 mcd = 10^{-3} cd

$ = 2,26 \cdot 10^1 \cdot 10^{-3}$ cd

$I = 2,26 \cdot 10^{-2}$ cd = 0,0226 cd

1.2.8 Wiederholungsaufgaben

1-1. Welche Größenwerte ergeben sich bei der Umrechnung der Länge $l = 75{,}0$ m in a) Kilometer, b) Dezimeter, c) Zentimeter und d) Millimeter?

1-2. Wieviel Zentimeter sind a) 325 mm, b) 1,95 m, c) 28,75 dm, d) 2,25 km und e) 5000 µm?

1-3. Welche Größenwerte in Potenzen ergeben sich bei der Umrechnung folgender Längen? a) 78,3 km in mm, b) 502 m in µm, c) 0,75 cm in m

1-4. Ein Schiff legt in eine Strecke von 120 Seemeilen zurück. Wieviel Kilometer sind das?

1-5. Wieviel Gramm sind a) 4,26 t, b) 65,75 kg, c) 325 mg und d) 750 000 µg?

1-6. Welche Größenwerte ergeben sich bei der Umrechnung der Zeit $t = 100$ h in Zeitwerte mit den Einheiten a) Jahr, b) Tag, c) Minute, d) Sekunde und e) Millisekunde?

1-7. Folgende Zeitwerte sollen umgerechnet werden: a) 720 s in Minuten, b) 32,5 h in Sekunden, c) 850 s in Stunden

1-8. Welche Stromstärken ergeben sich bei der Umrechnung von 7,5 A in a) Milliampere, b) Kiloampere und c) Mikroampere?

1-9. Welche Größenwerte ergeben sich bei der Umrechnung der Temperatur $T = 329$ K in a) Grad Celsius und b) Grad Fahrenheit?

1-10. Folgende Temperaturwerte sollen umgerechnet werden: a) 220 °F in Grad Celsius, b) -193 °C in Kelvin und c) 1665 K in Grad Fahrenheit

1-11. Wieviel a) Mol und b) Millimol sind $6{,}7 \cdot 10^{-1}$ kmol eines Stoffes X?

1.3 Fläche

1.3.1 Theoretische Grundlagen

Nach dem Internationalen Einheitensystem gehört die *Fläche* zu den abgeleiteten, physikalischen Größen. Sie leitet sich von der Basisgröße Länge ab. Als Größensymbol verwendet man A [2].

Eine Fläche hat zwei Ausdehnungen, eine Länge und eine Breite. Sie ist das Produkt zweier Längen. Ihre Dimension ist *Länge · Länge*[10]:

Fläche = Länge · Länge

$$A = l \cdot l = l^2 \tag{1-3}$$

Die Dimensionsbetrachtung der Fläche liefert ihre Einheit:

$$[A] = [l] \cdot [l] = 1 \text{ m} \cdot 1 \text{ m} = 1 \text{ m}^2$$

Die Einheit der Fläche ist 1 *Quadratmeter* (Einheitenzeichen: m²).

1 Quadratmeter ist die Fläche eines Quadrates mit der Seitenlänge $a = 1$ m.

Aus dieser Einheit leiten sich die übrigen Flächeneinheiten ab (vgl. Tab. 1-8).

Tab. 1-8. Abgeleitete Flächeneinheiten

Flächeneinheit	Einheitenzeichen	Zusammenhang mit 1 Quadratmeter		
1 Quadratkilometer	km²	10^6 m²	=	1 000 000 m²
1 Hektar[11]	ha	10^4 m²	=	10 000 m²
1 Ar[11]	a	10^2 m²	=	100 m²
1 Quadratdezimeter	dm²	10^{-2} m²	=	0,01 m²
1 Quadratzentimeter	cm²	10^{-4} m²	=	0,0001 m²
1 Quadratmillimeter	mm²	10^{-6} m²	=	0,000001 m²

1.3.2 Umrechnen von speziellen Flächenwerten

Bei der Umrechnung von speziellen Flächenwerten in Größenwerte mit anderen Einheiten benutzt man Einheitengleichungen, die sich durch die Verwendung von Tab. 1-8 ergeben.

---

10 Nach der ursprünglichen Bedeutung des Begriffes Dimension ist eine Fläche geometrisch zweidimensional.
11 Die Einheiten Ar und Hektar sind keine SI-Einheiten. Sie werden bevorzugt zur Angabe des Flächeninhaltes von Grundstücken und Flurstücken verwendet.

1.3 Fläche 23

Rechenbeispiel 1-13. Wieviel Quadratzentimeter sind 15,5 m²?

Gesucht: A (in cm²) **Gegeben:** $A = 15{,}5$ m²

Mit der Einheitengleichung **1 m² = 10 000 cm²** gemäß Tab. 1-8 gilt:

$A = 15{,}5$ m²   ←   1 m² = 10 000 cm²

  $= 15{,}5 \cdot 10\,000$ cm²

$\underline{A = \mathbf{155\,000\ cm^2}}$

Es empfiehlt sich, anstelle großer Zahlenwerte entsprechende Potenzen zu verwenden.

Rechenbeispiel 1-14. Der Inhalt einer Fläche ist mit $A = 0{,}265$ m² bekannt. Wieviel Quadratmillimeter sind das?

Gesucht: A (in mm²) **Gegeben:** $A = 0{,}265$ m²

Mit der Einheitengleichung **1 m² = 10⁶ mm²** gemäß Tab. 1-8 gilt:

$A = 0{,}265$ m²   ←   1 m² = 10⁶ mm²

  $= 2{,}65 \cdot 10^{-1} \cdot 10^6$ mm²

$\underline{A = \mathbf{2{,}65 \cdot 10^5\ mm^2 = 265\,000\ mm^2}}$

Rechenbeispiel 1-15. Wieviel Quadratkilometer sind 76 500 dm²?

Gesucht: A (in km²) **Gegeben:** $A = 76\,500$ dm²

Mit den Einheitengleichungen **1 dm² = 0,01 m²** und **1 m² = 0,000001 km²** gemäß Tab. 1-8 gilt:

$A = 76\,500$ dm²   ←   1 dm² = 0,01 m²

  $= 76\,500 \cdot 0{,}01$ m²   ←   1 m² = 0,000001 km²

  $= 76\,500 \cdot 0{,}01 \cdot 0{,}000001$ km²

$\underline{A = \mathbf{0{,}000765\ km^2}}$

Vorteilhaft wäre hier das Rechnen mit Potenzen:

$A = 76\,500 \text{ dm}^2 \quad \leftarrow \quad 1 \text{ dm}^2 = 10^{-2} \text{ m}^2$
$ = 7{,}65 \cdot 10^4 \cdot 10^{-2} \text{ m}^2 \quad \leftarrow \quad 1 \text{ m}^2 = 10^{-6} \text{ km}^2$
$ = 7{,}65 \cdot 10^4 \cdot 10^{-2} \cdot 10^{-6} \text{ m}^2$

$\underline{A = 7{,}65 \cdot 10^{-4} \text{ km}^2}$

Rechenbeispiel 1-16. Die Fläche einer Tischplatte $A = 10\,200 \text{ cm}^2$ soll in Quadratmeter umgerechnet werden!

Gesucht: A (in m²) **Gegeben:** $A = 10\,200 \text{ cm}^2$

Mit der Einheitengleichung **1 cm² = 10^{-4} m²** gemäß Tab. 1-8 gilt:

$A = 10\,200 \text{ cm}^2 \quad \leftarrow \quad 1 \text{ cm}^2 = 10^{-4} \text{ m}^2$
$ = 1{,}02 \cdot 10^4 \cdot 10^{-4} \text{ m}^2$

$\underline{A = 1{,}02 \text{ m}^2}$

Übungsaufgaben:

1-14. Eine Fläche $A = 2{,}85 \text{ m}^2$ soll in a) Quadratmillimeter, b) Quadratzentimeter, c) Quadratdezimeter, d) Ar, e) Hektar und f) Quadratkilometer umgerechnet werden!

1-15. Wieviel Quadratdezimeter sind a) 25 600 mm², b) 150 000 cm², c) 28,2 m², d) 0,8 a, e) 0,2 ha und f) 1,5 km²?

1-16. Wieviel Hektar sind a) 25 000 000 cm², b) 500 000 dm², c) 1 200 000 m² und d) 25 km²?

1-17. Folgende Flächen sind umzurechnen:
a) 2 638 m² in Quadratkilometer
b) 0,26 km² in Hektar
c) 725 000 mm² in Quadratzentimeter
d) 0,03 dm² in Quadratmillimeter

1.4 Volumen

1.4.1 Theoretische Grundlagen

Nach dem Internationalen Einheitensystem gehört das *Volumen* zu den abgeleiteten physikalischen Größen. Es läßt sich auf die Basisgröße Länge zurückführen. Als Größensymbol verwendet man V [2].
Ein Körper mit einem bestimmten Volumen hat drei Ausdehnungen. Das Volumen ist das Produkt dreier Längen. Seine Dimension ist *Länge · Länge · Länge*:

Volumen = Länge · Länge · Länge

$$V = l \cdot l \cdot l = l^3 \tag{1-4}$$

Die Dimensionsbetrachtung des Volumens liefert die Einheit:

$$[V] = [l] \cdot [l] \cdot [l] = 1\,\text{m} \cdot 1\,\text{m} \cdot 1\,\text{m} = 1\,\text{m}^3$$

Die Einheit des Volumens ist 1 *Kubikmeter* (Einheitenzeichen: m^3).

1 Kubikmeter ist das Volumen (der Rauminhalt) eines Würfels mit der Kantenlänge $a = 1\,\text{m}$.

Aus dieser Einheit leiten sich die übrigen Volumeneinheiten ab (vgl. Tab. 1-9).

Tab. 1-9. Abgeleitete Volumeneinheiten

Volumeneinheit	Einheitenzeichen	Zusammenhang mit 1 Kubikmeter	
1 Kubikkilometer	km^3	$10^9\,m^3$ =	$1\,000\,000\,000\,m^3$
1 Kubikdezimeter	dm^3	$10^{-3}\,m^3$ =	$0{,}001\,m^3$
1 Liter[12]	L	$10^{-3}\,m^3$ =	$0{,}001\,m^3$
1 Kubikzentimeter	cm^3	$10^{-6}\,m^3$ =	$0{,}000001\,m^3$
1 Milliliter[12]	mL	$10^{-6}\,m^3$ =	$0{,}000001\,m^3$
1 Kubikmillimeter	mm^3	$10^{-9}\,m^3$ =	$0{,}000000001\,m^3$
1 Mikroliter	µL	$10^{-9}\,m^3$ =	$0{,}000000001\,m^3$

---

12 Die Einheiten Liter, Milliliter und Mikroliter sind keine SI-Einheiten. Sie werden bevorzugt für die Volumenangabe von flüssigen Stoffen verwendet.

1.4.2 Umrechnen von speziellen Volumenwerten

Bei der Umrechnung von speziellen Volumenwerten in Werte mit anderen Einheiten wendet man Einheitengleichungen an, die sich aus Tab. 1-9 ergeben.

Rechenbeispiel 1-17. Wieviel Kubikzentimeter sind 23,5 dm³?

Gesucht: V (in cm³) **Gegeben:** $V = 23,5$ dm³

Mit der Einheitengleichung **1 dm³ = 1 000 cm³** gemäß Tab. 1-9 gilt:

$V = 23,5$ dm³ ← 1 dm³ $= 1000$ cm³
$ = 23,5 \cdot 1000$ cm³

$\underline{V = \mathbf{23\,500\ cm^3}}$

Es empfiehlt sich, anstelle großer Zahlenwerte entsprechende Potenzen zu verwenden.

Rechenbeispiel 1-18. Ein Körper hat ein Volumen von 12 675 000 µL. Wieviel Kubikdezimeter sind das?

Gesucht: V (in dm³) **Gegeben:** $V = 12\,675\,000$ µL

Mit der Einheitengleichung **1 µL = 10^{-9} m³** gemäß Tab. 1-9 gilt:

$V = 12\,675\,000$ µL ← 1 µL $= 10^{-9}$ m³
$ = 1,2675 \cdot 10^7 \cdot 10^{-9}$ m³ ← 1 m³ $= 10^3$ dm³
$ = 1,2675 \cdot 10^7 \cdot 10^{-9} \cdot 10^3$ dm³

$\underline{V = \mathbf{1,2675 \cdot 10^1\ dm^3}}$

Rechenbeispiel 1-19. Wieviel Milliliter sind 0,165 m³?

Gesucht: V (in mL) **Gegeben:** $V = 0,165$ m³

Mit der Einheitengleichung **1 m³ = 1 000 000 mL = 10^6 mL** gemäß Tab. 1-9 gilt:

$V = 0,165$ m³ ← 1 m³ $= 1\,000\,000$ mL $= 10^6$ mL
$ = 1,65 \cdot 10^{-1} \cdot 10^6$ mL

$\underline{V = \mathbf{1,65 \cdot 10^5\ mL = 165\,000\ mL}}$

Übungsaufgaben:

1-18. Ein Volumen von 5,72 m³ soll in a) Kubikkilometer, b) Kubikdezimeter, c) Liter, d) Kubikzentimeter, e) Milliliter, f) Kubikmillimeter und g) Mikroliter umgerechnet werden!

1-19. Wieviel Kubikzentimeter sind a) 40 500 µL, b) 120 000 mm³, c) 37,6 mL, d) 22,4 L, e) 90 dm³, f) 0,0238 m³ und g) $7,5 \cdot 10^{-4}$ km³?

1-20. Folgende Volumina sind umzurechnen!

a) 5,68 m³ in Kubikzentimeter
b) 3 005 L in Kubikdezimeter
c) 0,048 dm³ in Milliliter
d) 50 000 cm³ in Kubikkilometer
e) 0,925 L in Kubikzentimeter
f) 12,2 dm³ in Kubikmillimeter

1.5 Regelmäßige, geometrische Flächen

Zu den wichtigsten regelmäßigen, geometrischen Flächen gehören Dreieck, Rechteck, Quadrat, Parallelogramm, Trapez und Kreis.
Die Berechnungen von Größenwerten für diese Flächen sind in der Praxis in vielerlei Hinsicht von Bedeutung, z. B. Flächewerte beim Wärmedurchgang in Wärmetauschern oder Längewerte wie Durchmesser und Umfang bei Reaktoren und Behältern. Sie setzen die Kenntnis der entsprechenden Größengleichungen für die genannten Flächen voraus.

1.5.1 Dreieck

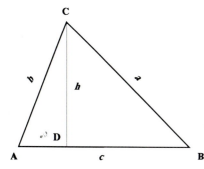

Abb. 1-1. Dreieck

Ein Dreieck ist eine geometrische Fläche mit den drei Eckpunkten A, B und C, die von den drei Seiten *c*, *a* und *b* begrenzt wird und drei Innenwinkel besitzt, deren Summe 180° beträgt.

Sein Umfang ergibt sich als Summe der Seiten:

$$U = a + b + c \tag{1-5}$$

- *U*   Umfang des Dreiecks ΔABC
- *c*   Strecke $\overline{AB}$
- *a*   Strecke $\overline{BC}$
- *b*   Strecke $\overline{AC}$

Fällt man von Punkt C das Lot auf die Seite *c*, so erhält man mit der Strecke $\overline{CD}$ die Höhe *h* des Dreiecks.

Trägt man in Punkt C die Strecke $\overline{AB} = c'$ parallel zur Strecke $\overline{AB} = c$ an und verbindet A′ mit B, so ergibt sich ein Parallelogramm. Verschiebt man Dreieck ΔADC bis zu Punkt A′, so entsteht ein Rechteck, dessen Fläche A′ doppelt so groß ist wie die Fläche des zugrundeliegenden Dreiecks ABC (vgl. Abb. 1-2):

$$A' = c' h = c h = 2 A$$

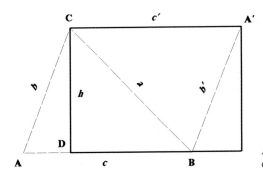

Abb. 1-2. Darstellung zur Berechnung des Flächeninhalts eines Dreiecks

Daraus ergibt sich für die Fläche *A* eines Dreiecks:

$$A = \frac{c h}{2} \tag{1-6}$$

- *A*   Fläche des Dreiecks
- *c*   Strecke $\overline{AB}$ = Basis des Dreiecks
- *h*   Höhe des Dreiecks

Rechenbeispiel 1-20. Für ein Dreieck sind die Basis $c = 52{,}6$ cm und die Höhe $h = 85{,}7$ cm gegeben. Welche Fläche *A* besitzt dieses Dreieck?

Gesucht: A **Gegeben:** $c = 52{,}6$ cm; $h = 85{,}7$ cm

$$A = \frac{c\,h}{2} = \frac{52{,}6 \text{ cm} \cdot 85{,}7 \text{ cm}}{2}$$

$\underline{A = \mathbf{2254\ cm^2}}$

Rechenbeispiel 1-21. Ein Dreieck mit der Höhe $h = 4{,}45$ dm besitzt eine Fläche $A = 275{,}0$ cm². Wie lang ist Seite c?

Gesucht: c (in cm) **Gegeben:** $h = 4{,}45$ dm; $A = 275{,}0$ cm²

Aus (1-6) folgt:

$$c = \frac{2A}{h} = \frac{2 \cdot 275{,}0 \text{ cm}^2}{4{,}45 \text{ dm}} = \frac{2 \cdot 275{,}0 \text{ cm}^2}{4{,}45 \cdot 10 \text{ cm}}$$

$\underline{c = \mathbf{12{,}36\ cm}}$

Rechenbeispiel 1-22. Welche Höhe h hat ein Dreieck mit einer Fläche $A = 8000$ mm² und der Seite $c = 75$ mm?

Gesucht: h **Gegeben:** $A = 8000$ mm²; $c = 75$ mm

Aus (1-6) folgt:

$$h = \frac{2A}{c} = \frac{2 \cdot 8000 \text{ mm}^2}{75 \text{ mm}}$$

$\underline{h = \mathbf{213{,}3\ mm}}$

Übungsaufgaben:

1-21. Welche Flächen A ergeben sich für Dreiecke mit folgenden Angaben?

a) $c = 1{,}52$ km; $h = 720$ m; A (in ha) = ?
b) $c = 20{,}6$ dm; $h = 3\,000$ mm; A (in m²) = ?
c) $c = 50{,}0$ m; $h = 40{,}0$ m; A (in a) = ?

1-22. Welche Basis c haben Dreiecke mit folgenden Angaben?

a) $A = 500{,}0$ dm²; $h = 20{,}6$ dm; c (in dm) = ?
b) $A = 5260$ cm²; $h = 48$ cm; c (in cm) = ?
c) $A = 25000$ mm²; $h = 15{,}2$ cm; c (in cm) = ?

1-23. Welche Höhen h (in cm) besitzen Dreiecke, die bei gleicher Basis $c = 25{,}0$ cm folgende Flächen A haben? a) $1{,}85$ m^2; b) $50{,}0$ dm^2; c) 250 cm^2; d) 7500 mm^2

Bestimmte Dreiecke stellen Spezialfälle des Dreiecks dar, für die besondere Gesetzmäßigkeiten gelten.

1.5.1.1 Rechtwinkliges Dreieck

Ein Dreieck ist rechtwinklig, wenn es einen rechten Winkel besitzt.

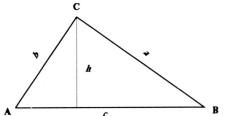

Abb. 1-3. Rechtwinkliges Dreieck

Für das rechtwinklige Dreieck gilt der *Satz von Pythagoras*[13]:

Im rechtwinkligen Dreieck ist die Summe der Quadrate über den Katheten a und b gleich dem Quadrat über der Hypotenuse c.

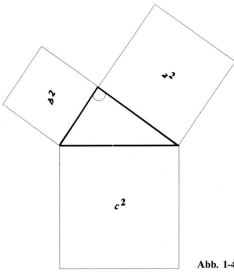

Abb. 1-4. Satz von Pythagoras

---
13 Griechischer Philosoph und Mathematiker, geb. um 1582 v. Chr.

1.5 Regelmäßige, geometrische Flächen

$$a^2 + b^2 = c^2 \qquad (1\text{-}7)$$

Mit diesem Lehrsatz lassen sich sowohl fehlende Seiten eines Dreiecks als auch sein Umfang berechnen.

Rechenbeispiel 1-23. Die Seiten $a = 6{,}0$ cm und $b = 9{,}0$ cm eines Dreiecks schließen einen rechten Winkel ein. Wie lang ist die Seite c des Dreiecks?

Gesucht: c **Gegeben:** $a = 6{,}0$ cm; $b = 9{,}0$ cm

$a^2 + b^2 = c^2 \Rightarrow$

$c = \sqrt{a^2 + b^2} = \sqrt{(6{,}0 \text{ cm})^2 + (9{,}0 \text{ cm})^2}$

$\underline{c = 10{,}82 \text{ cm}}$

Rechenbeispiel 1-24. Welchen Wert hat die Ankathete a in einem rechtwinkligen Dreieck mit den Seiten $b = 15{,}4$ dm und $c = 18{,}6$ dm?

Gesucht: a **Gegeben:** $b = 15{,}4$ dm; $c = 18{,}6$ dm

$a^2 + b^2 = c^2 \Rightarrow$

$a = \sqrt{c^2 - b^2} = \sqrt{(18{,}6 \text{ dm})^2 - (15{,}4 \text{ dm})^2}$

$\underline{a = 10{,}4 \text{ dm}}$

Statt die benötigte dritte Seitenlänge getrennt zu berechnen, kann man auch (1-7) in (1-5) einsetzen, um den Umfang zu bestimmen.

Rechenbeispiel 1-25. Welchen Umfang hat ein rechtwinkliges Dreieck mit den Katheten $a = 25{,}0$ mm und $b = 45{,}0$ mm?

Gesucht: U **Gegeben:** $a = 25{,}0$ mm; $b = 45{,}0$ mm

$U = a + b + c \quad \leftarrow \quad c = \sqrt{a^2 + b^2} \Leftarrow a^2 + b^2 = c^2$

$ = a + b + \sqrt{a^2 + b^2}$

$ = 25{,}0 \text{ mm} + 45{,}0 \text{ mm} + \sqrt{(25{,}0 \text{ mm})^2 + (45{,}0 \text{ mm})^2}$

$\underline{U = 121{,}5 \text{ mm}}$

1.5.1.2 Gleichschenkliges Dreieck

In einem gleichschenkligen Dreieck sind zwei Seiten gleich lang.

$a = b \neq c$

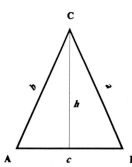

Abb. 1-5. Gleichschenkliges Dreieck.

Für die Berechnung des Umfangs gilt deshalb (1-5) in der veränderten Form:

$$U = 2a + c \tag{1-8}$$

Rechenbeispiel 1-26. Welchen Umfang hat ein gleichschenkliges Dreieck mit den Seiten $a = 350$ mm und $c = 200$ mm?

Gesucht: U **Gegeben:** $a = 350$ mm; $c = 200$ mm

$U = 2a + c = 2 \cdot 350$ mm $+ 200$ mm

$\underline{U = 900 \text{ mm}}$

Wenn nur die Seite c und die Höhe h eines gleichschenkligen Dreiecks bekannt sind, kann nach Pythagoras zunächst die Seite a bestimmt werden:

$$a^2 = h^2 + \left[\frac{c}{2}\right]^2 \tag{1-9}$$

Rechenbeispiel 1-27. Ein gleichschenkliges Dreieck hat die Seite $c = 12{,}6$ cm und die Höhe $h = 18{,}7$ cm. Wie lang ist die Seite $a = b$?

Gesucht: $a = b$ **Gegeben:** $c = 12{,}6$ cm; $h = 18{,}7$ cm

$$a = b = \sqrt{h^2 + \left[\frac{c}{2}\right]^2} = \sqrt{(18{,}7 \text{ cm})^2 + \left[\frac{12{,}6 \text{ cm}}{2}\right]^2}$$

$\underline{a = b = 19{,}73 \text{ cm}}$

1.5 Regelmäßige, geometrische Flächen

Der Umfang kann in einem solchen Fall auch berechnet werden, indem man (1-9) direkt in (1-8) einsetzt.

Rechenbeispiel 1-28. In einem gleichschenkligen Dreieck sind die Seite $c = 252$ mm und die Höhe $h = 356$ mm gegeben. Welchen Umfang (in cm) hat das Dreieck?

Gesucht: U (in cm) **Gegeben:** $c = 252$ mm; $h = 356$ mm

$$U = 2a + c \quad \longleftarrow \quad a = \sqrt{h^2 + \left[\frac{c}{2}\right]^2} \Leftarrow a^2 = h^2 + \left[\frac{c}{2}\right]^2$$

$$= 2\sqrt{h^2 + \left[\frac{c}{2}\right]^2} + c$$

$$= 2\sqrt{(356 \text{ mm})^2 + \left[\frac{252 \text{ mm}}{2}\right]^2} + 252 \text{ mm}$$

$\underline{U = 100{,}7 \text{ cm}}$

Für ein gleichschenkliges Dreieck, in dem die Seite $a = b$ und die Höhe h gegeben sind, lassen sich auch die Seite c und der Umfang U berechnen.

Rechenbeispiel 1-29. In einem gleichschenkligen Dreieck sind die Seite $a = 65{,}4$ cm und die Höhe $h = 40{,}3$ cm gegeben. Wie lang sind die Seite c und der Umfang U?

Gesucht: c ; U **Gegeben:** $a = 65{,}4$ cm; $h = 40{,}3$ cm

$$a^2 = h^2 + \left[\frac{c}{2}\right]^2 \Rightarrow a^2 = h^2 + \frac{c^2}{4} \Rightarrow$$

$$c = \sqrt{4(a^2 - h^2)} = \sqrt{4[(65{,}4 \text{ cm})^2 - (40{,}3 \text{ cm})^2]}$$

$\underline{c = 103{,}0 \text{ cm}}$

$U = 2a + c = 2 \cdot 65{,}4 \text{ cm} + 103{,}0 \text{ cm}$

$\underline{U = 233{,}8 \text{ cm}}$

Wiederum mit Hilfe des Pythagoreischen Lehrsatzes kann bei gegebenen Seiten a, b und c die Höhe h berechnet werden.

Rechenbeispiel 1-30. Welche Höhe h hat ein gleichschenkliges Dreieck mit den Seiten $a = b = 20{,}6$ mm und $c = 36{,}8$ mm?

Gesucht: h **Gegeben:** $a = b = 20{,}6$ mm; $c = 36{,}8$ mm

$$a^2 = h^2 + \left[\frac{c}{2}\right]^2 \Rightarrow$$

$$h = \sqrt{a^2 - \left[\frac{c}{2}\right]^2} = \sqrt{(20{,}6 \text{ mm})^2 - \left[\frac{36{,}8 \text{ mm}}{2}\right]^2}$$

$h = 9{,}3$ mm

1.5.1.3 Gleichseitiges Dreieck

In einem gleichseitigen Dreieck sind alle Seiten gleich.

$a = b = c$

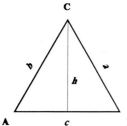

Abb. 1-6. Gleichseitiges Dreieck

Aus (1-5) zur Berechnung des Umfangs ergibt sich deshalb:

$$U = 3\,a \qquad (1\text{-}10)$$

Bei gegebenem Umfang U läßt sich mit (1-10) die Seite a berechnen.

Rechenbeispiel 1-31. Wie lang (in mm) sind die Seiten eines gleichseitigen Dreiecks mit dem Umfang $U = 2{,}75$ m?

Gesucht: a (in mm) **Gegeben:** $U = 2{,}75$ m

$U = 3\,a \Rightarrow$

$$a = \frac{U}{3} = \frac{2{,}75 \text{ m}}{3} = \frac{2{,}75 \cdot 1000 \text{ mm}}{3}$$

$a = 917$ mm

1.5 Regelmäßige, geometrische Flächen

(1-9) geht für ein gleichseitiges Dreieck über in die Form:

$$a^2 = h^2 + \left[\frac{a}{2}\right]^2 \tag{1-11}$$

Damit kann man die Höhe h ermitteln, wenn die Seite a bekannt ist.

Rechenbeispiel 1-32. Welche Höhe h besitzt ein gleichseitiges Dreieck mit der Seite $a = 50{,}0$ cm?

Gesucht: h **Gegeben:** $a = 50{,}0$ cm

$$a^2 = h^2 + \left[\frac{a}{2}\right]^2 \Rightarrow h^2 = a^2 - \left[\frac{a}{2}\right]^2 \Rightarrow$$

$$h = \sqrt{a^2 - \left[\frac{a}{2}\right]^2} = \sqrt{(50{,}0 \text{ cm})^2 - \left[\frac{50{,}0 \text{ cm}}{2}\right]^2}$$

$\underline{h = 43{,}30 \text{ cm}}$

Mit (1-11) berechnet man umgekehrt auch bei gegebener Höhe h die Seitenlänge a. Mit (1-10) kann anschließend auch der Umfang U bestimmt werden.

Rechenbeispiel 1-33. Ein gleichseitiges Dreieck hat die Höhe $h = 800$ mm. Welche Seitenlänge a und welchen Umfang U muß es dann haben?

Gesucht: a; U **Gegeben:** $h = 800$ mm

$$a^2 = h^2 + \left[\frac{a}{2}\right]^2 \Rightarrow a^2 - \left[\frac{a}{2}\right]^2 = h^2 \Rightarrow \frac{3\,a^2}{4} = h^2 \Rightarrow a^2 = \frac{4\,h^2}{3} \Rightarrow$$

$$a = \sqrt{\frac{4\,h^2}{3}} = \sqrt{\frac{4 \cdot (800 \text{ mm})^2}{3}}$$

$\underline{a = 923{,}8 \text{ mm} = 92{,}38 \text{ cm}}$

Mit (1-10) gilt für den Umfang U:

$U = 3\,a = 3 \cdot 92{,}4$ cm

$\underline{U = 277{,}1 \text{ cm}}$

1 Rechnen zur Einführung in die Physik

Übungsaufgaben:

1-24. Wie lang sind die Seiten c (in cm) in rechtwinkligen Dreiecken mit den folgenden Seiten?

a) $a = 12{,}4$ cm; $\quad b = 24{,}8$ cm
b) $a = 500$ mm; $\quad b = 650$ mm
c) $a = 6{,}34$ dm; $\quad b = 7{,}08$ dm

1-25. Welche Längen der Seite a (in cm) ergeben sich mit folgenden Werten für rechtwinklige Dreiecke?

a) $b = 7{,}26$ m; $\quad c = 10{,}86$ m
b) $b = 125$ cm; $\quad c = 250$ cm
c) $b = 38{,}1$ dm; $\quad c = 40{,}0$ dm

1-26. Welche Umfänge (in dm) haben rechtwinklige Dreiecke mit den angegebenen Katheten?

a) $a = 75$ cm; $\quad b = 125$ cm
b) $a = 3{,}2$ m; $\quad b = 2{,}6$ m
c) $a = 185$ mm; $\quad b = 96$ mm

1-27. Wie lang sind die Seiten a und b und die Umfänge U (in cm) in den gleichschenkligen Dreiecken mit folgenden Werten?

a) $c = 0{,}156$ dm; $\quad h = 0{,}305$ dm
b) $c = 8{,}7$ m; $\quad h = 3{,}2$ m
c) $c = 155$ mm; $\quad h = 75$ mm

1-28. Wie groß sind die Seiten c und die Umfänge U für gleichschenklige Dreiecke (in cm) mit folgenden Angaben?

a) $a = 8{,}75$ dm; $\quad h = 6{,}00$ dm
b) $a = 2{,}85$ m; $\quad h = 1{,}56$ m
c) $a = 375$ mm; $\quad h = 201$ mm

1-29. Wie groß sind die Höhen h (in cm) von gleichschenkligen Dreiecken mit folgenden Werten?

a) $a = 26{,}2$ cm; $\quad c = 50$ cm
b) $a = 1050$ mm; $\quad c = 855$ mm
c) $a = 3{,}26$ m; $\quad c = 5{,}50$ m

1-30. Wie lang sind die Seiten (in dm) von gleichseitigen Dreiecken mit folgenden Umfängen? a) $U = 6250$ mm; b) $U = 35{,}6$ cm; c) $U = 5{,}02$ m

1-31. Wie groß sind die Höhen h (in cm) von gleichseitigen Dreiecken mit folgenden Seitenlängen? a) $a = 70{,}6$ cm; b) $a = 350$ m; c) $a = 7565$ mm

1-32. Wie groß sind für gleichseitige Dreiecke die Seiten a und die Umfänge U (in cm), wenn folgende Höhen h gegeben sind? a) $h = 82{,}0$ cm; b) $h = 3050$ mm; c) $h = 0{,}25$ dm

1.5.2 Rechteck, Quadrat

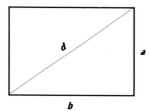

Abb. 1-7. Rechteck

Ein Rechteck ist ein Viereck mit vier rechten Innenwinkeln und zwei unterschiedlichen Seiten a und b.

$a \neq b$

Sein Umfang U ergibt sich durch die Addition der Seitenlängen:

$U = a + b + a + b = 2a + 2b$

$U = 2(a + b)$ (1-12)

Die Fläche A berechnet sich aus den Seiten a und b:

$A = ab$ (1-13)

A Fläche des Rechtecks
a Länge der Seite a
b Länge der Seite b

Mit (1-12) kann der Umfang eines Rechtecks berechnet werden.

Rechenbeispiel 1-34. Welchen Umfang hat ein Rechteck mit den Seiten a = 5,0 m und b = 6,2 m?

Gesucht: U **Gegeben:** a = 5,0 m ; b = 6,2 m

$U = 2(a + b) = 2\,(5{,}0\text{ m} + 6{,}2\text{ m})$

$\underline{U = 22{,}4 \text{ m}}$

Durch Umstellen von (1-12) lassen sich die Seiten a bzw. b berechnen, wenn der Umfang U und eine Seite bekannt sind.

1 Rechnen zur Einführung in die Physik

Rechenbeispiel 1-35. Ein Rechteck hat einen Umfang $U = 250$ cm. Die Seite a ist 27,3 cm lang. Welche Länge hat die Seite b?

Gesucht: b **Gegeben:** $U = 250$ cm ; a $= 27{,}3$ cm

$U = 2\,(a + b) \Rightarrow$

$$b = \frac{U}{2} - a = \frac{250 \text{ cm}}{2} - 27{,}3 \text{ cm}$$

$b = 97{,}7$ cm

Rechenbeispiel 1-36. Welchen Flächeninhalt besitzt ein rechteckiges Grundstück, das 32,5 m lang und 16,6 m breit ist?

Gesucht: A **Gegeben:** $a = 32{,}5$ m; $b = 16{,}6$ m

$A = a\,b = 32{,}5$ m $\cdot$ 16,6 m

$A = 540$ m^2

Wenn von einem Rechteck eine Seite und der Flächeninhalt A bekannt sind, kann man die zweite Seite berechnen.

Rechenbeispiel 1-37. Eine Tischplatte ist 1,25 m lang. Sie besitzt eine Fläche von 0,72 m^2. Wie breit ist der Tisch (in cm)?

Gesucht: b (in cm) **Gegeben:** $a = 1{,}25$ m; $A = 0{,}72$ m^2

$A = a\,b \Rightarrow$

$$b = \frac{A}{a} = \frac{0{,}72 \text{ m}^2}{1{,}25 \text{ m}} = \frac{0{,}72 \cdot 10\,000 \text{ cm}^2}{1{,}25 \cdot 100 \text{ cm}}$$

$b = 57{,}6$ cm

Die Diagonale d zerlegt ein Rechteck in zwei gleichgroße rechtwinklige Dreiecke. Sie selbst stellt die Hypotenuse dieser Dreiecke dar. Sie kann deshalb mit dem Satz von Pythagoras nach (1-7), S. 31, berechnet werden, wenn die Seiten des Rechtecks gegeben sind.

Rechenbeispiel 1-38. Wie lang ist die Diagonale d eines Rechtecks mit den Seiten $a = 25{,}2$ m und $b = 8{,}4$ m?

1.5 Regelmäßige, geometrische Flächen 39

Gesucht: d **Gegeben:** $a = 25{,}2$ m; $b = 8{,}4$ m

Mit (1-7) gilt für d:

$d^2 = a^2 + b^2 \Rightarrow$

$d = \sqrt{a^2 + b^2} = \sqrt{(25{,}2 \text{ m})^2 + (8{,}4 \text{ m})^2}$

$\underline{d = 26{,}56 \text{ m}}$

Für Rechtecke, von denen die Diagonale d und eine Seite bekannt sind, kann über Pythagoras auch der Flächeninhalt A ermittelt werden.

Rechenbeispiel 1-39. Welche Fläche (in m²) hat ein Rechteck mit $b = 58{,}5$ cm und $d = 3{,}76$ m?

Gesucht: A (in m²) **Gegeben:** $b = 58{,}5$ cm; $d = 3{,}76$ m

Mit (1-7) gilt für d:

$d^2 = a^2 + b^2 \Rightarrow a^2 = d^2 - b^2 \Rightarrow a = \sqrt{d^2 - b^2}$

Diese Beziehung wird in (1-13) eingesetzt:

$A = a\,b \quad \longleftarrow \quad a = \sqrt{d^2 - b^2}$

$= \sqrt{d^2 - b^2} \cdot b = \sqrt{(3{,}76 \text{ m})^2 - (0{,}585 \text{ m})^2} \cdot 0{,}585 \text{ m}$

$\underline{A = 2{,}173 \text{ m}^2}$

Das Quadrat stellt den Sonderfall eines Rechtecks dar. Seine Seiten sind gleich lang:

$a = b$

(1-12) geht über in die folgende Beziehung:

$U = 4\,a$ \hfill (1-14)

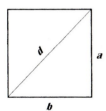

Abb. 1-8. Quadrat

Mit (1-14) kann der Umfang des Quadrates berechnet werden.

Rechenbeispiel 1-40. Welchen Umfang (in m) besitzt ein Quadrat mit der Seite $a = 7{,}5$ dm?

Gesucht: U (in m) **Gegeben:** $a = 7{,}5$ dm

$U = 4\,a = 4 \cdot 7{,}5$ dm ⟵ 1 dm = 0,1 m (vgl. Tab. 1-3)

$ = 4 \cdot 7{,}5 \cdot 0{,}1$ m

$\underline{U = \mathbf{3{,}00\ m}}$

Durch Umstellen von (1-14) läßt die Seite a berechnen, wenn der Umfang U gegeben ist.

Rechenbeispiel 1-41. Welche Seitenlänge a (in mm) besitzt ein Quadrat mit einem Umfang von 2,48 m?

Gesucht: a (in mm) **Gegeben:** $U = 2{,}48$ m

$U = 4\,a \Rightarrow$

$a = \dfrac{U}{4} = \dfrac{2{,}48\text{ m}}{4}$ ⟵ 1 m = 1000 mm (vgl. Tab. 1-3)

$ = \dfrac{2{,}48 \cdot 1000 \text{ mm}}{4}$

$\underline{a = \mathbf{620\ mm}}$

Die Fläche A eines Quadrates berechnet sich aus der Seite a:

$$A = a^2 \tag{1-15}$$

A Fläche des Quadrates
a Länge der Seite a

Rechenbeispiel 1-42. Welche Fläche hat ein Quadrat mit der Seite $a = 92{,}55$ cm?

Gesucht: A **Gegeben:** $a = 92{,}55$ cm

$A = a^2 = (92{,}55 \text{ cm})^2$

$\underline{A = \mathbf{8566\ cm^2}}$

1.5 Regelmäßige, geometrische Flächen

Für ein Quadrat mit bekannter Fläche A läßt sich die Seite a mit (1-15) ermitteln.

Rechenbeispiel 1-43. Welche Seitenlänge hat ein Quadrat mit einem Flächeninhalt von 25,85 m²?

Gesucht: a **Gegeben:** $A = 25{,}85$ m²

$A = a^2 \Rightarrow$

$a = \sqrt{A} = \sqrt{25{,}85 \text{ m}^2}$

$\underline{a = \mathbf{5{,}084 \text{ m}}}$

Mit dem Satz von Pythagoras läßt sich auch die Diagonale eines Quadrates bestimmen, wenn seine Seitenlänge bekannt ist oder mit (1-15) errechnet werden kann.

Rechenbeispiel 1-44. Wie lang ist die Diagonale d eines Quadrates mit der Seitenlänge $a = 65{,}0$ mm?

Gesucht: d **Gegeben:** $a = 65{,}0$ mm

Gemäß (1-7) gilt für ein Quadrat mit $\boldsymbol{a} = \boldsymbol{b}$:

$d^2 = 2\,a^2 \Rightarrow$

$d = \sqrt{2\,a^2} = \sqrt{2(65{,}0 \text{ mm})^2}$

$\underline{d = \mathbf{91{,}92 \text{ mm}}}$

Analog dazu läßt sich auch die Berechnung der Fläche von Quadraten durchführen, wenn deren Diagonale d gegeben ist.

Rechenbeispiel 1-45. Welche Fläche hat ein Quadrat mit der Diagonale $d = 75{,}0$ cm?

Gesucht: A **Gegeben:** $d = 75{,}0$ cm

$d^2 = 2\,a^2 \Rightarrow a^2 = \dfrac{d^2}{2}$

$A = a^2$

$ = \dfrac{d^2}{2} = \dfrac{(75{,}0 \text{ cm})^2}{2}$

$\underline{A = \mathbf{2813 \text{ cm}^2}}$

Übungsaufgaben:

1-33. Welcher Umfang (in cm) ergibt sich für Rechtecke, für die die folgenden Größenwerte gegeben sind?

a) $a = 75{,}66$ cm; $b = 0{,}2$ dm
b) $a = 0{,}175$ m; $b = 22{,}62$ dm
c) $a = 3255$ mm; $b = 68{,}2$ dm

1-34. Wie groß ist die Länge der Seite b von Rechtecken (in cm), die bei $a = 0{,}25$ dm folgenden Umfang haben? a) $U = 0{,}0075$ km, b) $U = 32{,}0$ dm, c) $U = 250$ cm

1-35. Welche Flächen in (m^2) haben Rechtecke mit folgenden Ausmaßen?

a) $a = 75{,}0$ m; $b = 15{,}2$ m
b) $a = 225{,}5$ dm; $b = 138{,}4$ dm
c) $a = 2{,}25$ m; $b = 4{,}8$ dm

1-36. Welche Flächen haben die Quadrate (in dm^2) mit den Seitenlängen a) 0,26 m, b) 7,46 m, c) 2 600 mm und d) 84,2 cm?

1-37. Wie groß sind bei Rechtecken mit den angegebenen Werten jeweils die fehlende Seite und die Diagonale d?

a) $A = 2{,}750$ m^2; $a = 50{,}4$ cm
b) $A = 45\,600$ mm^2; $b = 152$ mm
c) $A = 63{,}5$ dm^2; $a = 265{,}0$ mm

1-38. Wie groß sind bei Quadraten mit den angegebenen Flächeninhalten die Seitenlängen a und die Diagonalen d?

a) $A = 9{,}45$ m^2
b) $A = 168{,}6$ dm^2
c) $A = 1750$ cm^2
d) $A = 2{,}5 \cdot 10^3$ mm^2

1-39. In einem Rechteck mit der Länge $a = 255$ mm ist die Diagonale $d = 325$ mm. Welchen Flächeninhalt A hat das Rechteck?

1-40. Wie groß ist der Flächeninhalt A (in m^2) bei Rechtecken mit folgenden Angaben?

a) $d = 380$ cm; $a = 290$ cm
b) $d = 56{,}9$ dm; $b = 3050$ mm
c) $d = 0{,}82$ dm; $a = 0{,}70$ dm

1-41. Welchen Umfang (in m) haben die Quadrate mit folgender Seitenlänge a? a) 7,25 m; b) 22,6 dm; c) 75,2 mm

1-42. Welche Seitenlänge a (in mm) haben die Quadrate mit folgendem Umfang? a) 5,20 m; b) 0,106 m; c) 18,2 cm

1-43. Welcher Flächeninhalt (in cm^2) ergibt sich für Quadrate mit folgenden Diagonalen d? a) 25 cm, b) 0,925 m; c) 370 mm

1.5.3 Parallelogramm

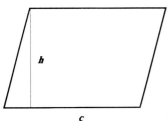

Abb. 1-9. Parallelogramm

Die Fläche A eines Parallelogramms berechnet sich aus der Basis c und der Höhe h:

$$A = c\,h \tag{1-16}$$

A Fläche des Parallelogramms
c Länge der Basis c
h Länge der Höhe h

Rechenbeispiel 1-46. Welche Fläche A hat ein Parallelogramm mit der Basis $c = 45{,}6$ cm und der Höhe $h = 38{,}4$ cm?

Gesucht: A **Gegeben:** $c = 45{,}6$ cm; $h = 38{,}4$ cm

Mit (1-16) gilt:

$$A = c\,h = 45{,}6 \text{ cm} \cdot 38{,}4 \text{ cm}$$

$$\underline{A = 1751 \text{ cm}^2}$$

Mit (1-16) ist die Berechnung der Höhe h eines Parallelogramms mit bekannter Fläche A und Basis c möglich.

Rechenbeispiel 1-47. Welche Höhe h ergibt sich für ein Parallelogramm mit einer Fläche $A = 131{,}2$ dm^2 und einer Basis $c = 45{,}5$ cm?

Gesucht: h **Gegeben:** $A = 131{,}2$ dm^2; $c = 45{,}5$ cm

$$A = c\,h \Rightarrow$$
$$h = \frac{A}{c} = \frac{131{,}2 \text{ dm}^2}{45{,}5 \text{ cm}} = \frac{131{,}2 \cdot 100 \text{ cm}^2}{45{,}5 \text{ cm}}$$

$$\underline{h = 288{,}4 \text{ cm}}$$

44   1 Rechnen zur Einführung in die Physik

Auf die gleiche Art kann die Basis c berechnet werden, wenn die Fläche A und die Höhe h gegeben sind.

Rechenbeispiel 1-48. Wie lang ist die Basis c eines Parallelogramms mit einer Fläche von 685 cm² und einer Höhe von 43 cm?

Gesucht: c **Gegeben:** $A = 685 \text{ cm}^2$; $h = 43 \text{ cm}$

$A = ch \Rightarrow$

$$c = \frac{A}{h} = \frac{685 \text{ cm}^2}{43 \text{ cm}}$$

$\underline{c = \mathbf{15{,}9 \text{ cm}}}$

Übungsaufgaben:

1-44. Welche Fläche haben Parallelogramme mit folgenden Angaben?

a) $c = 45{,}2 \text{ mm}$; $h = 2{,}37 \text{ cm}$
b) $c = 0{,}985 \text{ m}$; $h = 750 \text{ mm}$
c) $c = 2{,}96 \text{ dm}$; $h = 365 \text{ mm}$

1-45. Wie groß ist die Höhe von Parallelogrammen mit folgenden Angaben?

a) $A = 15{,}86 \text{ m}^2$; $c = 20{,}63 \text{ m}$; h (in dm) = ?
b) $A = 0{,}052 \text{ ha}$; $c = 45{,}0 \text{ m}$; h (in m) = ?

1-46. Wie groß ist die Basis c von Parallelogrammen mit folgenden Angaben?

a) $A = 40{,}0 \text{ dm}^2$; $h = 65{,}0 \text{ cm}$; c (in m) = ?
b) $A = 650\,000 \text{ mm}^2$; $h = 3{,}52 \text{ m}$; c (in mm) = ?

1.5.4 Trapez

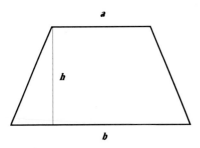

Abb. 1-10. Trapez

1.5 Regelmäßige, geometrische Flächen

Die Fläche A eines Trapezes berechnet sich aus den Seiten a und b und der Höhe h:

$$A = \frac{a + b}{2} \cdot h \tag{1-17}$$

A Fläche des Trapezes
a Länge der Seite a
b Länge der Seite b
h Länge der Höhe h

Rechenbeispiel 1-49. Wie groß ist die Fläche eines Trapezes (in cm²), für das die folgenden Angaben gelten? $a = 20{,}0$ cm; $b = 65{,}0$ mm; $h = 0{,}80$ dm

Gesucht: A (in cm²) **Gegeben:** $a = 20{,}0$ cm; $b = 65{,}0$ mm; $h = 0{,}80$ dm

Mit (1-17) gilt:

$$A = \frac{a + b}{2} \cdot h = \frac{20{,}0 \text{ cm} + 65{,}0 \text{ mm}}{3} \cdot 0{,}80 \text{ dm}$$

$$= \frac{20{,}0 \text{ cm} + 6{,}5 \text{ cm}}{2} \cdot 8{,}0 \text{ cm}$$

$$\underline{A = 106 \text{ cm}^2}$$

Mit (1-17) kann auch die Höhe h berechnet werden, wenn die Fläche A und die Seiten a und b bekannt sind.

Rechenbeispiel 1-50. Ein trapezförmiges Grundstück hat einen Flächeninhalt von 553 m². Die beiden gegenüberliegenden Längsseiten sind 46,0 m und 38,0 m lang. Wie breit ist das Grundstück?

Gesucht: h **Gegeben:** $A = 553$ m²; $a = 38{,}0$ m; $b = 46{,}0$ m

$$A = \frac{a + b}{2} \cdot h \Rightarrow$$

$$h = \frac{2A}{a + b} = \frac{2 \cdot 553 \text{ m}^2}{38{,}0 \text{ m} + 46{,}0 \text{ m}}$$

$$\underline{h = 13{,}17 \text{ m}}$$

Die Seiten a bzw. b lassen sich mit (1-17) aus der Fläche A und der Höhe h berechnen, wenn zusätzlich noch eine Längsseite bekannt ist.

1 Rechnen zur Einführung in die Physik

Rechenbeispiel 1-51. Für ein Trapez sind folgende Größenwerte gegeben:

$A = 35{,}1 \text{ cm}^2; \; b = 121 \text{ mm}; \; h = 32 \text{ mm}$

Wie lang muß die Seite a (in mm) sein?

Gesucht: a (in mm)   **Gegeben:** $A = 35{,}1 \text{ cm}^2; \; b = 121 \text{ mm}; \; h = 32 \text{ mm}$

$$A = \frac{a+b}{2} \cdot h \Rightarrow$$

$$a = \frac{2A}{h} - b = \frac{2 \cdot 35{,}1 \text{ cm}^2}{32 \text{ mm}} - 121 \text{ mm}$$

$$= \frac{2 \cdot 35{,}1 \cdot 100 \text{ mm}^2}{32 \text{ mm}} - 121 \text{ mm}$$

$\underline{a = 98 \text{ mm}}$

Übungsaufgaben:

1-47. Wie groß ist die Fläche A von Trapezen mit den folgenden Angaben?

  a) $a = 5{,}37$ m; $b = 8{,}2$ dm; $h = 2575$ mm; A (in m^2) = ?
  b) $a = 1086$ mm; $b = 0{,}765$ m; $h = 2{,}07$ dm; A (in cm^2) = ?
  c) $a = 78{,}6$ cm; $b = 75{,}2$ cm; $h = 8{,}5$ cm; A (in dm^2) = ?

1-48. Wie groß ist die Höhe von Trapezen mit den folgenden Angaben?

  a) $a = 125$ mm; $b = 1{,}68$ dm; $A = 0{,}252$ m^2; h (in cm) = ?
  b) $a = 3{,}28$ m; $b = 400$ cm; $A = 91{,}6$ dm^2; h (in mm) = ?
  c) $a = 125$ m; $b = 108$ m; $A = 0{,}205$ ha; h (in m) = ?

1-49. Wie groß ist die fehlende Größe in Trapezen mit den folgenden Angaben?

  a) $A = 21{,}5$ dm^2; $b = 95$ cm; $h = 23{,}6$ cm; a (in cm) = ?
  b) $A = 56 \cdot 10^6$ mm^2; $a = 296$ cm; $h = 185$ cm; b (in m) = ?
  c) $A = 2050$ cm^2; $a = 22$ cm; $b = 95$ cm; h (in m) = ?

1-50. Wie groß ist die fehlende Größe von Trapezen mit den folgenden Angaben?

  a) $h = 7{,}2$ dm; $A = 3{,}52$ m^2; $a = 45{,}2$ dm; b (in m) = ?
  b) $A = 4025$ cm^2; $a = 1020$ mm; $b = 11{,}00$ dm; h (in cm) = ?
  c) $a = 62{,}6$ mm; $b = 7{,}06$ cm; $h = 1{,}04$ dm; A (in cm^2) = ?

1.5.5 Kreis, Halbkreis

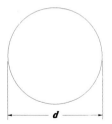
Abb. 1-11. Kreis

Der Umfang U eines Kreises berechnet sich aus seinem Durchmesser d:

$$U = d\,\pi \tag{1-18}$$

Die Fläche eines Kreises berechnet sich aus dem Durchmesser d bzw. Radius r:

$$A = \frac{d^2\,\pi}{4} \tag{1-19}$$

A Kreisfläche
d Durchmesser des Kreises

Rechenbeispiel 1-52. Welchen Umfang hat ein Kreis mit dem Durchmesser $d = 20{,}8$ cm?

Gesucht: U **Gegeben:** $d = 20{,}8$ cm

$U = d\,\pi = 20{,}8 \text{ cm} \cdot \pi$

$\underline{U = 65{,}3 \text{ cm}}$

Durch Umstellen von (1-18) läßt sich auch der Durchmesser d eines Kreises ermitteln, wenn sein Umfang U bekannt ist.

Rechenbeispiel 1-53. Der Umfang eines Kreises beträgt 12,0 m. Welchen Durchmesser hat er?

Gesucht: d **Gegeben:** $U = 12{,}0$ m

$U = d\,\pi \Rightarrow$

$d = \dfrac{U}{\pi} = \dfrac{12{,}0 \text{ m}}{\pi}$

$\underline{d = 3{,}82 \text{ m}}$

Da der Durchmesser eines Kreises doppelt so groß ist wie sein Radius (Halbmesser) *r*, gilt auch:

$$U = 2 \pi r \tag{1-20}$$

Rechenbeispiel 1-54. Wie groß ist der Umfang U eines Kreises mit einem Radius $r = 275$ mm?

Gesucht: U **Gegeben:** $r = 275$ mm

$U = 2 \pi r = 2 \cdot \pi \cdot 275$ mm

$\underline{U = 1728 \text{ mm}}$

Mit (1-20) kann bei gegebenem Umfang U der Radius eines Kreises bestimmt werden.

Rechenbeispiel 1-55. Welchen Radius hat ein Kreis mit dem Umfang $U = 2565$ mm?

Gesucht: r **Gegeben:** $U = 2565$ mm

$U = 2 \pi r \Rightarrow$

$r = \dfrac{U}{2 \pi} = \dfrac{2565 \text{ mm}}{2 \pi}$

$\underline{r = 408{,}23 \text{ mm}}$

Übungsaufgaben:

1-51. Wie groß ist der Umfang eines Kreises (in m) mit den folgenden Durchmessern bzw. Radien? a) $d = 1{,}65$ m, b) $d = 102{,}7$ cm, c) $r = 72{,}6$ dm

1-52. Wie groß ist der Durchmesser d von Kreisen mit folgendem Umfang?
a) $U = 2{,}00$ km, b) $U = 850{,}6$ dm, c) $U = 3250$ mm

1-53. Welchen Radius r haben Kreise mit folgendem Umfang?
a) $U = 20{,}68$ m, b) $U = 47{,}86$ km

Mit (1-19) kann die Fläche A eines Kreises aus dem Durchmesser d berechnet werden.

Rechenbeispiel 1-56. Welchen Flächeninhalt hat ein Kreis mit einem Durchmesser $d = 25{,}8$ cm?

Gesucht: A **Gegeben:** $d = 25{,}8$ cm

1.5 Regelmäßige, geometrische Flächen

Mit (1-19) gilt:

$$A = \frac{d^2 \pi}{4} = \frac{(25{,}8 \text{ cm})^2 \cdot \pi}{4}$$

$$\underline{A = 523 \text{ cm}^2}$$

Mit (1-19) kann man für einen Kreis mit bekannter Fläche A auch den Durchmesser d berechnen.

Rechenbeispiel 1-57. Ein Kreis hat eine Fläche $A = 20{,}8 \text{ m}^2$. Welchen Durchmesser d besitzt er?

Gesucht: d **Gegeben:** $A = 20{,}8 \text{ m}^2$

$$A = \frac{d^2 \pi}{4} \Rightarrow$$

$$d = \sqrt{\frac{4A}{\pi}} = \sqrt{\frac{4 \cdot 20{,}8 \text{ m}^2}{\pi}}$$

$$\underline{d = 5{,}15 \text{ m}}$$

Setzt man $d = 2r$ in (1-19), so ergibt sich der Zusammenhang zwischen dem Radius r und der Fläche A eines Kreises:

$$A = \frac{d^2 \pi}{4} = \frac{(2r)^2 \pi}{4} = \frac{4r^2 \pi}{4}$$

$$A = r^2 \pi \qquad (1\text{-}21)$$

A Kreisfläche
r Radius des Kreises

Rechenbeispiel 1-58. Welchen Flächeninhalt (in m²) hat ein Kreis mit einem Radius von 250 mm?

Gesucht: A (in m²) **Gegeben:** $r = 250$ mm

$$A = r^2 \pi = (250 \text{ mm})^2 \cdot \pi$$
$$= (250 \cdot 0{,}001 \text{ m})^2 \cdot \pi$$

$$\underline{A = 0{,}196 \text{ m}^2}$$

Umgekehrt läßt sich mit (1-21) auch der Radius r eines Kreises von bekannter Fläche A bestimmen.

Rechenbeispiel 1-59. Welchen Radius hat ein Kreis mit einer Fläche $A = 680$ cm^2?

Gesucht: r **Gegeben:** $A = 680$ cm^2

$A = r^2 \pi \Rightarrow$

$r = \sqrt{\dfrac{A}{\pi}} = \sqrt{\dfrac{680 \text{ cm}^2}{\pi}}$

$r = 14{,}71$ cm

(1-19) und (1-18) lassen sich zu einer Beziehung zwischen der Fläche A und dem Umfang U eines Kreises kombinieren.

Rechenbeispiel 1-60. Ein Kreis hat einen Umfang von 50,0 cm. Welche Kreisfläche ergibt sich daraus?

Gesucht: A **Gegeben:** $U = 50{,}0$ cm

$A = \dfrac{d^2 \pi}{4} \leftarrow d = \dfrac{U}{\pi} \Leftarrow U = d \pi$

$A = \dfrac{U^2}{4 \pi} = \dfrac{(50{,}0 \text{ cm})^2}{4 \pi}$

$A = 198{,}9$ cm^2

Umgekehrt läßt sich so auch der Umfang U eines Kreises berechnen, wenn seine Fläche A bekannt ist.

Rechenbeispiel 1-61. Welchen Umfang (in m) hat ein Kreis mit einer Fläche $A = 5{,}0$ m^2?

Gesucht: U (in m) **Gegeben:** $A = 5{,}0$ m^2

$U = d \pi \leftarrow d = \sqrt{\dfrac{4 A}{\pi}} \Leftarrow A = \dfrac{d^2 \pi}{4}$

$U = \sqrt{4 A \pi}$

$ = \sqrt{4 \cdot 5{,}0 \text{ m}^2 \cdot \pi}$

$U = 7{,}9$ m

1.5 Regelmäßige, geometrische Flächen

Übungsaufgaben:

1-54. Wie groß ist die Fläche von Kreisen mit den folgenden Durchmessern?

a) $d = 9{,}50$ m; $\quad A$ (in dm²) = ?
b) $d = 150$ m; $\quad A$ (in km²) = ?
c) $d = 455$ mm; $\quad A$ (in cm²) = ?

1-55. Wie groß ist der Durchmesser von Kreisen mit den folgenden Flächen?

a) $A = 6{,}52$ m²; $\quad d$ (in cm) = ?
b) $A = 275$ ha; $\quad d$ (in m) = ?
c) $A = 37\,500$ cm²; $\quad d$ (in dm) = ?

1-56. Wie groß ist die Fläche von Kreisen mit den folgenden Radien?

a) $r = 48{,}8$ cm; $\quad A$ (in dm²) = ?
b) $r = 75{,}0$ m; $\quad A$ (in a) = ?
c) $r = 0{,}0265$ km; $\quad A$ (in ha) = ?

1-57. Wie groß ist der Radius von Kreisen mit den folgenden Flächen?

a) $A = 900$ cm²; $\quad r$ (in mm) = ?
b) $A = 0{,}0456$ m²; $\quad r$ (in mm) = ?
c) $A = 7{,}62$ km²; $\quad r$ (in m) = ?

1-58. Wie groß ist die Fläche von Kreisen mit den folgenden Umfängen?

a) $U = 25{,}5$ dm; $\quad A$ (in dm²) = ?
b) $U = 0{,}025$ m; $\quad A$ (in mm²) = ?

1-59. Wie groß ist der Umfang von Kreisen mit den folgenden Flächen?

a) $A = 0{,}0345$ m²; $\quad U$ (in mm) = ?
b) $A = 457$ cm²; $\quad U$ (in cm) = ?

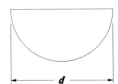

Abb. 1-12. Halbkreis

Der Umfang U eines Halbkreises berechnet sich aus seinem Durchmesser d:

$$U = \frac{d\pi}{2} + d = d\,(0{,}5\,\pi + 1) \tag{1-22}$$

Die Fläche eines Halbkreises ist nur halb so groß wie die Fläche eines Kreises (vgl. (1-19)) und berechnet sich entsprechend aus dem Durchmesser d:

$$A = \frac{d^2 \pi}{8} \tag{1-23}$$

A Halbkreisfläche
d Durchmesser des Halbkreises

Rechenbeispiel 1-62. Welchen Umfang hat ein Halbkreis mit dem Durchmesser $d = 20,8$ cm?

Gesucht: U **Gegeben:** $d = 20,8$ cm

$$U = \frac{d \pi}{2} + d = \frac{20,8 \text{ cm} \cdot \pi}{2} + 20,8 \text{ cm}$$

$\underline{U = 53,5 \text{ cm}}$

Durch Umstellen von (1-22) läßt sich auch der Durchmesser d eines Halbkreises ermitteln, wenn sein Umfang U bekannt ist.

Rechenbeispiel 1-63. Der Umfang eines Halbkreises beträgt 12,0 m. Welchen Durchmesser hat er?

Gesucht: d **Gegeben:** $U = 12,0$ m

$$U = \frac{d \pi}{2} + d \Rightarrow U = d \left[\frac{\pi}{2} + 1 \right] = d (0,5 \pi + 1)$$

$$d = \frac{U}{0,5 \pi + 1} = \frac{12,0 \text{ m}}{0,5 \pi + 1}$$

$\underline{d = 4,7 \text{ m}}$

Übungsaufgaben:

1-60. Wie groß ist der Umfang eines Halbkreises (in m) mit den folgenden Durchmessern?
a) $d = 1,65$ m, b) $d = 102,7$ cm, c) $d = 72,6$ dm

1-61. Wie groß ist der Durchmesser d (in m) von Halbkreisen mit folgendem Umfang?
a) $U = 2,00$ km, b) $U = 850,6$ dm, c) $U = 3250$ mm

1-62. Welchen Radius r haben Halbkreise mit folgendem Umfang?
a) $U = 20,68$ m, b) $U = 47,86$ km

Mit (1-23) kann die Fläche A eines Halbkreises aus dem Durchmesser d berechnet werden.

1.5 Regelmäßige, geometrische Flächen

Rechenbeispiel 1-64. Welchen Flächeninhalt hat ein Halbkreis mit einem Durchmesser $d = 25,8$ cm?

Gesucht: A **Gegeben:** $d = 25,8$ cm

Mit (1-23) gilt:

$$A = \frac{d^2 \pi}{8} = \frac{(25,8 \text{ cm})^2 \cdot \pi}{8}$$

$\underline{A = \mathbf{261 \text{ cm}^2}}$

Mit (1-23) kann man für einen Halbkreis mit bekannter Fläche A auch den Durchmesser d berechnen.

Rechenbeispiel 1-65. Ein Halbkreis hat eine Fläche $A = 20,8$ m². Welchen Durchmesser d besitzt er?

Gesucht: d **Gegeben:** $A = 20,8$ m²

$$A = \frac{d^2 \pi}{8} \Rightarrow$$

$$d = \sqrt{\frac{8A}{\pi}} = \sqrt{\frac{8 \cdot 20,8 \text{ m}^2}{\pi}}$$

$\underline{d = \mathbf{7,28 \text{ m}}}$

(1-23) und (1-22) lassen sich zu einer Beziehung zwischen der Fläche A und dem Umfang U eines Halbkreises kombinieren:

Rechenbeispiel 1-66. Ein Halbkreis hat einen Umfang von 50,0 cm. Welche Halbkreisfläche ergibt sich daraus?

Gesucht: A **Gegeben:** $U = 50,0$ cm

$$A = \frac{d^2 \pi}{8} \leftarrow d = \frac{U}{0,5 \pi + 1} \Leftarrow U = d(0,5\pi + 1)$$

$$A = \frac{U^2 \pi}{8(0,5\pi + 1)^2} = \frac{(50,0 \text{ cm})^2 \cdot \pi}{8(0,5\pi + 1)^2}$$

$\underline{A = \mathbf{148,5 \text{ cm}^2}}$

1 Rechnen zur Einführung in die Physik

Umgekehrt läßt sich so auch der Umfang U eines Halbkreises berechnen, wenn seine Fläche A bekannt ist.

Rechenbeispiel 1-67. Welchen Umfang (in m) hat ein Halbkreis mit einer Fläche $A = 5{,}0$ m²?

Gesucht: U (in m) **Gegeben:** $A = 5{,}0$ m²

$$U = d\,(0{,}5\,\pi + 1) \quad \leftarrow \quad d = \sqrt{\frac{8\,A}{\pi}} \quad \Leftarrow \quad A = \frac{d^2\,\pi}{8}$$

$$U = (0{,}5\,\pi + 1)\,\sqrt{\frac{8\,A}{\pi}}$$

$$= (0{,}5\,\pi + 1)\,\sqrt{\frac{8\,A}{\pi}} = (0{,}5\,\pi + 1)\,\sqrt{\frac{8 \cdot 5{,}0\ \text{m}^2}{\pi}}$$

$\underline{U = 9{,}17\ \text{m}}$

Übungsaufgaben:

1-63. Wie groß ist die Fläche von Halbkreisen mit den folgenden Durchmessern?
a) $d = 9{,}50$ m; A (in dm²) = ?
b) $d = 150$ m; A (in km²) = ?
c) $d = 455$ mm; A (in cm²) = ?

1-64. Wie groß ist der Durchmesser von Halbkreisen mit den folgenden Flächen?
a) $A = 6{,}52$ m²; d (in cm) = ?
b) $A = 275$ ha; d (in m) = ?
c) $A = 37\,500$ cm²; d (in dm) = ?

1-65. Wie groß ist die Fläche von Halbkreisen mit den folgenden Umfängen?
a) $U = 25{,}52$ dm; A (in m²) = ?
b) $U = 0{,}025$ m; A (in mm²) = ?

1-66. Wie groß ist der Umfang von Halbkreisen mit den folgenden Flächen?
a) $A = 0{,}0345$ m²; U (in mm) = ?
b) $A = 457$ cm²; U (in cm) = ?

1.5.6 Kreisring

Abb. 1-13. Kreisring

Die Fläche eines Kreisrings ergibt sich, wenn man von der Fläche eines größeren Kreises (mit dem Durchmesser D) die Fläche eines kleineren Kreises (mit dem Durchmesser d) abzieht.

Nach (1-19) gilt dann:

$$A = \frac{D^2 \pi}{4} - \frac{d^2 \pi}{4}$$

Durch Ausklammern von $\pi/4$ läßt sich diese Beziehung vereinfachen:

$$A = \frac{\pi}{4} (D^2 - d^2) \qquad (1\text{-}24)$$

A Fläche des Kreisringes
D großer Kreisdurchmesser
d kleiner Kreisdurchmesser

Rechenbeispiel 1-68. Ein Kreisring hat die Durchmesser $D = 25{,}7$ cm und $d = 23{,}4$ cm. Welche Fläche A besitzt dieser Kreisring?

Gesucht: A **Gegeben:** $D = 25{,}7$ cm; $d = 23{,}4$ cm

Mit (1-24) gilt:

$$A = \frac{\pi}{4} (D^2 - d^2) = \frac{\pi}{4} [(25{,}7 \text{ cm})^2 - (23{,}4 \text{ cm})^2]$$

$$\underline{A = 89 \text{ cm}^2}$$

Mit (1-24) kann jeweils einer der beiden Durchmesser berechnet werden, wenn der andere Durchmesser und die Kreisringfläche A bekannt sind.

1 Rechnen zur Einführung in die Physik

Rechenbeispiel 1-69. Ein Kreisring mit einem Flächeninhalt von 350 cm² hat einen Innendurchmesser $d = 28{,}2$ cm. Wie groß ist sein Außendurchmesser D?

Gesucht: D **Gegeben:** $A = 350$ cm²; $d = 28{,}2$ cm

$$A = \frac{\pi}{4}(D^2 - d^2) \Rightarrow D^2 = \frac{4A}{\pi} + d^2 \Rightarrow$$

$$D = \sqrt{\frac{4A}{\pi} + d^2} = \sqrt{\frac{4 \cdot 350 \text{ cm}^2}{\pi} + (28{,}2 \text{ cm})^2}$$

$$\underline{D = 35{,}23 \text{ cm}}$$

Ersetzt man in (1-24) die Durchmesser D und d durch die Radien R bzw. r, so findet man eine Beziehung zwischen der Fläche A eines Kreisringes und seinen Radien:

$$A = \frac{\pi}{4}(D^2 - d^2) = \frac{\pi}{4}[(2R)^2 - (2r)^2] = \frac{\pi}{4}(4R^2 - 4r^2)$$

Durch Ausklammern des gemeinsamen Faktors 4 ergibt sich:

$$A = \frac{\pi}{4} \cdot 4(R^2 - r^2) \Rightarrow$$

$$A = \pi(R^2 - r^2) \tag{1-25}$$

A Fläche des Kreisringes
R großer Radius
r kleiner Radius

Rechenbeispiel 1-70. Ein Kreisring hat die Radien $R = 10{,}75$ m und $r = 8{,}28$ m. Welche Fläche hat der Ring?

Gesucht: A **Gegeben:** $R = 10{,}75$ m; $r = 8{,}28$ m

Mit (1-25) gilt:

$$A = \pi(R^2 - r^2) = \pi \cdot [(10{,}75 \text{ m})^2 - (8{,}28 \text{ m})^2]$$

$$\underline{A = 147{,}7 \text{ m}^2}$$

Mit (1-25) ist die Berechnung eines der beiden Radien möglich, wenn der andere Radius und die Kreisringfläche A gegeben sind.

1.5 Regelmäßige, geometrische Flächen

Rechenbeispiel 1-71. Ein Kreisring mit einem Radius $R = 2,87$ dm hat eine Fläche von $A = 2500$ cm². Wie groß ist sein kleinerer Radius (in mm)?

Gesucht: r (in mm)   **Gegeben:** $R = 2,87$ dm; $A = 2500$ cm²

$$A = \pi (R^2 - r^2) \Rightarrow r^2 = R^2 - \frac{A}{\pi} \Rightarrow$$

$$r = \sqrt{R^2 - \frac{A}{\pi}} = \sqrt{(2,87 \text{ dm})^2 - \frac{2500 \text{ cm}^2}{\pi}}$$

$$= \sqrt{(2,87 \cdot 100 \text{ mm})^2 - \frac{2500 \cdot 100 \text{ mm}^2}{\pi}}$$

$\underline{r = 53 \text{ mm}}$

Übungsaufgaben:

1-67. Wie groß ist die Fläche von Kreisringen mit den folgenden Angaben?

a) $D = 15,6$ cm; $d = 89,5$ mm; A (in cm²) = ?
b) $D = 0,892$ dm; $d = 50$ mm; A (in cm²) = ?
c) $D = 7650$ mm; $d = 7,00$ m; A (in dm²) = ?

1-68. Wie groß ist der fehlende Durchmesser von Kreisringen mit den folgenden Angaben?

a) $A = 1\,500$ cm²; $d = 38,2$ cm; D (in cm) = ?
b) $A = 2,48$ m²; $D = 1,82$ m; d (in cm) = ?

1-69. Wie groß ist die Fläche von Kreisringen mit den folgenden Angaben?

a) $R = 125,5$ m; $r = 106,2$ m; A (in m²) = ?
b) $R = 85,6$ cm; $r = 5,00$ dm; A (in cm²) = ?

1-70. Wie groß ist der fehlende Radius von Kreisringen mit den folgenden Angaben?

a) $A = 185$ mm²; $R = 8,62$ mm; r (in mm) = ?
b) $A = 20,02$ dm²; $r = 2,52$ cm; R (in cm) = ?

1.5.7 Wiederholungsaufgaben

1-12. Wie groß ist die Gesamtlänge der Außenfront eines rechtwinkligen Gebäudes, das 12 m lang und 8 m breit ist?

1-13. Ein rechtwinkliges Baugrundstück hat einen Umfang $U = 175$ m und eine Länge von 62,5 m. Wie breit ist die Straßenfront an der Schmalseite?

1-14. Welchen Umfang hat eine quadratische Holzplatte mit einer Seitenlänge von 1,15 m?

1-15. Welche Seitenlänge hat ein Quadrat mit einem Umfang von 175,2 cm?

1-16. Wie lang ist die Diagonale eines Rechtecks mit den Seiten $a = 5,25$ m und $b = 1,85$ m?

1-17. Ein Rechteck hat eine Länge von 88 cm. Seine Diagonale ist 102 cm. Wie breit ist dieses Rechteck?

1-18. Die beiden kürzeren Seiten eines rechtwinkligen Dreiecks sind 345 mm und 250 mm lang. Welche Länge hat die längere Seite? Welchen Umfang (in cm) hat das Dreieck?

1-19. Zwei Seiten eines Dreiecks sind mit 34,5 dm gleich lang. Welchen Umfang besitzt es, wenn die dritte Seite 12,2 dm lang ist?

1-20. Welcher Umfang ergibt sich für ein gleichschenkliges Dreieck mit der Seite $c = 25,0$ cm und der Höhe $h = 10,0$ cm?

1-21. Ein Dreieck besitzt zwei gleiche Seiten, die 625 mm lang sind. Seine Höhe beträgt 3,50 dm. Wie groß ist sein Umfang (in cm)?

1-22. Welche Höhe hat ein gleichschenkliges Dreieck, in dem zwei Seiten 1,75 m und die dritte 2,85 m lang sind?

1-23. Von einem Dreieck ist bekannt, daß es bei einem Umfang von 370 cm zwei Seiten von je 105 cm besitzt. Wie lang sind die dritte Seite und die Höhe h?

1-24. Wie groß ist der Umfang eines gleichseitigen Dreiecks mit der Seite $a = 2,2$ m?

1-25. Welche Höhe h ergibt sich für ein gleichseitiges Dreieck, dessen Umfang 273 cm beträgt?

1-26. Ein Dreieck mit drei gleichen Seiten ist 75 mm hoch. Wie lang sind seine Seiten und sein Umfang?

1-27. Welchen Umfang (in dm) haben Kreise mit a) einem Durchmesser von 125,5 cm und b) einem Radius von 0,775 m?

1.5 Regelmäßige, geometrische Flächen

1-28. Wie groß sind a) der Durchmesser und b) der Radius eines Kreises mit einem Umfang von 20,0 m?

1-29. Welchen Umfang (in dm) haben Halbkreise mit a) einem Durchmesser von 125,5 cm und b) einem Radius von 0,775 m?

1-30. Wie groß sind a) der Durchmesser und b) der Radius eines Halbkreises mit einem Umfang von 20,0 m?

1-31. Wie groß sind a) die Gesamtlänge und b) der Umfang des unten abgebildeten Lochstreifens?

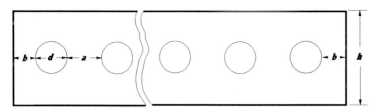

Abb. 1-14. Lochstreifen
Anzahl der Löcher = 20, Durchmesser d der Löcher = 6 mm, Abstand a zwischen den Löchern = 30 mm, Abstand b = 15 mm, Breite h des Streifens = 20 mm

1-32. Welche Gesamtlänge hat eine Rohrleitung, die aus 50 Rohren von je 5,00 m Länge und einem Schieber (l = 200 mm) zwischen dem 1. und 2. Rohr zusammengesetzt ist? Die Dichtungen zwischen den Rohrflanschen sind jeweils 5 mm dick.

1-33. Für einen Zaun sollen im gleichen Abstand bis max. 2,50 m Pfosten gesetzt werden. Die Gesamtlänge des Zauns beträgt 98,0 m. a) Wieviele Pfosten müssen gesetzt werden? b) Wie groß ist der Abstand zwischen zwei Pfosten (von Mitte zu Mitte)?

1-34. Wie groß ist die Gesamtlänge der unten skizzierten Rohrleitung von Punkt A bis Punkt B? Alle geraden Stücke besitzen eine Länge von 400 cm, alle Bögen einen Radius von 0,50 m. Die verwendeten Dichtungen sind 5 mm dick.

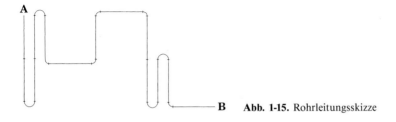

Abb. 1-15. Rohrleitungsskizze

1-35. Wie groß ist der Umfang von Rührgefäßen mit den Durchmessern von a) 3,5 m, b) 90 cm und c) 2520 mm?

1-36. Wie groß ist der Umfang der zusammengesetzten Fläche (in mm) in der untenstehenden Abbildung?

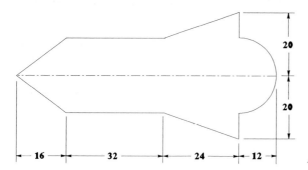

Abb. 1-16. Zusammengesetzte Flächen

1-37. Berechnen Sie die Länge einer Schlauchleitung, die vom Erdgeschoß eines Produktionsbetriebes ins 1. Obergeschoß verlegt werden soll! Die waagrechte Länge im Erdgeschoß ist 15,0 m. Der Schlauch soll über eine Treppe geführt sein, die einen Steigungswinkel von 45° hat. Die Höhendifferenz zwischen den Stockwerken beträgt 5,0 m. Im 1. Stock wird noch eine Länge von 4,7 m benötigt.

1-38. a) Wieviel Quadratzentimeter sind 25750 mm²? b) Wieviel Quadratmeter sind 0,385 km²? c) Wieviel Quadratdezimeter sind 5 750 mm²? d) Wieviel Quadratmillimeter sind 85,35 cm²?

1-39. Wie groß ist die Fläche A eines Rechtecks mit den Seiten $a = 35,5$ m und $b = 18,2$ m?

1-40. Welche Fläche hat ein Quadrat mit der Seitenlänge $a = 0,76$ m?

1-41. Wie groß sind bei einem Rechteck mit einer Fläche von 3,25 m² und einer Seitenlänge von 75,3 cm a) die fehlende Seite und b) die Diagonale?

1-42. Wie groß sind in einem Quadrat mit einem Flächeninhalt $A = 935$ cm² a) die Seitenlänge a und b) die Diagonale d?

1-43. In einem Rechteck mit der Länge $a = 320$ cm ist die Diagonale $d = 425$ cm. Welchen Flächeninhalt hat das Rechteck?

1-44. Ein Quadrat hat eine Diagonale $d = 12,6$ mm. Wie groß sind a) die Seite und b) die Fläche des Quadrates?

1-45. Welche Fläche A ergibt sich für ein Dreieck mit der Basis $c = 48,7$ cm und der Höhe $h = 93,5$ cm?

1-46. Welche Basis c hat ein Dreieck mit der Fläche $A = 650$ dm² und einer Höhe $h = 20,6$ dm?

1-47. Welche Höhe h (in cm) besitzt ein Dreieck mit der Basis $c = 45{,}0$ cm und dem Flächeninhalt $A = 3{,}85$ m²?

1-48. Welche Fläche hat ein Parallelogramm mit der Basis $c = 85{,}2$ mm und der Höhe $h = 2{,}37$ cm?

1-49. Wie groß ist die Höhe eines Parallelogramms mit $A = 25{,}86$ cm² und $c = 10{,}68$ cm?

1-50. Wie groß ist die Basis c eines Parallelogramms mit der Fläche $A = 50{,}0$ dm² und der Höhe $h = 55{,}0$ cm?

1-51. Welche Fläche A hat ein Trapez mit den Seiten $a = 6{,}40$ m und $b = 9{,}2$ dm und der Höhe $h = 1575$ mm?

1-52. Wie groß ist die Höhe eines Trapezes mit den Seiten $a = 125$ mm und $b = 2{,}68$ dm, wenn seine Fläche mit $A = 0{,}387$ m² gegeben ist?

1-53. Wie groß ist die Seite a eines Trapezes, von dem folgende Angaben bekannt sind? $A = 31{,}5$ dm²; $b = 90$ cm; $h = 23{,}0$ cm

1-54. Wie groß ist die Fläche eines Kreises mit dem Durchmesser $d = 8{,}50$ dm?

1-55. Wie groß ist der Durchmesser eines Kreises mit einer Fläche von $3{,}35$ m²?

1-56. Wie groß ist die Fläche von Kreisen mit den folgenden Radien?
a) $r = 18{,}8$ cm; b) $r = 25{,}20$ m

1-57. Wie groß sind die Radien von Kreisen mit den folgenden Flächen?
a) $A = 400$ cm²; b) $A = 0{,}145$ m²

1-58. Wie groß ist die Fläche eines Kreises mit Umfang $U = 72$ mm?

1-59. Wie groß ist der Umfang eines Kreises mit einer Fläche von 757 cm²?

1-60. Wie groß ist die Fläche eines Kreisrings mit den folgenden Angaben?
$D = 55{,}6$ cm; $d = 79{,}5$ mm

1-61. Wie groß ist der fehlende Durchmesser eines Kreisrings mit den folgenden Angaben?
$A = 1\,800$ cm²; $d = 32{,}2$ cm

1-62. Ein Kreisring hat die Radien $R = 125{,}0$ cm und $r = 106{,}0$ cm. Wie groß ist seine Fläche?

1-63. Wie groß ist der fehlende Radius von Kreisringen mit den folgenden Angaben?
a) $A = 185$ mm²; $R = 8{,}62$ mm b) $A = 20{,}0$ dm²; $r = 2{,}52$ dm

1-64. Wie groß sind die Flächeninhalte A der in a) Abb. 1-14, S. 59, und b) Abb. 1-16, S. 60 dargestellten Flächen?

1.6 Regelmäßige, geometrische Körper

Zu den wichtigeren regelmäßigen, geometrischen Körpern gehören vor allem Würfel, Quader (Rechtecksäule), Zylinder (Rundsäule), Hohlzylinder (Rohr), Kugel und Halbkugel.

In der Praxis ist oft der Umfang von Behältern und Reaktoren, die Fläche, z. B. beim Wärmetausch in Apparaturen und Rohrleitungen und schließlich das Volumen von Behältern von Bedeutung.

Die Berechnung dieser Größen setzt die Kenntnis der entsprechenden Größengleichungen für die Oberfläche und das Volumen der genannten Körper voraus. Da Körper drei Ausdehnungen besitzen, können durch Umstellen dieser Beziehungen auch bestimmte Längen (z. B. die Höhe h eines Hohlzylinders, der Durchmesser d einer Kugel, die Kantenlänge a eines Würfels usw.) bestimmt werden.

1.6.1 Würfel

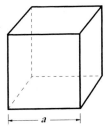

Abb. 1-17. Würfel

Der Würfel wird von sechs quadratischen Flächen mit der Kantenlänge a begrenzt. Jede dieser quadratischen Flächen berechnet sich gemäß (1-15), S. 40, nach

$A = a^2$

Für die Oberfläche A_O des Würfels gilt dann:

$A_O = 6\,a^2$ (1-26)

A_O Oberfläche des Würfels
a Kantenlänge des Würfels

Rechenbeispiel 1-72. Welche Oberfläche hat ein Würfel mit einer Kantenlänge von 15,4 cm?

1.6 Regelmäßige, geometrische Körper

Gesucht: A_O **Gegeben:** $a = 15,4$ cm

$A_O = 6\,a^2 = 6\,(15,4 \text{ cm})^2$

$\underline{A_O = \mathbf{1423 \text{ cm}^2}}$

Für einen Würfel mit gegebener Oberfläche A_O kann man mit (1-26) auch dessen Kantenlänge a berechnen.

Rechenbeispiel 1-73. Die Oberfläche eines Würfels ist $A_O = 620,5$ cm^2. Welche Kantenlänge hat dieser Würfel?

Gesucht: a **Gegeben:** $A_O = 620,5$ cm^2

$A_O = 6\,a^2 \Rightarrow a^2 = \dfrac{A_O}{6} \Rightarrow$

$a = \sqrt{\dfrac{A_O}{6}} = \sqrt{\dfrac{620,5 \text{ cm}^2}{6}}$

$\underline{a = \mathbf{10,17 \text{ cm}}}$

Übungsaufgaben:

1-71. Wie groß ist die Oberfläche A_O von Würfeln mit folgenden Kantenlängen a?
a) $a = 0,026$ m; b) $a = 25,2$ cm; c) $a = 468$ mm; d) $a = 9,4$ dm

1-72. Welche Kantenlänge a (in cm) haben die Würfel mit folgenden Oberflächen A_O?
a) $A_O = 0,38$ dm^2; b) $A_O = 720$ mm^2; c) $A_O = 51,8$ cm^2

Das Volumen V eines Würfels berechnet sich aus seiner Kantenlänge a:

$V = a^3$ (1-27)

V Volumen des Würfels
a Kantenlänge des Würfels

Rechenbeispiel 1-74. Wie groß ist das Volumen eines Würfels mit einer Kantenlänge $a = 3,75$ cm?

Gesucht: V **Gegeben:** $a = 3,75$ cm

Mit (1-27) gilt:

$V = a^3 = (3,75 \text{ cm})^3$

$\underline{V = \mathbf{52,7 \text{ cm}^3}}$

Für einen Würfel, dessen Volumen V bekannt ist, kann man mit (1-27) auch dessen Kantenlänge a berechnen.

Rechenbeispiel 1-75. Welche Kantenlänge besitzt ein Würfel mit dem Volumen $V = 27,5$ L?

Gesucht: a **Gegeben:** $V = 27,5$ L

Mit (1-27) gilt:

$V = a^3 \Rightarrow$

$a = \sqrt[3]{V} = \sqrt[3]{27,5 \text{ L}} = \sqrt[3]{27,5 \text{ dm}^3}$

$\underline{a = 3,018 \text{ dm}}$

Übungsaufgaben:

1-73. Welches Volumen haben Würfel mit folgenden Kantenlängen?
a) 1,15 m, b) 5,08 dm, c) 32,0 mm

1-74. Welche Kantenlänge (in cm) haben Würfel mit den folgenden Volumina?
a) 0,625 m^3, b) 2,35 mL, c) 0,0465 dm^3

1.6.2 Quader

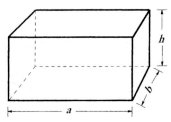

Abb. 1-18. Quader

Ein Quader ist ein Körper, dessen Kantenlängen nicht alle den gleichen Wert besitzen. Die Flächen, die sich gegenüber liegen, sind einander gleich.
Die Oberfläche des Quaders ergibt sich als die Summe seiner Seitenflächen, die sich aus den zugehörigen Seitenlängen a, b und h berechnen. Für die Oberfläche eines Quaders gilt:

1.6 Regelmäßige, geometrische Körper

$$A_O = 2(ab + ah + bh) \qquad (1\text{-}28)$$

A_O Oberfläche des Quaders
a Länge des Quaders
b Breite des Quaders
h Höhe des Quaders

Rechenbeispiel 1-76. Welche Oberfläche besitzt ein Quader, der 2,50 m lang, 1,20 m breit und 4,00 m hoch ist?

Gesucht: A_O **Gegeben:** $a = 2{,}50$ m; $b = 1{,}20$ m; $h = 4{,}00$ m

Mit (1-28) gilt:

$$A_O = 2(ab + ah + bh)$$
$$= 2\,(2{,}50\text{ m} \cdot 1{,}20\text{ m} + 2{,}50\text{ m} \cdot 4{,}00\text{ m} + 1{,}20\text{ m} \cdot 4{,}00\text{ m})$$

$$\underline{A_O = 35{,}6 \text{ m}^2}$$

Die Berechnung einer der Seitenlängen des Quaders ist dann auch mit (1-28) möglich, wenn seine Oberfläche A_O und die beiden anderen Seiten bekannt sind. Dies ist allerdings in der Praxis nur von untergeordneter Bedeutung.

Übungsaufgaben:

1-75. Wie groß ist die Oberfläche A_O von Quadern mit folgenden Seiten?

a) $a = 7{,}2$ cm; $b = 3{,}5$ cm; $h = 48$ mm
b) $a = 0{,}875$ m; $b = 0{,}562$ m; $h = 1{,}085$ m

Das Volumen V eines Quaders berechnet sich aus der Länge a, der Breite b und der Höhe h:

$$V = abh \qquad (1\text{-}29)$$

V Volumen eines Quaders
a Länge des Quaders
b Breite des Quaders
h Höhe des Quaders

Rechenbeispiel 1-77. Ein Quader ist 75,0 mm lang, 37,5 mm breit und 92,6 mm hoch. Wie groß ist sein Volumen (in cm³)?

1 Rechnen zur Einführung in die Physik

Gesucht: V (in cm³) **Gegeben:** $a = 75,0$ mm
$b = 37,5$ mm
$h = 92,6$ mm

Mit (1-29) gilt:

$V = a\,b\,h = 75,0 \text{ mm} \cdot 37,5 \text{ mm} \cdot 92,6 \text{ mm}$
$= 7,50 \text{ cm} \cdot 3,75 \text{ cm} \cdot 9,26 \text{ cm}$

$V = 260,4$ cm³

Für einen Quader, für den das Volumen V und zwei Seiten bekannt sind, kann man mit (1-29) auch die fehlende Seite berechnen.

Rechenbeispiel 1-78. Ein quaderförmiger Behälter hat folgende Innenmaße:
Länge $a = 0,315$ m, Breite $b = 2,15$ dm
Er enthält 84,4 L einer Flüssigkeit. Wie hoch steht die Flüssigkeit im Behälter?

Gesucht: h **Gegeben:** $a = 0,315$ m; $b = 2,15$ dm; $V = 84,4$ L

Mit (1-29) gilt:

$V = a\,b\,h \Rightarrow$

$h = \dfrac{V}{a\,b} = \dfrac{84,4 \text{ L}}{0,315 \text{ m} \cdot 2,15 \text{ dm}} = \dfrac{84,4 \text{ dm}^3}{3,15 \text{ dm} \cdot 2,15 \text{ dm}}$

$h = 12,46$ dm $= 124,6$ cm

Übungsaufgaben:

1-76. Wie groß sind die Volumina V (in dm³) von quaderförmigen Körpern mit folgenden Ausmaßen?

a) $a = 120$ mm; $b = 6,3$ cm; $h = 2,2$ dm
b) $a = 15,6$ cm; $b = 9,3$ cm; $h = 18,5$ cm
c) $a = 220$ mm; $b = 75$ mm; $h = 732$ mm

1-77. Wie groß sind die fehlenden Seiten von Quadern mit folgenden Angaben?

a) $V = 78,9$ L; $a = 0,251$ m; $b = 18,2$ cm
b) $V = 55,9$ mL; $a = 8,1$ mm; $h = 3,0$ mm
c) $V = 10,0$ m³; $h = 3,75$ m; $b = 0,82$ m

1.6.3 Zylinder

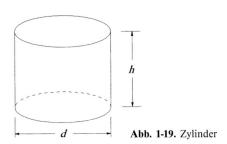

Abb. 1-19. Zylinder

Die Oberfläche A_O eines Zylinders setzt sich aus der jeweils kreisförmigen Grund- und Deckfläche A_G und der Mantelfläche A_M, die einem Rechteck entspricht, zusammen. Grund- und Deckfläche A_G berechnen sich gemäß (1-19), S. 47, nach:

$$A_G = \frac{d^2 \pi}{4} \tag{1-30}$$

Die Mantelfläche A_M ergibt sich aus dem Umfang U des Zylinders und seiner Höhe h entsprechend (1-13), S. 37:

$$A_M = U h \tag{1-31}$$

Die Verwendung des Durchmessers d führt zu:

$$A_M = d \pi h \tag{1-32}$$

Für die Oberfläche A_O gilt gemäß (1-30) mit (1-31) und (1-32) demnach:

$$A_O = 2 A_G + A_M \quad \leftarrow \quad d \pi h$$
$$\qquad\quad \uparrow\!\!\!\_\ \frac{d^2 \pi}{4}$$

$$A_O = \frac{d^2 \pi}{2} + d \pi h \tag{1-33}$$

(1-33) läßt sich durch Ausklammern von $d \pi$ vereinfachen:

$$A_O = d \pi \left[\frac{d}{2} + h \right] \tag{1-34}$$

Aus (1-33) folgt mit $d = U/\pi$

$$A_O = \frac{U^2}{2 \pi} + U h \tag{1-35}$$

und nach Ausklammern von U:

$$A_O = U \left[\frac{U}{2\pi} + h \right] \tag{1-36}$$

In (1-30) bis (1-36) bedeuten:

A_O Oberfläche des Zylinders
A_M Mantelfläche des Zylinders
U Umfang des Zylinders
h Höhe des Zylinders
d Durchmesser des Zylinders

Mit (1-33) und (1-34) läßt sich die Oberfläche A_O eines Zylinders aus seinem Durchmesser d und der Höhe h bestimmen.

Rechenbeispiel 1-79. Ein Zylinder ist 38,7 cm hoch und besitzt einen Durchmesser von 8,9 cm. Wie groß ist seine Oberfläche?

Gesucht: A_O **Gegeben:** $h = 38,7$ cm; $d = 8,9$ cm

Mit (1-34) gilt:

$$A_O = d\pi \left[\frac{d}{2} + h \right] = 8,9 \text{ cm} \cdot \pi \left[\frac{8,9 \text{ cm}}{2} + 38,7 \text{ cm} \right]$$

$\underline{A_O = \mathbf{1206 \text{ cm}^2}}$

Die Mantelfläche A_M und die Oberfläche A_O eines Zylinders können mit (1-31) und (1-35) bzw. (1-34) berechnet werden, wenn neben seiner Höhe h der Umfang U bzw. der Durchmesser d gegeben sind.

Rechenbeispiel 1-80. Ein zylindrischer Körper hat bei einem Umfang $U = 32,0$ cm eine Höhe $h = 45,6$ cm. Wie groß ist a) seine Mantelfläche A_M und b) seine Oberfäche A_O?

Gesucht: A_M; A_O **Gegeben:** $U = 32,0$ cm; $h = 45,6$ cm

a) Mit (1-31) gilt für A_M:

$A_M = U h = 32,0$ cm $\cdot$ 45,6 cm

$\underline{A_M = \mathbf{1459 \text{ cm}^2}}$

1.6 Regelmäßige, geometrische Körper

b) Mit (1-35) gilt für A_O:

$$A_O = \frac{U^2}{2\pi} + Uh = \frac{(32{,}0 \text{ cm})^2}{2\pi} + 32{,}0 \text{ cm} \cdot 45{,}6 \text{ cm}$$

$$\underline{\underline{A_O = 1622 \text{ cm}^2}}$$

Mit (1-34) kann man auch die Höhe h eines Zylinders ermitteln, wenn seine Oberfläche A_O und sein Durchmesser d gegeben sind.

Rechenbeispiel 1-81. Ein Zylinder mit einem Durchmesser $d = 75$ mm soll eine Oberfläche von 800,0 cm² haben. Wie hoch (in cm) muß er sein?

Gesucht: h **Gegeben:** $d = 75$ mm; $A_O = 800{,}0$ cm²

Mit (1-34) gilt für h:

$$A_O = d\pi \left[\frac{d}{2} + h \right] \Rightarrow$$

$$h = \frac{A_O}{d\pi} - \frac{d}{2} = \frac{800{,}0 \text{ cm}^2}{75 \text{ mm} \cdot \pi} - \frac{75 \text{ mm}}{2} = \frac{800{,}0 \text{ cm}^2}{7{,}5 \text{ cm} \cdot \pi} - \frac{7{,}5 \text{ cm}}{2}$$

$$\underline{\underline{h = 30{,}2 \text{ cm}}}$$

Aus dem Umfang U und der Oberfläche A_O eines Zylinders kann mit (1-35) bzw. (1-36) die Höhe h berechnet werden.

Rechenbeispiel 1-82. Ein Zylinder mit einem Umfang $U = 55{,}5$ cm hat eine Oberfläche von 900,0 cm². Wie hoch (in cm) ist er?

Gesucht: h **Gegeben:** $U = 55{,}5$ cm; $A_O = 900{,}0$ cm²

$$A_O = U \left[\frac{U}{2\pi} + h \right] \Rightarrow$$

$$h = \frac{A_O}{U} - \frac{U}{2\pi} = \frac{900{,}0 \text{ cm}^2}{55{,}5 \text{ cm}} - \frac{55{,}5 \text{ cm}}{2\pi}$$

$$\underline{\underline{h = 7{,}38 \text{ cm}}}$$

Die Berechnung des Durchmessers d und des Umfangs U eines Zylinders aus seiner Oberfläche A_O und seiner Höhe h führt zu einer quadratischen Gleichung und soll deshalb hier nicht vorgenommen werden.

Übungsaufgaben:

1-78. Der Pariser Urkilogrammprototyp hat eine Höhe h und einen Durchmesser d von jeweils 39 mm. Wie groß ist seine Oberfläche A_O (in cm²)?

1-79. Ein Draht ist 2,75 m lang und hat einen Durchmesser von 2,0 mm. Wie groß ist seine gesamte Oberfläche (in cm²)?

1-80. Ein Zylinder besitzt bei einer Höhe von 1,75 m einen Umfang von 0,75 m. Wie groß sind a) seine Mantelfläche und b) seine Oberfläche?

1-81. Von einem Zylinder ist die Oberfläche A_O mit 375 dm² und der Durchmesser d mit 6,7 dm bekannt. Wie lang ist der Zylinder?

1-82. Wie lang ist ein Zylinder mit einer Oberfläche von 725 cm² und einem Umfang von 12,2 cm?

Das Volumen V eines Zylinders berechnet sich aus dem Durchmesser d und der Höhe h:

$$V = \frac{d^2 \pi h}{4} \tag{1-37}$$

V Volumen eines Zylinders
d Durchmesser des Zylinders
h Höhe des Zylinders

Rechenbeispiel 1-83. Welches Volumen hat ein zylindrischer Körper mit einem Durchmesser $d = 67{,}8$ mm und einer Höhe $h = 132{,}0$ mm?

Gesucht: V **Gegeben:** $d = 67{,}8$ mm; $h = 132{,}0$ mm

Mit (1-37) gilt:

$$V = \frac{d^2 \pi h}{4} = \frac{(67{,}8 \text{ mm})^2 \cdot \pi \cdot 132{,}0 \text{ mm}}{4}$$

$$= \frac{(6{,}78 \text{ cm})^2 \cdot \pi \cdot 13{,}20 \text{ cm}}{4}$$

$$\underline{V = 476{,}6 \text{ cm}^3}$$

1.6 Regelmäßige, geometrische Körper

Für einen Zylinder, dessen Volumen V und Höhe h gegeben sind, kann man mit (1-37) auch den entsprechenden Durchmesser d berechnen.

Rechenbeispiel 1-84. Wie groß ist der Durchmesser eines Zylinders (in dm) mit einer Höhe $h = 54{,}8$ cm und einem Volumen von $102{,}5$ dm³?

Gesucht: d (in dm) **Gegeben:** $h = 54{,}8$ cm; $V = 102{,}5$ dm³

Mit (1-37) gilt:

$$V = \frac{d^2 \pi h}{4} \Rightarrow$$

$$d = \sqrt{\frac{4V}{\pi h}} = \sqrt{\frac{4 \cdot 102{,}5 \text{ dm}^3}{\pi \cdot 54{,}8 \text{ cm}}} = \sqrt{\frac{4 \cdot 102{,}5 \text{ dm}^3}{\pi \cdot 5{,}48 \text{ dm}}}$$

$\underline{d = 4{,}880 \text{ dm}}$

Mit derselben Beziehung kann die Höhe h eines Zylinders berechnet werden, für den das Volumen V und der Durchmesser d gegeben sind.

Rechenbeispiel 1-85. Wie hoch muß eine Flüssigkeit mit einem Volumen von 750 mL in einem zylindrischen Gefäß mit einem inneren Durchmesser von 25,0 cm stehen?

Gesucht: h **Gegeben:** $V = 750$ mL; $d = 25{,}0$ cm

Mit (1-37) gilt:

$$V = \frac{d^2 \pi h}{4} \Rightarrow$$

$$h = \frac{4V}{d^2 \pi} = \frac{4 \cdot 750 \text{ mL}}{(25{,}0 \text{ cm})^2 \cdot \pi} = \frac{4 \cdot 750 \text{ cm}^3}{(25{,}0 \text{ cm})^2 \cdot \pi}$$

$\underline{h = 1{,}528 \text{ cm}}$

Anstelle des Durchmessers d kann auch der Radius (Halbmesser) r für Berechnungen eingesetzt werden. Dann gilt $d = 2r$.

Rechenbeispiel 1-86. Wie groß ist das Volumen eines Zylinders (in cm³) mit dem Radius $r = 12{,}5$ cm und der Höhe $h = 25{,}0$ cm?

Gesucht: V (in cm³) **Gegeben:** $r = 12{,}5$ cm; $h = 25{,}0$ cm

Mit (1-37) und $d = 2r$ gilt:

$$V = \frac{d^2 \pi h}{4} \Rightarrow V = \frac{(2r)^2 \pi h}{4} \Rightarrow$$

$$V = r^2 \pi h = (12,5 \text{ cm})^2 \cdot \pi \cdot 25,0 \text{ cm}$$

$\underline{V = 12,3 \text{ dm}^3}$

Übungsaufgaben:

1-83. Wie groß ist das Volumen V von Zylindern mit folgenden Angaben?

a) $d = 16,6$ mm; $\quad h = 44,2$ mm
b) $d = 17,8$ cm; $\quad h = 95,2$ cm
c) $d = 26,6$ cm; $\quad h = 1,25$ m

1-84. Wie groß ist der Durchmesser d von Zylindern, für die die folgenden Volumina und Höhen gegeben sind?

a) $V = 865$ mm^3; $\quad h = 33,3$ mm
b) $V = 3,92$ m^3; $\quad h = 4,00$ m
c) $V = 75,7$ L; $\quad h = 22,6$ cm

1-85. Wie groß ist die Höhe h von Zylindern, für die die folgenden Volumina und Durchmesser gegeben sind?

a) $V = 8650$ mm^3; $\quad d = 33,3$ mm
b) $V = 2,92$ m^3; $\quad d = 0,82$ m
c) $V = 7,7$ L; $\quad d = 12,6$ cm

1.6.4 Hohlzylinder (Rohr)

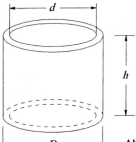

Abb. 1-20. Hohlzylinder, Rohr

1.6 Regelmäßige, geometrische Körper

Die Oberfläche A_O eines Hohlzylinders setzt sich aus der äußeren und inneren Mantelfläche $A_{M,a}$ bzw. $A_{M,i}$, die beide ein Rechteck darstellen, und den beiden Kreisringflächen A_{KR} am oberen und unteren Ende zusammen:

$$A_O = A_{M,a} + A_{M,i} + 2 A_{KR} \tag{1-38}$$

Für die einzelnen Flächen gilt:

$$A_{M,a} = D \pi h \tag{1-39}$$

$$A_{M,i} = d \pi h \tag{1-40}$$

$$A_{KR} = \frac{D^2 \pi}{4} - \frac{d^2 \pi}{4} = \frac{\pi}{4}(D^2 - d^2) \tag{1-41}$$

Aus (1-39) bis (1-41) ergibt sich für die Oberfläche A_O eines Hohlzylinders

$$A_O = D \pi h + d \pi h + 2 \frac{\pi}{4}(D^2 - d^2) \tag{1-42}$$

und nach Kürzen und Ausklammern von π und h:

$$A_O = \pi \left[h(D + d) + \frac{D^2 - d^2}{2} \right] \tag{1-43}$$

In (1-39) bis (1-43) bedeuten:

A_O Oberfläche des Hohlzylinders
$A_{M,a}$ äußere Mantelfläche
$A_{M,i}$ innere Mantelfläche
D äußerer Durchmesser
d innerer Durchmesser
h Höhe (Länge)

Die verschiedenen Flächen eines Hohlzylinders können mit (1-39) bis (1-43) berechnet werden, wenn die Durchmesser D und d und die Höhe h des Körpers bekannt sind.

Rechenbeispiel 1-87. Ein Rohr hat eine Höhe $h = 125$ cm und die beiden Durchmesser $D = 8,2$ mm bzw. $d = 6,4$ mm. Wie groß sind a) die äußere Mantelfläche, b) die innere Mantelfläche und c) eine Kreisringfläche und d) die gesamte Oberfläche des Rohres (jeweils in cm²)?

Gesucht: $A_{M,a}$ **Gegeben:** $h = 125$ cm
            $A_{M,i}$ $D = 8,2$ mm
            A_{KR} $d = 6,4$ mm
            A_O

74   *1 Rechnen zur Einführung in die Physik*

a) Für die äußere Mantelfläche $A_{M,a}$ gilt (1-39):

$A_{M,a} = D \pi h = 8{,}2 \text{ mm} \cdot \pi \cdot 125 \text{ cm} = 0{,}82 \text{ cm} \cdot \pi \cdot 125 \text{ cm}$

$\underline{A_{M,a} = \mathbf{322 \text{ cm}^2}}$

b) Für die innere Mantelfläche $A_{M,i}$ gilt (1-40):

$A_{M,i} = d \pi h = 6{,}4 \text{ mm} \cdot \pi \cdot 125 \text{ cm} = 0{,}64 \text{ cm} \cdot \pi \cdot 125 \text{ cm}$

$\underline{A_{M,i} = \mathbf{251 \text{ cm}^2}}$

c) Für die Kreisringfläche A_{KR} gilt (1-41):

$A_{KR} = \dfrac{\pi}{4} (D^2 - d^2) = \dfrac{\pi}{4} [(8{,}2 \text{ mm})^2 - (6{,}4 \text{ mm})^2]$

$\underline{A_{KR} = \mathbf{0{,}21 \text{ cm}^2}}$

d) Die gesamte Oberfläche A_O läßt sich dann durch Einsetzen der berechneten, einzelnen Flächen in (1-38) berechnen:

$A_O = A_{M,a} + A_{M,i} + 2 A_{KR}$
$ = 322 \text{ cm}^2 + 251 \text{ cm}^2 + 2 \cdot 0{,}21 \text{ cm}^2$

$\underline{A_O = \mathbf{573{,}4 \text{ cm}^2}}$

Sie kann aber auch direkt mit (1-43) berechnet werden:

$A_O = \pi \left[h (D + d) + \dfrac{D^2 - d^2}{2} \right]$

$ = \pi \left[125 \text{ cm} \cdot (8{,}2 \text{ mm} + 6{,}4 \text{ mm}) + \dfrac{(8{,}2 \text{ mm})^2 - (6{,}4 \text{ mm})^2}{2} \right]$

$\underline{A_O = \mathbf{574 \text{ cm}^2}}$

Die geringe Abweichung gegenüber dem obengenannten Ergebnis beruht auf Rundungsfehlern.

1.6 Regelmäßige, geometrische Körper 75

Die Wandstärke a eines Hohlzylinders ergibt sich als Differenz seiner Radien R und r:

$$a = R - r = \frac{D - d}{2} \tag{1-44}$$

Mit (1-44) kann die Berechnung von Flächen auch dann erfolgen, wenn neben einem Durchmesser noch die Wandstärke a gegeben ist.

Rechenbeispiel 1-88. Ein Hohlzylinder mit einer Länge $l = 1{,}45$ m hat einen äußeren Durchmesser $D = 9{,}0$ mm und eine Wandstärke $a = 1{,}2$ mm. Wie groß ist a) die äußere Mantelfläche, b) die innere Mantelfläche und c) die gesamte Oberfläche des Rohres (jeweils in cm²)?

Gesucht: $A_{M,a}$ **Gegeben:** $l = h = 1{,}45$ m
$A_{M,i}$ $D = 9{,}0$ mm
A_O $a = 1{,}2$ mm

a) Mit (1-39) gilt:

$A_{M,a} = D \pi h = 9{,}0 \text{ mm} \cdot \pi \cdot 1{,}45 \text{ m} = 0{,}90 \text{ cm} \cdot \pi \cdot 145 \text{ cm}$

$\underline{A_{M,a} = 410 \text{ cm}^2}$

b) Mit (1-40) und (1-44) gilt:

$A_{M,i} = d \pi h \quad \leftarrow \quad d = D - 2a \Leftarrow a = \frac{D-d}{2}$

$A_{M,i} = (D - 2a) \pi h$

$= (9{,}0 \text{ mm} - 2 \cdot 1{,}2 \text{ mm}) \cdot \pi \cdot 1{,}45 \text{ m}$

$= (0{,}90 \text{ cm} - 2 \cdot 0{,}12 \text{ cm}) \cdot \pi \cdot 145 \text{ cm}$

$\underline{A_{M,i} = 301 \text{ cm}^2}$

c) Mit (1-40) und (1-44) gilt:

$A_{KR} = \frac{\pi}{4}(D^2 - d^2) \quad \leftarrow \quad d = D - 2a \Leftarrow a = \frac{D-d}{2}$

$= \frac{\pi}{4}[D^2 - (D - 2a)^2]$

$= \frac{\pi}{4}[(9{,}0 \text{ mm})^2 - (9{,}0 \text{ mm} - 2 \cdot 1{,}2 \text{ mm})^2]$

$\underline{A_{KR} = 29 \text{ mm}^2 = 0{,}29 \text{ cm}^2}$

1 Rechnen zur Einführung in die Physik

Mit (1-38) gilt für die gesamte Oberfläche A_O:

$$A_O = A_{M,a} + A_{M,i} + 2\,A_{KR}$$
$$= 410\text{ cm}^2 + 301\text{ cm}^2 + 2 \cdot 0{,}29\text{ cm}^2$$

$$\underline{A_O = \mathbf{711{,}6 \text{ cm}^2}}$$

Sie kann aber auch direkt mit (1-43) und mit

$$d = D - 2\,a = 9{,}0\text{ mm} - 2 \cdot 1{,}2\text{ mm} = 6{,}6\text{ mm}$$

berechnet werden:

$$A_O = \pi \left[h\,(D + d) + \frac{D^2 - d^2}{2} \right]$$

$$= \pi \left[145\text{ cm}\,(0{,}90\text{ cm} + 0{,}66\text{ cm}) + \frac{[(0{,}90\text{ cm})^2 - (0{,}66\text{ cm})^2]}{2} \right]$$

$$\underline{A_O = \mathbf{711{,}3 \text{ cm}^2}}$$

Mit (1-43) kann die Höhe h eines Hohlzylinders berechnet werden, wenn die Oberfläche A_O und die beiden Durchmesser D und d bekannt sind.

Rechenbeispiel 1-89. Wie lang muß ein Hohlzylinder sein, der mit den Durchmessern $D = 35{,}5$ cm und $d = 32{,}5$ cm eine Gesamtoberfläche $A_O = 3{,}95$ m^2 besitzt?

Gesucht: $l = h$ **Gegeben:** $D = 35{,}5$ cm; $d = 32{,}5$ cm; $A_O = 3{,}95$ m^2

Mit (1-43) gilt:

$$A_O = \pi \left[h\,(D + d) + \frac{D^2 - d^2}{2} \right] \Rightarrow$$

$$h = \frac{\dfrac{A_O}{\pi} - \dfrac{D^2 - d^2}{2}}{D + d}$$

$$= \frac{\dfrac{3{,}95 \cdot 10\,000\text{ cm}^2}{\pi} - \dfrac{(35{,}5\text{ cm})^2 - (32{,}5\text{ cm})^2}{2}}{35{,}5\text{ cm} + 32{,}5\text{ cm}}$$

$$\underline{h = \mathbf{183 \text{ cm}}}$$

1.6 Regelmäßige, geometrische Körper

Die Berechnung der Durchmesser aus bekannter Oberfläche und Höhe läuft auf eine quadratische Gleichung hinaus und soll deshalb an dieser Stelle nicht vorgenommen werden.

Übungsaufgaben:

1-86. Ein Rohr hat eine Länge von 75 cm und die beiden Durchmesser $D = 10{,}2$ mm und $d = 9{,}4$ mm. Wie groß sind a) die äußere Mantelfläche und b) die innere Mantelfläche (in cm^2)?

1-87. Ein Hohlzylinder hat eine Länge von 3,75 m und die beiden Durchmesser $D = 11{,}4$ mm und $d = 9{,}0$ mm. Wie groß ist seine Oberfläche (in cm^2)?

1-88. Ein Hohlzylinder mit einer Länge von 2,45 m besitzt einen äußeren Durchmesser $D = 9{,}0$ mm und eine Wandstärke $a = 1{,}2$ mm. Wie groß ist a) die äußere Mantelfläche, b) die innere Mantelfläche und c) die gesamte Oberfläche des Rohres (jeweils in cm^2)?

1-89. Wie lang muß ein Hohlzylinder sein, der mit den Durchmessern $D = 35{,}5$ cm und $d = 32{,}5$ cm eine Gesamtoberfläche von 3,95 m^2 besitzt?

1-90. Welche Oberflächen (in cm^2) berechnen sich für Rohre mit folgenden Höhen h und Durchmessern D und d?

a) $h = 82$ cm; $\quad D = 12{,}5$ mm; $\quad d = 10{,}8$ mm
b) $h = 190$ cm; $\quad D = 22{,}5$ mm; $\quad d = 18{,}8$ mm
c) $h = 32$ cm; $\quad D = 12{,}5$ mm; $\quad d = 10{,}8$ mm

1-91. Welche Oberflächen haben Rohre mit folgenden Durchmessern D, Wandstärken a und Höhen h?

a) $D = 1{,}35$ m; $\quad a = 65$ mm; $\quad h = 2{,}75$ m; $\quad A_O$ (in m^2) = ?
b) $D = 1{,}35$ dm; $\quad a = 6{,}5$ mm; $\quad h = 2{,}85$ dm; $\quad A_O$ (in cm^2) = ?
c) $D = 135$ mm; $\quad a = 2{,}5$ mm; $\quad h = 2{,}75$ m; $\quad A_O$ (in dm^2) = ?

1-92. Welche Höhen haben Hohlzylinder mit folgenden Oberflächen A_O und Durchmessern D und d?

a) $A_O = 700$ cm^2; $\quad D = 20{,}0$ cm; $\quad d = 19{,}0$ cm; $\quad h$ (in mm) = ?
b) $A_O = 850$ cm^2; $\quad D = 100$ mm; $\quad d = 95$ mm; $\quad h$ (in cm) = ?
c) $A_O = 200$ cm^2; $\quad D = 8{,}0$ mm; $\quad d = 7{,}5$ mm; $\quad h$ (in mm) = ?

Das Volumen eines Hohlzylinders berechnet sich aus dem äußeren Durchmesser D, dem inneren Durchmesser d und der Höhe h:

$$V = \frac{(D^2 - d^2)\,\pi\,h}{4} \tag{1-45}$$

V Volumen eines Hohlzylinders
D Äußerer Durchmesser
d Innerer Durchmesser
h Höhe

78   *1 Rechnen zur Einführung in die Physik*

Rechenbeispiel 1-90. Ein Rohr mit dem äußeren Durchmesser $D = 12{,}0$ mm und dem inneren Durchmesser $d = 10{,}8$ mm besitzt eine Höhe von 23,6 cm. Wie groß ist sein Volumen V?

Gesucht: V **Gegeben:** $D = 12{,}0$ mm; $d = 10{,}8$ mm; $h = 23{,}6$ cm

Mit (1-45) gilt:

$$V = \frac{(D^2 - d^2)\,\pi\,h}{4}$$

$$= \frac{[(12{,}0\text{ mm})^2 - (10{,}8\text{ mm})^2] \cdot \pi \cdot 23{,}6\text{ cm}}{4}$$

$$= \frac{[(1{,}20\text{ cm})^2 - (1{,}08\text{ cm})^2] \cdot \pi \cdot 2{,}36\text{ cm}}{4}$$

$$\underline{V = 5{,}1\text{ cm}^3}$$

Aus dem Volumen V und den Durchmessern D und d kann mit (1-45) auch die Höhe von Hohlzylindern berechnet werden.

Rechenbeispiel 1-91. Welche Höhe besitzt ein Hohlzylinder mit den Durchmessern $D = 1{,}50$ m und $d = 1{,}45$ m, wenn sein Volumen mit 62,5 dm³ bekannt ist?

Gesucht: h **Gegeben:** $D = 1{,}50$ m; $d = 1{,}45$ m; $V = 62{,}5$ dm³

Mit (1-45) gilt:

$$V = \frac{D^2 - d^2)\,\pi\,h}{4} \;\Rightarrow$$

$$h = \frac{4\,V}{(D^2 - d^2)\,\pi}$$

$$= \frac{4 \cdot 62{,}5\text{ dm}^3}{[(1{,}50\text{ m})^2 - (1{,}45\text{ m})^2] \cdot \pi}$$

$$= \frac{4 \cdot 62{,}5\text{ dm}^3}{[(15{,}0\text{ dm})^2 - (14{,}5\text{ dm})^2] \cdot \pi}$$

$$\underline{h = 5{,}40\text{ dm} = 54{,}0\text{ cm}}$$

Ebenso kann einer der Durchmesser berechnet werden, wenn neben dem Volumen und der Höhe auch der zweite Durchmesser bekannt ist.

1.6 Regelmäßige, geometrische Körper

Rechenbeispiel 1-92. Wie groß ist der äußere Durchmesser eines Hohlzylinders mit einem Volumen von 555 cm³, wenn er einen inneren Durchmesser von 2,55 cm und eine Höhe von 2,75 m besitzt?

Gesucht: D **Gegeben:** $V = 555$ cm³; $d = 2,55$ cm; $h = 2,75$ m

Mit (1-45) gilt:

$$V = \frac{(D^2 - d^2)\,\pi\,h}{4} \Rightarrow$$

$$D = \sqrt{\frac{4\,V}{h\,\pi} + d^2}$$

$$= \sqrt{\frac{4 \cdot 555 \text{ cm}^3}{2,75 \text{ m} \cdot \pi} + (2,55 \text{ cm})^2}$$

$$= \sqrt{\frac{4 \cdot 555 \text{ cm}^3}{275 \text{ cm} \cdot \pi} + (2,55 \text{ cm}^2)}$$

$\underline{D = 3,012 \text{ cm}}$

Rechenbeispiel 1-93. Wie groß ist der innere Durchmesser eines Hohlzylinders mit einem Volumen von 600 cm³, einem äußeren Durchmesser von 4,00 cm und einer Höhe von 3,00 m?

Gesucht: d **Gegeben:** $V = 600$ cm³; $D = 4,00$ cm; $h = 3,00$ m

Mit (1-45) gilt:

$$V = \frac{(D^2 - d^2)\,\pi\,h}{4} \Rightarrow$$

$$d = \sqrt{D^2 - \frac{4\,V}{h\,\pi}}$$

$$= \sqrt{(4,00 \text{ cm})^2 - \frac{4 \cdot 600 \text{ cm}^3}{3,00 \text{ m} \cdot \pi}}$$

$$= \sqrt{(4,00 \text{ cm})^2 - \frac{4 \cdot 600 \text{ cm}^3}{300 \text{ cm} \cdot \pi}}$$

$\underline{d = 3,668 \text{ cm}}$

1 Rechnen zur Einführung in die Physik

Das Volumen kann auch berechnet werden, wenn neben der Höhe und einem Durchmesser noch die Wandstärke a des Hohlzylinders bekannt ist. Es gilt dann

$$a = \frac{D - d}{2}.$$

Rechenbeispiel 1-94. Für einen Hohlzylinder gelten folgende Angaben:
$d = 32,2$ mm; $a = 1,0$ mm; $h = 43,0$ cm
Wie groß ist das Volumen des Hohlzylinders?

Gesucht: V **Gegeben:** $d = 32,2$ mm; $a = 1,0$ mm; $h = 43,0$ cm

Mit (1-45) und $D = 2a + d$ gilt:

$$V = \frac{(D^2 - d^2)\pi h}{4}$$

$$= \frac{[(2a + d)^2 - d^2]\pi h}{4}$$

$$= \frac{[(2 \cdot 1,0 \text{ mm} + 32,2 \text{ mm})^2 - (32,2 \text{ mm})^2] \cdot \pi \cdot 43,0 \text{ cm}}{4}$$

$$= \frac{[(2 \cdot 0,1 \text{ cm} + 3,22 \text{ cm})^2 - (3,22 \text{ cm})^2] \cdot \pi \cdot 43,0 \text{ cm}}{4}$$

$$\underline{V = 44,85 \text{ cm}^3}$$

Übungsaufgaben:

1-93. Ein Rohr mit den Durchmesser $D = 22,0$ mm und $d = 20,6$ mm besitzt eine Höhe von 13,6 cm. Wie groß ist sein Volumen?

1-94. Welche Höhe besitzt ein Hohlzylinder mit den Durchmessern $D = 1,60$ m und $d = 1,55$ m, wenn sein Volumen mit 82,5 dm^3 bekannt ist?

1-95. Wie groß ist der äußere Durchmesser eines Hohlzylinders mit einem Volumen von 500 cm^3, einem inneren Durchmesser von 2,45 cm und einer Höhe von 2,65 m?

1-96. Wie groß ist der innere Durchmesser eines Hohlzylinders mit einem Volumen von 700 cm^3, einem äußeren Durchmesser von 4,00 cm und einer Höhe von 3,00 m?

1-97. Für einen Hohlzylinder gelten folgende Angaben: $d = 42,2$ mm; $a = 2,0$ mm; $h = 50,0$ cm. Wie groß ist das Volumen des Hohlzylinders?

1.6.5 Kugel

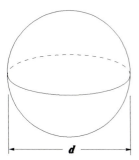

Abb. 1-21. Kugel

Für die Oberfläche einer Kugel gilt:

$$A_O = d^2 \pi \qquad (1\text{-}46)$$

A_O Oberfläche einer Kugel
d Durchmesser

Bei gegebenem Durchmesser d läßt sich mit (1-46) die Oberfläche A_O errechnen.

Rechenbeispiel 1-95. Welche Oberfläche besitzt eine Kugel mit einem Durchmesser von 42,85 cm?

Gesucht: A_O **Gegeben:** d = 42,85 cm

Mit (1-46) gilt:

$$A_O = d^2 \pi = (42{,}85 \text{ cm})^2 \cdot \pi$$

$$\underline{A_O = 5768 \text{ cm}^2}$$

Aus gegebener Oberfläche A_O läßt sich ebenfalls mit (1-46) der Durchmesser d berechnen.

Rechenbeispiel 1-96. Wie groß ist der Durchmesser d einer Kugel, die eine Oberfläche A_O = 1,85 m² besitzt?

Gesucht: d **Gegeben:** A_O = 1,85 m²

Mit (1-46) gilt:

$$A_O = d^2 \pi \Rightarrow$$

$$d = \sqrt{\frac{A_O}{\pi}} = \sqrt{\frac{1{,}85 \text{ m}^2}{\pi}}$$

$$\underline{d = 0{,}767 \text{ m} = 76{,}7 \text{ cm}}$$

Übungsaufgaben:

1-98. Welche Oberfläche besitzt eine Kugel mit einem Durchmesser von 100 mm?

1-99. Welche Oberfläche (in cm^2) haben Kugeln mit den folgenden Durchmessern d?
a) $d = 93{,}7$ mm; b) $d = 12{,}25$ cm; c) $d = 7{,}26$ dm; d) $d = 0{,}295$ m

1-100. Wie groß ist der Durchmesser d einer Kugel mit einer Oberfläche $A_O = 1{,}07$ m^2?

1-101. Wie groß ist der Durchmesser von Kugeln (in cm^2) mit den folgenden Oberflächen A_O?
a) $A_O = 250$ cm^2; b) $A_O = 4000$ mm^2; c) $A_O = 0{,}625$ m^2; d) $A_O = 3{,}00$ m^2

Das Volumen V einer Kugel berechnet sich aus dem Durchmesser d bzw. Radius r nach

$$V = \frac{d^3 \pi}{6} \tag{1-47}$$

bzw.

$$V = \frac{4 r^3 \pi}{3} \tag{1-48}$$

V Volumen einer Kugel
d Durchmesser
r Radius

Rechenbeispiel 1-97. Welches Volumen besitzt eine Kugel mit dem Durchmesser $d = 10{,}0$ mm?

Gesucht: V **Gegeben:** $d = 10{,}0$ mm

Mit (1-47) gilt:

$$V = \frac{d^3 \pi}{6} = \frac{(10{,}0 \text{ mm})^3 \cdot \pi}{6}$$

$$\underline{V = 524 \text{ mm}^3 = 0{,}524 \text{ cm}^3}$$

1.6 Regelmäßige, geometrische Körper 83

Rechenbeispiel 1-98. Welches Volumen besitzt eine Kugel mit dem Radius $r = 2{,}50$ cm?

Gesucht: V **Gegeben:** $r = 2{,}50$ cm

Mit (1-48) gilt:

$$V = \frac{4\, r^3\, \pi}{3} = \frac{4\, (2{,}50\ \text{cm})^3 \cdot \pi}{3}$$

$$\underline{V = 65{,}4\ \text{cm}^3}$$

Die Durchmesser d bzw. Radien r von Kugeln lassen sich mit (1-47) und (1-48) ebenfalls berechnen.

Rechenbeispiel 1-99. Eine Kugel hat ein Volumen von $30{,}0$ cm³. Welchen Durchmesser bzw. Radius muß diese Kugel haben?

Gesucht: $d; r$ **Gegeben:** $V = 30{,}0$ cm³

Mit (1-47) gilt:

$$V = \frac{d^3\, \pi}{6} \Rightarrow$$

$$d = \sqrt[3]{\frac{6\, V}{\pi}} = \sqrt[3]{\frac{6 \cdot 30{,}0\ \text{cm}^3}{\pi}}$$

$$\underline{d = 3{,}855\ \text{cm}}$$

Mit (1-48) gilt für den Radius r:

$$V = \frac{4\, r^3\, \pi}{3} \Rightarrow$$

$$r = \sqrt[3]{\frac{3\, V}{4\, \pi}} = \sqrt[3]{\frac{3 \cdot 30{,}0\ \text{cm}^3}{4\, \pi}}$$

$$\underline{r = 1{,}928\ \text{cm}}$$

Übungsaufgaben:

1-102. Welches Volumen besitzen Kugeln mit folgenden Durchmessern d bzw. Radien r?

a) $d = 65{,}0$ mm; b) $d = 3{,}8$ cm; c) $d = 4{,}55$ dm;
d) $d = 1{,}75$ m;   e) $r = 2{,}00$ cm; f) $r = 0{,}62$ m

1-103. Welchen Durchmesser müssen Kugeln mit den folgenden Volumina V haben?

a) $V = 0{,}0375$ m³; b) $V = 40{,}0$ dm³; c) V = 125 cm³; d) V = 3000 mm³

1.6.6 Halbkugel

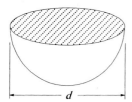

Abb. 1-22. Halbkugel

Die Oberfläche A_O einer Halbkugel setzt sich zusammen aus der Hälfte der Oberfläche $A_{O,K}$ einer Kugel und einer Kreisfläche A_K:

$$A_O = \frac{A_{O,K}}{2} + A_K \tag{1-49}$$

Durch Einsetzen von (1-46) und (1-19), S. 47, erhält man über

$$A_O = \frac{d^2 \pi}{2} + \frac{d^2 \pi}{4}$$

nach Ausklammern von $d^2 \pi$ für die Oberfläche A_O einer Halbkugel:

$$A_O = \frac{3 d^2 \pi}{4} \tag{1-50}$$

A_O Oberfläche der Halbkugel
$A_{O,K}$ Oberfläche der Kugel
A_K Fläche des Kreises
d Durchmesser der Halbkugel

Mit (1-50) kann man die Oberfläche A_O einer Halbkugel berechnen, wenn deren Durchmesser d bekannt ist.

1.6 Regelmäßige, geometrische Körper

Rechenbeispiel 1-100. Welche Oberfläche (in cm²) hat eine Halbkugel mit einem Durchmesser $d = 335$ mm?

Gesucht: A_O **Gegeben:** $d = 335$ mm

Mit (1-50) gilt:

$$A_O = \frac{3\,d^2\,\pi}{4} = \frac{3\,(335\text{ mm})^2 \cdot \pi}{4} = \frac{3\,(33{,}5\text{ cm})^2 \cdot \pi}{4}$$

$\underline{A_O = 2644\text{ cm}^2}$

Mit (1-50) läßt sich auch der Durchmesser d einer Halbkugel berechnen, wenn ihre Oberfläche A_O bekannt ist.

Rechenbeispiel 1-101. Eine Halbkugel soll eine Oberfläche von 500 cm² haben. Wie groß muß ihr Durchmesser sein?

Gesucht: d **Gegeben:** $A_O = 500$ cm²

Mit (1-50) gilt:

$$A_O = \frac{3\,d^2\,\pi}{4} \Rightarrow$$

$$d = \sqrt{\frac{4\,A_O}{3\,\pi}} = \sqrt{\frac{4 \cdot 500\text{ cm}^2}{3\,\pi}}$$

$\underline{d = 14{,}57\text{ cm}}$

Übungsaufgaben:

1-104. Welche Oberfläche (in cm²) hat eine Halbkugel mit einem Durchmesser $d = 135$ mm?

1-105. Welche Oberfläche (in cm²) haben Halbkugeln mit den folgenden Durchmessern d? a) $d = 17{,}8$ mm; b) $d = 20{,}0$ cm; c) $d = 1{,}45$ dm; d) $d = 0{,}350$ m

1-106. Eine Halbkugel soll eine Oberfläche von 52 cm² haben. Wie groß muß ihr Durchmesser d sein?

1-107. Wie groß ist der Durchmesser von Halbkugeln mit folgenden Oberflächen A_O?
a) $A_O = 2{,}05$ m²; b) $A_O = 750$ mm²; c) $A_O = 6{,}65$ dm²; d) $A_O = 25{,}2$ cm²

Für das Volumen V einer Halbkugel gilt:

$$V = \frac{d^3 \pi}{12} \tag{1-51}$$

bzw.

$$V = \frac{2 r^3 \pi}{3} \tag{1-52}$$

Mit (1-51) und (1-52) kann das Volumen V einer Halbkugel aus dem Durchmesser d bzw. Radius r berechnet werden.

Rechenbeispiel 1-102. Welches Volumen besitzt eine Halbkugel mit dem Durchmesser $d = 10{,}0$ mm?

Gesucht: V **Gegeben:** $d = 10{,}0$ mm

Mit (1-51) gilt:

$$V = \frac{d^3 \pi}{12} = \frac{(10{,}0 \text{ mm})^3 \cdot \pi}{12}$$

$$\underline{V = 262 \text{ mm}^3 = 0{,}262 \text{ cm}^3}$$

Rechenbeispiel 1-103. Welches Volumen hat eine Halbkugel mit dem Radius $r = 2{,}50$ cm?

Gesucht: V **Gegeben:** $r = 2{,}50$ cm

Mit (1-52) gilt:

$$V = \frac{2 r^3 \pi}{3} = \frac{2 (2{,}50 \text{ cm})^3 \cdot \pi}{3}$$

$$\underline{V = 32{,}7 \text{ cm}^3}$$

Mit (1-51) und (1-52) kann der Durchmesser d bzw. der Radius r einer Halbkugel aus dem Volumen V berechnet werden.

Rechenbeispiel 1-104. Eine Halbkugel hat ein Volumen von $30{,}0$ cm^3. Welchen Durchmesser bzw. Radius muß diese Halbkugel haben?

Gesucht: d; r **Gegeben:** $V = 30{,}0 \text{ cm}^3$

Mit (1-51) gilt:

$$V = \frac{d^3 \pi}{12} \Rightarrow$$

$$d = \sqrt[3]{\frac{12\,V}{\pi}} = \sqrt[3]{\frac{12 \cdot 30{,}0 \text{ cm}^3}{\pi}}$$

$\underline{d = 4{,}857 \text{ cm}}$

Mit (1-52) gilt für den Radius r:

$$V = \frac{2\,r^3 \pi}{3} \Rightarrow$$

$$r = \sqrt[3]{\frac{3\,V}{2\,\pi}} = \sqrt[3]{\frac{3 \cdot 30{,}0 \text{ cm}^3}{2\,\pi}}$$

$\underline{r = 2{,}429 \text{ cm}}$

Übungsaufgaben:

1-108. Welchen Durchmesser haben Halbkugeln mit den folgenden Volumina V? a) $V = 425$ mL; b) $V = 0{,}925 \text{ m}^3$; c) $V = 485$ L

1-109. Welches Volumen besitzen Halbkugeln mit den folgenden Durchmessern d bzw. Radien r?
a) $d = 27{,}5$ cm; b) $d = 9{,}00$ mm; c) $r = 28{,}2$ cm; d) $r = 1250$ mm

1.6.7 Wiederholungsaufgaben

1-65. Wie groß ist die Oberfläche A_O eines Würfels mit der Kantenlänge $a = 1{,}026$ m?

1-66. Welche Kantenlänge a besitzt ein Würfel mit der Oberfläche $A = 4{,}28 \text{ cm}^2$?

1-67. Wie groß ist die Oberfläche A_O eines Quaders mit den Seiten $a = 0{,}62$ dm und $b = 3{,}5$ cm und der Seite $h = 48$ mm?

1-68. Ein zylindrischer Körper besitzt eine Höhe $h = 45{,}0$ mm und einen Durchmesser $d = 22{,}5$ mm. Wie groß ist seine Oberfläche A_O?

1-69. Ein Zylinder hat bei einer Höhe von 2,75 dm einen Umfang von 3,75 dm. Wie groß sind a) seine Mantelfläche und b) seine Oberfläche?

1-70. Von einem Zylinder ist die Oberfläche A_O mit 4750 mm² und der Durchmesser d mit 27 mm bekannt. Wie lang ist der Zylinder?

1-71. Wie lang ist ein Zylinder mit einer Oberfläche von 725 cm² und einem Umfang von 10,8 cm?

1-72. Ein Rohr hat eine Länge von 95 cm und die beiden Durchmesser $D = 11,2$ mm und $d = 9,9$ mm. Wie groß sind a) die äußere Mantelfläche und b) die innere Mantelfläche (in cm²)?

1-73. Ein Hohlzylinder mit einer Länge von 2,00 m besitzt einen äußeren Durchmesser $D = 25,0$ mm und die Wandstärke $a = 1,2$ mm. Wie groß ist a) die äußere Mantelfläche, b) die innere Mantelfläche und c) die gesamte Oberfläche des Rohres (in cm²)?

1-74. Wie lang muß ein Hohlzylinder sein, der mit den Durchmessern $D = 25,7$ cm und $d = 24,2$ cm eine Gesamtoberfläche von 2,85 m² besitzt?

1-75. Welche Oberfläche besitzt eine Kugel mit einem Durchmesser von 22,0 mm?

1-76. Wie groß ist der Durchmesser d einer Kugel, die eine Oberfläche $A_O = 33,2$ cm² besitzt?

1-77. Welche Oberfläche (in cm²) hat eine Halbkugel mit einem Durchmesser $d = 75$ mm?

1-78. Eine Halbkugel soll eine Oberfläche von 65 cm² haben. Wie groß muß ihr Durchmesser sein?

1-79. Wieviel Kubikzentimeter sind 44,5 L?

1-80. Ein Körper hat ein Volumen von 3 675 000 µL. Wieviel Kubikdezimeter sind das?

1-81. Wieviel Milliliter sind 0,265 m³?

1-82. Wie groß ist das Volumen eines Würfels mit einer Kantenlänge $a = 4,25$ cm?

1-83. Welche Kantenlänge besitzt ein Würfel mit dem Volumen $V = 47,5$ L?

1-84. Ein Quader ist 95,0 mm lang, 27,5 mm und 82,6 mm hoch. Wie groß ist sein Volumen (in cm³)?

1-85. Ein quaderförmiger Behälter hat folgende Innenmaße: Länge $a = 0,415$ m; Breite $b = 3,15$ dm. Er enthält 84,4 L einer Flüssigkeit. Wie hoch steht die Flüssigkeit im Behälter?

1-86. Welches Volumen hat ein zylindrischer Körper mit einem Durchmesser $d = 57,8$ mm und einer Höhe $h = 142,0$ mm?

1-87. Wie groß ist der Durchmesser eines Zylinders (in dm) mit einer Höhe $h = 54,8$ cm und einem Volumen von 202,5 dm³?

1-88. Wie hoch muß eine Flüssigkeit mit einem Volumen von 850 mL in einem zylindrischen Gefäß mit einem inneren Durchmesser von 25,0 cm stehen?

1-89. Wie groß ist das Volumen eines Zylinders mit dem Radius $r = 10,5$ cm und einer Höhe $h = 35,0$ cm?

1-90. Ein Rohr mit dem äußeren Durchmesser $D = 13,0$ mm und dem inneren Durchmesser $d = 11,8$ mm besitzt eine Länge von 22,6 cm. Wie groß ist sein Volumen V?

1-91. Welche Höhe besitzt ein Hohlzylinder mit den Durchmessern $D = 1,50$ m und $d = 1,45$ m, wenn sein Volumen mit 58,5 dm³ bekannt ist?

1-92. Wie groß ist der äußere Durchmesser eines Hohlzylinders mit einem Volumen von 655 cm³, wenn er einen inneren Durchmesser von 2,55 cm und eine Länge von 2,55 m besitzt?

1-93. Wie groß ist der innere Durchmesser eines Hohlzylinders mit einem Volumen von 600 cm³, einem äußeren Durchmesser von 4,15 cm und einer Länge von 2,95 m?

1-94. Für einen Hohlzylinder gelten folgende Angaben: $d = 42,2$ mm; $a = 1,0$ mm; $h = 53,0$ cm. Wie groß ist das Volumen des Hohlzylinders?

1-95. Welches Volumen besitzt eine Kugel mit dem Durchmesser $d = 12,0$ mm?

1-96. Welches Volumen besitzt eine Kugel mit dem Radius $r = 3,50$ cm?

1-97. Eine Kugel hat ein Volumen von 39,8 cm³. Welchen Durchmesser bzw. Radius muß diese Kugel haben?

1-98. Welches Volumen besitzt eine Halbkugel mit dem Durchmesser $d = 12,0$ mm?

1-99. Welches Volumen besitzt eine Halbkugel mit dem Radius $r = 3,50$ cm?

1-100. Eine Halbkugel hat ein Volumen von 39,8 cm³. Welchen Durchmesser bzw. Radius muß diese Halbkugel haben?

1.7 Dichte

1.7.1 Theoretische Grundlagen

Nach dem Internationalen Einheitensystem gehört die *Dichte* zu den abgeleiteten physikalischen Größen. Sie läßt sich auf die Basisgrößen *Masse* und *Länge* zurückführen. Als Größensymbol verwendet man ρ [2]. Ihre Dimension ist *Masse durch Volumen*:

$$\text{Dichte} = \frac{\text{Masse}}{\text{Volumen}}$$

Die Dichte $\rho(X)$ eines Stoffes X ist der Quotient aus seiner Masse $m(X)$ und seinem Volumen $V(X)$.

$$\rho(X) = \frac{m(X)}{V(X)} \tag{1-53}$$

Die Dimensionsbetrachtung liefert die SI-Einheit der Dichte:

$$[\rho] = \frac{[m]}{[V]} = \frac{1 \text{ kg}}{1 \text{ m}^3} = 1 \text{ kg/m}^3 = 1 \text{ kg m}^{-3}$$

Die SI-Einheit der Dichte ist 1 *Kilogramm durch Kubikmeter* (Einheitenzeichen: kg/m^3). In der Praxis werden allerdings meist die Einheiten *Gramm durch Kubikzentimeter* (g/cm^3) für feste und flüssige Stoffe bzw. *Gramm durch Liter* (g/L) für Gase verwendet.

Die Dichte eines Stoffes gibt an, wieviel Kilogramm (Gramm) 1 Kubikmeter (1 Kubikzentimeter bzw. 1 Milliliter) des Stoffes bei den angegebenen Bedingungen wiegt.

Sie ist wie das Volumen von der Temperatur und bei Gasen zusätzlich vom Druck abhängig. Spezielle Dichtewerte müssen deshalb mit Temperatur- bzw. auch Druckangaben versehen sein.

Beispiel 1-17.

Kohlenstoffdioxidgas hat im Normzustand, d.h. bei 0°C und 1013 mbar die Dichte 1,9768 g/L:

$$\rho(CO_2, 0°C, 1013 \text{ mbar}) = 1{,}9768 \text{ g/L}$$

Von besonderer Bedeutung ist die sog. *Normdichte* von Gasen. Das ist die Dichte eines Gases im Normzustand, d.h. bei 0°C und 1013 mbar.

Die Normdichte $r_n(X)$ eines Stoffes X ist der Quotient aus der molaren Masse $M(X)$ und dem molaren Normvolumen V_{mn} dieses Stoffes X.

$$\rho_n(X) = \frac{M(X)}{V_{mn}} \qquad (1\text{-}54)$$

Das molare Normvolumen V_{mn} hat für alle Gase den konstanten Wert

$V_{mn} = (22{,}41383 \pm 0{,}000069)$ m³/kmol.

In der Praxis wird der hinreichend genaue Wert von $V_{mn} = 22{,}4$ **L/mol** verwendet. Demnach nimmt ein Mol eines idealen Gases im Normzustand ein Volumen von 22,4 L ein. Bei Gasen, die reales Verhalten zeigen, bei denen also Anziehungskräfte zwischen den Teilchen wirksam werden, kann das molare Normvolumen um ca. 1% abweichen.

1.7.2 Umrechnen von speziellen Dichtewerten

Physikalische Berechnungen mit SI-Größen erfordern häufig eine Umrechnung der in der Literatur tabellierten Dichtewerte.
Der Zusammenhang zwischen speziellen Dichtewerten ergibt sich über entsprechende Einheitengleichungen für Masse- und Volumeneinheiten:

$$\rho(X) = a \cdot \frac{kg}{m^3} = a \cdot \frac{10^3 \, g}{10^6 \, cm^3} = a \cdot \frac{kg}{10^3 \, dm^3} = a \cdot \frac{10^{-3} \, t}{m^3}$$

Mit **1 cm³ = 1 mL** und **1 dm³ = 1 L** folgt allgemein:

$$\rho(X) = 10^3 \, a \, kg/m^3 = a \, g/cm^3 = a \, g/mL = a \, kg/dm^3 = a \, kg/L = a \, t/m^3 \qquad (1\text{-}55)$$

$\rho(X)$ Dichte des Stoffes X
a   Zahlenwert (Dichtezahl)

Rechenbeispiel 1-105. Welche Dichte (in der SI-Einheit 1 kg/m³) hat das Quecksilber, für das in der Literatur eine Dichte von 13,6 g/cm³ aufgeführt ist?

Gesucht: $\rho(Hg)$ in kg/m³ **Gegeben:** $\rho(Hg) = 13{,}6$ g/cm³

Mit den Einheitengleichungen **1 g = 10^{-3} kg** und **1 cm³ = 10^{-6} m³** gemäß Tab. 1-2 gilt:

$$\rho(HG) = 13{,}6 \, \frac{g}{cm^3} \quad \longleftarrow \quad 1 \, g = 10^{-3} \, kg$$
$$\longleftarrow \quad 1 \, cm^3 = 10^{-6} \, m^3$$

$$= 13{,}6 \cdot \frac{10^{-3} \, kg}{10^{-6} \, m^3}$$

$\underline{\rho(Hg) = 13\,600 \text{ kg/m}^3}$

Übungsaufgaben:

1-110. Welche Größenwerte (in der SI-Einheit kg/m³) ergeben sich bei der Umrechnung der folgenden speziellen Dichtewerte?
a) ρ(Methanol) = 0,791 g/mL
b) ρ(Schwefelsäure-Lösung) = 1,84 g/cm³
c) ρ(Hg) = 13,6 t/m³
d) ρ(Lösung) = 1,006 kg/dm³

1-111. Wie groß sind die folgenden Dichten von Gasen (in der SI-Einheit)?
a) $\rho(CO_2)$ = 1,977 g/L
b) $\rho(N_2)$ = 1,251 g/L
c) $\rho(H_2)$ = 0,0899 g/L

1-112. Welche Dichtewerte in a) Gramm/Kubikzentimeter, b) Kilogramm/Kubikdezimeter, c) Tonne/Kubikmeter, d) Gramm/Milliliter, e) Kilogramm/Liter und f) Gramm/Liter liefert die Umrechnung von ρ(Stahl) = 7840 kg/m³?

1.7.3 Berechnen von Dichtewerten

1.7.3.1 Dichte aus Masse und Volumen

Mit (1-53) läßt sich die Dichte $\rho(X)$ eines Stoffes X berechnen, wenn seine Masse $m(X)$ und sein Volumen $V(X)$ bekannt sind.

Rechenbeispiel 1-106. Eine Salzsäure-Portion mit einem Volumen von 125 mL wiegt 142,0 g. Welche Dichte hat die Salzsäure?

Gesucht: ρ(Salzsäure) **Gegeben:** V(Salzsäure) = 125 mL
m(Salzsäure) = 142,0 g

Mit (1-53) gilt:

$$\rho(\text{Salzsäure}) = \frac{m(\text{Salzsäure})}{V(\text{Salzsäure})} = \frac{142{,}0 \text{ g}}{125 \text{ mL}}$$

ρ(Salzsäure) = 1,1360 g/mL = 1136,0 kg/m³

Übungsaufgaben:

1-113. Welche Dichten errechnen sich für Stoffe, für die folgende Größenwerte bekannt sind?

a) $V(Cu) = 32{,}65\ cm^3$; $m(Cu) = 291{,}9\ g$; $\rho(Cu)$ in $g/cm^3 = ?$
b) $V(\text{NaCl-Lösung}) = 75{,}65\ dm^3$; $m(\text{NaCl-Lösung}) = 77{,}9\ kg$;
   $\rho(\text{NaCl-Lösung})$ in $g/mL = ?$
c) $m(O_2) = 1230\ mg$; $V(O_2) = 850\ mL$; $\rho(O_2)$ in $g/L = ?$

1-114. Wie groß ist die Dichte einer Salpetersäure-Lösung, wenn 300 mL davon 385 g wiegen?

1.7.3.2 Dichte regelmäßiger Körper

In der Praxis muß häufig die Dichte von Stoffen berechnet werden, die in Form regelmäßiger Körper vorliegen. Ihr Volumen kann man über die entsprechenden Beziehungen (vgl. Abschn. 1.6) berechnen. Wenn die Masse solcher Körper bekannt ist, kann auch deren Dichte bestimmt werden.

Rechenbeispiel 1-107. Ein Zylinder aus Aluminium hat folgende Maße:
Durchmesser $d = 35{,}6$ mm, Länge $h = 125$ mm
Der Körper wiegt 334,7 g. Wie groß ist seine Dichte?

Gesucht: $\rho(Al)$ **Gegeben:** $d = 35{,}6$ mm; $h = 125$ mm; $m = 334{,}7$ g

Mit (1-53) und der Beziehung für das Volumen eines Zylinders gilt:

$$\rho(Al) = \frac{m(Al)}{V(Al)} \quad \longleftarrow \quad V = \frac{d^2\ \pi\ h}{4}$$

$$= \frac{4\ m(Al)}{d^2\ \pi\ h} = \frac{4 \cdot 334{,}7\ g}{(35{,}6\ mm)^2 \cdot \pi \cdot 125\ mm} \quad \longleftarrow \quad 1\ mm = 0{,}1\ cm$$

$$= \frac{4 \cdot 334{,}7\ g}{(3{,}56\ cm)^2 \cdot \pi \cdot 12{,}5\ cm}$$

$\underline{\rho(Al) = 2{,}69\ g/cm^3 = 2690\ kg/m^3}$

Übungsaufgaben:

1-115. Ein Würfel aus Eisen mit der Kantenlänge $a = 2{,}68$ cm wiegt 150,6 g. Wie groß ist seine Dichte?

1-116. In einen quaderförmigen Behälter mit einer Länge von 127 cm und einer Breite von 75 cm werden 275,0 kg einer Soda-Lösung eingefüllt. Die Lösung steht in dem Behälter 25,5 cm hoch. Alle angegebenen Maße sind Innenmaße. Welche Dichte hat die Lösung?

1-117. In einem zylinderförmigen Behälter mit halbkugeligem Boden steht eine Flüssigkeit 95,0 cm hoch. Der innere Durchmesser beträgt 62,5 cm. Die Masse der Flüssigkeit ist mit 256 kg bekannt. Welche Dichte besitzt die Flüssigkeit?

1-118. Ein Rohr hat eine lichte Weite von 75 mm und ist 910 mm lang. Die Wandstärke beträgt 5 mm. Die Masse des Rohres wurde mit 4,99 kg ermittelt. Welche Dichte hat das Rohrmaterial?

1.7.3.3 Dichtebestimmung mit dem Pyknometer

Pyknometer sind Volumenmeßgeräte, die in erster Linie zur Bestimmung der Dichte von Flüssigkeiten verwendet werden.

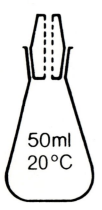

(Aus Band 1, „Labortechnische Grundoperationen", S. 267)
2., überarbeitete und erweiterte Auflage.

Abb. 1-23. Pyknometer

Sie tragen eine Aufschrift über das Volumen, das sie aufnehmen können, und die Temperatur der Flüssigkeit, die abgemessen wird. Sie sind auf Einlauf geeicht, d. h. sie nehmen bei der angegebenen Temperatur exakt das gleichfalls angegebene Volumen auf. Zu diesem Zweck wird Flüssigkeit bis knapp in den Tubus eingefüllt. Beim Einsetzen des Schliffstopfens in den Tubus wird überschüssige Flüssigkeit durch die Kapillare im Stopfen verdrängt. Sie muß vor der Wägung abgewischt werden.

Gemäß (1-53) kann die Dichte ρ(Fl) einer Flüssigkeit bestimmt werden, wenn deren Masse m(Fl) als Differenz zwischen der Masse m(P) des leeren Pyknometers und der Masse m(P, Fl) des mit Flüssigkeit gefüllten Pyknometers ermittelt und durch das Volumen V(P) geteilt wird:

$$\rho(\text{Fl}) = \frac{m(\text{Fl})}{V(\text{Fl})} \quad \leftarrow \quad \begin{array}{l} m(\text{P, Fl}) - m(\text{P}) \\ V(\text{P}) \end{array}$$

$$\rho(\textbf{Fl}) = \frac{m(\textbf{P, Fl}) - m(\textbf{P})}{V(\textbf{P})} \tag{1-56}$$

Darin bedeuten:

ρ(Fl)	Dichte der Flüssigkeit
m(Fl)	Masse der Flüssigkeit
m(P)	Masse des Pyknometers
m(P, Fl)	Masse des mit Flüssigkeit gefüllten Pyknometers
V(Fl)	Volumen der Flüssigkeit
V(P)	Volumen des Pyknometers

Rechenbeispiel 1-108. Bei der Dichtebestimmung einer Flüssigkeit mit einem Pyknometer mit der Aufschrift 50,0 mL werden bei 20°C folgende Massen ermittelt: m(P) = 26,7538 g; m(P, Fl) = 66,3038 g. Welche Dichte hat die Flüssigkeit?

Gesucht: ρ(Fl, 20°)   **Gegeben:** V(P) = V(Fl, 20°) = 50,0 mL
                                                        m(P) = 26,7538 g
                                                        m(P, Fl) = 66,3038 g

Mit (1-56) gilt:

$$\rho(\text{Fl, 20°}) = \frac{m(\text{P, Fl}) - m(\text{P})}{V(\text{P})}$$

$$= \frac{66,3038 \text{ g} - 26,7538 \text{ g}}{50,0 \text{ mL}}$$

$\underline{\rho(\textbf{Fl, 20°}) = \textbf{0,7910 g/mL} = \textbf{791,0 kg/m}^3}$

Übungsaufgaben:

1-119. Mit einem 25,0 mL-Pyknometer wird die Dichte einer Flüssigkeit bei 20°C bestimmt. Der Pyknometer wiegt leer 25,1066 g und mit Flüssigkeit gefüllt 64,9569 g. Welche Dichte hat die Flüssigkeit?

1 Rechnen zur Einführung in die Physik

1-120. Bei der Dichtebestimmung einer Flüssigkeit mit einem Pyknometer mit der Aufschrift 50,0 mL werden 20°C folgende Massen ermittelt:
$m(P) = 28,9673$ g; $m(P, Fl) = 69,0170$ g
Welche Dichte hat die Flüssigkeit?

1-121. Zur Bestimmung der Dichte von Glycerin-Wasser- Gemischen mit einem Pyknometer, $V = 25,0$ mL, werden bei 20°C folgende Wägungen durchgeführt:

	a)	b)
Pyknometer, leer	18,4971 g	17,9806 g
Pyknometer + Gemisch	48,7522 g	43,4589 g

Welche Dichten haben die beiden Gemische?

Gemäß (1-53) kann auch die Dichte $\rho(X)$ einer pulvrigen, kristallinen oder granulierten, unlöslichen Substanz X bestimmt werden. Dabei läßt sich das Volumen $V(X)$ des Feststoffes nicht direkt ermitteln, ergibt sich aber als Differenz aus dem Volumen $V(P)$ des Pyknometers und dem Volumen $V(Fl)$ einer Flüssigkeit, mit der man den Pyknometer auffüllen kann, nachdem zuvor eine bestimmte Masse $m(X)$ an Feststoff eingewogen wurde. Das Volumen $V(Fl)$ der Flüssigkeit, in der sich der Feststoff nicht lösen darf, läßt sich gemäß $V = m/\rho$ berechnen:

$$\rho(X) = \frac{m(X)}{V(X)} \quad \begin{matrix} \leftarrow & m(P, X) - m(P) \\ \leftarrow & V(P) - V(Fl) \end{matrix}$$

$$\frac{m(Fl)}{\rho(Fl)} \leftarrow m(P, X, Fl) - m(P, X)$$

$$\frac{m(Fl, voll)}{\rho(Fl)} \leftarrow m(P, Fl) - m(P)$$

$$\rho(X) = \frac{m(P, X) - m(P)}{\dfrac{[m(P, Fl) - m(P)] - [m(P, X, Fl) - m(P, X)]}{\rho(Fl)}}$$

$$\rho(X) = \frac{m(P, X) - m(P)}{[m(P, Fl) - m(P)] - [m(P, X, Fl) - m(P, X)]} \cdot \rho(Fl) \qquad (1\text{-}57)$$

Gemäß (1-57) läßt sich die Bestimmung mit vier Wägungen durchführen.

$m(P)$ Masse des Pyknometers
$m(P, X)$ Masse von Pyknometer + Fester Probe
$m(P, Fl)$ Masse von Pyknometer + Flüssigkeit
$m(P, X, Fl)$ Masse von Pyknometer + Fester Probe + Flüssigkeit

Rechenbeispiel 1-109. Bei der Dichtebestimmung eines Kunststoffgranulates mit Hilfe eines Pyknometers werden folgende Massen ermittelt:

Masse des Pyknometers = 25,1224 g
Masse des mit der Probe beschickten Pyknometers = 40,5283 g
Masse des mit Flüssigkeit gefüllten Pyknometers = 75,1236 g
Masse des mit der Probe beschickten und dann aufgefüllten Pyknometers = 83,5221 g

Welche Dichte hat das Granulat, wenn zum Auffüllen Wasser, ρ = 1,000 g/mL, verwendet wird?

Gesucht: $\rho(X)$ **Gegeben:** $m(P) = 25,1224$ g
$m(P,X) = 40,5283$ g
$m(P,Fl) = 75,1236$ g
$m(P,X,Fl) = 83,5221$ g

Mit (1-57) gilt:

$$\rho(X) = \frac{m(P, X) - m(P)}{[m(P, Fl) - m(P)] - [m(P, X, Fl) - m(P, X)]} \cdot \rho(Fl)$$

$$= \frac{(40,5283 \text{ g} - 25,1224 \text{ g}) \cdot 1,000 \text{ g mL}^{-1}}{(75,1236 \text{ g} - 25,1224 \text{ g}) - (83,5221 \text{ g} - 40,5283 \text{ g})}$$

$\rho(X) = 2,1985$ g/mL $= 2198,5$ kg/m^3

Übungsaufgaben:

1-122. Bei der Bestimmung der Dichte einer Legierung mit einem Pyknometer wurden folgende Wägungen gemacht:

Pyknometer, leer	17,8512 g
Pyknometer + Flüssigkeit	42,8498 g
Pyknometer + Legierungsspäne	62,7532 g
Pyknometer + Legierungsspäne + Flüssigkeit	82,2534 g

Zum Auffüllen des Pyknometers wurde Wasser, ρ = 0,9988 g/mL, verwendet. Welche Dichte hat die Legierung?

1-123. Bei der Bestimmung der Dichte von Ätznatron mit einem Pyknometer wurden folgende Wägungen gemacht:

Pyknometer, leer	19,7618 g
Pyknometer + Flüssigkeit	59,6130 g
Pyknometer + Ätznatron	35,1216 g
Pyknometer + Ätznatron + Flüssigkeit	63,0164 g

Zum Auffüllen des Pyknometers wurde Tetrachlormethan, ρ = 1,594 g/mL, verwendet. Welche Dichte hat das Ätznatron?

1.7.3.4 Schütt- und Rüttdichte

Oft muß man unterscheiden zwischen der Dichte eines reinen festen Stoffes ohne Luftzwischenräume, der sog. *Reindichte*, und der Dichte von aufgeschütteten oder porigen Materialien, der *Schüttdichte* oder *Rohdichte*. Die Schüttdichte von Stoffen spielt bei der Lagerung und dem Versand fester Stoffe eine wichtige Rolle. Sie läßt sich – wie alle Dichten – als der Quotient aus Masse und Volumen, hier dem Schüttvolumen, berechnen. Wenn ein aufgeschüttetes Material zusammengerüttelt wird, verringert sich sein Volumen. Dabei vergrößert sich naturgemäß seine Dichte. Man spricht dann vom *Rüttvolumen* und der *Rüttdichte*.

Rechenbeispiel 1-110. Ein quaderförmiger Behälter (Länge = 12,5 m, Breite = 3,8 m, Höhe = 2,5 m) ist mit 95 t Koks gefüllt. Beim Transport verringert sich das Volumen des Stoffes um 13%. Wie groß sind a) die Schüttdichte und b) die Rüttdichte des Kokses?

Gesucht: $\rho_{\text{Schütt}}(\text{Koks})$
$\rho_{\text{Rütt}}(\text{Koks})$

Gegeben: $l = 12,5$ m
$b = 3,8$ m
$h = 2,5$ m
$m(\text{Koks}) = 95,1$ t
$V_{\text{Rütt}} = 0,87\ V_{\text{Schütt}}$

Mit (1-53) und der Beziehung für das Volumen eines Quaders gilt:

$$\rho_{\text{Schütt}}(\text{Koks}) = \frac{m(\text{Koks})}{V_{\text{Schütt}}(\text{Koks})} \quad \longleftarrow \quad V = l\,b\,h$$

$$= \frac{m(\text{Koks})}{l\,b\,h} = \frac{95,1\ \text{t}}{12,5\ \text{m} \cdot 3,8\ \text{m} \cdot 2,5\ \text{m}}$$

$\underline{\rho_{\text{Schütt}}(\text{Koks}) = \mathbf{0,80\ t/m^3 = 800\ kg/m^3}}$

$$\rho_{\text{Rütt}}(\text{Koks}) = \frac{m(\text{Koks})}{0,87\ V_{\text{Schütt}}(\text{Koks})} \quad \longleftarrow \quad V = l\,b\,h$$

$$= \frac{m(\text{Koks})}{0,87\ l\,b\,h} = \frac{95,1\ \text{t}}{0,87 \cdot 12,5\ \text{m} \cdot 3,8\ \text{m} \cdot 2,5\ \text{m}}$$

$\underline{\rho_{\text{Rütt}}(\text{Koks}) = \mathbf{0,92\ t/m^3 = 920\ kg/m^3}}$

Übungsaufgaben:

1-124. Welche Schütt- und Rüttdichten ergeben sich für die folgenden Stoffe?
a) Sand: $m = 580$ kg, $V_{\text{Schütt}} = 350$ dm^3, $V_{\text{Rütt}} = 0,75\ V_{\text{Schütt}}$
b) Kies: $m = 1680$ kg, $V_{\text{Schütt}} = 0,920$ m^3, $V_{\text{Rütt}} = 0,85\ V_{\text{Schütt}}$

1.7 Dichte

1.7.3.5 Dichte von Gasen im Normzustand

Unter der Annahme, daß sich ein Gas ideal verhält, läßt sich die Dichte von Gasen im Normzustand, die *Normdichte*, mit Hilfe von (1-54) berechnen, wenn die molare Masse der Gasteilchen bekannt ist oder berechnet werden kann.

Rechenbeispiel 1-111. Wie groß ist die Normdichte ρ_n von Sauerstoff, O_2?

Gesucht: $\rho_n(O_2)$ **Gegeben:** $M(O_2) = 32{,}00$ g/mol
$V_{mn} = 22{,}4$ L/mol

Mit (1-54) gilt:

$$\rho_n(X) = \frac{M(O_2)}{V_{mn}} = \frac{32{,}00 \text{ g mol}^{-1}}{22{,}4 \text{ L mol}^{-1}}$$

$\underline{\rho_n(O_2) = 1{,}429 \text{ g/L} = 1{,}429 \text{ kg/m}^3}$

Übungsaufgaben:

1-125. Welche Gasdichten im Normzustand ergeben sich für Gase mit folgenden molaren Massen?
a) $M(SO_2) = 64{,}06$ g/mol
b) $M(He) = 4{,}0026$ g/mol
c) $M(CO_2) = 44{,}01$ g/mol
d) $M(HCl) = 36{,}46$ g/mol
e) $M(F_2) = 38{,}00$ g/mol

1.7.4 Rechnen mit Dichtewerten

1.7.4.1 Masse von Stoffportionen

Die Masse einer Stoffportion kann gemäß (1-53) berechnet werden, wenn deren Volumen V und Dichte ρ bekannt sind.

Rechenbeispiel 1-112. Die Dichte einer Salzsäure ist mit 1165 kg/m³ bekannt. Wieviel Gramm wiegen 625 mL dieser Lösung?

Gesucht: $m(L)$ **Gegeben:** $\rho(L) = 1165$ kg/m³; $V(L) = 625$ mL

Mit (1-53) gilt:

$$\rho(L) = \frac{m(L)}{V(L)} \Rightarrow$$

1 Rechnen zur Einführung in die Physik

$m(L) = \rho(L) \cdot V(L) = 1165 \text{ kg m}^{-3} \cdot 625 \text{ mL}$
$ = 1{,}165 \text{ g mL}^{-1} \cdot 625 \text{ mL}$

$m(L) = 728{,}1 \text{ g}$

Übungsaufgaben:

1-126. Wie groß sind die Massen von Stoffportionen, für die folgende Dichten und Volumina gegeben sind?
a) $\rho(SO_3) = 3{,}574 \text{ g/L}; \; V(SO_3) = 35{,}0 \text{ m}^3$
b) $\rho(Au) = 19{,}32 \text{ g/cm}^3; \; V(Au) = 65{,}5 \text{ cm}^3$
c) $\rho(\text{Natronlauge}) = 1285 \text{ kg/m}^3; \; V(\text{Natronlauge}) = 935 \text{ L}$

1-127. Wie groß ist die Masse einer Gasportion mit einem Volumen $V = 585$ mL und einer Dichte $\rho = 2{,}954$ g/L?

Häufig sind in der Praxis anstelle des Volumens die Abmessungen regelmäßiger Körper bekannt, aus denen bei gegebener Dichte die Masse berechnet werden muß.

Rechenbeispiel 1-113. Ein kugelförmiger Druckbehälter ist mit Chlorgas, $\rho = 5{,}83$ g/L, gefüllt. Der Behälter hat einen Innendurchmesser $d = 3{,}25$ m. Welche Masse an Chlorgas befindet sich darin?

Gesucht: $m(Cl_2)$ **Gegeben:** $\rho(Cl_2) = 5{,}83 \text{ g/L}; \; d = 3{,}25 \text{ m}$

Mit (1-53) gilt:

$\rho(Cl_2) = \dfrac{m(Cl_2)}{V(Cl_2)} \Rightarrow$

$m(Cl_2) = \rho(Cl_2) \cdot V(Cl_2) \quad \leftarrow \quad V = \dfrac{d^3 \pi}{6}$

$ = \rho(Cl_2) \cdot \dfrac{d^3 \pi}{6} = 5{,}83 \text{ g L}^{-1} \cdot \dfrac{(3{,}25 \text{ m})^3 \cdot \pi}{6}$

$ = 5{,}83 \text{ kg m}^{-3} \cdot \dfrac{(3{,}25 \text{ m})^3 \cdot \pi}{6}$

$m(Cl_2) = 104{,}8 \text{ kg}$

Übungsaufgaben:

1-128. Was wiegt ein Ring aus Silber mit den Durchmessern $D = 10{,}8$ mm und $d = 8{,}5$ mm und einer Dicke $h = 3{,}2$ mm? $\rho(\text{Ag}) = 10\,500$ kg/m^3

1-129. Ein zylindrisches Faß mit dem Innendurchmesser $d_i = 72{,}5$ cm und der Länge $h = 105$ cm ist zu 70% mit Methanol ($\rho = 791$ kg/m^3) gefüllt. Wie groß ist die Masse der Flüssigkeit?

1-130. Ein halbkugeliger Bottich ist zu 50% mit einem Öl ($\rho = 0{,}856$ g/mL) gefüllt. Der Innendurchmesser des Behälters beträgt 650 mm. Wie groß ist die Masse des Öls?

1.7.4.2 Volumen von Stoffportionen

Das Volumen einer Stoffportion kann gemäß (1-53) berechnet werden, wenn deren Masse m und Dichte ρ bekannt sind.

Rechenbeispiel 1-114. Welches Volumen hat ein Eisenkörper, der 175,9 g wiegt? $\rho(\text{Fe}) = 7{,}874$ g/cm^3

Gesucht: $V(\text{Fe})$ **Gegeben:** $m(\text{Fe}) = 175{,}9$ g
$\rho(\text{Fe}) = 7{,}874$ g/cm^3

Mit (1-53) gilt:

$$\rho(\text{Fe}) = \frac{m(\text{Fe})}{V(\text{Fe})} \Rightarrow$$

$$V(\text{Fe}) = \frac{m(\text{Fe})}{\rho(\text{Fe})} = \frac{175{,}9 \text{ g}}{7{,}874 \text{ g cm}^{-3}}$$

$V(\text{Fe}) = 22{,}339$ cm^3

Übungsaufgaben:

1-131. Wie groß sind die Volumina von Stoffportionen, für die folgende Massen und Dichten gegeben sind?
a) $m(\text{HCl}) = 42{,}6$ kg; $\rho(\text{HCl}) = 1{,}628$ g/L
b) $m(\text{Kalilauge}) = 2{,}85$ t; $\rho(\text{Kalilauge}) = 1{,}175$ g/mL
c) $m(\text{Ti}) = 220$ g; $\rho(\text{Ti}) = 4{,}51$ g/cm^3

1-132. Welchen Raum nehmen 750 kg Schwefelsäure-Lösung ein? $\rho(\text{L}) = 1685$ kg/m^3

1.7.4.3 Längen und Flächen von geometrischen Körpern

Auch bestimmte Längen und Flächen von geometrischen Körpern lassen sich gemäß (1-53) berechnen, wenn ihre Masse m, die Dichte ρ und entsprechende Beziehungen für das Volumen der Körper bekannt sind.

Rechenbeispiel 1-115. Ein Eisenzylinder wiegt 276,9 g. Sein Durchmesser beträgt 2,50 cm. Welche Höhe hat er? $\rho(\text{Fe}) = 7{,}874 \text{ g/cm}^3$

Gesucht: $h(\text{Zyl})$ **Gegeben:** $m(\text{Zyl}) = 276{,}9$ g
$d(\text{Zyl}) = 2{,}50$ cm
$\rho(\text{Fe}) = 7{,}874 \text{ g/cm}^3$

Mit (1-53) gilt:

$$\rho(\text{Fe}) = \frac{m(\text{Zyl})}{V(\text{Zyl})} \quad \longleftarrow \quad \frac{d(\text{Zyl})^2 \, \pi \, h}{4}$$

$$\rho(\text{Fe}) = \frac{4 \, m(\text{Zyl})}{d(\text{Zyl})^2 \, \pi \, h} \quad \Rightarrow$$

$$h(\text{Zyl}) = \frac{4 \, m(\text{Zyl})}{\rho(\text{Fe}) \, d(\text{Zyl})^2 \, \pi} = \frac{4 \cdot 276{,}9 \text{ g}}{7{,}874 \text{ g cm}^{-3} \cdot (2{,}50 \text{ cm})^2 \cdot \pi}$$

$h(\text{Zyl}) = 7{,}16$ cm

Rechenbeispiel 1-116. Welchen Durchmesser hat eine Bleikugel, $\rho = 11{,}31 \text{ g/cm}^3$, die 180,2 g wiegt?

Gesucht: $d(\text{Kugel})$ **Gegeben:** $m(\text{Kugel}) = 180{,}2$ g
$\rho(\text{Pb}) = 11{,}31 \text{ g/cm}^3$

Mit (1-53) gilt:

$$\rho(\text{Pb}) = \frac{m(\text{Kugel})}{V(\text{Kugel})} \quad \longleftarrow \quad \frac{d(\text{Kugel})^3 \, \pi}{6}$$

$$\rho(\text{Pb}) = \frac{6 \, m(\text{Kugel})}{d(\text{Kugel})^3 \, \pi} \quad \Rightarrow$$

$$d(\text{Kugel}) = \sqrt[3]{\frac{6 \, m(\text{Kugel})}{\rho(\text{Pb}) \, \pi}} = \sqrt[3]{\frac{6 \cdot 180{,}2 \text{ g}}{11{,}31 \text{ g cm}^{-3} \cdot \pi}}$$

$d(\text{Kugel}) = 3{,}122$ cm

Rechenbeispiel 1-117. In einem quaderförmigen Behälter befinden sich 86,7 kg Flüssigkeit $\rho = 804$ kg/m^3. Die Höhe der Flüssigkeitssäule wird mit 56,0 cm gemessen. Welche Bodenfläche muß der Behälter haben?

Gesucht: A (Boden)   **Gegeben:** m(Fl) = 86,7 kg
h(Fl) = 56,0 cm
ρ(Fl) = 804 kg/m^3

Mit (1-53) gilt:

$$\rho(\text{Fl}) = \frac{m(\text{Fl})}{V(\text{Fl})} \quad \longleftarrow \quad A(\text{Boden}) \; h(\text{Fl})$$

$$\rho(\text{Fl}) = \frac{m(\text{Fl})}{A(\text{Boden}) \; h(\text{Fl})} \quad \Rightarrow$$

$$A(\text{Boden}) = \frac{m(\text{Fl})}{\rho(\text{Fl}) \; h(\text{Fl})} = \frac{86{,}7 \text{ kg}}{804 \text{ kg m}^{-3} \cdot 0{,}560 \text{ m}}$$

A (Boden) = 0,1926 m^2

Übungsaufgaben:

1-133. In einem zylindrischen Behälter steht eine Schwefelsäure-Lösung, $\rho = 1{,}784$ g/mL, $m = 125{,}0$ kg, 25,2 cm hoch. Welchen Durchmesser hat der Behälter?

1-134. Welchen Durchmesser hat eine Halbkugel aus Kupfer, $\rho = 8{,}90$ g/cm^3, die 80,8 g wiegt?

1-135. In einem quaderförmigen Behälter sind 150 kg einer Flüssigkeit $\rho = 791$ kg/m^3. Der Behälter hat eine Bodenfläche $A = 0{,}625$ m^2. Wie hoch steht die Flüssigkeit im Behälter?

1.7.5 Wiederholungsaufgaben

1-101. Die Dichte von metallischem Natrium ist mit 0,971 g/cm^3 angegeben. Wie groß ist diese Dichte in kg/m^3?

1-102. Welche Dichte (in kg/m^3) hat eine Flüssigkeit, wenn 99,6 mL 125,0 g wiegen?

1-103. Ein Würfel aus Stahl hat eine Kantenlänge von 45,0 mm. Er wiegt 719 g. Welche Dichte hat der Stahl?

1-104. Eine Kunststoffplatte hat folgende Maße: $l = 150$ cm; $b = 75$ cm; $h = 4$ mm. Sie wiegt 12,80 kg. Welche Dichte hat der Kunststoff?

1-105. Ein Metallzylinder ist 5,91 cm hoch und hat einen Durchmesser von 34,0 mm. Er wiegt 400 g. Welche Dichte hat das Metall?

1-106. Ein Kunststoffrohr hat eine Wandstärke von 3,0 mm und eine Länge von 155 cm. Sein äußerer Durchmesser D beträgt 5,3 cm. Wie groß ist die Dichte des Kunststoffs, wenn das Rohr 822 g wiegt?

1-107. Eine Kugel aus einer Aluminiumlegierung mit einem Durchmesser $d = 1{,}25$ cm hat eine Masse $m = 2{,}788$ g. Welche Dichte besitzt die Legierung?

1-108. Zur Bestimmung der Dichte von Glycerin-Wasser-Gemischen mit einem Pyknometer, $V = 50{,}0$ mL, werden bei 20°C folgende Wägungen durchgeführt:

	a)	b)
Pyknometer, leer	28,3951 g	27,3806 g
Pyknometer + Gemisch	88,5502 g	87,4589 g

Welche Dichten haben die beiden Gemische?

1-109. Bei der Bestimmung der Dichte einer Legierung mit einem Pyknometer wurden folgende Wägungen gemacht:

Pyknometer, leer	17,8512 g
Pyknometer + Flüssigkeit	42,8498 g
Pyknometer + Legierungsspäne	62,7532 g
Pyknometer + Legierungsspäne + Flüssigkeit	82,2534 g

Zum Auffüllen des Pyknometers wurde Wasser, $\rho = 0{,}9988$ g/mL, verwendet. Welche Dichte hat die Legierung?

1-110. Zur Bestimmung der Schütt- und Rüttdichte werden 500 g eines Kunststoffgranulats in einen Meßzylinder geschüttet. Es nimmt einen Raum von 275 mL ein. Nach zehnmaligem Aufstoßen auf einer weichen Unterlage werden nur 258 mL abgelesen. Wie groß ist a) die Schüttdichte und b) die Rüttdichte des Granulats?

1-111. Wie groß ist die Dichte eines Gases im Normzustand, dessen molare Masse mit 42,6 g/mol bestimmt wurde?

1-112. Eine konzentrierte Natronlauge hat die Dichte $\rho = 1430$ kg/m³. Welche Masse besitzen 400 mL dieser Flüssigkeit?

1-113. In einem quaderförmigen Trog mit den Innenmaßen $l = 3{,}25$ m und $b = 0{,}95$ m steht eine Salzlösung 35 cm hoch. Wieviel Kilogramm Lösung ($\rho = 1050$ kg/m³) sind das?

1-114. Ein zylinderförmiges Faß ($h = 1{,}35$ m) mit dem Innendurchmesser $d = 75$ cm ist zu 75% mit Butanol ($\rho = 0{,}810$ g/mL) gefüllt. Wieviel Kilogramm Butanol enthält das Faß?

1-115. Ein Glasrohr (ρ_{Glas} = 2,08 g/cm³) ist 90 cm lang und hat einen Innendurchmesser von 25 mm. Seine Wandstärke beträgt 2,5 mm. Welche Masse hat das Rohr?

1-116. Wieviel Tonnen wiegen 4,0 m³ Koks mit einer Schüttdichte von 0,82 t/m³?

1-117. Welchen Raum nehmen 485 kg Kalilauge mit der Dichte ρ = 1225 kg/m³ ein?

1-118. In einem zylindrischen Behälter steht eine Flüssigkeit, ρ = 0,879 g/mL, m = 36,3 kg, 15,2 cm hoch. Welchen Durchmesser hat der Behälter?

1-119. Ein Gasgemisch hat eine Dichte von 1,293 g/L. Welchen Raum nehmen 600 g des Gemisches ein?

1-120. Welches Volumen im Normzustand haben 200 g Fluormethan?
$M(CH_3F)$ = 34,03 g/mol

1.8 Aufgaben

1-1. Welche Größenwerte ergeben sich bei der Umrechnung der Länge l = 65,0 m in a) Kilometer, b) Dezimeter, c) Zentimeter und d) Millimeter?

1-2. Wieviel Zentimeter sind a) 125 mm, b) 2,95 m, c) 38,75 dm, d) 1,25 km und e) 5000 µm?

1-3. Welche Größenwerte in Potenzen ergeben sich bei der Umrechnung folgender Längen? a) 70,3 km in mm, b) 602 m in µm, c) 0,55 cm in km

1-4. Ein Schiff legt eine Strecke von 220 km zurück. Wieviel Seemeilen sind das?

1-5. Wieviel Gramm sind a) 0,26 t, b) 62,75 kg, c) 925 mg und d) 150 000 µg?

1-6. Welche Größenwerte ergeben sich bei der Umrechnung der Zeit t = 15 h in Zeitwerte mit den Einheiten a) Jahr, b) Tag, c) Minute, d) Sekunde und e) Millisekunde?

1-7. Folgende Zeitwerte sollen umgerechnet werden: a) 780 s in Minuten, b) 32,5 h in Sekunden, c) 85 s in Stunden

1-8. Welche Stromstärken ergeben sich bei der Umrechnung von 8,5 A in a) Milliampere, b) Kiloampere und c) Mikroampere?

1-9. Welche Größenwerte ergeben sich bei der Umrechnung der Temperatur T = 529 K in a) Grad Celsius und b) Grad Fahrenheit?

1-10. Folgende Temperaturwerte sollen umgerechnet werden: a) 120 °F in Grad Celsius, b) −173 °C in Kelvin und c) 665 K in Grad Fahrenheit

1-11. Wieviel a) Mol und b) Millimol sind $6{,}7 \cdot 10^{-2}$ kmol eines Stoffes X?

1-12. a) Welcher Umfang (in Zentimeter) ergibt sich für ein Rechteck mit den Seiten $a = 85$ m und $b = 45$ m? b) Wie groß ist die Diagonale des Rechtecks?

1-13. Wie lang sind a) die Seite b und b) die Diagonale d eines Rechtecks (in cm), das bei $a = 1{,}25$ dm einen Umfang von 42,0 dm besitzt?

1-14. Welchen Umfang (in cm) haben die Quadrate mit folgenden Seitenlängen a? a) 9,25 m, b) 32,6 dm, c) 65,2 mm

1-15. Eine Fläche $A = 1{,}635$ m^2 soll in a) Quadratmillimeter, b) Quadratzentimeter, c) Quadratdezimeter, d) Ar, e) Hektar und f) Quadratkilometer umgerechnet werden!

1-16. Wieviel Quadratmeter sind a) 25 600 mm^2, b) 150 000 cm^2, c) 28,2 dm^2, d) 0,8 a, e) 0,2 ha und f) 1,5 km^2?

1-17. Wieviel Ar sind a) 25 000 000 cm^2, b) 500 000 dm^2, c) 1 200 000 m^2 und d) 25 km^2?

1-18. Folgende Flächen sind umzurechnen:
a) 1 675 m^2 in Quadratkilometer
b) 0,56 km^2 in Hektar
c) 72 000 mm^2 in Quadratzentimeter
d) 0,025 dm^2 in Quadratmillimeter

1-19. Ein Volumen von 3,85 m^3 soll in a) Kubikkilometer, b) Kubikdezimeter, c) Liter, d) Kubikzentimeter, e) Milliliter, f) Kubikmillimeter und g) Mikroliter umgerechnet werden!

1-20. Wieviel Kubikdezimeter sind a) 40 500 µL, b) 120 000 mm^3, c) 37,6 mL, d) 22,4 L, e) 900 cm^3, f) 0,0238 m^3 und g) $7{,}5 \cdot 10^{-4}$ km^3?

1-21. Folgende Volumina sind umzurechnen:
a) 4,28 m^3 in Kubikzentimeter
b) 1 555 L in Kubikdezimeter
c) 0,148 dm^3 in Milliliter
d) 5000 cm^3 in Kubikkilometer
e) 0,125 L in Kubikzentimeter
f) 1,82 dm^3 in Kubikmillimeter

1-22. Welche Seitenlänge a (in cm) haben die Quadrate mit den folgenden Umfängen U? a) 3,20 m, b) 0,616 m, c) 88,2 cm

1-23. Wie lang ist die Seite c in einem rechtwinkligen Dreieck mit den Seiten $a = 10{,}4$ cm und $b = 347$ mm?

1-24. Welche Länge der Seite a (in mm) ergibt sich mit folgenden Werten für ein rechtwinkliges Dreieck? $b = 8{,}26$ dm, $c = 10{,}05$ dm

1-25. Welchen Umfang (in dm) hat ein rechtwinkliges Dreieck mit den Katheten $a = 65$ cm und $b = 25$ cm?

1-26. Wie lang sind die Seiten a und b und der Umfang U in einem gleichschenkligen Dreieck mit der Seite $c = 255$ mm und der Höhe $h = 205$ mm?

1-27. Wie groß sind die Seite c und der Umfang U (in cm) für ein gleichschenkliges Dreieck mit der Seite $a = b = 8{,}7$ dm und der Höhe $h = 6{,}0$ dm?

1-28. Wie groß ist die Höhe h (in cm) eines gleichschenkligen Dreiecks mit den Seiten $a = b = 1250$ mm und $c = 8{,}55$ dm?

1-29. Wie lang ist die Seite $a = b = c$ eines gleichseitigen Dreiecks (in dm) mit dem Umfang $U = 5260$ mm?

1-30. Wie groß sind die Höhen h (in cm) von gleichseitigen Dreiecken mit folgenden Seitenlängen a? a) 80,6 cm, b) 450 mm

1-31. Wie groß sind für ein gleichseitiges Dreieck die Seite a und der Umfang U (in Zentimeter), wenn die Höhe h mit 305 mm gegeben ist?

1-32. Wie groß sind die Umfänge von Kreisen mit den folgenden Durchmessern bzw. Radien (in Meter)? a) $d = 1{,}05$ m, b) $r = 7{,}65$ dm

1-33. Wie groß ist der Durchmesser d (in m) eines Kreises mit dem Umfang $U = 2{,}00$ km?

1-34. Welchen Radius r besitzt ein Kreis mit dem Umfang $U = 10{,}80$ m?

1-35. Ein rechtwinkliges Baugrundstück hat einen Umfang von 225 m und eine Länge von 72,5 m. Wie groß sind die Anliegerkosten an der Straßenfront für die Schmalseite, wenn ein Betrag von 375 DM/Meter zu entrichten ist?

1-36. Ein Rechteck hat eine Länge von 95 cm. Seine Diagonale ist 110 cm. Wie breit ist dieses Rechteck?

1-37. Die beiden kürzeren Seiten eines rechtwinkligen Dreiecks sind 145 mm und 250 mm lang. Welche Länge (in Zentimeter) haben a) die längere Seite und b) der Umfang dieses Dreiecks?

1-38. Welche Gesamtlänge hat eine Rohrleitung, die aus 30 Rohren von je 4,00 m Länge und einem Schieber ($l = 200$ mm) zwischen dem 1. und 2. Rohr zusammengesetzt ist? Die Dichtungen zwischen den Rohrflanschen sind jeweils 5 mm dick.

1-39. Für einen Zaun sollen im gleichen Abstand bis max. 3,75 m Pfosten gesetzt werden. Die Gesamtlänge des Zauns beträgt 150 m. a) Wieviel Pfosten müssen gesetzt werden? b) Wie groß ist der Abstand zwischen zwei Pfosten (von Mitte zu Mitte)?

1-40. Welchen Weg legt die Außenkante eines Rührers mit einem Abstand von 90 cm zur Mitte seiner Welle bei einer Umdrehung zurück?

1-41. Wie groß ist die Fläche A eines Rechtecks mit den Seiten $a = 45,5$ m und $b = 14,2$ m?

1-42. Welche Fläche hat ein Quadrat mit der Seitenlänge $a = 1,76$ m?

1-43. Wie groß sind bei einem Rechteck mit einer Fläche von 2,25 m^2 und einer Seitenlänge von 65,3 cm a) die fehlende Seite und b) die Diagonale?

1-44. Wie groß sind in einem Quadrat mit einem Flächeninhalt $A = 535$ cm^2 a) die Seitenlänge a und b) die Diagonale d?

1-45. In einem Rechteck mit der Länge $a = 350$ cm ist die Diagonale $d = 425$ cm. Welchen Flächeninhalt hat das Rechteck?

1-46. Ein Quadrat hat eine Diagonale $d = 15,6$ cm. Wie groß sind a) die Seite und b) die Fläche des Quadrates?

1-47. Welche Fläche A ergibt sich für ein Dreieck mit der Basis $c = 45,7$ cm und der Höhe $h = 83,5$ cm?

1-48. Welche Basis c hat ein Dreieck mit der Fläche $A = 550$ dm^2 und einer Höhe $h = 13,6$ dm?

1-49. Welche Höhe h (in cm) besitzt ein Dreieck mit der Basis $c = 45,0$ cm und dem Flächeninhalt $A = 3,25$ m^2?

1-50. Welche Fläche hat ein Parallelogramm mit der Basis $c = 75,2$ mm und der Höhe $h = 4,37$ cm?

1-51. Wie groß ist die Höhe eines Parallelogramms mit $A = 15,86$ cm^2 und $c = 10,68$ cm?

1-52. Wie groß ist die Basis c eines Parallelogramms mit der Fläche $A = 50,0$ dm^2 und der Höhe $h = 52,0$ cm?

1-53. Welche Fläche A hat ein Trapez mit den Seiten $a = 6,40$ m und $b = 9,2$ dm und der Höhe $h = 1075$ mm?

1-54. Wie groß ist die Höhe eines Trapezes mit den Seiten $a = 125$ mm und $b = 2,68$ dm, wenn seine Fläche mit $A = 0,587$ m^2 gegeben ist?

1-55. Wie groß ist die Seite a eines Trapezes, von dem folgende Angaben bekannt sind? $A = 21,5$ dm^2; $b = 80$ cm; $h = 20,0$ cm

1-56. Wie groß ist die Fläche eines Kreises mit dem Durchmesser $d = 9,50$ m?

1-57. Wie groß ist der Durchmesser eines Kreises mit einer Fläche von 2,35 m²?

1-58. Wie groß ist die Fläche von Kreisen mit den folgenden Radien?
a) $r = 28,8$ cm; b) $r = 15,20$ m

1-59. Wie groß ist der Radius von Kreisen mit den folgenden Flächen?
a) $A = 500$ cm²; b) $A = 0,2456$ m²

1-60. Wie groß ist die Fläche eines Kreises mit Umfang $U = 172$ cm?

1-61. Wie groß ist der Umfang eines Kreises mit einer Fläche von 657 cm²?

1-62. Wie groß ist die Fläche eines Kreisrings mit den folgenden Angaben?
$D = 25,6$ cm; $d = 89,5$ mm

1-63. Wie groß ist der fehlende Durchmesser eines Kreisrings mit den folgenden Angaben?
$A = 1\,950$ cm²; $d = 30,2$ cm

1-64. Ein Kreisring hat die Radien $R = 135,0$ cm und $r = 109,0$ cm. Wie groß ist seine Fläche?

1-65. Wie groß ist der fehlende Radius von Kreisringen mit den folgenden Angaben?
a) $A = 196$ mm²; $R = 8,62$ mm
b) $A = 30,02$ dm²; $r = 2,52$ cm

1-66. Wie groß ist die Oberfläche A_O eines Würfels mit der Kantenlänge $a = 2,055$ m?

1-67. Welche Kantenlänge a besitzt ein Würfel mit der Oberfläche $A = 5,92$ cm²?

1-68. Wie groß ist die Oberfläche A_O eines Quaders mit den Seiten $a = 0,62$ dm und $b = 3,5$ cm und der Höhe $h = 58$ mm?

1-69. Ein zylindrischer Körper besitzt eine Höhe $h = 945,0$ mm und einen Durchmesser $d = 22,5$ cm. Wie groß ist seine Oberfläche A_O?

1-70. Ein Zylinder hat bei einer Höhe von 1,75 dm einen Umfang von 4,75 dm. Wie groß sind a) seine Mantelfläche und b) seine Oberfläche?

1-71. Von einem Zylinder ist die Oberfläche A_O mit 575 cm² und der Durchmesser $d = 67$ mm bekannt. Wie lang ist der Zylinder?

1-72. Wie lang ist ein Zylinder mit einer Oberfläche von 625 cm² und einem Umfang von 11,8 cm?

1-73. Ein Rohr hat eine Länge von 105 cm und die beiden Durchmesser $D = 11,2$ mm und $d = 9,9$ mm. Wie groß sind a) die äußere Mantelfläche und b) die innere Mantelfläche (in cm²)?

1-74. Ein Hohlzylinder mit einer Länge von 2,60 m besitzt einen äußeren Durchmesser $D = 25,0$ mm und die Wandstärke $a = 1,1$ mm. Wie groß sind a) die äußere Mantelfläche, b) die innere Mantelfläche und c) die gesamte Oberfläche des Rohres (in cm²)?

1-75. Wie lang muß ein Hohlzylinder sein, der mit den Durchmessern $D = 25,7$ cm und $d = 24,2$ cm eine Gesamtoberfläche von 3,25 m² besitzt?

1-76. Welche Oberfläche besitzt eine Kugel mit einem Durchmesser von 122,0 mm?

1-77. Wie groß ist der Durchmesser d einer Kugel, die eine Oberfläche $A_O = 43,2$ cm² besitzt?

1-78. Welche Oberfläche (in cm²) hat eine Halbkugel mit einem Durchmesser $d = 175$ mm?

1-79. Eine Halbkugel soll eine Oberfläche von 85 cm² haben. Wie groß muß ihr Durchmesser sein?

1-80. Wie groß ist die Oberfläche A_O eines Würfels mit der Kantenlänge $a = 0,856$ m?

1-81. Wie groß ist das Volumen eines Würfels mit einer Kantenlänge $a = 4,25$ cm?

1-82. Welche Kantenlänge besitzt ein Würfel mit dem Volumen $V = 47,5$ L?

1-83. Ein Quader ist 95,0 mm lang, 27,5 mm breit und 82,6 mm hoch. Wie groß ist sein Volumen (in cm³)?

1-84. Ein quaderförmiger Behälter hat folgende Innenmaße: Länge $a = 0,415$ m; Breite $b = 3,15$ dm. Er enthält 84,4 L einer Flüssigkeit. Wie hoch steht die Flüssigkeit im Behälter?

1-85. Welches Volumen hat ein zylindrischer Körper mit einem Durchmesser $d = 57,8$ mm und einer Höhe $h = 142,0$ mm?

1-86. Wie groß ist der Durchmesser eines Zylinders (in dm) mit einer Höhe $h = 54,8$ cm und einem Volumen von 202,5 dm³?

1-87. Wie hoch muß eine Flüssigkeit mit einem Volumen von 850 mL in einem zylindrischen Gefäß mit einem inneren Durchmesser von 25,0 cm stehen?

1-88. Wie groß ist das Volumen eines Zylinders mit dem Radius $r = 10,5$ cm und einer Höhe $h = 35,0$ cm?

1-89. Ein Rohr mit dem äußeren Durchmesser $D = 13,0$ mm und dem inneren Durchmesser $d = 11,8$ mm besitzt eine Länge von 22,6 cm. Wie groß ist sein Volumen V?

1-90. Welche Höhe besitzt ein Hohlzylinder mit dem Durchmesser $D = 1,50$ m und $d = 1,45$ m, wenn sein Volumen mit 58,5 dm³ bekannt ist?

1-91. Wie groß ist der äußere Durchmesser eines Hohlzylinders mit einem Volumen von 655 cm³, wenn er einen inneren Durchmesser von 2,55 cm und eine Länge von 2,55 m besitzt?

1-92. Wie groß ist der innere Durchmesser eines Hohlzylinders mit einem Volumen von 600 cm³, einem äußeren Durchmesser von 4,15 cm und einer Länge von 2,95 m?

1-93. Für einen Hohlzylinder gelten folgende Angaben: $d = 42{,}2$ mm; $a = 1{,}0$ mm; $h = 53{,}0$ cm Wie groß ist das Volumen des Hohlzylinders?

1-94. Welches Volumen besitzt eine Kugel mit dem Durchmesser $d = 12{,}0$ mm?

1-95. Welches Volumen besitzt eine Kugel mit dem Radius $r = 3{,}50$ cm?

1-96. Eine Kugel hat ein Volumen von 39,8 cm³. Welchen Durchmesser bzw. Radius muß diese Kugel haben?

1-97. Welches Volumen besitzt eine Halbkugel mit dem Durchmesser $d = 12{,}0$ mm?

1-98. Welches Volumen besitzt eine Halbkugel mit dem Radius $r = 3{,}50$ cm?

1-99. Eine Halbkugel hat ein Volumen von 39,8 cm³. Welchen Durchmesser bzw. Radius muß diese Halbkugel haben?

1-100. Die Dichte einer Lösung ist mit 1,84 g/cm³ angegeben. Wie groß ist diese Dichte in SI-Einheit?

1-101. Welche Dichte (in kg/m³) hat eine Flüssigkeit, wenn 250 mL davon 197,8 g wiegen?

1-102. Ein Würfel aus Stahl hat eine Kantenlänge von 62,0 mm. Er wiegt 1,870 kg. Welche Dichte hat der Stahl?

1-103. Ein Metallzylinder ist 9,00 cm hoch, hat einen Durchmesser von 25,5 mm. Er wiegt 520 g. Welche Dichte hat das Metall?

1-104. Ein Kunststoffrohr hat eine Wandstärke von 3,0 mm und eine Länge von 185 cm. Sein äußerer Durchmesser D beträgt 5,3 cm. Wie groß ist die Dichte des Kunststoffs, wenn das Rohr 1750 g wiegt?

1-105. Eine Kugel aus einer Aluminiumlegierung mit einem Durchmesser $d = 10{,}0$ mm hat eine Masse $m = 2{,}154$ g. Welche Dichte besitzt die Legierung?

1-106. Zur Bestimmung der Dichte eines Glycerin-Wasser-Gemisches mit einem Pyknometer, $V = 50{,}0$ mL, werden bei 20°C folgende Wägungen durchgeführt:

Pyknometer, leer   = 28,3951 g
Pyknometer + Gemisch   = 82,2951 g

Welche Dichte hat das Gemisch?

1-107. Bei der Bestimmung der Dichte von Metallspänen wurden folgende Wägungen gemacht:

Pyknometer, leer = 18,3513 g
Pyknometer + Flüssigkeit = 43,3496 g
Pyknometer + Metallspäne = 61,8532 g
Pyknometer + Metallspäne + Flüssigkeit = 81,3534 g

Zum Auffüllen des Pyknometers wurde Wasser, ρ = 0,9985 g/mL, verwendet. Welche Dichte hat das Metall?

1-108. Zur Bestimmung der Schütt- und Rüttdichte werden 480 g eines Kunststoffgranulats in einen Meßzylinder geschüttet. Es nimmt einen Raum von 260 mL ein. Nach zehnmaligem Aufstoßen auf einer weichen Unterlage werden nur 241 mL abgelesen. Wie groß ist a) die Schüttdichte und b) die Rüttdichte des Granulats?

1-109. Wie groß ist die Dichte eines Gases im Normzustand, dessen molare Masse mit 70,9 g/mol bestimmt wurde?

1-110. Eine konzentrierte Natronlauge hat die Dichte ρ = 1430 kg/m^3. Welche Masse besitzen 25,8 L dieser Lauge?

1-111. In einem quaderförmigen Trog mit den Innenmaßen l = 2,25 m und b = 0,95 m steht eine Salzlösung 45 cm hoch. Welche Masse hat die Lösung (ρ = 1050 kg/m^3)?

1-112. Ein zylinderförmiges Faß (h = 1,20 m) mit dem Innendurchmesser d = 65 cm ist zu 62% mit Butanol (ρ = 0,810 g/mL) gefüllt. Wieviel Kilogramm Butanol enthält das Faß?

1-113. Ein Glasrohr (ρ_{Glas} = 2,58 g/cm^3) ist 90 cm lang und hat einen Innendurchmesser von 30,0 mm. Seine Wandstärke beträgt 2,5 mm. Welche Masse hat das Rohr?

1-114. Wieviel Tonnen wiegen 6,5 m^3 Koks mit einer Schüttdichte von 720 kg/m^3?

1-115. Welchen Raum nehmen 525 kg Kalilauge mit der Dichte ρ = 1225 kg/m^3 ein?

1-116. In einem zylindrischen Behälter steht eine Flüssigkeit, ρ = 0,879 g/mL, mit der Massse m = 46,3 kg, 18,2 cm hoch. Welchen Durchmesser hat der Behälter?

1-117. Ein Gasgemisch hat eine Dichte von 1,259 g/L. Welchen Raum nehmen 200 g des Gemisches ein?

1-118. Welches Volumen im Normzustand haben 200 g Chlormethan? $M(CH_3Cl)$ = 50,48 g/mol

2 Rechnen in der Mechanik

Die *Mechanik* ist das Teilgebiet der Physik, das sich mit den *Wirkungen von Kräften* beschäftigt. Kräfte sind die Ursache für eine *Bewegungsänderung* und/oder *Formänderung* von Körpern.

Die Teilgebiete der Mechanik sind:

- Kinematik (Bewegungslehre)
- Statik (Gleichgewichtslehre)
- Dynamik oder Kinetik

2.1 Kinematik (Bewegungslehre)

Die *Kinematik* betrachtet die Gesetzmäßigkeiten bei der Bewegung von Körpern, ohne allerdings die dabei auftretenden Kräfte zu berücksichtigen.
Kennzeichnende Größen für die Bewegung eines Körpers sind die Geschwindigkeit v, die der Körper dabei hat, und die Beschleunigung a, die er erfährt.

2.1.1 Geschwindigkeit

Die Geschwindigkeit v eines Körpers ist der Quotient aus dem Weg (der Strecke) s, den (die) er zurücklegt, und der dazu benötigten Zeit t.

Die Geschwindigkeit ist demnach eine abgeleitete Größe. Ihre Dimension ist *Weg durch Zeit*.

$$\text{Geschwindigkeit} = \frac{\text{Weg}}{\text{Zeit}}$$

$$v = \frac{s}{t} \tag{2-1}$$

Die Dimensionsbetrachtung der Geschwindigkeit liefert ihre SI-Einheit 1 *Meter durch Sekunde* (Einheitenzeichen: m/s oder m s^{-1}).

2 Rechnen in der Mechanik

$$[v] = \frac{[s]}{[t]} = \frac{1\text{ m}}{1\text{ s}} = 1\text{ m/s} = 1\text{ m s}^{-1}$$

1 Meter durch Sekunde ist die Geschwindigkeit, mit der sich ein Körper bewegt, der in einer Sekunde einen Weg von einem Meter zurücklegt.

Die Geschwindigkeit gehört zu den *vektoriellen* Größen, d. h. sie ist eine *gerichtete Größe*, bei der neben dem Größenwert auch die Richtung, in der sich ein Körper bewegt, von Bedeutung ist. Man kennzeichnet solche Vektoren, wenn notwendig, indem man für die Größensymbole Frakturbuchstaben verwendet oder sie mit einem darüberliegenden Pfeil versieht.

Beispiel 2-1

Geschwindigkeit $\mathfrak{v}$ oder $\vec{v}$
Beschleunigung $\mathfrak{a}$ oder $\vec{a}$
Kraft $\mathfrak{F}$ oder $\vec{F}$

2.1.1.1 Umrechnen von Geschwindigkeitswerten

Der Zusammenhang zwischen der SI-Einheit und anderen gebräuchlichen Einheiten für die Geschwindigkeit ist in Tab. 2-1 dargestellt.

Tab. 2-1. Gebräuchliche Geschwindigkeitseinheiten

Geschwindigkeitseinheit	Einheiten-Zeichen	Zusammenhang mit 1 Meter/Sekunde
1 Kilometer/Stunde	km/h	$\frac{1}{3,6}$ m/s
1 Meile/Stunde	mi/h	0,447 m/s
1 Seemeile/Stunde	sm/h	0,514 m/s
1 Knoten	kn	0,514 m/s
1 Yard/Sekunde	yd/s	0,9144 m/s
1 Foot/Sekunde	ft/s	0,3048 m/s

Mit den daraus resultierenden Größengleichungen lassen sich Geschwindigkeitswerte ineinander umrechnen.

Rechenbeispiel 2-1. Wie groß ist die Geschwindigkeit $v = 78,5$ km/h in Meter/Sekunde?

Gesucht: v (in m/s)   **Gegeben:** $v = 78,5$ km/h

$v = 78,5\ \dfrac{\text{km}}{\text{h}}$ ⟵ 1000 m
⟵ 3600 s

$= \dfrac{78,5 \cdot 1000\text{ m}}{3600\text{ s}}$

$\underline{\underline{v = 21,81\text{ m/s}}}$

2.1 Kinematik (Bewegungslehre)

Mit der Einheitengleichung $1 \text{ km h}^{-1} = \dfrac{1}{3{,}6} \text{ m s}^{-1}$ gemäß Tab. 2-1 erhält man:

$v = 78{,}5 \text{ km h}^{-1}$ ← $1 \text{ km h}^{-1} = \dfrac{1}{3{,}6} \text{ m s}^{-1}$

$= \dfrac{78{,}5}{3{,}6} \text{ m s}^{-1}$

$\underline{v = 21{,}81 \text{ m/s}}$

Rechenbeispiel 2-2. Ein Personenwagen fährt zu einem bestimmten Zeitpunkt mit einer Geschwindigkeit von 27,5 m/s. Wie groß ist diese Geschwindigkeit in Kilometer/Stunde?

Gesucht: v (in km/h) **Gegeben:** $v = 27{,}5$ m/s

$v = 27{,}5 \dfrac{\text{m}}{\text{s}}$ ← 0,001 km
← 1/3600 h

$= \dfrac{27{,}5 \cdot 0{,}001 \text{ km} \cdot 3600}{1 \text{ h}}$

$\underline{v = 99{,}0 \text{ km/h}}$

Mit der Einheitengleichung $1 \text{ km h}^{-1} = \dfrac{1}{3{,}6} \text{ m s}^{-1}$ gemäß Tab. 2-1 erhält man:

$v = 27{,}5 \text{ m s}^{-1}$ ← $1 \text{ m s}^{-1} = 3{,}6 \text{ km h}^{-1}$

$= 27{,}5 \cdot 3{,}6 \text{ km h}^{-1}$

$\underline{v = 99{,}0 \text{ km/h}}$

Rechenbeispiel 2-3. Welcher Geschwindigkeit in Meilen/Stunde entspricht eine Geschwindigkeit von 40,0 m/s?

Gesucht: v (in mi/h) **Gegeben:** $v = 40{,}0$ m/s

Mit der Einheitengleichung $1 \text{ mi h}^{-1} = 0{,}447 \text{ m s}^{-1}$ gemäß Tab. 2-1 erhält man:

$v = 40{,}0 \text{ m s}^{-1}$ ← $1 \text{ mi h}^{-1} = 0{,}447 \text{ m s}^{-1}$

$= \dfrac{40{,}0 \text{ mi h}^{-1}}{0{,}447}$

$\underline{v = 89{,}49 \text{ mi/h}}$

Übungsaufgaben:

2-1. Ein Auto hat eine Geschwindigkeit von 100 km/h. Wie groß ist diese Geschwindigkeit in a) Meter/Sekunde und b) Meilen/Stunde?

2-2. Ein Schiff fährt mit einer Geschwindigkeit von 10,0 Knoten (kn). Wie groß ist seine Geschwindigkeit in a) Seemeilen/Stunde, b) Kilometer/Stunde und c) Meter/Sekunde?

2-3. Ein Punkt auf dem Äquator bewegt sich bei der Drehung der Erde mit 1667 km/h. Wie groß ist diese Geschwindigkeit in Meter/Sekunde?

2-4. Folgende Geschwindigkeiten sind umzurechnen:

a) $v = 12{,}5$ sm/h in Kilometer/Stunde
b) $v = 200$ km/h in Meter/Sekunde
c) $v = 62{,}5$ m/s in Meilen/Stunde

2.1.2 Beschleunigung

Die Beschleunigung a, die ein Körper erfährt, ist der Quotient aus seiner Geschwindigkeitsänderung Δv und der dazu benötigten Zeit Δt.

Die Beschleunigung ist demnach eine abgeleitete Größe. Ihre Dimension ist *Geschwindigkeit durch Zeit*.

$$\text{Beschleunigung} = \frac{\text{Geschwindigkeit}}{\text{Zeit}}$$

$$a = \frac{\Delta v}{\Delta t} = \frac{v_e - v_a}{t_e - t_a} \tag{2-2}$$

Darin bedeuten:

v_e Endgeschwindigkeit
v_a Anfangsgeschwindigkeit
t_e Endzeit
t_a Anfangszeit

Die Dimensionsbetrachtung der Beschleunigung liefert ihre Einheit 1 *Meter durch Sekundenquadrat* (Einheitenzeichen: m/s² oder m s⁻²).

$$[a] = \frac{[\Delta v]}{[\Delta t]} = \frac{1 \text{ m/s}}{1 \text{ s}} = 1 \text{ m/s}^2 = 1 \text{ m s}^{-2}$$

1 Meter durch Sekundenquadrat ist die Beschleunigung, die ein Körper erfährt, dessen Geschwindigkeit sich innerhalb einer Sekunde um einen Meter durch Sekunde ändert.

Die Beschleunigung gehört ebenfalls zu den *vektoriellen* Größen.

2.1.3 Bewegungsarten

In der Kinematik unterscheidet man zwischen der fortschreitenden Bewegung (Translation) und der Bewegung auf einer Kreisbahn oder Drehbewegung (Rotation).

2.1.3.1 Fortschreitende Bewegung (Translation)

Unterschiedliche Arten der Translation werden durch das Verhalten von Geschwindigkeit und Beschleunigung bei Bewegungsvorgängen gekennzeichnet. Sie sind in einer Übersicht in Tab. 2-2 dargestellt.

Tab. 2-2. Arten der Translation

Translationsart	Geschwindigkeit v	$\dfrac{\text{Weg } v}{\text{Zeit } t}$	Beschleunigung a
Gleichförmig	Konstant	Konstant	0
Gleichmäßig beschleunigt	Ändert sich gleichmäßig	Ändert sich gleichmäßig	Konstant
Ungleichmäßig beschleunigt	Ändert sich ungleichmäßig	Ändert sich ungleichmäßig	Ändert sich

Die Zusammenhänge zwischen den für Bewegungsvorgänge bedeutsamen Größen lassen sich graphisch durch entsprechende Diagramme veranschaulichen.
So kann z. B. der Zusammenhang zwischen der Geschwindigkeit, dem Weg und der Zeit für eine ungleichmäßig beschleunigte Bewegung in einem Geschwindigkeit-Zeit-Diagramm (v,t-Diagramm) dargestellt werden (vgl. Abb. 2-1).

Abb. 2-1. v,t-Diagramm

Aus dem v,t-Diagramm kann man ablesen, mit welcher Geschwindigkeit v sich ein Körper zu jeder beliebigen Zeit t bewegt. Welchen Weg er bis zu dieser Zeit zurückgelegt hat, ergibt sich aus der Fläche s unter dem Graph.
In gleicher Weise lassen sich in einem Weg-Zeit-Diagramm (s,t-Diagramm) oder Beschleunigung-Zeit-Diagramm (a,t-Diagramm) andere Zusammenhänge zeigen.
Da sich der Weg s, die Geschwindigkeit v und die Beschleunigung a auf die Zeit t beziehen, sich also in Abhängigkeit von der Zeit verändern und somit gemäß

$s = f(t)$, $v = f(t)$ und $a = f(t)$

eine *Funktion* der Zeit darstellen, ist in diesen Diagrammen die *Abszisse* (x-Achse) immer mit der *veränderlichen* (variablen) Größe Zeit t belegt, während die *abhängigen* Größen s, v oder a auf der *Ordinate* (y-Achse) aufgetragen werden.

Unabhängig von der Art der Bewegung lassen sich alle Beziehungen zwischen den kennzeichnenden Größen von der Definitionsgleichung für die Geschwindigkeit ableiten, wenn man dabei immer von der *mittleren* Geschwindigkeit v_m ausgeht.

2.1.3.1.1 Gleichförmige Translation

Man bezeichnet eine Translation als *gleichförmig*, wenn die Geschwindigkeit konstant ist, d. h. in gleichen Zeitabschnitten gleiche Wege zurückgelegt werden, ein Körper demnach keine Beschleunigung erfährt (vgl. Tab. 2-2.).

Naturgemäß ist hier die konstante Geschwindigkeit v gleichzeitig die mittlere Geschwindigkeit v_m. Für die gleichförmige Translation gelten also folgende Bedingungen:

– Geschwindigkeit v = konstant = v_m
– Quotient $\dfrac{\Delta s}{\Delta t}$ = konstant
– Beschleunigung $a = 0$ = konstant

Bei der graphischen Darstellung ergeben sich dafür folgende Diagramme:

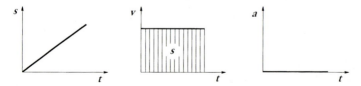

Abb. 2-2. Diagramme für die gleichförmige Translation

Für die Geschwindigkeit ergibt sich (vgl. auch s,t-Diagramm in Abb. 2-2):

$$v = \frac{s_1}{t_1} = \frac{s_2}{t_2} = k \quad (k = \text{konstant})$$

Für die Berechnung dieser zu jedem Zeitpunkt gleichen Geschwindigkeit v, aus dem bis dahin zurückgelegten Weg und der dafür benötigten Zeit t, gilt (2-1).

Rechenbeispiel 2-4. Wie groß ist die Geschwindigkeit eines Körpers (in km/h), der in 25,2 s eine Strecke von 225 m zurücklegt?

Gesucht: v (in km/h) **Gegeben:** $t = 25,2$ s; $s = 225$ m

Mit (2-1) gilt:

$$v = \frac{225 \text{ m}}{25{,}2 \text{ s}} \quad \begin{matrix} \leftarrow & 0{,}001 \text{ km} \\ \leftarrow & 1/3600 \text{ h} \end{matrix}$$

$$= \frac{225 \cdot 0{,}001 \text{ km} \cdot 3600}{25{,}2 \text{ h}} = \frac{225 \text{ km} \cdot 3{,}6}{25{,}2 \text{ h}}$$

$v = 32{,}1$ km/h

Durch Umstellen von (2-1) ergibt sich für den Weg s:

$$s = v\,t \tag{2-1a}$$

Der Weg s entspricht damit der Fläche unter dem Graph im v,t-Diagramm (vgl. Abb. 2-2).

Rechenbeispiel 2-5. Welchen Weg legt ein Körper, der sich mit der Geschwindigkeit $v = 120$ km/h bewegt, in 85,0 s zurück?

Gesucht: s **Gegeben:** $v = 120$ km/h; $t = 85{,}0$ s

Mit (2-1a) gilt:

$$s = v\,t = 120 \text{ km h}^{-1} \cdot 85{,}0 \text{ s} = \frac{120 \text{ km s}^{-1} \cdot 85{,}0 \text{ s}}{3600}$$

$s = 2{,}83$ km

Durch Umstellen von (2-1) ergibt sich für die Zeit t:

$$t = \frac{s}{v} \tag{2-1b}$$

Rechenbeispiel 2-6. In welcher Zeit legt ein Körper, der sich mit der Geschwindigkeit $v = 62{,}5$ km/h bewegt, eine Strecke von 875 m zurück?

Gesucht: t **Gegeben:** $v = 62{,}5$ km/h; $s = 875$ m

Mit (2-1b) gilt:

$$t = \frac{s}{v} = \frac{875 \text{ m}}{62{,}5 \text{ km h}^{-1}} = \frac{0{,}875 \text{ km} \cdot 3600 \text{ s}}{62{,}5 \text{ km}}$$

$t = 50{,}40$ s

2 Rechnen in der Mechanik

Übungsaufgaben:

2-5. Welche Geschwindigkeiten ergeben sich für gleichförmige Bewegungsvorgänge, bei denen folgende Meßwerte ermittelt wurden?

Weg s	Zeit t	Geschwindigkeit v
a) 40 000 m	90 min 26 s	in Kilometer/Stunde
b) 5000 m	27,12 min	in Meter/Sekunde
c) 36,2 km	3,25 h	in Seemeilen/Stunde

2-6. Welchen Weg legt ein sich mit der Geschwindigkeit $v = 30,0$ m/s gleichförmig bewegender Körper in a) 10,5 s, b) 23,5 min und c) 4,85 h zurück?

2-7. Welchen Weg legt ein sich mit der Geschwindigkeit $v = 30,0$ km/h gleichförmig bewegender Körper in a) 12,5 s, b) 29,5 min und c) 3,25 h zurück?

2-8. Welche Zeit benötigt ein Körper, der sich mit der Geschwindigkeit $v = 50,0$ km/h gleichförmig bewegt, um a) 250 m und b) 35,0 km zurückzulegen?

2-9. Welche Zeit benötigt ein Körper, der sich mit der Geschwindigkeit $v = 50,0$ m/s gleichförmig bewegt, um a) 485 m und b) 180 km zurückzulegen?

2.1.3.1.2 Gleichmäßig beschleunigte Translation

Man bezeichnet eine Translation als *gleichmäßig beschleunigt*, wenn sich die Geschwindigkeit gleichmäßig ändert, d. h. der in gleichen Zeitabschnitten zurückgelegte Weg immer mehr zu- oder abnimmt, ein Körper also eine konstante Beschleunigung a erfährt (vgl. Tab. 2-2).

Für die gleichmäßig beschleunigte Translation gelten demnach folgende Bedingungen:

- Geschwindigkeit v ändert sich gleichmäßig
- Quotient $\dfrac{\Delta s}{\Delta t}$ ändert sich gleichmäßig
- Beschleunigung $a = \dfrac{\Delta v}{\Delta t} =$ konstant

Abb. 2-3 zeigt die graphische Darstellung der Bedingung für die Beschleunigung a:

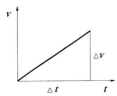

Abb. 2-3. v,t-Diagramm für eine beschleunigte Bewegung

Darin bildet der Graph die Hypotenuse eines rechtwinkligen Dreiecks, die Geschwindigkeitsänderung Δv und die Zeitdifferenz Δt sind Gegenkathete bzw. Ankathete.

2.1 Kinematik (Bewegungslehre)

Nach den Lehrsätzen der Trigonometrie (vgl. Lehrbücher der Geometrie) ist das Verhältnis aus Gegenkathete und Ankathete der Tangens des Winkels β, der von Ankathete und Hypotenuse eines rechtwinkligen Dreiecks gebildet wird.

Die Beschleunigung a ist der Tangens des Steigungswinkels im v,t-Diagramm.

$$a = \frac{\Delta v}{\Delta t} = \tan \beta$$

Entscheidendes Kriterium für die Unterteilung von gleichmäßig beschleunigten Bewegungen ist die Art der Beschleunigung. Außerdem unterscheidet man danach, ob ein Körper aus Ruhe beschleunigt wird oder zu Beginn des Beschleunigungsvorganges schon eine Anfangsgeschwindigkeit besitzt (s. Tab. 2-3).

Tab. 2-3. Arten von gleichmäßig beschleunigten Translationen

Beschleunigung	Geschwindigkeit	Bewegungsart	Beispiel
$a > 0$ (positiv)	$v_a = 0$	Beschleunigt	Freier Fall
$a > 0$ (positiv)	$v_a > 0$	Beschleunigt	Senkrechter Wurf nach unten
$a < 0$ (negativ)	$v_a > 0$	Verzögert	Senkrechter Wurf nach oben

Bei der graphischen Darstellung ergeben sich für diese Bewegungsarten unterschiedliche Diagramme.

Mit $a > 0$ und $v_a = 0$ gelten:

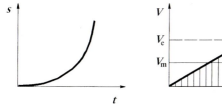

Abb. 2-4. Gleichmäßig beschleunigte Translation mit $v_a = 0$

Mit $a > 0$ und $v_a > 0$ gelten:

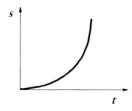 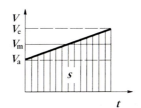 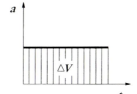

Abb. 2-5. Gleichmäßig beschleunigte Translation mit $v_a > 0$

Mit $a < 0$ sowie $v_a > 0$ und $v_e > 0$ gelten:

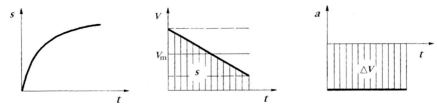

Abb. 2-6. Gleichmäßig verzögerte Translation mit $v_e > 0$

Die Diagramme in den Abb. 2-4 und 2-5 machen wichtige Aussagen über die die Bewegung kennzeichnenden Größen.

1. s,t-Diagramm
   - Der Weg s ist dem Zeitquadrat t^2 direkt proportional:
   $s \sim t^2$

2. v,t-Diagramm
   - Die mittlere Geschwindigkeit v_m ist immer der Mittelwert aus der Anfangsgeschwindigkeit v_a und der Endgeschwindigkeit v_e:
   $$v_m = \frac{v_a + v_e}{2} \qquad (2\text{-}3)$$
   - Der Weg s ist die Fläche unter dem Graph v_m:
   $$s = v_m \, t \qquad (2\text{-}4)$$

3. a,t-Diagramm
   - Die Beschleunigung a ist konstant:
   $a = $ konstant
   - Die Geschwindigkeitsänderung Δv ist die Fläche unter dem Graph a:
   $$\Delta v = v_e - v_a = a \, t \qquad (2\text{-}5)$$

(2-5) ergibt sich auch aus der Definitionsgleichung (2-2) für die Beschleunigung a.
Aus den Gleichungen (2-1) bis (2-5) lassen sich alle weiteren Beziehungen ableiten, die bei gleichmäßig beschleunigten Bewegungen mit Anfangsgeschwindigkeit zur Berechnung der wichtigen Größen von Bedeutung sind. Diese Beziehungen vereinfachen sich für den Fall, daß die Beschleunigung aus der Ruhe erfolgt, wenn man mit $v_a = 0$ rechnet. Auf diese Weise reduziert sich die Zahl der anzuwendenden Gleichungen erheblich.

Berechnen der mittleren Geschwindigkeit v_m

Bei gleichmäßig beschleunigten Bewegungen, bei denen die Geschwindigkeit gleichmäßig zu- oder abnimmt, läßt sich aus der Anfangsgeschwindigkeit v_a und der Geschwindigkeit v_e nach Ablauf der Zeit t grundsätzlich die mittlere Geschwindigkeit v_m gemäß

$$v_m = \frac{v_a + v_e}{2}$$

berechnen (vgl. (2-3) und Abb. 2-7).

2.1 Kinematik (Bewegungslehre)

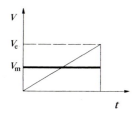
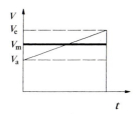

Abb. 2-7. Darstellung zur Berechnung der mittleren Geschwindigkeit v_m

Rechenbeispiel 2-7. Ein Körper wird aus der Ruhelage auf die Geschwindigkeit $v = 12{,}6$ m/s beschleunigt. Wie groß ist seine mittlere Geschwindigkeit während des Beschleunigungsvorganges?

Gesucht: v_m **Gegeben:** $v_e = 12{,}6$ m/s; $v_a = 0$

Mit (2-3) und $v_a = 0$ gilt:

$$v_m = \frac{v_e + v_a}{2} \quad \longleftarrow \quad v_a = 0$$

$$= \frac{v_e}{2} = \frac{12{,}6 \text{ m s}^{-1}}{2}$$

$\underline{v_m = 6{,}3 \text{ m/s}}$

Rechenbeispiel 2-8. Ein Auto wird von einer Geschwindigkeit $v_a = 126$ km/h auf die Geschwindigkeit $v_e = 50$ km/h abgebremst. Wie groß ist seine mittlere Geschwindigkeit während des Bremsvorganges?

Gesucht: v_m **Gegeben:** $v_e = 126$ km/h; $v_a = 50$ km/h

Mit (2-3) gilt:

$$v_m = \frac{v_e + v_a}{2} = \frac{(126 + 50{,}0) \text{ km h}^{-1}}{2}$$

$\underline{v_m = 88 \text{ km/h}}$

Übungsaufgaben:

2-10. Wie groß sind die mittleren Geschwindigkeiten v_m (in km/h) für gleichmäßig beschleunigte Bewegungen mit den folgenden Geschwindigkeiten?

a) $v_a = 0$; $v_e = 60{,}0$ m/s
b) $v_a = 40{,}2$ m/s; $v_e = 70{,}0$ m/s
c) $v_a = 100$ km/h; $v_e = 0$
d) $v_a = 185$ km/h; $v_e = 30{,}0$ m/s

Abb. 2-7 zeigt, daß das Rechteck $v_m\, t$ unter dem Graph die gleiche Fläche besitzt wie das Trapez unter dem Graph im v,t-Diagramm in Abb. 2-5.
Daraus folgt ebenso wie durch Umstellen von (2-4):

$$v_m = \frac{s}{t} \tag{2-6}$$

Rechenbeispiel 2-9. Ein gleichmäßig beschleunigter Körper legt in 7,5 s eine Strecke von 63,6 m zurück. Wie groß ist dabei seine mittlere Geschwindigkeit?

Gesucht: v_m **Gegeben:** $t = 7{,}5$ s; $s = 63{,}6$ m

Mit (2-6) gilt:

$$v_m = \frac{s}{t} = \frac{63{,}6 \text{ m}}{7{,}5 \text{ s}}$$

$\underline{v_m = \mathbf{8{,}48 \text{ m/s}}}$

Rechenbeispiel 2-10. Ein Fahrzeug benötigt zum Abbremsen in den Stillstand 4,5 s. Es legt dabei noch 46,5 m zurück. Wie groß ist dabei seine mittlere Geschwindigkeit?

Gesucht: v_m **Gegeben:** $t = 4{,}5$ s; $s = 46{,}5$ m

Mit (2-6) gilt:

$$v_m = \frac{s}{t} = \frac{46{,}5 \text{ m}}{4{,}5 \text{ s}}$$

$\underline{v_m = \mathbf{10{,}33 \text{ m/s}}}$

Übungsaufgaben:

2-11. Wie groß sind die mittleren Geschwindigkeiten v_m (in m/s) für gleichmäßig beschleunigte Bewegungen, bei denen folgende zurückgelegte Strecken s und dazu benötigte Zeiten t gemessen wurden?
a) $s = 175$ km; $t = 3{,}75$ h
b) $s = 485$ m; $t = 2{,}5$ min
c) $s = 800$ m; $t = 1$ min 39,5 s

2.1 Kinematik (Bewegungslehre)

Aus (2-3) folgt mit (2-5) oder auch (2-2):

$$v_m = \frac{v_a + v_e}{2} \quad \leftarrow \quad v_e = a\,t + v_a \Leftarrow v_e - v_a = a\,t$$

$$v_m = \frac{v_a + a\,t + v_a}{2}$$

$$v_m = \frac{a\,t}{2} + v_a \qquad (2\text{-}7)$$

Rechenbeispiel 2-11. Ein Körper wird 12,0 s mit $a = 5{,}2$ m/s² aus der Ruhelage beschleunigt. Wie groß ist dabei seine mittlere Geschwindigkeit?

Gesucht: v_m **Gegeben:** $t = 12{,}0$ s; $a = 5{,}2$ m/s²; $v_a = 0$

Mit (2-7) und $v_a = 0$ gilt:

$$v_m = \frac{a\,t}{2} = \frac{5{,}2 \text{ m s}^{-2} \cdot 12{,}0 \text{ s}}{2}$$

$$\underline{\mathbf{v_m = 31{,}2 \text{ m/s}}}$$

Übungsaufgaben:

2-12. Wie groß sind die mittleren Geschwindigkeiten v_m (in km/h) bei gleichmäßig beschleunigten Bewegungen, für die folgende Beschleunigungen a, Zeiten t und Anfangsgeschwindigkeiten v_a bekannt sind?
a) $a = 9{,}81$ m/s²; $t = 2{,}75$ s; $v_a = 10{,}0$ m/s
b) $a = 1{,}50$ m/s²; $t = 9{,}5$ min; $v_a = 0$
c) $a = 5{,}00$ m/s²; $t = 39{,}5$ s; $v_a = 0$

Berechnen der End- oder Anfangsgeschwindigkeit

Aus (2-3) folgen:

$$v_m = \frac{v_a + v_e}{2} \Rightarrow$$

$$v_e = 2\,v_m - v_a \qquad (2\text{-}8)$$

$$v_a = 2\,v_m - v_e \qquad (2\text{-}9)$$

Durch Umstellen von (2-4) und Einsetzen in (2-8) bzw. (2-9) ergeben sich:

$$v_e = 2 v_m - v_a \quad \leftarrow \quad v_m = \frac{s}{t} \Leftarrow s = v_m t$$

$$v_e = \frac{2s}{t} - v_a \tag{2-10}$$

$$v_a = 2 v_m - v_e \quad \leftarrow \quad v_m = \frac{s}{t} \Leftarrow s = v_m t$$

$$v_a = \frac{2s}{t} - v_e \tag{2-11}$$

Rechenbeispiel 2-12. Ein aus der Ruhe beschleunigter Körper legt in 15,5 s eine Strecke von 168 m zurück. Wie groß ist seine Geschwindigkeit nach dieser Zeit?

Gesucht: v_e **Gegeben:** $t = 15{,}5$ s; $s = 168$ m; $v_a = 0$

Mit (2-10) und $v_a = 0$ gilt:

$$v_e = \frac{2s}{t} - v_a \quad \leftarrow \quad v_a = 0$$

$$= \frac{2s}{t} = \frac{2 \cdot 168 \text{ m}}{15{,}5 \text{ s}}$$

$$\underline{v_e = 21{,}7 \text{ m/s}}$$

Rechenbeispiel 2-13. Ein Auto benötigt zum Abbremsen auf eine Geschwindigkeit $v_e = 40{,}0$ km/h die Zeit von 6,8 s und legt dabei noch 107,5 m zurück. Wie groß war seine Geschwindigkeit zu Beginn des Bremsvorganges?

Gesucht: v_a **Gegeben:** $t = 6{,}8$ s; $s = 107{,}5$ m; $v_e = 40{,}0$ km/h

Mit (2-11):

$$v_a = \frac{2s}{t} - v_e = \frac{2 \cdot 107{,}5 \text{ m}}{6{,}8 \text{ s}} - 40{,}0 \text{ km h}^{-1}$$

$$= \frac{2 \cdot 107{,}5 \cdot 3{,}6 \text{ km h}^{-1}}{6{,}8 \text{ s}} - 40{,}0 \text{ km h}^{-1}$$

$$\underline{v_a = 73{,}8 \text{ km/h}}$$

2.1 Kinematik (Bewegungslehre)

Übungsaufgaben:

2-13. Wie groß sind die Endgeschwindigkeiten v_e (in km/h) von gleichmäßig beschleunigten Bewegungen, für die folgende Anfangsgeschwindigkeiten v_a, zurückgelegte Strecken s und benötigte Zeiten t bekannt sind?
a) $v_a = 0$; $s = 25,0$ m; $t = 10,75$ s
b) $v_a = 25,0$ km/h; $s = 1525$ m; $t = 1,5$ min

2-14. Wie groß waren die Anfangsgeschwindigkeiten v_a (in m/s) von gleichmäßig verzögerten Bewegungen, für die folgende Endgeschwindigkeiten v_e, zurückgelegte Strecken s und benötigte Zeiten t bekannt sind?
a) $v_e = 0$; $s = 125,0$ m; $t = 10,75$ s
b) $v_e = 25,0$ km/h; $s = 1525$ m; $t = 65,0$ s

Gemäß (2-5) folgt für die jeweilige Geschwindigkeit:

$v_e - v_a = a\,t \Rightarrow$

$v_e = a\,t + v_a$ \hfill (2-12)

$v_a = v_e - a\,t$ \hfill (2-13)

Rechenbeispiel 2-14. Welche Geschwindigkeit erreicht ein Stein im freien Fall nach 4,5 s? ($v_a = 0$; $g = 9,81$ m/s^2)

Gesucht: v_e \qquad **Gegeben:** $t = 4,5$ s; $a = g = 9,81$ m/s^2; $v_a = 0$

Mit (2-12) gilt:

$v_e = g\,t + v_a \quad \longleftarrow \quad v_a = 0$

$ = g\,t = 9,81$ m s^{-2} · 4,5 s

$\underline{v_e = \mathbf{44,1\ m/s}}$

Rechenbeispiel 2-15. Welche Geschwindigkeit erreicht ein Auto, das mit der Geschwindigkeit von 115 km/h fährt und dann mit einer Verzögerung $a = -4,85$ m/s^2 gebremst wird, nach 5,5 s?

Gesucht: v_e \qquad **Gegeben:** $v_a = 115$ km/h; $a = -4,85$ m/s^2; $t = 5,5$ s

Mit (2-12) gilt:

$v_e = a\,t + v_a = -4,85$ m s^{-2} · 5,5 s $+ 115$ km h^{-1}

$ = -4,85$ m s^{-2} · 5,5 s $+ \dfrac{115 \text{ m s}^{-1}}{3,6}$

$\underline{v_e = \mathbf{5,3\ m/s}}$

Übungsaufgaben:

2-15. Wie groß sind die Endgeschwindigkeiten v_e (in km/h) von gleichmäßig beschleunigten Bewegungen, für die folgende Anfangsgeschwindigkeiten v_a, Beschleunigungen a und benötigte Zeiten t bekannt sind?
a) $v_a = 0$; $a = 9{,}81$ m/s²; $t = 7{,}75$ s
b) $v_a = 3{,}50$ m/s; $a = 2{,}00$ m/s²; $t = 30{,}0$ s

2-16. Wie groß sind die Anfangsgeschwindigkeiten v_a (in km/h) von gleichmäßig verzögerten Bewegungen, für die folgende Endgeschwindigkeiten v_e, Beschleunigungen a und benötigte Zeiten t bekannt sind?
a) $v_e = 0$; $a = -3{,}95$ m/s²; $t = 7{,}75$ s
b) $v_e = 3{,}50$ m/s; $a = -0{,}50$ m/s²; $t = 30{,}0$ s

Aus (2-5) ergibt sich mit (2-4) und (2-3):

$$v_e - v_a = a\,t \quad \longleftarrow \quad t = \frac{s}{v_m} \Leftarrow v_m = \frac{s}{t} \Leftarrow s = v_m\,t$$

$$v_m = \frac{v_e + v_a}{2}$$

$$v_e - v_a = \frac{2\,a\,s}{v_e + v_a} \Rightarrow (v_e - v_a)(v_e + v_a) = 2\,a\,s \Rightarrow$$

$$v_e^2 - v_a v_e + v_a v_e - v_a^2 = 2\,a\,s \Rightarrow v_e^2 - v_a^2 = 2\,a\,s \Rightarrow$$

$$v_e = \sqrt{v_a^2 + 2\,a\,s} \qquad (2\text{-}14)$$

$$v_a = \sqrt{v_e^2 - 2\,a\,s} \qquad (2\text{-}15)$$

Rechenbeispiel 2-16. Welche Geschwindigkeit hat ein mit einer Anfangsgeschwindigkeit von 20,0 m/s senkrecht nach oben geworfener Stein, wenn er eine Höhe von 8,5 m erreicht hat? $g = -9{,}81$ m/s²

Gesucht: v_e **Gegeben:** $v_a = 20{,}0$ m/s; $s = h = 8{,}5$ m; $a = g = -9{,}81$ m/s²

Mit (2-14) gilt:

$$v_e = \sqrt{v_a^2 + 2\,a\,s}$$

$$= \sqrt{(20{,}0 \text{ m s}^{-1})^2 + 2 \cdot -9{,}81 \text{ m s}^{-2} \cdot 8{,}5 \text{ m}}$$

$\underline{\mathbf{v_e = 15{,}27 \text{ m/s}}}$

2.1 Kinematik (Bewegungslehre)

Rechenbeispiel 2-17. Mit welcher Geschwindigkeit fährt ein Fahrzeug, das einen Bremsweg von 110 m bis zum Stillstand benötigt, wenn es eine Verzögerung von $-6{,}6$ m/s² erfährt?

Gesucht: v_a **Gegeben:** s = 110 m; $a = -6{,}6$ m/s²; $v_e = 0$

Mit (2-15) und $v_e = 0$ gilt:

$$v_a = \sqrt{v_e^2 - 2as} \quad \longleftarrow \quad v_e = 0$$

$$= \sqrt{-2as} = \sqrt{-2 \cdot -6{,}6 \text{ m/s}^{-2} \cdot 110 \text{ m}}$$

$$\underline{v_a = 38{,}1 \text{ m/s}}$$

Übungsaufgaben:

2-17. Welche Endgeschwindigkeiten v_e (in m/s) erreichen gleichmäßig beschleunigte Körper, für die folgende Anfangsgeschwindigkeiten v_a, Beschleunigungen a und zurückgelegte Strecken s bekannt sind?
a) $v_a = 0$; $a = 6{,}95$ m/s²; s = 185 m
b) $v_a = 10{,}0$ m/s; $a = 0{,}85$ m/s²; s = 50,0 m
c) $v_a = 20{,}0$ km/h; $a = 3{,}00$ m/s²; s = 500 m

2-18. Welche Anfangsgeschwindigkeiten v_a (in km/h) haben gleichmäßig verzögerte Körper, für die folgende Endgeschwindigkeiten v_e, Beschleunigungen a und zurückgelegte Strecken s bekannt sind?
a) $v_e = 0$; $a = -6{,}95$ m/s²; s = 120 m
b) $v_e = 10{,}0$ m/s; $a = -0{,}85$ m/s²; s = 70,0 m
c) $v_e = 20{,}0$ km/h; $a = -3{,}00$ m/s²; s = 185 m

Berechnen des zurückgelegten Weges s

Für die Berechnung des zurückgelegten Weges gilt grundsätzlich (2-4):

$$s = v_m \, t$$

Rechenbeispiel 2-18. Welche Strecke legt ein Radfahrer, der sich mit einer mittleren Geschwindigkeit von 12,8 km/h bewegt, in 75 min zurück?

Gesucht: s   **Gegeben:** $v_m = 12{,}8$ km/h; $t = 75$ min

Mit (2-4) gilt:

$$s = v_m \, t$$

$$= 12{,}8 \text{ km h}^{-1} \cdot 75 \text{ min} = 12{,}8 \text{ km h}^{-1} \cdot \frac{75 \text{ h}}{60}$$

$$\underline{s = 16{,}0 \text{ km}}$$

2 Rechnen in der Mechanik

Übungsaufgaben:

2-19. Welche Wege s legen Körper mit den folgenden mittleren Geschwindigkeiten v_m in den angegebenen Zeiten t zurück?
a) $v_m = 45{,}6$ km/h; $t = 42{,}0$ min
b) $v_m = 0{,}75$ m/s; $t = 1{,}36$ h
c) $v_m = 50{,}0$ m/s; $t = 2$ h 25 min
d) $v_m = 45{,}6$ km/h; $t = 32{,}0$ s

Aus (2-4) folgt durch Einsetzen von (2-3):

$$s = v_m\, t \quad \longleftarrow \quad v_m = \frac{v_a + v_e}{2}$$

$$s = \frac{v_a + v_e}{2} \cdot t \tag{2-16}$$

Rechenbeispiel 2-19. Welchen Weg legt ein a) aus der Ruhe und b) bei einer Anfangsgeschwindigkeit von 7,5 km/h gleichmäßig beschleunigter Körper zurück, der nach 1,25 min eine Geschwindigkeit von 17,5 km/h erreicht?

Gesucht: s (bei $v_a = 0$) **Gegeben:** $v_{a,1} = 0$; $v_{a,2} = 7{,}5$ km/h;
$\qquad\quad\;\; s$ (bei $v_a > 0$) $\qquad\qquad t = 1{,}25$ min;
$\qquad\qquad\qquad\qquad\qquad\qquad\qquad v_e = 17{,}5$ km/h

a) Mit (2-16) und $v_a = 0$ gilt:

$$s = \frac{v_a + v_e}{2} \cdot t \quad \longleftarrow \quad v_a = 0$$

$$= \frac{v_e}{2} \cdot t = \frac{17{,}5 \text{ km h}^{-1}}{2} \cdot 1{,}25 \text{ min} = \frac{17{,}5 \text{ km h}^{-1}}{2} \cdot \frac{1{,}25 \text{ h}}{60}$$

$\underline{s = 0{,}182 \text{ km} = 182 \text{ m}}$

b) Mit (2-16) gilt:

$$s = \frac{v_a + v_e}{2} \cdot t$$

$$= \frac{(7{,}5 + 17{,}5) \text{ km h}^{-1}}{2} \cdot 1{,}25 \text{ min} = \frac{(7{,}5 + 17{,}5) \text{ km h}^{-1}}{2} \cdot \frac{1{,}25 \text{ h}}{60}$$

$\underline{s = 0{,}260 \text{ km} = 260 \text{ m}}$

Übungsaufgaben:

2-20. Welche Wege s legen gleichmäßig beschleunigte Körper mit den folgenden Anfangs- und Endgeschwindigkeiten v_a bzw. v_e in den angegebenen Zeiten t zurück?
a) $v_a = 15,5$ m/s; $v_e = 20,0$ m/s; $t = 32,0$ s
b) $v_a = 56,5$ km/h; $v_e = 70,0$ km/h; $t = 5,3$ s
c) $v_a = 0$; $v_e = 25,0$ m/s; $t = 0,75$ min

Aus (2-4) folgt durch Einsetzen von (2-3) und (2-5):

$$s = v_m\, t \quad \longleftarrow \quad v_m = \frac{v_a + v_e}{2} \quad \longleftarrow \quad v_e = v_a + a\,t$$

$$s = \frac{v_a + v_a + a\,t}{2} \cdot t \Rightarrow s = \frac{2\, v_a\, t}{2} + \frac{a\, t^2}{2} \Rightarrow$$

$$s = v_a\, t + \frac{a\, t^2}{2} \tag{2-17}$$

Rechenbeispiel 2-20. Welchen Weg hat ein Körper nach 6,2 s zurückgelegt, der a) frei nach unten fällt und b) mit einer Anfangsgeschwindigkeit $v_a = 12,0$ m/s senkrecht nach unten geworfen wird?

Gesucht: s (bei $v_a = 0$)   **Gegeben:** $t = 6,2$ s; $v_{a,1} = 0$; $v_{a,2} = 12,0$ m/s;
          s (bei $v_a > 0$) $a = g = 9,81$ m/s^2

a) Mit (2-17) gilt für den freien Fall ($v_a = 0$):

$$s = v_a\, t + \frac{g\, t^2}{2} \quad \longleftarrow \quad v_a = 0$$

$$s = \frac{g\, t^2}{2} = \frac{9,81 \text{ m s}^{-2} \cdot (6,2 \text{ s})^2}{2}$$

$\underline{s = 189 \text{ m}}$

b) Mit (2-17) gilt für den senkrechten Wurf nach unten:

$$s = v_a\, t + \frac{g\, t^2}{2} = 12,0 \text{ m s}^{-1} \cdot 6,2 \text{ s} + \frac{9,81 \text{ m s}^{-2} \cdot (6,2 \text{ s})^2}{2}$$

$\underline{s = 263 \text{ m}}$

Rechenbeispiel 2-21. Welchen Weg hat ein Körper nach 3,0 s zurückgelegt, der mit der Anfangsgeschwindigkeit $v_a = 22,0$ m/s senkrecht nach oben geworfen wird?

Gesucht: s **Gegeben:** $t = 3,0$ s; $v_a = 22,0$ m/s; $a = g = -9,81$ m/s²

Mit (2-17) gilt für den senkrechten Wurf nach oben mit $g = -9,81$ m/s²:

$$s = v_a t + \frac{g t^2}{2} = 22,0 \text{ m s}^{-1} \cdot 3,0 \text{ s} + \frac{-9,81 \text{ m s}^{-2} \cdot (3,0 \text{ s})^2}{2}$$

$$\underline{s = 22 \text{ m}}$$

Übungsaufgaben:

2-21. Welche Wege s legen frei fallende Körper mit den folgenden Anfangsgeschwindigkeiten v_a in den angegebenen Zeiten t zurück? $g = 9,81$ m/s²
a) $v_a = 15,5$ m/s; $t = 32,0$ s
b) $v_a = 0$; $t = 5,3$ s

2-22. Welche Wege s legen senkrecht nach oben geworfene Körper mit den folgenden Anfangsgeschwindigkeiten v_a in den angegebenen Zeiten t zurück? $g = -9,81$ m/s²
a) $v_a = 25,5$ m/s; $t = 3,2$ s
b) $v_a = 156,5$ km/h; $t = 5,3$ s

Aus (2-4) ergibt sich durch Einsetzen von (2-3) und (2-5):

$$s = v_m t \quad \Leftarrow \quad v_m = \frac{v_a + v_e}{2}$$

$$t = \frac{v_e - v_a}{a} \Leftarrow v_e - v_a = a t$$

$$s = \frac{v_a + v_e}{2} \cdot \frac{v_e - v_a}{a} \Rightarrow$$

$$s = \frac{v_e^2 - v_a^2}{2 a} \tag{2-18}$$

Rechenbeispiel 2-22. Welchen Bremsweg benötigt ein Fahrzeug, das aus einer Geschwindigkeit von 125 km/h auf 50,0 km/h abgebremst wird? $a = -4,85$ m/s²

Gesucht: s **Gegeben:** $v_a = 125$ km/h; $v_e = 50,0$ km/h; $a = -4,85$ m/s²

Mit (2-18) gilt:

$$s = \frac{v_e^2 - v_a^2}{2a}$$

$$= \frac{(50{,}0 \text{ km h}^{-1})^2 - (125 \text{ km h}^{-1})^2}{2 \cdot -4{,}85 \text{ m s}^{-2}} = \frac{(50{,}0 \text{ m s}^{-1})^2 - (125 \text{ m s}^{-1})^2}{3{,}6^2 \cdot 2 \cdot -4{,}85 \text{ m s}^{-2}}$$

$$\underline{s = 104{,}4 \text{ m}}$$

Rechenbeispiel 2-23. Welchen Weg hat ein aus der Ruhe frei fallender Körper bis zu dem Zeitpunkt zurückgelegt, an dem er eine Geschwindigkeit von 85,0 m/s besitzt? $g = 9{,}81 \text{ m/s}^2$

Gesucht: s **Gegeben:** $v_e = 85{,}0$ m/s; $g = 9{,}81$ m/s^2

Mit (2-18) und $v_a = 0$ gilt:

$$s = \frac{v_e^2 - v_a^2}{2g} \quad \longleftarrow \quad v_a = 0$$

$$= \frac{v_e^2}{2g} = \frac{(85{,}0 \text{ m s}^{-1})^2}{2 \cdot 9{,}81 \text{ m s}^{-2}}$$

$$\underline{s = 368{,}2 \text{ m}}$$

Übungsaufgaben:

2-23. Welche Wege s legen frei fallende Körper mit den folgenden Anfangs- und Endgeschwindigkeiten v_a und v_e zurück? $g = 9{,}81$ m/s^2
a) $v_a = 15{,}5$ m/s; $v_e = 45{,}5$ m/s
b) $v_a = 0$; $v_e = 85{,}0$ km/h

2-24. Welche Wege s legen senkrecht nach oben geworfene Körper mit den folgenden Anfangsgeschwindigkeiten v_a bis zum höchsten Punkt ($v_e = 0$) zurück? $g = -9{,}81$ m/s^2
a) $v_a = 15{,}5$ m/s; b) $v_a = 66{,}5$ km/h

Berechnen der benötigten Zeit t

Durch Umstellen von (2-4) ergibt sich eine Beziehung, die grundsätzlich zur Berechnung der für jede Art von Bewegung benötigten Zeit t verwendet werden kann:

$$s = v_m t \Rightarrow$$

$$t = \frac{s}{v_m} \tag{2-19}$$

134   2 Rechnen in der Mechanik

Rechenbeispiel 2-24. Welche Zeit benötigt ein Fußgänger mit der mittleren Geschwindigkeit $v_m = 120$ m/min, um eine Strecke von 10,5 km zurückzulegen?

Gesucht: t **Gegeben:** $v_m = 120$ m/min; $s = 10,5$ km

Mit (2-19) gilt:

$$t = \frac{s}{v_m} = \frac{10,5 \text{ km}}{120 \text{ m min}^{-1}} = \frac{10,5 \text{ km min}}{120 \text{ m}} = \frac{10,5 \text{ km min}}{0,12 \text{ km}}$$

$\underline{t = 87{,}50 \text{ min}}$

Übungsaufgaben:

2-25. Welche Zeit benötigen Körper, die sich mit den folgenden mittleren Geschwindigkeiten bewegen, um die Strecke $s = 7{,}75$ km zurückzulegen?
a) $v_m = 10{,}0$ m/s; b) $v_m = 125$ km/h; c) $v_m = 2{,}75$ km/min

Aus (2-4) folgt durch Umstellen und Einsetzen von (2-3):

$s = v_m \, t \Rightarrow$

$t = \dfrac{s}{v_m} \quad \leftarrow \quad v_m = \dfrac{v_a + v_e}{2}$

$$t = \frac{2\,s}{v_a + v_e} \tag{2-20}$$

Rechenbeispiel 2-25. Welche Zeit benötigt ein Auto, das seine Geschwindigkeit von 65,0 km/h auf 92,0 km/h erhöht und dabei eine Strecke von 320 m zurückzulegen?

Gesucht: t **Gegeben:** $v_a = 65{,}0$ km/h; $v_e = 92{,}0$ km/h; $s = 320$ m

Mit (2-20) gilt:

$$t = \frac{2\,s}{v_a + v_e} = \frac{2 \cdot 320 \text{ m}}{(65{,}0 + 92{,}0) \text{ km h}^{-1}} = \frac{2 \cdot 320 \text{ m} \cdot 3{,}6}{(65{,}0 + 92{,}0) \text{ m s}^{-1}}$$

$\underline{t = 14{,}7 \text{ s}}$

Rechenbeispiel 2-26. Wie lange dauert es, ein Fahrzeug aus einer Geschwindigkeit von 50,0 km/h zum Stillstand zu bringen, wenn es dafür eine Strecke von 100 m braucht?

2.1 Kinematik (Bewegungslehre)

Gesucht: t **Gegeben:** $v_a = 50{,}0$ km/h; $s = 100$ m

Mit (2-20) und $v_e = 0$ gilt:

$$t = \frac{2s}{v_a + v_e} \quad \leftarrow \quad v_e = 0$$

$$= \frac{2s}{v_a} = \frac{2 \cdot 100 \text{ m}}{50{,}0 \text{ km h}^{-1}} = \frac{2 \cdot 100 \text{ m} \cdot 3{,}6 \text{ s}}{50{,}0 \text{ m}}$$

$$\underline{t = 14{,}4 \text{ s}}$$

Übungsaufgaben:

2-26. Welche Zeit benötigen Körper, die sich mit den folgenden Anfangs- und Endgeschwindigkeiten bewegen, um die Strecke $s = 500$ m zurückzulegen?
a) $v_a = 10{,}0$ m/s; $v_e = 30{,}0$ m/s
b) $v_a = 125$ km/h; $v_e = 10{,}0$ m/s
c) $v_a = 2{,}75$ km/min; $v_e = 10{,}0$ m/s

Aus (2-4) folgt durch Umstellen und Einsetzen von (2-3) und (2-5) für eine Bewegung mit $v_a = 0$:

$$s = v_m \, t \Rightarrow$$

$$t = \frac{s}{v_m} \quad \leftarrow \quad v_m = \frac{v_e}{2} \quad \leftarrow \quad v_e = a\,t \Leftarrow v_e - v_a = a\,t \quad \leftarrow \quad v_a = 0$$

$$t = \frac{2s}{a\,t} \Rightarrow$$

$$t = \sqrt{\frac{2s}{a}} \qquad (2\text{-}21)$$

Rechenbeispiel 2-27. Welche Zeit benötigt ein Körper, um im freien Fall eine Strecke von 100 m zurückzulegen? $g = 9{,}81$ m/s²

Gesucht: t **Gegeben:** $s = 100$ m; $a = g = 9{,}81$ m/s²

Mit (2-21) gilt:

$$t = \sqrt{\frac{2s}{a}} = \sqrt{\frac{2 \cdot 100 \text{ m}}{9{,}81 \text{ m s}^{-2}}}$$

$$\underline{t = 4{,}52 \text{ s}}$$

2 Rechnen in der Mechanik

Übungsaufgaben:

2-27. Welche Zeit benötigen Körper, um im freien Fall die folgenden Strecken s zurückzulegen? $g = 9{,}81$ m/s²
a) $s = 15{,}0$ m; b) $s = 135{,}5$ m; c) $s = 360$ m

Aus (2-4) folgt durch Umstellen und Einsetzen von (2-3) und (2-5) für eine Bewegung mit $v_a > 0$:

$s = v_m\, t \Rightarrow$

$t = \dfrac{s}{v_m} \quad \leftarrow \quad v_m = \dfrac{v_e + v_a}{2} \quad \leftarrow \quad v_e = a\,t + v_a \Leftarrow v_e - v_a = a\,t$

$= \dfrac{s}{v_m} \quad \leftarrow \quad v_m = \dfrac{a\,t + 2\,v_a}{2}$

$t = \dfrac{2\,s}{a\,t + 2\,v_a} \Rightarrow t\,(a\,t + 2\,v_a) = 2\,s \Rightarrow$

$a\,t^2 + 2\,v_a\,t = 2\,s \Rightarrow a\,t^2 + 2\,v_a\,t - 2\,s = 0 \Rightarrow$

Zur gleichen Beziehung gelangt man mit (2-17):

$s = v_a\,t + \dfrac{a\,t^2}{2} \Rightarrow 2\,s = 2\,v_a\,t + a\,t^2 \Rightarrow a\,t^2 + 2\,v_a\,t - 2\,s = 0$

Nach Teilen durch a ergibt sich die *Normalform einer gemischtquadratischen Gleichung*:

$t^2 + \dfrac{2\,v_a}{a}\,t - \dfrac{2\,s}{a} = 0$

Gemäß der allgemeinen Lösung

$x_{1,2} = -\dfrac{p}{2} \pm \sqrt{\left(\dfrac{p}{2}\right)^2 - q}$

einer solchen gemischtquadratischen Gleichung (vgl. Lehrbücher der Mathematik) ergibt sich mit

$p = \dfrac{2\,v_a}{a} \text{ und } q = -\dfrac{2\,s}{a}$

für Bewegungen mit $v_a < 0$ eine Gleichung mit zwei reellen Lösungen:

$t_{1,2} = -\dfrac{v_a}{a} \pm \sqrt{\left(\dfrac{v_a}{a}\right)^2 + \dfrac{2\,s}{a}}$ \hfill (2-22)

2.1 Kinematik (Bewegungslehre)

Rechenbeispiel 2-28. Welche Zeit benötigt ein Körper mit der Anfangsgeschwindigkeit $v_a = 25{,}0$ m/s, um im freien Fall eine Strecke von 100 m zurückzulegen? $g = 9{,}81$ m/s²

Gesucht: t **Gegeben:** $s = 100$ m; $v_a = 25{,}0$ m/s; $a = g = 9{,}81$ m/s²

Mit (2-22) gelten für die beiden Lösungen:

$$t_{1;2} = -\frac{v_a}{a} \pm \sqrt{\left(\frac{v_a}{a^2}\right)^2 + \frac{2s}{a}}$$

$$t_1 = -\frac{v_a}{a} + \sqrt{\left(\frac{v_a}{a^2}\right)^2 + \frac{2s}{a}}$$

$$y = -\frac{25{,}0 \text{ m s}^{-1}}{9{,}81 \text{ m s}^{-2}} + \sqrt{\left(\frac{25{,}0 \text{ m s}^{-1}}{9{,}81 \text{ m s}^{-2}}\right)^2 + \frac{2 \cdot 100 \text{ m}}{9{,}81 \text{ m s}^{-2}}}$$

$$t_1 = 2{,}64 \text{ s}$$

$$t_2 = -\frac{v_a}{a} - \sqrt{\left(\frac{v_a}{a^2}\right)^2 + \frac{2s}{a}}$$

$$y = -\frac{25{,}0 \text{ m s}^{-1}}{9{,}81 \text{ m s}^{-2}} - \sqrt{\left(\frac{25{,}0 \text{ m s}^{-1}}{9{,}81 \text{ m s}^{-2}}\right)^2 + \frac{2 \cdot 100 \text{ m}}{9{,}81 \text{ m s}^{-2}}}$$

$$t_2 = -7{,}73 \text{ s}$$

Das zutreffende Ergebnis ist $t_1 = 2{,}64$ s

Übungsaufgaben:

2-28. Welche Zeit benötigt ein Körper, um im freien Fall mit der Anfangsgeschwindigkeit
a) $v_a = 15{,}0$ m/s und b) $v_a = 20{,}0$ m/s eine Strecke $s = 100$ m zurückzulegen?
$g = 9{,}81$ m/s²

Aus (2-2) oder (2-5) folgt:

$$a = \frac{v_e - v_a}{t} \Rightarrow$$

$$t = \frac{v_e - v_a}{a} \tag{2-23}$$

Rechenbeispiel 2-29. Welche Zeit benötigt ein Fahrzeug, das mit $a = 7{,}6 \text{ m/s}^2$ gleichmäßig beschleunigt wird, um aus dem Stand auf eine Geschwindigkeit von 100 km/h zu kommen?

Gesucht: t **Gegeben:** $a = 7{,}6 \text{ m/s}^2$; $v_e = 100 \text{ km/h}$

Mit (2-23) gilt:

$$t = \frac{v_e - v_a}{a} \quad \longleftarrow \quad v_a = 0$$

$$= \frac{v_e}{a} = \frac{100 \text{ km h}^{-1}}{7{,}6 \text{ m s}^{-2}} = \frac{100 \text{ m s}^{-1}}{3{,}6 \cdot 7{,}6 \text{ s}^{-2}}$$

$$\underline{t = 3{,}65 \text{ s}}$$

Rechenbeispiel 2-30. Welche Zeit benötigt ein Fahrzeug, das mit $4{,}25 \text{ m/s}^2$ gleichmäßig beschleunigt wird, um seine Geschwindigkeit von 80 km/h auf 100 km/h zu steigern?

Gesucht: t **Gegeben:** $v_a = 80 \text{ km/h}$; $v_e = 100 \text{ km/h}$; $a = 4{,}25 \text{ m/s}^2$

Mit (2-23) gilt:

$$t = \frac{v_e - v_a}{a} = \frac{(100-80) \text{ km h}^{-1}}{4{,}25 \text{ m s}^{-2}} = \frac{20 \text{ m s}^{-1}}{3{,}6 \cdot 4{,}25 \text{ m s}^{-2}}$$

$$\underline{t = 1{,}31 \text{ s}}$$

Übungsaufgaben:

2-29. Welche Zeit benötigen gleichmäßig beschleunigte Körper ($a = 4{,}0 \text{ m/s}^2$), um ihre Geschwindigkeit aus der Anfangsgeschwindigkeit $v_a = 0$ auf die folgenden Endgeschwindigkeiten v_e zu steigern?
a) $v_e = 15{,}0 \text{ m/s}$; b) $v_e = 100 \text{ km/h}$; c) $v_e = 15{,}0 \text{ km/min}$

2-30. Welche Zeit benötigen gleichmäßig abgebremste Körper ($a = -3{,}6 \text{ m/s}^2$), um ihre Geschwindigkeit aus der Anfangsgeschwindigkeit $v_a = 100 \text{ km/h}$ auf die folgenden Endgeschwindigkeiten v_e zu verringern?
a) $v_e = 5{,}0 \text{ m/s}$; b) $v_e = 70 \text{ km/h}$; c) $v_e = 0{,}15 \text{ km/min}$

Berechnen der Beschleunigung a

Die Berechnung der Beschleunigung a erfolgt gemäß Definition nach (2-2):

$$a = \frac{\Delta v}{\Delta t} = \frac{v_e - v_a}{t}$$

2.1 Kinematik (Bewegungslehre)

Rechenbeispiel 2-31. Welche Beschleunigung erfährt ein Fahrzeug, das in 9,3 s a) aus dem Stand und b) von 80 km/h auf eine Geschwindigkeit von 120 km/h kommt?

Gesucht: a **Gegeben:** $t = 9{,}3$ s; $v_{a,1} = 0$; $v_{a,2} = 80$ km/h; $v_e = 120$ km/h

a) Mit (2-2) und $v_a = 0$ gilt:

$$a = \frac{v_e - v_a}{t} \quad \leftarrow \quad v_a = 0$$

$$= \frac{v_e}{t} = \frac{120 \text{ km h}^{-1}}{9{,}3 \text{ s}} = \frac{120 \text{ m s}^{-1}}{3{,}6 \cdot 9{,}3 \text{ s}}$$

$$\underline{a = 3{,}58 \text{ m/s}^2}$$

b) Mit (2-2) gilt:

$$a = \frac{v_e - v_a}{t} = \frac{(120-80) \text{ km h}^{-1}}{9{,}3 \text{ s}} = \frac{(120-80) \text{ m s}^{-1}}{3{,}6 \cdot 9{,}3 \text{ s}}$$

$$\underline{a = 1{,}19 \text{ m/s}^2}$$

Übungsaufgaben:

2-31. Welche Beschleunigungen erfahren Körper, bei denen im Zeitraum $t = 7{,}5$ s folgende Geschwindigkeitsänderungen auftreten?
a) $\Delta v = 45{,}0$ m/s; b) $\Delta v = -75{,}0$ km/h

2-32. Welche Beschleunigungen erfahren Körper, bei denen in den Zeiträumen t die Geschwindigkeiten v_a und v_e gemessen wurden?
a) $t = 10{,}0$ s; $v_a = 45{,}0$ m/s; $v_e = 245{,}0$ m/s
b) $t = 5{,}2$ min; $v_a = 0$; $v_e = 72{,}5$ km/h
c) $t = 16{,}5$ s; $v_a = 55{,}0$ m/s; $v_e = 0$
d) $t = 9{,}3$ s; $v_a = 100$ km/h; $v_e = 10$ km/h

Aus (2-2) folgt mit (2-3), (2-4) und $v_a = 0$:

$$a = \frac{v_e - v_a}{t} \quad \leftarrow \quad v_e = 2 v_m \Leftarrow v_m = \frac{v_a + v_e}{2} \quad \leftarrow \quad v_a = 0$$

$$ \quad \downarrow v_a = 0 \qquad \downarrow v_m = \frac{s}{t} \Leftarrow s = v_m t$$

$$\underline{a = \frac{2s}{t^2}} \tag{2-24}$$

(2-24) gilt für Beschleunigungsvorgänge mit $v_a = 0$ und Bremsvorgänge mit $v_e = 0$.

2 Rechnen in der Mechanik

Rechenbeispiel 2-32. Welche Beschleunigung erfährt ein Fahrzeug, das aus dem Stillstand in 19,3 s eine Strecke von 300 m zurücklegt?

Gesucht: a **Gegeben:** $t = 19,3$ s; $s = 300$ m; $v_a = 0$

Mit (2-24) und $v_a = 0$ gilt:

$$a = \frac{2s}{t^2} = \frac{2 \cdot 300 \text{ m}}{(19,3 \text{ s})^2}$$

$\underline{a = 1{,}611 \text{ m/s}^2}$

Übungsaufgaben:

2-33. Welche Beschleunigungen erfahren Körper, die aus der Ruhelage im Zeitraum $t = 8{,}8$ s folgende Strecken zurücklegen? a) $s = 45{,}0$ m; b) $s = 2{,}5$ m; c) $s = 0{,}250$ km

2-34. Welche Verzögerungen erfahren Körper, die in der Bremszeit $t = 4{,}2$ s bis zum Stillstand folgende Bremswege haben? a) $s = 25{,}0$ m; b) $s = 3{,}5$ m; c) $s = 0{,}400$ km

Aus (2-2) folgt mit (2-4) und (2-3):

$$a = \frac{v_e - v_a}{t} \quad \leftarrow \quad t = \frac{s}{v_m} \Leftarrow s = v_m t$$

$$v_m = \frac{v_a + v_e}{2}$$

$$a = \frac{v_e - v_a}{\frac{s}{v_a + v_e}{2}} = \frac{v_e - v_a}{s} \cdot \frac{v_a + v_e}{2}$$

$$a = \frac{v_e^2 - v_a^2}{2s} \tag{2-25}$$

Rechenbeispiel 2-33. Welche Beschleunigung erfährt ein Fahrzeug, das eine Strecke von 300 m benötigt, um aus einer Geschwindigkeit von 45,0 km/h eine Endgeschwindigkeit von 100 km/h zu erreichen?

Gesucht: a **Gegeben:** $s = 300$ m; $v_e = 100$ km/h; $v_a = 45{,}0$ km/h

Mit (2-25) gilt:

$$a = \frac{v_e^2 - v_a^2}{2\,s}$$

$$= \frac{(100\text{ km h}^{-1})^2 - (45{,}0\text{ km h}^{-1})^2}{2 \cdot 300\text{ m}} = \frac{(100\text{ m s}^{-1})^2 - (45{,}0\text{ m s}^{-1})^2}{3{,}6^2 \cdot 2 \cdot 300\text{ m}}$$

$$\underline{a = 1{,}026\text{ m/s}^2}$$

Übungsaufgaben:

2-35. Welche Beschleunigungen erfahren Körper, bei denen sich über eine zurückgelegte Strecke $s = 175$ m folgende Anfangs- und Endgeschwindigkeiten v_a bzw. v_e ergeben?
a) $v_a = 8{,}5$ m/s; $v_e = 2{,}5$ m/s
b) $v_a = 88{,}5$ km/h; $v_e = 0$
c) $v_a = 0$; $v_e = 12{,}5$ m/s
d) $v_a = 8{,}5$ km/h; $v_e = 92{,}5$ km/h

2.1.3.1.3 Ungleichmäßig beschleunigte Translation

Man bezeichnet eine Translation als *ungleichmäßig beschleunigt*, wenn sich die Beschleunigung a, die ein Körper erfährt, ständig ändert.

Der Körper bewegt sich als Folge der sich ständig ändernden Beschleunigung mit völlig unterschiedlichen Geschwindigkeiten.

Im entsprechenden s,t-Diagramm (s. Abb. 2-8) ist die mittlere Geschwindigkeit v_m der Quotient aus dem zurückgelegten Weg Δs und der dazu benötigten Zeit Δt:

$$v_\text{m} = \frac{\Delta s}{\Delta t} \tag{2-26}$$

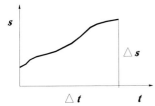

Abb. 2-8. s,t-Diagramm für ungleichförmige Bewegung

Je steiler der Graph verläuft, um so größer ist auch die *augenblickliche* Geschwindigkeit v. Sie läßt sich ermitteln, indem man eine Tangente mit dem Steigungswinkel α an den Graph anlegt und den zurückgelegten Weg ds in einem sehr kleinen Zeitraum dt betrachtet (vgl. Abb. 2-9).

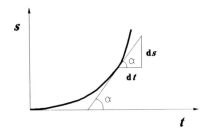

Abb. 2-9. Darstellung zur Berechnung der augenblicklichen Geschwindigkeit

Das Verhältnis dieser beiden Größen ds und dt (als Gegenkathete bzw. Ankathete im Dreieck) entspricht nicht nur dem Tangens des Steigungswinkels α, sondern auch der augenblicklichen Geschwindigkeit v:

$$v = \frac{ds}{dt} = \tan \alpha \qquad (2\text{-}27)$$

Die augenblickliche Geschwindigkeit v eines Körpers ist der Differentialquotient ds/dt

oder

Die augenblickliche Geschwindigkeit v eines Körpers ist die 1. Ableitung der s,t-Funktion nach der Zeit.

Die Geschwindigkeit v ist also eine differentielle Größe, zu deren Berechnung das *Weg-Zeit-Gesetz* der jeweiligen Bewegung bekannt sein muß.
Die Gleichungen (2-1) und (2-6) stellen ebenso einen Sonderfall dar, wie die Beziehung

$$v = \frac{s\,t}{2},$$

die mit $v_a = 0$ aus (2-16) resultiert (vgl. Rechenbeispiel 2-19 auf S. 130).
Aus (2-27) folgt für den Weg d$s = v$ dt und durch Integration

$$\int ds = \int v\, dt \qquad (2\text{-}28)$$

oder

$$s = \sum_{t_1}^{t_2} v\, dt\,. \qquad (2\text{-}29)$$

Der Weg ist das Zeitintegral der Geschwindigkeit.

Zur Berechnung muß das *Geschwindigkeit-Zeit-Gesetz* der jeweiligen Bewegung bekannt sein. Das läßt sich graphisch in einem der Abb. 2-1 entsprechenden v,t-Diagramm deuten (s. Abb. 2-10):

Abb. 2-10. Darstellung zur Berechnung des Zeitintegrals der Geschwindigkeit

Auch in diesem v,t-Diagramm ist die Fläche unter dem Graph gleich dem zurückgelegten Weg s. Sie läßt sich gemäß (2-29) nur durch *Integrieren* berechnen.

Auf graphischem Weg hingegen kann sie bestimmt werden, indem man die Fläche unter dem Graph in Rechtecke zerlegt, deren obere Begrenzung den tatsächlichen Verlauf des Graphes mittelt. Der dabei auftretende Fehler ist um so kleiner, je kleiner die Seiten $\mathrm{d}t$ der Rechtecke auf der Abszisse sind. Die Gesamtfläche ergibt sich dann als Summe aller Rechtecke.

Im v,t-Diagramm (Abb. 2-11) ist die mittlere Beschleunigung a der Quotient aus der Geschwindigkeitsänderung Δv und der dazu benötigten Zeit Δt:

$$a = \frac{\Delta v}{\Delta t} \tag{2-30}$$

Je steiler der Graph verläuft, um so größer ist auch die *augenblickliche* Beschleunigung a. Sie läßt sich ermitteln, indem man eine Tangente mit dem Steigungswinkel β an den Graph anlegt und die Geschwindigkeitsänderung $\mathrm{d}v$ in einem sehr kleinen Zeitraum $\mathrm{d}t$ betrachtet.

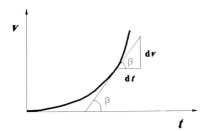

Abb. 2-11. Darstellung zur Berechnung der augenblicklichen Beschleunigung

Das Verhältnis dieser beiden Größen $\mathrm{d}v$ und $\mathrm{d}t$ (als Gegenkathete bzw. Ankathete im Dreieck) entspricht nicht nur dem Tangens des Steigungswinkels β, sondern auch der augenblicklichen Beschleunigung a:

$$a = \frac{\mathrm{d}v}{\mathrm{d}t} = \tan \beta \tag{2-31}$$

Die augenblickliche Beschleunigung a eines Körpers ist der Differentialquotient $\mathrm{d}v/\mathrm{d}t$

oder

Die augenblickliche Beschleunigung a eines Körpers ist die 1. Ableitung der v,t-Funktion nach der Zeit bzw. die 2. Ableitung der s,t-Funktion nach der Zeit.

Auch die Beschleunigung a ist also eine differentielle Größe, zu deren Berechnung das *Weg-Zeit-Gesetz* der jeweiligen Bewegung bekannt sein muß.
(2-2) stellt einen Sonderfall von (2-31) dar.
Aus (2-31) folgt für die augenblickliche Geschwindigkeit $\mathrm{d}v = a\,\mathrm{d}t$ und durch Integration

$$\int \mathrm{d}v = \int a\,\mathrm{d}t \tag{2-32}$$

oder

$$v = \sum_{t_1}^{t_2} a\,\mathrm{d}t \ . \tag{2-33}$$

Die Geschwindigkeit ist das Zeitintegral der Beschleunigung.

Zur Berechnung muß das *Beschleunigung-Zeit-Gesetz* der jeweiligen Bewegung bekannt sein. Das läßt sich graphisch in einem entsprechenden a,t-Diagramm deuten (s. Abb. 2-12):

Abb. 2-12. Darstellung zur Berechnung des Zeitintegrals der Beschleunigung

Auch in diesem a,t-Diagramm ist die Fläche unter dem Graph gleich der Geschwindigkeit v. Sie läßt sich gemäß (2-33) nur durch *Integrieren* berechnen oder auf graphischem Weg bestimmen (vgl. Anmerkungen zu Abb. 2-10).
Berechnungen mit Geschwindigkeit und Beschleunigung als differentielle Größen sind in diesem Buch nicht vorgesehen.

2.1.3.1.4 Sonderfälle der gleichmäßig beschleunigten Translation

2.1.3.1.4.1 Freier Fall

Der freie Fall eines Körpers entspricht einer gleichmäßig beschleunigten Translation *ohne* Anfangsgeschwindigkeit mit der konstanten Erdbeschleunigung g.
Es gelten für ihn deshalb die vereinfachten Beziehungen, die sich aus (2-6) bis (2-25) mit $v_a = 0$ ableiten und in Abschn. 2.1.3.1.2 schon behandelt sind. Aus diesem Grund wurden Aufgaben zum freien Fall dort auch schon mit abgehandelt. Der zurückgelegte Weg s entspricht einer Höhe h, um die sich ein Körper senkrecht nach unten bewegt.

2.1 Kinematik (Bewegungslehre)

Übungsaufgaben:

2-36. Ein Körper bewegt sich 6,3 s lang im freien Fall ($g = 9{,}81$ m/s^2). Wie groß sind a) die Fallhöhe h, b) die Endgeschwindigkeit v_e und c) die mittlere Geschwindigkeit v_m?

2-37. Ein Körper legt im freien Fall ($g = 9{,}81$ m/s^2) 182 m zurück. Wie groß sind a) die Fallzeit t, b) die Endgeschwindigkeit v_e und c) die mittlere Geschwindigkeit v_m?

2.1.3.1.4.2 Senkrechter Wurf nach unten

Der senkrechte Wurf nach unten stellt eine gleichmäßig beschleunigte Translation *mit* Anfangsgeschwindigkeit ($v_a > 0$) bei konstanter Erdbeschleunigung g dar. Es gelten für ihn deshalb die Beziehungen (2-6) bis (2-25) in Abschn. 2.1.3.1.2. Aufgaben zum senkrechten Wurf nach unten wurden deshalb dort schon behandelt.

Übungsaufgaben:

2-38. Ein Körper wird mit der Anfangsgeschwindigkeit $v_a = 20$ m/s senkrecht nach unten geworfen ($g = 9{,}81$ m/s^2). Wie groß sind a) die Fallhöhe h, b) die Endgeschwindigkeit v_e und c) die mittlere Geschwindigkeit v_m, wenn die Bewegung 9,3 s andauert?

2-39. Ein Körper wird mit der Anfangsgeschwindigkeit $v_a = 20$ m/s aus 300 m Höhe senkrecht nach unten geworfen ($g = 9{,}81$ m/s^2). Wie groß sind a) die Zeitdauer t bis zum Auftreffen, b) die Endgeschwindigkeit v_e und c) die mittlere Geschwindigkeit v_m?

2.1.3.1.4.3 Senkrechter Wurf nach oben

Der senkrechte Wurf nach oben ist eine gleichmäßig verzögerte Bewegung. Die Erdbeschleunigung g wirkt entgegengesetzt zur Bewegungsrichtung. In (2-6) bis (2-25) nimmt sie demnach einen negativen Wert an.

Übungsaufgaben:

2-40. Ein Körper wird mit der Anfangsgeschwindigkeit $v_a = 120$ m/s senkrecht nach oben geworfen ($g = -9{,}81$ m/s^2). Wie groß sind a) die Steighöhe h und b) die Geschwindigkeit v_e, die er nach 9,3 s erreicht?

2-41. Ein Körper wird mit der Anfangsgeschwindigkeit $v_a = 95$ m/s senkrecht nach oben geworfen ($g = -9{,}81$ m/s^2). a) Welche Zeitdauer t benötigt er, um eine Höhe von 400 m zu erreichen? b) Wie groß ist seine Geschwindigkeit v_e zu diesem Zeitpunkt?

Ein senkrecht nach oben geworfener Körper erreicht seine *maximale Steighöhe* h_{max} in dem Augenblick, in dem seine Geschwindigkeit $v_e = 0$ wird. Entsprechend (2-18) ergibt sich aus (2-4) durch Einsetzen von (2-3) und (2-5) mit $v_e = \mathbf{0}$:

2 Rechnen in der Mechanik

$$h = v_m t \Leftarrow t = \frac{-v_a}{g} \Leftarrow t = \frac{v_e - v_a}{g} \Leftarrow v_e - v_a = g t \quad \Leftarrow v_e = 0$$

$$v_m = \frac{v_a}{2} \Leftarrow v_m = \frac{v_a + v_e}{2} \Leftarrow v_e = 0$$

$$h = \frac{v_a}{2} \cdot \frac{-v_a}{g} \Rightarrow$$

$$h_{max} = \frac{-v_a^2}{2g} \tag{2-34}$$

Rechenbeispiel 2-34. Welche maximale Steighöhe erreicht ein Stein, der mit einer Anfangsgeschwindigkeit $v_a = 18{,}5$ m/s senkrecht nach oben geworfen wird?

Gesucht: h_{max} **Gegeben:** $v_a = 18{,}5$ m/s; $g = -9{,}81$ m/s²

Mit (2-34) gilt:

$$h_{max} = \frac{-v_a^2}{2g} = \frac{-(18{,}5 \text{ m s}^{-1})^2}{2 \cdot -9{,}81 \text{ m s}^{-2}}$$

$\underline{h_{max} = 17{,}4 \text{ m}}$

Übungsaufgaben:

2-42. Welche maximale Steighöhe erreicht ein Körper, der mit einer Anfangsgeschwindigkeit $v_a = 70{,}0$ km/h senkrecht nach oben geworfen wird? $g = 9{,}81$ m/s²

2-43. Welche maximale Steighöhe erreicht eine Kugel, die mit einer Anfangsgeschwindigkeit $v_a = 500$ m/s senkrecht nach oben geschossen wird? $g = -9{,}81$ m/s²

Ein senkrecht nach oben geworfener Körper erreicht seine *Steigzeit* t_{hmax} in dem Augenblick, in dem seine Geschwindigkeit $v_e = 0$ wird, er also auch seine maximale Steighöhe h_{max} erreicht hat.

Aus (2-5) ergibt sich mit $v_e = 0$ nach Umstellen:

$v_e - v_a = g t \quad \Leftarrow \quad v_e = 0$

$-v_a = g t \Rightarrow$

$$t_{hmax} = \frac{-v_a}{g} \tag{2-35}$$

2.1 Kinematik (Bewegungslehre)

Rechenbeispiel 2-35. Welche Steigzeit benötigt ein Stein, der mit einer Anfangsgeschwindigkeit $v_a = 28{,}5$ m/s senkrecht nach oben geworfen wird, um seine maximale Steighöhe zu erreichen?

Gesucht: t_{hmax} **Gegeben:** $v_a = 28{,}5$ m/s; $g = -9{,}81$ m/s²

Mit (2-35) gilt:

$$t_{hmax} = \frac{-v_a}{g} = \frac{-28{,}5 \text{ m s}^{-1}}{-9{,}81 \text{ m s}^{-2}}$$

$\underline{t_{hmax} = 2{,}905 \text{ s}}$

Übungsaufgaben:

2-44. Welche Steigzeit benötigt ein Körper, der mit einer Anfangsgeschwindigkeit $v_a = 128{,}5$ m/s senkrecht nach oben katapultiert wird, um seine maximale Steighöhe zu erreichen? $g = -9{,}81$ m/s²

2-45. Nach welcher Steigzeit erreicht ein Körper, der mit einer Anfangsgeschwindigkeit $v_a = 75{,}0$ km/h senkrecht nach oben geschleudert wird, die Endgeschwindigkeit $v_e = 0$? $g = -9{,}81$ m/s²

2.1.3.1.5 Zusammengesetzte Bewegungen

Wenn an einem Körper mehrere Kräfte in verschiedene Richtungen angreifen, bewirken sie, daß er gleichzeitig mehrere Bewegungen verschiedener Art ausführt.
So greift z. B. an einem Flugzeug der Seitenwind an, oder bei einem Schiff wirkt das in bestimmter Richtung strömende Wasser.
Die dabei auftretenden Geschwindigkeiten sind vektorielle Größen (vgl. Abschn. 2.1.1), die durch geometrische (vektorielle) Addition zu einer resultierenden Geschwindigkeit zusammengefaßt werden können (s. Abb. 2-13).

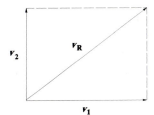

Abb. 2-13. Vektoraddition zur Berechnung der Geschwindigkeit

Nach dem *Cosinussatz* der Trigonometrie (vgl. Lehrbücher der Mathematik) läßt sich die resultierende Augenblicksgeschwindigkeit v_R aus den zugehörigen Augenblicksgeschwindigkeiten v_1 und v_2 und dem Winkel α, den sie zueinander bilden, berechnen:

$$v_R = \sqrt{v_1^2 + v_2^2 + 2\, v_1 v_2 \cos \alpha} \qquad (2\text{-}36)$$

Rechenbeispiel 2-36. Ein Flugzeug fliegt mit der Eigengeschwindigkeit $v_1 = 285$ km/h. Der Wind bewegt sich mit einer Geschwindigkeit $v_2 = 45$ km/h im Winkel $\alpha = 75°$ zur Bewegungsrichtung des Flugzeugs. Mit welcher resultierenden Geschwindigkeit v_R bewegt sich das Flugzeug tatsächlich?

Gesucht: v_R **Gegeben:** $v_1 = 285$ km/h; $v_2 = 45$ km/h; $\alpha = 75°$

Mit (2-36) gilt:

$$v_R = \sqrt{v_1^2 + v_2^2 + 2\,v_1\,v_2\,\cos\alpha}$$
$$= \sqrt{[(285)^2 + (45)^2 + 2 \cdot 285 \cdot 45 \cdot \cos 75°]\,\text{km}^2\,\text{h}^{-2}}$$

$\underline{v_R = 300\ \text{km/h}}$

Übungsaufgaben:

2-46. Ein Düsenjet fliegt mit der Eigengeschwindigkeit $v_1 = 900$ km/h. Der Wind kommt schräg von vorne mit einer Geschwindigkeit $v_2 = 45$ km/h und bildet mit der Bewegungsrichtung des Flugzeugs einen Winkel $\alpha = 155°$. Mit welcher resultierenden Geschwindigkeit v_R bewegt sich der Jet tatsächlich?

2-47. Ein Schiff überquert einen Fluß mit der Eigengeschwindigkeit $v_1 = 12,5$ m/s im Winkel $\alpha = 45°$ zur Strömungsrichtung des Flusses. Das Wasser fließt mit einer Geschwindigkeit 1,6 m/s. Mit welcher resultierenden Geschwindigkeit v_R bewegt sich das Schiff tatsächlich?

Bilden die beiden Geschwindigkeitsrichtungen zueinander einen Winkel $\alpha = 90°$, so läßt sich die Augenblicksgeschwindigkeit v_R, die aus zwei Augenblicksgeschwindigkeiten v_1 und v_2 resultiert, (nach Pythagoras) als Diagonale des Rechtecks bestimmen. (2-36) vereinfacht sich wegen $\cos 90° = 0$ zu:

$$v_R = \sqrt{v_1^2 + v_2^2} \qquad (2\text{-}37)$$

Rechenbeispiel 2-37. Ein Schiff überquert einen Fluß mit der Eigengeschwindigkeit $v_1 = 18,5$ km/h im Winkel von $\alpha = 90°$. Die Strömungsgeschwindigkeit des Flußes ist $v_2 = 1,15$ m/s. Mit welcher resultierenden Geschwindigkeit v_R bewegt sich das Schiff tatsächlich?

Gesucht: v_R **Gegeben:** $v_1 = 18,5$ km/h; $v_2 = 1,15$ m/s; $\alpha = 90°$

Mit (2-37) gilt:

$$v_R = \sqrt{v_1^2 + v_2^2}$$
$$= \sqrt{[(18,5\ \text{km h}^{-1})^2 + (1,15\ \text{m s}^{-1})^2}$$
$$= \sqrt{[(18,5\ \text{km h}^{-1})^2 + (3,6 \cdot 1,15\ \text{km h}^{-1})^2}$$

$\underline{v_R = 18,96\ \text{km/h} = 5,27\ \text{m/s}}$

2.1 Kinematik (Bewegungslehre)

Übungsaufgaben:

2-48. Ein Düsenjet fliegt mit der Eigengeschwindigkeit v_1 = 900 km/h. Der Wind kommt seitlich im Winkel von 90° mit einer Geschwindigkeit v_2 = 65 km/h. Mit welcher resultierenden Geschwindigkeit v_R bewegt sich der Jet?

2-49. Ein Schiff überquert einen Fluß mit der Eigengeschwindigkeit v_1 = 20,0 m/s im Winkel von α = 90° zur Strömungsrichtung des Flusses, dessen Wasser sich mit v_2 = 1,85 m/s bewegt. Welche resultierende Geschwindigkeit hat das Schiff?

Der *waagrechte* Wurf setzt sich aus einer gleichförmigen Translation und einem freien Fall zusammen, deren Bewegungsrichtungen zueinander einen rechten Winkel bilden. In einem Koordinatensystem verläuft die Wurfbahn als *Parabel*, weil die Anfangsgeschwindigkeit v_a und die Erdbeschleunigung g konstant sind (vgl. Abb. 2-14).

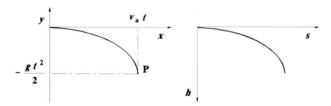

Abb. 2-14. Schräger Wurf

Für den waagrecht zurückgelegten Weg s gelten

$$s = v_a\, t \tag{2-38}$$

und daraus mit (2-21)

$$s = v_a \sqrt{\frac{2h}{g}}. \tag{2-39}$$

Für die Höhe h, um die der Körper senkrecht fällt, gilt mit (2-17) und $v_a = 0$:

$$h = \frac{g\, t^2}{2} \tag{2-40}$$

Die augenblickliche Bahngeschwindigkeit v_B nach der Zeit t ergibt sich als Resultierende gemäß (2-37) mit $v_x = v_a$ und $v_y = g\, t$ (vgl. (2-12)):

$$v_B = \sqrt{v_x^2 + v_y^2} \quad\longleftarrow\quad \begin{array}{l} v_x = v_{a,x} \\ v_y = g\,t \Leftarrow v_{e,y} - v_{a,y} = g\,t \\ \qquad\qquad\uparrow \\ \qquad\qquad v_{a,y} = 0 \end{array}$$

$$v_B = \sqrt{v_a^2 + (g\,t)^2} = \sqrt{v_a^2 + g^2\, t^2} \tag{2-41}$$

150   2 Rechnen in der Mechanik

Rechenbeispiel 2-38. Ein Körper wird mit der Geschwindigkeit $v_a = 30{,}0$ m/s waagrecht geworfen. a) Wie groß ist seine Geschwindigkeit nach 8,2 s? b) Welchen waagrechten Weg hat er bis dahin zurückgelegt? c) Wie tief ist er in dieser Zeit gefallen?

Gesucht: v_B; s; h **Gegeben:** $v_a = 30{,}0$ m/s; $t = 8{,}2$ s; $g = 9{,}81$ m/s^2

a) Für die Bahngeschwindigkeit v_B gilt mit (2-41):

$$v_B = \sqrt{v_a^2 + g^2 t^2} = \sqrt{(30{,}0 \text{ m s}^{-1})^2 + (9{,}81 \text{ m s}^{-2})^2 \cdot (8{,}2 \text{ s})^2}$$

$\underline{v_B = \mathbf{85{,}9 \text{ m/s}}}$

b) Für den waagrecht zurückgelegten Weg s gilt mit (2-38):

$$s = v_a t = 30{,}0 \text{ m s}^{-1} \cdot 8{,}2 \text{ s}$$

$\underline{s = \mathbf{246 \text{ m}}}$

c) Für die Fallhöhe h gilt mit (2-40):

$$h = \frac{g t^2}{2} = \frac{9{,}81 \text{ m s}^{-2} \cdot (8{,}2 \text{ s})^2}{2}$$

$\underline{h = \mathbf{330 \text{ m}}}$

Rechenbeispiel 2-39. Ein Körper wird mit der Geschwindigkeit $v_a = 20{,}0$ m/s waagrecht geworfen. Wie groß sind nach einer Fallhöhe $h = 100$ m a) die benötigte Zeit t, b) der waagrecht zurückgelegte Weg s und c) seine Geschwindigkeit v_B?

Gesucht: t; s; v_B **Gegeben:** $v_a = 20{,}0$ m/s; $h = 100$ m; $g = 9{,}81$ m/s^2

a) Für die benötigte Zeit t gilt entsprechend (2-40):

$$h = \frac{g t^2}{2} \Rightarrow$$

$$t = \sqrt{\frac{2h}{g}} = \sqrt{\frac{2 \cdot 100 \text{ m}}{9{,}81 \text{ m s}^{-2}}}$$

$\underline{t = \mathbf{4{,}52 \text{ s}}}$

2.1 Kinematik (Bewegungslehre)

b) Für den waagrecht zurückgelegten Weg s gilt mit (2-39):

$$s = v_a \sqrt{\frac{2h}{g}} = 20{,}0 \text{ m s}^{-1} \cdot \sqrt{\frac{2 \cdot 100 \text{ m}}{9{,}81 \text{ m s}^{-2}}}$$

$\underline{s = 90{,}3 \text{ m}}$

c) Für die Bahngeschwindigkeit v_B gilt mit (2-41):

$$v_B = \sqrt{v_a^2 + g^2 t^2} \quad \longleftarrow \quad t^2 = \frac{2h}{g} \quad \Leftarrow \quad h = \frac{g t^2}{2}$$

$$v_B = \sqrt{v_a^2 + g^2 \cdot \frac{2h}{g}} \quad \Rightarrow$$

$$v_B = \sqrt{v_a^2 + 2gh}$$
$$= \sqrt{(20{,}0 \text{ m s}^{-1})^2 + 2 \cdot 9{,}81 \text{ m s}^{-2} \cdot 100 \text{ m}}$$

$\underline{v_B = 48{,}6 \text{ m/s}}$

Übungsaufgaben:

2-50. Ein Körper wird mit der Geschwindigkeit $v_a = 100$ m/s waagrecht geschleudert. a) Wie groß ist seine Geschwindigkeit nach 3,2 s? b) Welchen waagrechten Weg hat er bis dahin zurückgelegt? c) Wie tief ist er in dieser Zeit gefallen? $g = 9{,}81$ m/s^2

2-51. Ein Körper wird mit der Geschwindigkeit $v_a = 45{,}0$ m/s waagrecht geworfen. Wie groß sind nach einer Fallhöhe $h = 75{,}0$ m a) die benötigte Zeit t, b) der waagrecht zurückgelegte Weg s und c) die Geschwindigkeit v_B? $g = 9{,}81$ m/s^2

Der *schräge* Wurf ist eine Bewegung, die sich aus einer gleichförmigen Translation unter dem Winkel α zur Waagrechten und einem freien Fall zusammensetzt. In einem Koordinatensystem verläuft die Wurfbahn als *Parabel*, weil die Anfangsgeschwindigkeit v_a, der Winkel α und die Erdbeschleunigung g konstant sind (vgl. Abb. 2-15).

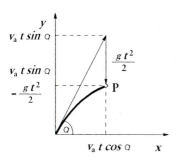
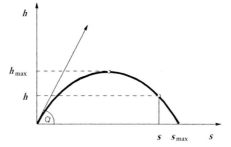

Abb. 2-15. Schräger Wurf

Abb. 2-15 zeigt, daß sich die Geschwindigkeit v_a in eine waagrechte Komponente

$$v_x = v_a \cos \alpha \tag{2-42}$$

und eine senkrechte Komponente v_y zerlegen läßt, die sich wegen der Erdbeschleunigung g, die der Körper erfährt, in der Zeit t um $\Delta v = g\,t$ zu

$$v_y = v_a \sin \alpha - g\,t \tag{2-43}$$

verringert.
Für den in der waagrechten Richtung zurückgelegten Weg $x = s$ gilt gemäß Abb. 2-15 mit $s = v\,t$

$$s = v_a\,t \cos \alpha \tag{2-44}$$

und für die in der senkrechten Richtung erreichte Höhe h

$$h = v_a\,t \sin \alpha - \frac{g\,t^2}{2}. \tag{2-45}$$

Aus (2-37) leitet sich damit eine Beziehung für die augenblickliche Bahngeschwindigkeit nach Ablauf der Zeit t ab:

$$v_B = \sqrt{v_x^2 + v_y^2} \quad \longleftarrow \quad \begin{array}{l} v_x = v_a \cos \alpha \\ v_y = v_a \sin \alpha - g\,t \end{array}$$

$$v_B = \sqrt{v_a^2 \cos^2 \alpha + (v_a \sin \alpha - g\,t)^2}$$

$$= \sqrt{v_a^2 \cos^2 \alpha + v_a^2 \sin^2 \alpha - 2\,g\,t\,v_a \sin \alpha + g^2\,t^2}$$

$$= \sqrt{v_a^2 (\cos^2 \alpha + \sin^2 \alpha) - 2\,g \left[v_a\,t \sin \alpha - \frac{g\,t^2}{2} \right]}$$

Mit $\cos^2 \alpha + \sin^2 \alpha = 1$ (vgl. Lehrbücher der Mathematik) gilt:

$$v_B = \sqrt{v_a^2 - 2\,g \left[v_a\,t \sin \alpha - \frac{g\,t^2}{2} \right]} \tag{2-46}$$

Mit (2-45) für die Höhe h ergibt sich daraus:

$$v_B = \sqrt{v_a^2 - 2\,g\,h} \tag{2-47}$$

2.1 Kinematik (Bewegungslehre)

Aus (2-43) folgt mit $v_y = 0$ am höchsten Punkt h_{max} der Wurfbahn für die zugehörige Steigzeit t_{hmax}:

$$v_y = v_a \sin \alpha - g\,t \quad \longleftarrow \quad v_y = 0$$

$$0 = v_a \sin \alpha - g\,t_{hmax} \Rightarrow g\,t_{hmax} = v_a \sin \alpha \Rightarrow$$

$$t_{hmax} = \frac{v_a \sin \alpha}{g} \tag{2-48}$$

Für die Gesamtwurfzeit t_{smax} (= Steigzeit + Fallzeit) gilt dann

$$t_{smax} = 2\,t_{hmax} = \frac{2\,v_a \sin \alpha}{g}. \tag{2-49}$$

Aus (2-45) ergibt mit sich für die maximale Wurfhöhe h_{max}:

$$h_{max} = v_a\,t_{hmax} \sin \alpha - \frac{g\,t_{hmax}^2}{2} \tag{2-50}$$

(2-50) führt mit (2-48) für t_{hmax} zu:

$$h_{max} = v_a\,t_{hmax} \sin \alpha - \frac{g\,t_{max}^2}{2} \quad \longleftarrow \quad t_{hmax} = \frac{v_a \sin \alpha}{g}$$

$$h_{max} = v_a \frac{v_a \sin \alpha}{g} \sin \alpha - \frac{g\,v_a^2 \sin^2 \alpha}{2\,g^2} \Rightarrow$$

$$h_{max} = \frac{v_a^2 \sin^2 \alpha}{g} - \frac{v_a^2 \sin^2 \alpha}{2\,g} \Rightarrow$$

$$h_{max} = \frac{v_a^2 \sin^2 \alpha}{2\,g} \tag{2-51}$$

Für die maximale Wurfweite s_{max} ergibt sich entsprechend (2-44) mit (2-49):

$$s_{max} = v_a\,t_{smax} \cos \alpha \quad \longleftarrow \quad t_{smax} = \frac{2\,v_a \sin \alpha}{g}$$

$$s_{max} = v_a \frac{2\,v_a \sin \alpha}{g} \cos \alpha \quad \longleftarrow \quad 2 \sin \alpha \cos \alpha = \sin 2\alpha$$
(vgl. Lehrbücher der Mathematik)

$$s_{max} = \frac{v_a^2 \sin 2\alpha}{g} \tag{2-52}$$

Rechenbeispiel 2-40. Ein Körper wird mit der Anfangsgeschwindigkeit $v_a = 45{,}0$ m/s unter dem Winkel $\alpha = 40°$ zur Waagrechten schräg nach oben geworfen. Wie groß sind nach 2,0 s a) seine Bahngeschwindigkeit v_B, b) der in der Waagrechten zurückgelegte Weg s und c) die erreichte Höhe h? Wie groß sind für diese Bewegung d) die maximal erreichbare Steighöhe h_{max}, e) die dazu benötigte Steigzeit t_{hmax}, f) die maximal erreichbare Wurfweite s_{max} und g) die dazu benötigte Gesamtflugzeit t_{smax}?

Gesucht: v_B; s; h; h_{max}; t_{hmax}; s_{max}; t_{smax}

Gegeben: $v_a = 45{,}0$ m/s; $\alpha = 40°$; $t = 2{,}0$ s; $g = -9{,}81$ m/s²

a) Für die Bahngeschwindigkeit v_B zur Zeit t gilt (2-46):

$$v_B = \sqrt{v_a^2 - 2g\left[v_a\, t \sin\alpha - \frac{g\, t^2}{2}\right]}$$

$$= \sqrt{(45{,}0\text{ m s}^{-1})^2 - 2 \cdot 9{,}81\text{ m s}^{-2} \cdot \left[45{,}0\text{ m s}^{-1} \cdot 2{,}0\text{ s} \cdot \sin 40° - \frac{9{,}81\text{ m s}^{-2} \cdot (2{,}0\text{ s})^2}{2}\right]}$$

$\underline{v_B = \mathbf{35{,}7\text{ m/s}}}$

b) Für den waagrecht zurückgelegten Weg s zur Zeit t gilt (2-44):

$s = v_a\, t \cos\alpha = 45{,}0\text{ m s}^{-1} \cdot 2{,}0\text{ s} \cdot \cos 40°$

$\underline{s = \mathbf{69\text{ m}}}$

c) Für die erreichte Höhe h zur Zeit t gilt (2-45):

$$h = v_a\, t \sin\alpha - \frac{g\, t^2}{2}$$
$$= 45{,}0\text{ m s}^{-1} \cdot 2{,}0\text{ s} \cdot \sin 40° - \frac{9{,}81\text{ m s}^{-2} \cdot (2{,}0\text{ s})^2}{2}$$

$\underline{h = \mathbf{38\text{ m}}}$

d) Für die maximal erreichbare Steighöhe h_{max} gilt (2-51):

$$h_{max} = \frac{v_a^2 \sin^2\alpha}{2g} = \frac{(45{,}0\text{ m s}^{-1})^2 \cdot \sin^2 40°}{2 \cdot 9{,}81\text{ m s}^{-2}}$$

$\underline{h_{max} = \mathbf{42{,}6\text{ m}}}$

2.1 Kinematik (Bewegungslehre)

e) Für die benötigte Steigzeit t_{hmax} gilt (2-48):

$$t_{hmax} = \frac{v_a \sin \alpha}{g} = \frac{45{,}0 \text{ m s}^{-1} \cdot \sin 40°}{9{,}81 \text{ m s}^{-2}}$$

$\underline{t_{hmax} = 2{,}95 \text{ s}}$

f) Für die maximal erreichbare Wurfweite s_{max} gilt (2-52):

$$s_{max} = \frac{v_a^2 \sin 2\alpha}{g} = \frac{(45{,}0 \text{ m s}^{-1})^2 \cdot \sin(2 \cdot 40°)}{9{,}81 \text{ m s}^{-2}}$$

$\underline{s_{max} = 203 \text{ m}}$

g) Für die Gesamtflugzeit t_{smax} gilt (2-49):

$$t_{smax} = \frac{2 v_a \sin \alpha}{g} = \frac{2 \cdot 45{,}0 \text{ m s}^{-1} \cdot \sin 40°}{9{,}81 \text{ m s}^{-2}}$$

$\underline{t_{smax} = 5{,}90 \text{ s}}$

Übungsaufgaben:

2-52. Ein Körper wird mit der Anfangsgeschwindigkeit $v_a = 70{,}0$ m/s unter dem Winkel $\alpha = 45°$ zur Waagrechten schräg nach oben geworfen. Wie groß sind nach 3,5 s a) seine Bahngeschwindigkeit v_B, b) der in der Waagrechten zurückgelegte Weg s und c) die erreichte Höhe h? Wie groß sind für diese Bewegung d) die maximal erreichbare Steighöhe h_{max}, e) die dazu benötigte Steigzeit t_{hmax}, f) die maximal erreichbare Wurfweite s_{max} und g) die dazu benötigte Gesamtflugzeit t_{smax}? $g = 9{,}81$ m/s^2

2.1.3.2 Drehbewegung (Rotation)

Drehbewegungen unterscheiden sich von fortschreitenden Bewegungen vor allem dadurch, daß der dabei von jedem Punkt des rotierenden Körpers zurückgelegte Weg auf einer Kreisbahn verläuft.
Er entfernt sich auf dieser Kreisbahn im Zeitabschnitt t von seinem Ausgangspunkt um einen Weg s, der dem Winkel (mitunter auch: Drehwinkel) φ entspricht (vgl. Abb. 2-16).

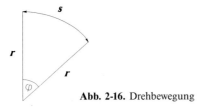

Abb. 2-16. Drehbewegung

Die unterschiedlichen Arten der Rotation werden durch das Verhalten von Geschwindigkeit und Beschleunigung bestimmt. Sie sind in einer Übersicht in Tab. 2-4 dargestellt.

Tab. 2-4. Arten der Rotation

Rotationsart	Winkelgeschwindigkeit ω	$\dfrac{\text{Winkel } \varphi}{\text{Zeit } t}$	Winkelbeschleunigung a
Gleichförmig	Konstant	Konstant	0
Gleichmäßig beschleunigt	Ändert sich gleichmäßig	Ändert sich gleichmäßig	Konstant
Ungleichmäßig beschleunigt	Ändert sich ungleichmäßig	Ändert sich ungleichmäßig	Ändert sich

Wie eine Gegenüberstellung von Tab. 2-2, S. 117, und Tab. 2-4 zeigt, müssen die Gesetzmäßigkeiten für Drehbewegungen denen für fortschreitende Bewegungen entsprechen. Der Unterschied zwischen den beiden Bewegungsarten besteht zunächst vor allem darin, daß – wie schon erwähnt – an die Stelle des zurückgelegten Weges s bei Translationsvorgängen nun der zurückgelegte Winkel φ bei Rotationsvorgängen tritt (vgl. Tab. 2-5).

Tab. 2-5. Gegenüberstellung der verwendeten Größen bei unterschiedlichen Bewegungsvorgängen

Translation Größe	Einheit	Rotation Größe	Einheit
Weg s	1 m	Winkel (Drehwinkel) φ	1 rad
Zeit t	1 s	Zeit t	1 s
Geschwindigkeit v	1 m/s	Winkelgeschwindigkeit ω	1 rad/s
Beschleunigung a	1 m/s^2	Winkelbeschleunigung a	1 rad/s^2
		Drehzahl n	1/s
		Anzahl z der Umdrehungen	1
		Umlaufzeit T	1 s

Da eine Rotation ein Bewegungsvorgang ist, bei dem sich bestimmte Zustände periodisch wiederholen, kommen im Vergleich zur Translation noch weitere Größen hinzu (vgl. Tab. 2-5), die zur Beschreibung solcher Vorgänge von Bedeutung sind.

2.1.3.2.1 Größen bei Rotationsvorgängen

2.1.3.2.1.1 Drehwinkel

Bei einer Rotation werden alle zurückgelegten Winkel im sog. *Bogenmaß* ausgedrückt:

Der Winkel φ im Bogenmaß ist das Verhältnis des von ihm eingeschlossenen Kreisbogens s und dem Radius r des bei der Bewegung beschriebenen Kreises.

Er ist demnach eine abgeleitete Größe. Seine Dimension ist *Länge durch Länge*.

$$\text{Winkel im Bogenmaß} = \frac{\text{Länge des eingeschlossenen Kreisbogens}}{\text{Radius des beschriebenen Kreises}}$$

$$\varphi = \frac{s}{r} \tag{2-53}$$

Die Dimensionsbetrachtung liefert seine Einheit 1 *Radiant* (Einheitenzeichen: rad) oder 1.

$$[\varphi] = \frac{[s]}{[r]} = \frac{1\,\text{m}}{1\,\text{m}} = 1\,\frac{\text{m}}{\text{m}} = 1\,\text{m}\,\text{m}^{-1} = 1\,\text{rad} = 1$$

1 Radiant ist der Winkel im Bogenmaß, der sich ergibt, wenn auf einem Kreis mit dem Radius $r = 1$ m die Länge des von ihm eingeschlossenen Kreisbogens $l = 1$ m beträgt.

Die Einheit *Radiant* muß nur mit angegeben werden, wenn eine Verwechslung mit der Einheit *Grad* (Einheitenzeichen: °), in der ein Winkel auch angegeben werden kann, möglich ist. Ansonsten kann auch die Einheit 1 verwendet werden [6].

Kehrt ein Punkt eines Körpers bei der Bewegung auf einer Kreisbahn wieder zu seinem Ausgangspunkt zurück, so hat er eine *ganze* oder auch *volle* Umdrehung vollführt, d.h die Anzahl z der Umdrehungen ist 1.

Der dabei auf der Kreisbahn zurückgelegte Weg s läßt sich gemäß (1-18), S. 47, als der Umfang U des Kreises berechnen. Für die Anzahl z der Umdrehungen gilt damit allgemein:

$$z = \frac{\varphi}{2\pi} \tag{2-54}$$

Rechenbeispiel 2-41. Ein rotierender Körper legt in einer bestimmten Zeit den Winkel $z = 19{,}50$ rad zurück. Wieviel Umdrehungen hat er vollführt?

Gesucht: z **Gegeben:** $\varphi = 19{,}50$ rad

Mit (2-54) gilt:

$$z = \frac{\varphi}{2\pi} = \frac{19{,}50}{2\pi}$$

$$\underline{\underline{z = 3{,}103}}$$

2 Rechnen in der Mechanik

Mit (2-53) gilt auch:

$\varphi = \dfrac{s}{r}$ ⟵ $s = U(\text{Kreis}) = 2\pi r$

$z = 2\pi = 6{,}283 \text{ rad}$ (2-55)

Ein Körper ist bei einer vollen Umdrehung um 360° gedreht worden, der beschriebene Winkel φ beträgt 360°. Daraus ergeben sich mit (2-55) zwei Einheitengleichungen, mit denen der Drehwinkel φ mit der Einheit *Radiant* in einen Winkel mit der Einheit *Grad* umgerechnet werden kann:

$6{,}283 \text{ rad} = 360° \Rightarrow$

1 rad = 57,3° (2-56)

1° = 0,01745 rad (2-57)

Rechenbeispiel 2-42. Ein rotierender Körper legt in einer bestimmten Zeit den Winkel $\varphi = 2{,}50$ rad zurück. Wie groß ist dieser Winkel in Grad?

Gesucht: φ (in °) **Gegeben:** $\varphi = 2{,}50$ rad

Mit (2-56) gilt:

$\varphi = 2{,}50 \text{ rad}$ ⟵ $1 \text{ rad} = 57{,}3°$

$ = 2{,}50 \cdot 57{,}3°$

$\underline{\varphi = 143{,}3°}$

Rechenbeispiel 2-43. Welchen Winkel φ (im Bogenmaß) beschreibt ein rotierender Körper bei einer halben Umdrehung?

Gesucht: φ (in rad) **Gegeben:** $z = 0{,}5 \triangleq 180°$

Mit (2-57) gilt:

$\varphi = 180°$ ⟵ $1° = 0{,}01745 \text{ rad}$

$ = 180 \cdot 0{,}01745 \text{ rad}$

$\underline{\varphi = 3{,}141 \text{ rad}}$

Übungsaufgaben:

2-53. Welche Werte ergeben sich für die fehlenden Größen in der untenstehenden Tabelle?

Anzahl z der Umdrehungen	Winkel φ (in °)	Winkel φ (in rad)
a) 0,25	?	?
b) ?	285	?
c) ?	?	4,25
d) 3,25	?	?
e) ?	450	?
f) ?	?	9,43

2.1.3.2.1.2 Drehzahl (Umlauffrequenz)

Die Drehzahl oder Umlauffrequenz n ist der Quotient aus der Anzahl z der Umdrehungen und der benötigten Zeit t.

$$n = \frac{z}{t} \qquad (2\text{-}58)$$

Die Drehzahl ist eine abgeleitete Größe. Die Dimensionsbetrachtung liefert die SI-Einheit 1 *durch Sekunde* (Einheitenzeichen: 1/s oder s^{-1}).

$$[n] = \frac{[z]}{[t]} = \frac{1}{s} = 1/s = s^{-1}$$

In der Praxis wird oft auch die Einheit 1 *durch Minute* (Einheitenzeichen: 1/min oder min^{-1}) verwendet.

Rechenbeispiel 2-44. Wie groß ist die Drehzahl n eines rotierenden Körpers, der für 3200 Umdrehungen 75,0 s benötigt?

Gesucht: n **Gegeben:** $z = 3200$; $t = 75,0$ s

Mit (2-58) gilt:

$$n = \frac{z}{t} = \frac{3200}{75,0 \text{ s}}$$

$$\underline{n = 42,67/s}$$

2 Rechnen in der Mechanik

Rechenbeispiel 2-45. Wieviel Umdrehungen macht die Kurbelwelle eines Motors, der mit 5000 Umdrehungen pro Minute dreht, in 10,0 s?

Gesucht: z **Gegeben:** $n = 5000/\text{min}$; $t = 10{,}0$ s

Mit (2-58) gilt:

$$n = \frac{z}{t} \Rightarrow$$

$$z = n\,t = 5000 \text{ min}^{-1} \cdot 10{,}0 \text{ s} \quad \leftarrow \quad 1 \text{ min} = 60 \text{ s}$$

$$= 5000 \cdot \frac{1}{60} \text{ s}^{-1} \cdot 10{,}0 \text{ s}$$

$$\underline{z = 833}$$

Rechenbeispiel 2-46. Die Drehzahl der Räder eines Personenkraftwagens ist 8,75/s. Welche Zeit wird für 1000 Umdrehungen der Räder benötigt?

Gesucht: t **Gegeben:** $n = 8{,}75/\text{s}$; $z = 1000$

Mit (2-58) gilt:

$$n = \frac{z}{t} \Rightarrow$$

$$t = \frac{z}{n} = \frac{1000}{8{,}75 \text{ s}^{-1}}$$

$$\underline{t = 114{,}3 \text{ s}}$$

Übungsaufgaben:

2-54. Welche Werte ergeben sich für die fehlenden Größen in der untenstehenden Tabelle?

	Anzahl z der Umdrehungen	Drehzahl n	Zeit t
a)	0,25	3,75/min	?
b)	7500	?	1,35 min
c)	?	12 500/min	4,25 s
d)	3,25	0,625/s	?
e)	165	?	3,25 s
f)	?	2800/min	9,60 s

2.1 Kinematik (Bewegungslehre)

Die für eine volle Umdrehung benötigte Zeit wird nach DIN [2] als *Periodendauer T* bezeichnet:

$$T = \frac{1}{n} \qquad (2\text{-}59)$$

Es sind aber auch die Begriffe *Umlaufdauer, Dauer einer Umdrehung* oder *Umlaufzeit* gebräuchlich. Hier soll in der Folge die Umlaufzeit T verwendet werden.

Rechenbeispiel 2-47. Ein Körper dreht sich mit der Drehzahl $n = 5200/\text{min}$. Wie groß ist seine Umlaufzeit T?

Gesucht: T **Gegeben:** $n = 5200/\text{min}$

Mit (2-59) gilt:

$$T = \frac{1}{n} = \frac{1}{5200 \text{ min}^{-1}} = \frac{60 \text{ s}}{5200}$$

$$\underline{T = 1{,}1538 \cdot 10^{-2} \text{ s}}$$

Rechenbeispiel 2-48. Ein Körper dreht sich mit der Umlaufzeit $T = 10{,}2$ s. Wie groß ist seine Drehzahl (in Umdrehungen pro Minute)?

Gesucht: n (in 1/min) **Gegeben:** $T = 10{,}2$ s

Mit (2-59) gilt:

$$T = \frac{1}{n} \Rightarrow$$

$$n = \frac{1}{T} = \frac{1}{10{,}2 \text{ s}} = \frac{60}{10{,}2 \text{ min}}$$

$$\underline{n = 5{,}88/\text{min}}$$

Übungsaufgaben:

2-55. Welche Umlaufzeiten T (in Sekunden) haben rotierende Körper bei den folgenden Drehzahlen n?
a) $n = 0{,}165/\text{s}$; b) $n = 3500/\text{min}$; c) $n = 15{,}5/\text{h}$

2-56. Welche Drehzahlen n (in 1/s) haben rotierende Körper bei den folgenden Umlaufzeiten T?
a) $T = 0{,}165$ s; b) $T = 1{,}75 \cdot 10^{-2}$ s; c) $T = 25{,}5$ min

2.1.3.2.1.3 Winkelgeschwindigkeit

Die in Abschn. 2.1.3.1 beschriebenen Gesetzmäßigkeiten für die verschiedenen Translationsarten lassen sich ohne Probleme auf Drehbewegungen übertragen, wenn man anstelle der Größen Weg s, Geschwindigkeit v und Beschleunigung a die Größen Winkel φ, Winkelgeschwindigkeit ω und Winkelbeschleunigung a verwendet.

So lassen sich die Zusammenhänge zwischen diesen Größen in einem Winkelgeschwindigkeit-Zeit-Diagramm (ω,t-Diagramm) darstellen, das dem Geschwindigkeit-Zeit-Diagramm (v,t-Diagramm) in Abb. 2-1 entspricht:

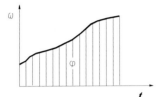

Abb. 2-17. ω,t-Diagramm

Es zeigt, mit welcher Winkelgeschwindigkeit ω sich ein Körper bei einer Rotation zu jeder beliebigen Zeit t bewegt. Die Fläche unter dem Graph entspricht nun nicht mehr dem Weg s, sondern dem Winkel φ, der gedreht wurde.

Anstelle des Weg-Zeit-Diagramms und des Beschleunigung-Zeit-Diagramms bei der Translation (vgl. Abb. (2-2) bis (2-12)) treten entsprechend das Winkel-Zeit-Diagramm (φ,t-Diagramm) und Winkelbeschleunigung-Zeit-Diagramm (a,t-Diagramm).

Aus den Beziehungen (2-1) bis (2-33) für fortschreitende Bewegungen ergeben sich entsprechende Beziehungen für Drehbewegungen. In Tab. 2-6 ist eine Gegenüberstellung der wichtigen Beziehungen, aus denen sich alle anderen ableiten lassen, vorgenommen.

Für die Winkelgeschwindigkeit bei Rotationsvorgängen gilt entsprechend Abb. 2-17:

Die Winkelgeschwindigkeit ω ist der Quotient aus dem Drehwinkel φ und der zur Drehung benötigten Zeit t.

$$\omega = \frac{\varphi}{t} \tag{2-60}$$

Sie ist eine abgeleitete Größe. Ihre Dimension ist *Drehwinkel durch Zeit*. Eine Dimensionsbetrachtung liefert die SI-Einheit 1 *Radiant durch Sekunde* oder auch 1 *durch Sekunde* (Einheitenzeichen: rad/s oder rad s^{-1} bzw. 1/s oder s^{-1}).

$$[\omega] = \frac{[\varphi]}{[t]} = \frac{1 \text{ rad}}{1 \text{ s}} = 1 \text{ rad/s} = 1 \text{ rad s}^{-1} = 1/\text{s} = \text{s}^{-1}$$

Mit (2-60) kann die konstante Winkelgeschwindigkeit ω bei gleichförmigen Drehbewegungen berechnet werden.

2.1 Kinematik (Bewegungslehre)

Tab. 2-6. Gegenüberstellung der wichtigsten Beziehungen für Translations- und Rotationsvorgänge

Translation		Rotation	
$v = \dfrac{s}{t}$	(2-1)	$\omega = \dfrac{\varphi}{t}$	(2-60)
$a = \dfrac{\Delta v}{\Delta t} = \dfrac{v_e - v_a}{t_e - t_a}$	(2-2)	$\alpha = \dfrac{\Delta \omega}{\Delta t} = \dfrac{\omega_e - \omega_a}{t_e - t_a}$	(2-61)
$v_m = \dfrac{v_a + v_e}{2}$	(2-3)	$\omega_m = \dfrac{\omega_a + \omega_e}{2}$	(2-62)
$s = v_m \, t$	(2-4)	$\varphi = \omega_m \, t$	(2-63)
$\Delta v = v_e - v_a = a \, t$	(2-5)	$\Delta \omega = \omega_e - \omega_a = \alpha \, t$	(2-64)
$v_m = \dfrac{s}{t}$	(2-6)	$\omega_m = \dfrac{\varphi}{t}$	(2-65)
$v_m = \dfrac{a \, t}{2} + v_a$	(2-7)	$\omega_m = \dfrac{\alpha \, t}{2} + w_a$	(2-66)

Rechenbeispiel 2-49. Wie groß ist die konstante Winkelgeschwindigkeit ω eines Körpers, der in 12,3 s um einen Winkel von 50,0 rad gedreht wird?

Gesucht: ω **Gegeben:** $t = 12{,}3$ s; $\varphi = 50{,}0$ rad

Mit (2-60) gilt:

$$\omega = \frac{\varphi}{t} = \frac{50{,}0 \text{ rad}}{12{,}3 \text{ s}}$$

$\underline{\omega = 4{,}07 \text{ rad/s} = 4{,}07/\text{s}}$

Rechenbeispiel 2-50. Wie groß ist die konstante Winkelgeschwindigkeit ω eines Körpers, der in 12,3 s um einen Winkel von 320° gedreht wird?

Gesucht: ω **Gegeben:** $t = 12{,}3$ s; $\varphi = 320°$

Mit (2-60) gilt:

$$\omega = \frac{\varphi}{t} = \frac{320°}{12{,}3 \text{ s}} \quad \leftarrow \quad 1° = 0{,}01745 \text{ rad}$$

$$= \frac{320 \cdot 0{,}01745 \text{ rad}}{12{,}3 \text{ s}}$$

$\underline{\omega = 0{,}454 \text{ rad/s} = 0{,}454/\text{s}}$

2 Rechnen in der Mechanik

Rechenbeispiel 2-51. Wie groß ist die konstante Winkelgeschwindigkeit ω eines Körpers, der in 17,5 s 2,95 Umdrehungen macht?

Gesucht: ω **Gegeben:** $t = 17{,}5$ s; $z = 2{,}95$

Mit (2-60) und (2-54) gilt:

$$\omega = \frac{\varphi}{t} \quad \leftarrow \quad \varphi = 2\pi z \Leftarrow z = \frac{\varphi}{2\pi}$$

$$= \frac{2\pi z}{t} = \frac{2\pi \cdot 2{,}95}{17{,}5 \text{ s}}$$

$\underline{\omega = 1{,}059 \text{ rad/s} = 1{,}059/\text{s}}$

Durch Umstellen von (2-60) läßt sich der Drehwinkel φ berechnen.

Rechenbeispiel 2-52. Wie groß ist der Winkel φ, um den ein Körper mit der konstanten Winkelgeschwindigkeit $\omega = 3{,}45$ rad/s in 20,0 s gedreht wird?

Gesucht: φ (in rad) **Gegeben:** $\omega = 3{,}45$ rad/s; $t = 20{,}0$ s

Mit (2-60) gilt:

$$\omega = \frac{\varphi}{t} \Rightarrow$$

$\varphi = \omega\, t = 3{,}45 \text{ rad s}^{-1} \cdot 20{,}0 \text{ s}$

$\underline{\varphi = 69 \text{ rad} = 69}$

Durch Umstellen von (2-60) läßt sich auch die Zeit t berechnen.

Rechenbeispiel 2-53. Welche Zeit benötigt ein Körper mit der konstanten Winkelgeschwindigkeit $\omega = 0{,}925$ rad/s zur Drehung um einen Winkel $\varphi = 7{,}00$ rad?

Gesucht: t **Gegeben:** $\omega = 0{,}925$ rad/s; $\varphi = 7{,}00$ rad

Mit (2-60) gilt:

$$\omega = \frac{\varphi}{t} \Rightarrow$$

$$t = \frac{\varphi}{\omega} = \frac{7{,}00 \text{ rad}}{0{,}925 \text{ rad s}^{-1}}$$

$\underline{t = 7{,}57 \text{ s}}$

Übungsaufgaben:

2-57. Welche Werte ergeben sich bei gleichförmigen Rotationsvorgängen für die fehlenden Größen in der untenstehenden Tabelle?

Winkel-geschwindigkeit ω	Drehwinkel φ (in rad)	Zeit t
a) ?	3,75 rad	5,20 min
b) 13,36 rad/s	?	25,0 s
c) 1,85 rad/s	6,28 rad	?

2-58. Welche Werte ergeben sich bei gleichförmigen Rotationsvorgängen für die fehlenden Größen in der untenstehenden Tabelle?

Winkel-geschwindigkeit ω	Drehwinkel φ (in °)	Zeit t
a) ?	90°	5,20 min
b) 13,36 rad/s	?	25,0 s
c) 1,85 rad/s	270°	?

2-59. Welche Werte ergeben sich bei gleichförmigen Rotationsvorgängen für die fehlenden Größen in der untenstehenden Tabelle?

Winkel-geschwindigkeit ω	Anzahl z der Umdrehungen	Zeit t
a) ?	0,25	5,20 min
b) 12,57 rad/s	?	25,0 s
c) 1,85 rad/s	5,00	?

Wie die Geschwindigkeit v bei Translationen ist auch die Winkelgeschwindigkeit ω eine vektorielle *und* differentielle Größe.

2.1.3.2.1.4 Winkelbeschleunigung

Für die Winkelbeschleunigung bei Rotationsvorgängen gelten entsprechend (2-2) und Tab. 2-6:

Die Winkelbeschleunigung a ist der Quotient aus der Winkelgeschwindigkeitsänderung $\Delta\omega$ und der dazu benötigten Zeit t.

$$a = \frac{\Delta\omega}{\Delta t} = \frac{\omega_e - \omega_a}{t_e - t_a} \qquad (2\text{-}61)$$

Sie ist eine abgeleitete Größe. Ihre Dimension ist *Winkelgeschwindigkeit durch Zeit*. Eine Dimensionsbetrachtung liefert die SI-Einheit 1 *Radiant durch Sekundenquadrat* oder auch 1 *durch Sekundenquadrat* (Einheitenzeichen: rad/s^2 oder rad s^{-2} bzw. 1/s^2 oder s^{-2}).

$$[a] = \frac{[\omega]}{[t]} = \frac{1 \text{ rad s}^{-1}}{1 \text{ s}} = 1 \text{ rad/s}^2 = 1 \text{ rad s}^{-2} = 1/\text{s}^2 = \text{s}^{-2}$$

Mit (2-61) läßt sich die konstante Winkelbeschleunigung a bei gleichmäßig beschleunigten Rotationsvorgängen berechnen. Bei verzögerten Bewegungen nimmt a einen negativen Wert an.

Rechenbeispiel 2-54. Wie groß ist die konstante Winkelbeschleunigung a eines Körpers, der in 7,3 s von 1,28 rad/s auf 4,72 rad/s beschleunigt wird?

Gesucht: a **Gegeben:** $t = 7{,}3$ s; $\omega_a = 1{,}28$ rad/s; $\omega_e = 4{,}72$ rad/s

Mit (2-61) gilt:

$$a = \frac{\Delta\omega}{t} = \frac{\omega_e - \omega_a}{t} = \frac{4{,}72 \text{ rad s}^{-1} - 1{,}28 \text{ rad s}^{-1}}{7{,}3 \text{ s}}$$

$a = 0{,}471$ rad/s^2 = 0,471/s^2

Wie die Beschleunigung a bei Translationen ist auch die Winkelbeschleunigung a eine vektorielle *und* differentielle Größe.

Durch Umstellen von (2-61) läßt sich die Änderung der Winkelgeschwindigkeit ω berechnen.

Rechenbeispiel 2-55. Wie groß ist die Änderung $\Delta\omega$ der Winkelgeschwindigkeit, wenn eine Winkelbeschleunigung $a = 10{,}0$ rad/s^2 auf einen Körper 9,2 s lang wirkt?

2.1 Kinematik (Bewegungslehre)

Gesucht: $\Delta\omega$ **Gegeben:** $a = 10{,}0$ rad/s²; $t = 9{,}2$ s

Mit (2-61) gilt:

$$a = \frac{\Delta\omega}{t} \Rightarrow$$

$\Delta\omega = a\,t = 10{,}0\ \text{rad s}^{-2} \cdot 9{,}2\ \text{s}$

$\underline{\Delta\omega = \mathbf{92{,}0\ rad/s = 92/s}}$

Durch Umstellen von (2-61) können auch die Anfangs- oder Endwinkelgeschwindigkeiten ω_a bzw. ω_e berechnet werden.

Rechenbeispiel 2-56. Wie groß ist die Endwinkelgeschwindigkeit ω_e, wenn eine Winkelbeschleunigung $a = 10{,}0$ rad/s² auf einen sich mit $\omega_a = 32{,}5$ rad/s bewegenden Körper 9,2 s lang wirkt?

Gesucht: ω_e **Gegeben:** $a = 10{,}0$ rad/s²; $t = 9{,}2$ s; $\omega_a = 32{,}5$ rad/s

Mit (2-61) gilt:

$$a = \frac{\Delta\omega}{t} = \frac{\omega_e - \omega_a}{t} \Rightarrow$$

$\omega_e = a\,t + \omega_a = 10{,}0\ \text{rad s}^{-2} \cdot 9{,}2\ \text{s} + 32{,}5\ \text{rad s}^{-1}$

$\underline{\omega_e = \mathbf{124{,}5\ rad/s = 124{,}5/s}}$

Durch Umstellen von (2-61) kann auch die Zeit t berechnet werden.

Rechenbeispiel 2-57. Welche Zeit t ist notwendig, um aus der Ruhelage die Endwinkelgeschwindigkeit $\omega_e = 12{,}9$ rad/s zu erreichen, wenn eine Winkelbeschleunigung $a = 9{,}81$ rad/s² auf einen Körper wirkt?

Gesucht: t **Gegeben:** $\omega_e = 12{,}9$ rad/s; $a = 9{,}81$ rad/s²; $\omega_a = 0$

Mit (2-61) und $\omega_a = 0$ gilt:

$$a = \frac{\Delta\omega}{t} = \frac{\omega_e}{t} \Rightarrow$$

$$t = \frac{\omega_e}{a} = \frac{12{,}9\ \text{rad s}^{-1}}{9{,}81\ \text{rad s}^{-2}}$$

$\underline{t = \mathbf{1{,}315\ s}}$

2 Rechnen in der Mechanik

Übungsaufgaben:

2-60. Welche Werte ergeben sich bei gleichmäßig beschleunigten (verzögerten) Drehbewegungen für die fehlenden Größen in der untenstehenden Tabelle?

Winkelgeschwindig-keitsänderung $\Delta\omega$	Winkel-beschleunigung a	Zeit t
a) 13,36 rad/s	?	25,0 s
b) ?	3,75 rad/s^2	5,20 s
c) 1,85 rad/s	6,28 rad/s^2	?

2-61. Welche Werte ergeben sich bei gleichmäßig beschleunigten (verzögerten) Drehbewegungen für die fehlenden Größen in der untenstehenden Tabelle?

ω_a	ω_e	a	t
a) 20,75 rad/s	0	?	12,0 s
b) 5,00 rad/s	100,0 rad/s	?	2,30 min
c) ?	150 rad/s	8,00 rad/s^2	15,0 s
d) ?	0	$-4,55$ rad/s^2	4,15 s
e) 20,75 rad/s	?	6,28 rad/s^2	30,0 s
f) 5,00 rad/s	?	$-0,0425$ rad/s^2	1,15 min
g) 20,75 rad/s	0	$-3,75$ rad/s^2	?
h) 5,00 rad/s	100,0 rad/s	200 rad/min^2	?

2.1.3.2.2 Umfangsbewegung

Bei einer Drehbewegung vollführen alle Teile des Körpers, die nicht im Drehmittelpunkt liegen, eine Bewegung auf einer Kreisbahn. Man bezeichnet diese als die *Umfangsbewegung*.

Zwischen dem Weg s, der Umfangsgeschwindigkeit v und der Beschleunigung a, die diese Umfangsbewegung – wie eine Translation – kennzeichnen, und den Größen Drehwinkel φ, Winkelgeschwindigkeit ω und Winkelbeschleunigung a ergeben sich wichtige Beziehungen, die entsprechende Umrechnungen ermöglichen.

2.1.3.2.2.1 Weg auf der Kreisbahn

Durch Umstellen von (2-53) ergibt sich für den Weg s auf einer Kreisbahn:

$$\varphi = \frac{s}{r} \Rightarrow$$

$$s = \varphi \, r \tag{2-67}$$

Rechenbeispiel 2-58. Ein Punkt im Abstand $r = 2{,}60$ m vom Drehmittelpunkt eines rotierenden Körpers legt den Drehwinkel $\varphi = 3{,}14$ rad zurück. Wie groß ist der Weg s auf der Kreisbahn?

Gesucht: s **Gegeben:** $r = 2{,}60$ m; $\varphi = 3{,}14$ rad

Mit (2-67) gilt:

$s = \varphi \, r = 3{,}14 \text{ rad} \cdot 2{,}60 \text{ m}$

$\underline{s = \mathbf{8{,}16 \text{ m}}}$

Mit (2-67) und (2-54) gilt auch:

$s = \varphi \, r \quad \longleftarrow \quad \varphi = 2 \pi \, z \Leftarrow z = \dfrac{\varphi}{2 \pi}$

$$s = 2 \pi \, z \, r \tag{2-68}$$

Rechenbeispiel 2-59. Ein Punkt im Abstand $r = 2{,}60$ m vom Drehmittelpunkt eines rotierenden Körpers macht 25 Umdrehungen mit. Wie groß ist der Weg s auf der Kreisbahn?

Gesucht: s **Gegeben:** $r = 2{,}60$ m; $z = 25$

Mit (2-68) gilt:

$s = 2 \pi \, z \, r = 2 \pi \cdot 25 \cdot 2{,}60 \text{ m}$

$\underline{s = \mathbf{408 \text{ m}}}$

Gemäß (2-67) und (2-60) gilt auch:

$s = \varphi \, r \quad \longleftarrow \quad \varphi = \omega \, t \Leftarrow \omega = \dfrac{\varphi}{t}$

$$s = \omega \, t \, r \tag{2-69}$$

170   2 Rechnen in der Mechanik

Rechenbeispiel 2-60. Ein rotierender Körper hat die konstante Winkelgeschwindigkeit $\omega = 12{,}0$ rad/s. Welchen Weg s legt ein Punkt im Abstand $r = 46{,}9$ cm zum Drehmittelpunkt in 40,0 s auf seiner Kreisbahn zurück?

Gesucht: s **Gegeben:** $\omega = 12{,}0$ rad/s; $r = 46{,}9$ cm; $t = 40{,}0$ s

Mit (2-69) gilt:

$s = \omega\, t\, r = 12{,}0\text{ s}^{-1} \cdot 40{,}0\text{ s} \cdot 0{,}469\text{ m}$

$\underline{s = \mathbf{225\text{ m}}}$

Mit (2-69) und (2-62) gilt auch:

$s = \omega_m\, t\, r \quad \longleftarrow \quad \omega_m = \dfrac{\omega_a + \omega_e}{2}$

$$s = \frac{(\omega_a + \omega_e)\, t\, r}{2} \tag{2-70}$$

Rechenbeispiel 2-61. Ein aus der Ruhelage beschleunigter Körper erreicht nach 6,85 s eine Winkelgeschwindigkeit von 75,0 rad/s. Welchen Weg s legt ein Punkt im Abstand $r = 35{,}0$ cm zum Drehmittelpunkt in dieser Zeit auf seiner Kreisbahn zurück?

Gesucht: s **Gegeben:** $t = 6{,}85$ s; $\omega_a = 0$; $\omega_e = 75{,}0$ rad/s; $r = 35{,}0$ cm

Gemäß (2-70) gilt mit $\omega_a = 0$:

$s = \dfrac{(\omega_a + \omega_e)\, t\, r}{2} \quad \longleftarrow \quad \omega_a = 0$

$s = \dfrac{\omega_e\, t\, r}{2} = \dfrac{75{,}0\text{ rad s}^{-1} \cdot 6{,}85\text{ s} \cdot 0{,}350\text{ m}}{2}$

$\underline{s = \mathbf{89{,}9\text{ m}}}$

Übungsaufgaben:

2-62. Ein Punkt im Abstand $r = 0{,}85$ cm vom Drehmittelpunkt eines rotierenden Körpers legt in einer bestimmten Zeit t den Drehwinkel $\varphi = 6{,}28$ rad zurück. Wie groß ist der Weg s auf der Kreisbahn?

2-63. Ein rotierender Körper macht in einer bestimmten Zeit 25 Umdrehungen. Wie groß ist der Weg s, den ein Punkt im Abstand $r = 20{,}0$ cm auf der Kreisbahn zurücklegt?

2.1 Kinematik (Bewegungslehre)

2-64. Ein rotierender Körper hat die konstante Winkelgeschwindigkeit $\omega = 3{,}30$ rad/s. Welchen Weg s legt ein Punkt im Abstand $r = 1{,}65$ m zum Drehmittelpunkt in 4,50 s auf seiner Kreisbahn zurück?

2-65. Ein aus der Ruhelage beschleunigter Körper erreicht nach 11,5 s eine Winkelgeschwindigkeit von 35,0 rad/s. Welchen Weg s legt ein Punkt im Abstand $r = 65{,}0$ cm zum Drehmittelpunkt in dieser Zeit auf seiner Kreisbahn zurück?

2.1.3.2.2.2 Umfangsgeschwindigkeit

Die Umfangsgeschwindigkeit v ist der Quotient aus dem auf einer Kreisbahn mit dem Abstand r zum Drehmittelpunkt zurückgelegten Weg s und der dazu benötigten Zeit t.

Aus der Definitionsgleichung (2-1) für die Geschwindigkeit ergibt sich mit (2-53) und (2-60) ihr Zusammenhang mit der Winkelgeschwindigkeit ω:

$$v = \frac{s}{t} \quad \Leftarrow \quad s = \varphi\, r \Leftarrow \varphi = \frac{s}{r} \quad \Leftarrow \quad \varphi = \omega\, t \Leftarrow \omega = \frac{\varphi}{t}$$

$$v = \omega\, r \qquad (2\text{-}71)$$

Rechenbeispiel 2-62. Ein Körper dreht sich mit der konstanten Winkelgeschwindigkeit $\omega = 0{,}75$ rad/s. Wie groß ist die Umfangsgeschwindigkeit v eines Punktes des Körpers im Abstand $r = 70{,}0$ cm vom Drehmittelpunkt?

Gesucht: v **Gegeben:** $\omega = 0{,}75$ rad/s; $r = 70{,}0$ cm

Mit (2-71) gilt:

$v = \omega\, r = 0{,}75$ rad s$^{-1} \cdot 0{,}700$ m

$\underline{v = \mathbf{0{,}525\ m/s}}$

Nach Umstellen von (2-71) kann die Winkelgeschwindigkeit ω aus der Umfangsgeschwindigkeit v berechnet werden.

Rechenbeispiel 2-63. Ein Körper dreht sich mit der konstanten Umfangsgeschwindigkeit $v = 20{,}0$ m/s im Abstand $r = 70{,}0$ cm vom Drehmittelpunkt. Wie groß ist die Winkelgeschwindigkeit ω des Körpers?

Gesucht: ω **Gegeben:** $v = 20{,}0$ m/s; $r = 70{,}0$ cm

2 Rechnen in der Mechanik

Mit (2-71) gilt:

$v = \omega r \Rightarrow$

$$\omega = \frac{v}{r} = \frac{20{,}0 \text{ m s}^{-1}}{70{,}0 \text{ cm}} = \frac{20{,}0 \text{ m s}^{-1}}{0{,}700 \text{ m}}$$

$\omega = 28{,}57 \text{ rad/s} = 28{,}57\text{/s}$

Mit (2-1) und (2-53) ergibt sich:

$$v = \frac{s}{t} \quad \leftarrow \quad s = \varphi r \Leftarrow \varphi = \frac{s}{r}$$

$$v = \frac{\varphi r}{t} \tag{2-72}$$

Rechenbeispiel 2-64. Ein Körper dreht sich in 22,0 s um den Winkel $\varphi = 275$ rad. Wie groß ist die Umfangsgeschwindigkeit v eines Punktes des Körpers im Abstand $r = 1{,}05$ m zum Drehmittelpunkt?

Gesucht: v **Gegeben:** $t = 22{,}0$ s; $\varphi = 275$ rad; $r = 1{,}05$ m

Mit (2-72) gilt:

$$v = \frac{\varphi r}{t} = \frac{275 \text{ rad} \cdot 1{,}05 \text{ m}}{22{,}0 \text{ s}}$$

$v = 13{,}1 \text{ m/s}$

Mit (2-72) und (2-54) gilt:

$$v = \frac{\varphi r}{t} \quad \leftarrow \quad \varphi = 2\pi z \Leftarrow z = \frac{\varphi}{2\pi}$$

$$v = \frac{2\pi z r}{t} \tag{2-73}$$

Rechenbeispiel 2-65. Ein Körper macht in 6,4 s 10 Umdrehungen. Wie groß ist die Umfangsgeschwindigkeit v eines Punktes des Körpers im Abstand $r = 2{,}25$ m zum Drehmittelpunkt?

Gesucht: v **Gegeben:** $t = 6{,}4$ s; $z = 10$; $r = 2{,}25$ m

Mit (2-73) gilt:

$$v = \frac{2\pi r z}{t} = \frac{2\pi \cdot 2{,}25 \text{ m} \cdot 10}{6{,}4 \text{ s}}$$

$$\underline{v = 22{,}1 \text{ m/s}}$$

Mit (2-73) und (2-58) gilt:

$$v = \frac{2\pi r z}{t} \quad \leftarrow \quad z = n t \Leftarrow n = \frac{z}{t}$$

$$v = 2\pi r n \tag{2-74}$$

Rechenbeispiel 2-66. Wie groß ist die Umfangsgeschwindigkeit v eines Körpers mit der konstanten Drehzahl $n = 4000/\text{min}$ im Abstand $r = 4{,}50$ cm zum Drehmittelpunkt?

Gesucht: v **Gegeben:** $n = 4000/\text{min}$; $r = 4{,}50$ cm

Mit (2-74) gilt:

$$v = 2\pi r n = 2\pi \cdot 4{,}50 \text{ cm} \cdot 4000 \text{ min}^{-1}$$

$$= \frac{2\pi \cdot 0{,}0450 \text{ m} \cdot 4000 \text{ min}^{-1}}{60}$$

$$\underline{v = 18{,}85 \text{ m/s}}$$

Für die Geschwindigkeit bei beschleunigten Drehbewegungen folgt aus (2-71) und (2-61):

$$v_e = \omega_e r \quad \leftarrow \quad \omega_e = \alpha t + \omega_a \Leftarrow \alpha = \frac{\omega_e - \omega_a}{t}$$

$$v_e = (\alpha t + \omega_a) r \tag{2-75}$$

Rechenbeispiel 2-67. Welche Umfangsgeschwindigkeit v erreicht ein rotierender Körper, der aus der Ruhelage 16,4 s lang die Winkelbescheunigung $\alpha = 6{,}28 \text{ rad/s}^2$ erfährt, im Abstand $r = 55{,}0$ cm zum Drehmittelpunkt?

Gesucht: v **Gegeben:** $\omega_a = 0$; $t = 16{,}4$ s; $\alpha = 6{,}28 \text{ rad/s}^2$; $r = 55{,}0$ cm

174   2 Rechnen in der Mechanik

Mit (2-75) und $\omega_a = 0$ gilt:

$v_e = (a\,t + \omega_a)\,r \quad \longleftarrow \quad \omega_a = 0$

$ = a\,t\,r = 6{,}28 \text{ rad s}^{-2} \cdot 16{,}4 \text{ s} \cdot 0{,}550 \text{ m}$

$\underline{v_e = 56{,}6 \text{ m/s}}$

Übungsaufgaben:

2-66. Ein Körper dreht sich mit der konstanten Winkelgeschwindigkeit $\omega = 5{,}75$ rad/s. Wie groß ist die Umfangsgeschwindigkeit v eines Punktes des Körpers im Abstand $r = 1{,}70$ m vom Drehmittelpunkt?

2-67. Ein Körper dreht sich mit der konstanten Umfangsgeschwindigkeit $v = 25{,}0$ m/s im Abstand $r = 7{,}70$ m vom Drehmittelpunkt. Wie groß ist die Winkelgeschwindigkeit ω des Körpers?

2-68. Ein Körper dreht sich in 12,0 s um den Winkel $\varphi = 275$ rad. Wie groß ist die Umfangsgeschwindigkeit v des Körpers im Abstand $r = 2{,}50$ m zum Drehmittelpunkt?

2-69. Ein Körper macht in 15,0 s 20 Umdrehungen. Wie groß ist die Umfangsgeschwindigkeit v des Körpers im Abstand $r = 0{,}25$ m zum Drehmittelpunkt?

2-70. Wie groß ist die Umfangsgeschwindigkeit v eines Körpers mit der konstanten Drehzahl $n = 300$/s im Abstand $r = 14{,}50$ cm zum Drehmittelpunkt?

2-71. Welche Umfangsgeschwindigkeit v_e erreicht ein rotierender Körper, der aus der Ruhelage 20,0 s lang die Winkelbescheunigung $a = 9{,}28$ rad/s² erfährt, im Abstand $r = 75{,}0$ cm zum Drehmittelpunkt?

2.1.3.2.2.3 Umfangsbeschleunigung

Für die Umfangsbeschleunigung a bei einer Drehbewegung ergibt sich aus der Änderung der Winkelgeschwindigkeit $\Delta\omega$ mit (2-2) und (2-71):

$a = \dfrac{v_e - v_a}{t} \quad \longleftarrow \quad v_i = \omega_i\,r$

$a = \dfrac{(\omega_e - \omega_a)\,r}{t}$ \hfill (2-76)

Rechenbeispiel 2-68. Welche Umfangsbeschleunigung a erfährt ein rotierender Körper, dessen Winkelgeschwindigkeit ω innerhalb von 5,50 s von 3,00 rad/s auf 4,75 rad/s vergrößert wird, im Abstand $r = 37{,}5$ cm zum Drehmittelpunkt?

2.1 Kinematik (Bewegungslehre)

Gesucht: a **Gegeben:** $\omega_a = 3{,}00$ rad/s; $\omega_e = 4{,}75$ rad/s; $r = 37{,}5$ cm; $t = 5{,}50$ s

Mit (2-76) gilt:

$$a = \frac{(\omega_e - \omega_a)\, r}{t} = \frac{(4{,}75 \text{ rad s}^{-1} - 3{,}00 \text{ rad s}^{-1}) \cdot 37{,}5 \text{ cm}}{5{,}50 \text{ s}}$$

$\underline{a = 11{,}93 \text{ cm/s}^2}$

Aus (2-76) ergibt sich mit (2-61):

$$a = \frac{(\omega_e - \omega_a)\, r}{t} \quad \longleftarrow \quad \omega_e - \omega_a = \alpha\, t \Leftarrow \alpha = \frac{(\omega_e - \omega_a)}{t}$$

$$a = \alpha\, r \tag{2-77}$$

Rechenbeispiel 2-69. Welche Umfangsbeschleunigung a erfährt ein rotierender Körper mit der Winkelbeschleunigung $\alpha = 10{,}0$ rad/s² im Abstand $r = 3{,}60$ m zum Drehmittelpunkt?

Gesucht: a **Gegeben:** $\alpha = 10{,}0$ rad/s²; $r = 3{,}60$ m

Mit (2-76) gilt:

$a = \alpha\, r = 10{,}0 \text{ rad s}^{-2} \cdot 3{,}60 \text{ m}$

$\underline{a = 36{,}0 \text{ m/s}^2}$

Nach Umstellen von (2-77) kann die Umfangsbeschleunigung a in die Winkelbeschleunigung α umgerechnet werden.

Rechenbeispiel 2-70. Welche Winkelbeschleunigung α erfährt ein rotierender Körper mit der Umfangsbeschleunigung $a = 10{,}0$ m/s² im Abstand $r = 3{,}60$ m zum Drehmittelpunkt?

Gesucht: α **Gegeben:** $a = 10{,}0$ m/s²; $r = 3{,}60$ m

Mit (2-77) gilt:

$a = \alpha\, r \Rightarrow$

$$\alpha = \frac{a}{r} = \frac{10{,}0 \text{ m s}^{-2}}{3{,}6 \text{ m}}$$

$\underline{\alpha = 2{,}78 \text{ rad/s}^2 = 2{,}78/\text{s}^2}$

176 2 Rechnen in der Mechanik

Übungsaufgaben:

2-72. Welche Umfangsbeschleunigung a erfährt ein rotierender Körper, dessen Winkelgeschwindigkeit ω innerhalb von 9,50 s von 28,0 rad/s auf 62,4 rad/s vergrößert wird, im Abstand $r = 1{,}15$ m zum Drehmittelpunkt?

2-73. Welche Umfangsbeschleunigung a erfährt ein rotierender Körper mit der Winkelbeschleunigung $\alpha = 3{,}00$ rad/s^2 im Abstand $r = 1{,}80$ m zum Drehmittelpunkt?

2-74. Welche Winkelbeschleunigung α erfährt ein rotierender Körper mit der Umfangsbeschleunigung $a = 9{,}81$ m/s^2 im Abstand $r = 72{,}5$ cm zum Drehmittelpunkt?

2.1.3.3 Bewegung auf gekrümmter Bahn

Die Geschwindigkeit ist ein *Vektor*, weil sie durch ihren Größenwert und ihre Richtung bestimmt ist (vgl. Abschn. 2.1.1). Eine Änderung dieser Bestimmungsstücke bedeutet eine Beschleunigung im Bewegungsvorgang, die sich unterschiedlich auswirkt:

1. Änderung des Größenwertes der Geschwindigkeit
   - *Tangentialbeschleunigung*
   - Beschleunigung in Bewegungsrichtung
   - Beschleunigte Bewegung auf gerader Bahn

2. Änderung der Geschwindigkeitsrichtung
   - *Radial-*, *Zentral-* oder *Normalbeschleunigung*
   - Beschleunigung senkrecht zur Bewegungsrichtung
   - Gleichförmige Bewegung auf gekrümmter Bahn

3. Gleichzeitige Änderung von Größenwert und Richtung der Geschwindigkeit
   - Tangential- **und** Zentralbeschleunigung
   - Beschleunigung in **und** senkrecht zur Bewegungsrichtung
   - Beschleunigte Bewegung auf gekrümmter Bahn

2.1.3.3.1 Zentralbeschleunigung

Die Zentralbeschleunigung a_z ist die zum Mittelpunkt gerichtete, konstante Beschleunigung, die ein sich auf einer Kreisbahn bewegender Körper ständig erfährt.

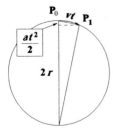

Abb. 2-18. Zentralbeschleunigung

2.1 Kinematik (Bewegungslehre)

Ein Körper mit der Bahngeschwindigkeit v legt auf einer Kreisbahn in einer Zeit t den Weg $s_K = v\,t$ zurück. In der gleichen Zeit bewegt er sich um die Strecke $s_M = a\,t^2/2$ in Richtung zum Kreismittelpunkt.

Für eine kurze Zeit t kann der Weg s_K der Strecke $\overline{P_0 P_1}$, die eine *Sekante* darstellt, gleichgesetzt werden. Nach dem Satz von *Euklid* (vgl. Lehrbücher der Mathematik) gilt dann für s_K:

$$v^2 t^2 = 2r \cdot \frac{a_z t^2}{2} \Rightarrow v^2 = r\,a_z \Rightarrow$$

$$a_z = \frac{v^2}{r} \qquad (2\text{-}78)$$

Rechenbeispiel 2-71. Ein Körper bewegt sich mit der Geschwindigkeit $v = 20{,}0$ m/s auf einer Kreisbahn mit dem Radius $r = 9{,}15$ m. Welche Zentralbeschleunigung a_z erfährt er dabei?

Gesucht: a_z **Gegeben:** $v = 20{,}0$ m/s; $r = 9{,}15$ m

Mit (2-78) gilt:

$$a_z = \frac{v^2}{r} = \frac{(20{,}0 \text{ m s}^{-1})^2}{9{,}15 \text{ m}}$$

$$\underline{a_z = 43{,}716 \text{ m/s}^2}$$

Mit (2-71) folgt aus (2-78) auch:

$$a_z = \frac{v^2}{r} \quad \longleftarrow \quad v = \omega\,r$$

$$a_z = \omega^2 r \qquad (2\text{-}79)$$

Rechenbeispiel 2-72. Ein Körper bewegt sich mit der Winkelgeschwindigkeit $\omega = 10{,}0$ rad/s auf einer Kreisbahn mit dem Radius $r = 6{,}30$ m. Welche Zentralbeschleunigung a_z erfährt er dabei?

Gesucht: a_z **Gegeben:** $\omega = 10{,}0$ rad/s; $r = 6{,}30$ m

Mit (2-79) gilt:

$$a_z = \omega^2 r = (10{,}0 \text{ s}^{-1})^2 \cdot 6{,}30 \text{ m}$$

$$\underline{a_z = 630 \text{ m/s}^2}$$

Übungsaufgaben:

2-75. Ein Körper bewegt sich mit der Geschwindigkeit $v = 5{,}55$ m/s auf einer Kreisbahn mit dem Radius $r = 78{,}5$ cm. Welche Zentralbeschleunigung a_z erfährt er dabei?

2-76. Ein Körper bewegt sich mit der Winkelgeschwindigkeit $\omega = 4{,}65$ rad/s auf einer Kreisbahn mit dem Radius $r = 4{,}30$ m. Welche Zentralbeschleunigung a_z erfährt er dabei?

2.1.4 Wiederholungsaufgaben

2-1. Wie groß ist die mittlere Geschwindigkeit v_m eines Radfahrers (in m/s), der in 3,25 h eine Strecke von 48,5 km zurücklegt?

2-2. Welchen Weg legt ein Auto in 2 h 30 min zurück, wenn es mit einer mittleren Geschwindigkeit von 78,5 km/h fährt?

2-3. Ein 285 m langer Zug fährt mit einer Geschwindigkeit von 12,5 m/s durch einen 985 m langen Tunnel. Wie lange dauert es, bis der gesamte Zug den Tunnel passiert hat?

2-4. Ein Fahrzeug fährt mit einer mittleren Geschwindigkeit $v = 65{,}0$ km/h in eine bestimmte Richtung. Ein zweites folgt ihm 15,0 min später mit einer mittleren Geschwindigkeit $v = 75{,}0$ km/h. a) Nach welcher Zeit wird das erste Fahrzeug eingeholt? b) Welchen Weg hat jedes der beiden Fahrzeuge dann zurückgelegt?

2-5. Von zwei Orten, die 18,6 km voneinander entfernt sind, bewegen sich zwei Motorradfahrer mit den konstanten Geschwindigkeiten $v_1 = 90{,}0$ km/h und $v_2 = 65{,}0$ km/h aufeinander zu. a) Nach welcher Zeit treffen sie sich? b) Welchen Weg hat Fahrer 1 bis zu diesem Zeitpunkt zurückgelegt?

2-6. An einem Zug ($v = 115$ km/h) fährt in entgegengesetzter Richtung ein anderer, 220 m langer Zug ($v = 90{,}0$ km/h) vorbei. Wie lange sieht ein Fahrgast im ersten Zug den anderen Zug an sich vorbeifahren?

2-7. Ein Motorradfahrer steigert die Geschwindigkeit seines Fahrzeuges innerhalb von 5,0 s von 10,0 m/s auf 40,0 m/s. Wie groß sind a) die Beschleunigung, die das Motorrad erfährt, b) seine mittlere Geschwindigkeit während dieser Zeit und c) der zurückgelegte Weg?

2-8. Ein Zug wird aus einer Geschwindigkeit von 75,0 km/h innerhalb von 13,5 s bis zum Stillstand abgebremst. Wie groß sind a) die Verzögerung, die der Zug erfährt und b) sein Bremsweg?

2-9. Ein Körper bewegt sich mit der konstanten Geschwindigkeit von 62,0 km/h. Er erfährt 15,5 s lang eine Beschleunigung von 2,5 m/s^2. a) Wie groß ist seine mittlere

Geschwindigkeit während dieser Zeit? b) Welchen Weg legt er in dieser Zeit zurück? c) Wie groß ist seine Geschwindigkeit nach der Beschleunigung?

2-10. Ein Körper bewegt sich im freien Fall senkrecht nach unten. a) Welche Endgeschwindigkeit erreicht er nach 9,5 s? b) Welchen Weg hat er dabei zurückgelegt? ($g = 9,81$ m/s^2)

2-11. Ein Stein fällt vom Eiffel-Turm ($h = 300$ m) senkrecht nach unten. a) Mit welcher Geschwindigkeit schlägt er am Boden auf? b) Welche Fallzeit benötigt er? c) Mit welcher Durchschnittsgeschwindigkeit fällt er? ($g = 9,81$ m/s^2)

2-12. Ein Körper wird mit einer Geschwindigkeit $v = 16,0$ m/s senkrecht nach unten geworfen. a) Welche Endgeschwindigkeit erreicht er nach 5,5 s? b) Welchen Weg hat er dabei zurückgelegt? ($g = 9,81$ m/s^2)

2-13. Ein Stein wird aus einer Höhe $h = 250$ m mit der Geschwindigkeit $v_a = 4,6$ m/s senkrecht nach unten geworfen. a) Mit welcher Geschwindigkeit schlägt er am Boden auf? b) Welche Fallzeit benötigt er? c) Mit welcher Durchschnittsgeschwindigkeit fällt er? ($g = 9,81$ m/s^2)

2-14. Die Geschwindigkeit eines Autos wird auf einer Strecke von 550 m von 78,0 km/h um 25,0 km/h gesteigert. a) Welche Zeit benötigt es für die Strecke? b) Wie groß ist seine mittlere Geschwindigkeit während dieser Zeit?

2-15. a) Welche Tiefe hat ein Schacht, wenn man oben den Aufschlag eines freifallenden Steines nach 5,2 s hört? b) Welche Zeit benötigt der Stein für den Fall? c) Mit welcher Geschwindigkeit schlägt er am Boden des Schachtes auf?
($g = 9,81$ m/s^2); v (Schall) $= 330$ m/s

2-16. Ein Körper wird mit einer Anfangsgeschwindigkeit $v = 45,0$ m/s senkrecht nach oben katapultiert. a) Nach welcher Zeit erreicht er seinen höchsten Punkt? b) Welche maximale Höhe erreicht der Körper? c) Mit welcher Anfangsgeschwindigkeit müßte man ihn nach oben schleudern, wenn er eine maximale Höhe von 200 m erreichen sollte?
($g = 9,81$ m/s^2)

2-17. Ein im rechten Winkel zur Strömungsrichtung mit der Geschwindigkeit $v = 6,5$ m/s fahrendes Boot wird beim Überqueren eines 85 m breiten Flusses um 10,5 m abgetrieben. a) Wie groß ist die mittlere Strömungsgeschwindigkeit des Flusses? b) Wie groß ist die resultierende Geschwindigkeit des Bootes? c) Wie groß ist sein tatsächlich zurückgelegter Weg? d) Welche Zeit benötigt das Boot zum Überqueren des Flusses?

2-18. Ein Körper wird mit der Geschwindigkeit $v_a = 85,0$ m/s waagrecht geschleudert. a) Wie groß ist seine Geschwindigkeit nach 10,0 s? b) Welchen waagrechten Weg hat er bis dahin zurückgelegt? c) Wie tief ist er in dieser Zeit gefallen? ($g = 9,81$ m/s^2)

2-19. Ein Körper wird mit der Geschwindigkeit $v_a = 65,0$ m/s waagrecht geworfen. Wie groß sind nach einer Fallhöhe $h = 75,0$ m a) die benötigte Zeit t, b) der waagrecht zurückgelegte Weg s und c) die Geschwindigkeit v_B? ($g = 9,81$ m/s^2)

2-20. Ein Körper wird mit der Anfangsgeschwindigkeit $v_a = 80{,}0$ m/s unter dem Winkel $\alpha = 50°$ zur Waagrechten schräg nach oben geworfen. Wie groß sind nach 2,5 s a) seine Bahngeschwindigkeit v_B, b) der in der Waagrechten über dem Boden zurückgelegte Weg s und c) die erreichte Höhe h? Wie groß sind für diese Bewegung d) die maximal erreichbare Steighöhe h_{max}, e) die dazu benötigte Steigzeit t_{hmax}, f) die maximal erreichbare Wurfweite s_{max} und g) die dazu benötigte Gesamtflugzeit t_{smax}? ($g = 9{,}81$ m/s^2)

2-21. Der Sekundenzeiger einer Taschenuhr legt in 18,5 Tagen gerade eine Strecke von 1,00 km zurück. a) Wie groß ist der Abstand von der Zeigerspitze bis zum Drehpunkt? b) Mit welcher Winkelgeschwindigkeit ω dreht sich der Zeiger? c) Welche Umfangsgeschwindigkeit v (in km/h) hat die Zeigerspitze?

2-22. Die Reifen eines Autos haben einen Durchmesser von 52,0 cm. Wie groß sind a) die Drehzahl n der Räder, b) ihre Umlaufzeit T, c) die Winkelgeschwindigkeit ω, d) die Umfangsgeschwindigkeit v und e) die in 30,0 s zurückgelegte Strecke s, wenn das Auto mit einer Geschwindigkeit von 65,0 km/h fährt?

2-23. Ein Schleifstein mit einem Durchmesser von 25,0 cm macht in einer Minute 1750 Umdrehungen. Wie groß sind a) seine Drehzahl n, b) seine Umlaufzeit T, c) seine Winkelgeschwindigkeit ω, d) die Geschwindigkeit v eines Punktes am äußeren Rand?

2-24. Ein Körper bewegt sich mit der Winkelgeschwindigkeit $\omega = 5{,}50$ rad/s auf einer Kreisbahn mit einem Radius $r = 4{,}75$ m. Wie groß sind a) die Bahngeschwindigkeit v des Körpers und b) die Zentralbeschleunigung a_z, die er erfährt?

2.2 Statik (Gleichgewichtslehre)

Kräfte erkennt man erst an ihren Wirkungen, wenn sie an einem Körper angreifen:

Eine Kraft F ist die Ursache für die Formänderung und/oder Bewegungsänderung eines Körpers.

Die Kraft gehört zu den abgeleiteten Größen. Als Größensymbol wird F verwendet. Ihre Einheit ist 1 *Newton* (Einheitenzeichen: N)
Kräfte sind *vektorielle* Größen (vgl. Abschn. 2.1.1), die durch ihren *Größenwert*, ihre *Richtung* und ihre *Wirkungslinie* bestimmt sind:

Die drei Bestimmungsstücke einer Kraft sind Größenwert, Angriffspunkt und Richtung.

Aus diesem Grund verwendet man Pfeile für die zeichnerische Darstellung von Kräften. Dabei sind:

– Größenwert der Kraft = Länge des Pfeils
– Richtung der Kraft = Richtung des Pfeils
– Angriffspunkt der Kraft = Ende oder Spitze des Pfeils
– Wirkungslinie der Kraft = Verlängerung des Pfeils über sein Ende und seine Spitze hinaus

Kräfte können in ihrer Wirkungslinie beliebig verschoben werden, ohne daß sich die Kraftwirkung dadurch ändert. Man bezeichnet Kräfte deshalb auch als *linienflüchtige* Vektoren.
Für die Wirkung einer Kraft ist die Beschaffenheit des Körpers, an dem sie angreift, von entscheidender Bedeutung.

2.2.1 Statik von festen Körpern

Kräfte können einen elastischen Körper verformen (s. Abschn. 2.2.2), einen starren Körper hingegen in eine fortschreitende Bewegung oder eine Drehbewegung (vgl. Abschn. 2.1.3.1 und 2.1.3.2) versetzen. Heben sich die Kräfte, die an einem starren Körper angreifen, in ihrer Wirkung gegenseitig auf, so befindet er sich im *Gleichgewicht* (s. Abschn. 2.2.1.4).

2.2.1.1 Zusammensetzen von Kräften

Wirken auf einen Körper mehrere Einzelkräfte (*Komponenten*), so kann man diese zu einer daraus resultierenden Kraft zusammenfassen, die auch als *Ersatzkraft*, *Resultierende* oder *Resultante* F_R bezeichnet wird.

Die Zusammenfassung der Komponenten zu einer Ersatzkraft kann entweder grafisch unter Verwendung von Pfeilen oder rechnerisch mit Hilfe von *trigonometrischen Funktionen* (s. Lehrbücher der Mathematik) vorgenommen werden.

2.2.1.1.1 Kräfte mit gleicher Wirkungslinie

Für Kräfte, die eine gemeinsame Wirkungslinie besitzen, findet man die Resultierende mit Hilfe einer algebraischen Addition als *Summe* oder *Differenz* aller Einzelkräfte (vgl. Abb. 2-19):

$$F_R = F_1 + F_2 + \ldots \tag{2-80}$$

Dabei unterscheiden sich entgegengesetzt gerichtete Kräfte in ihrem Vorzeichen.

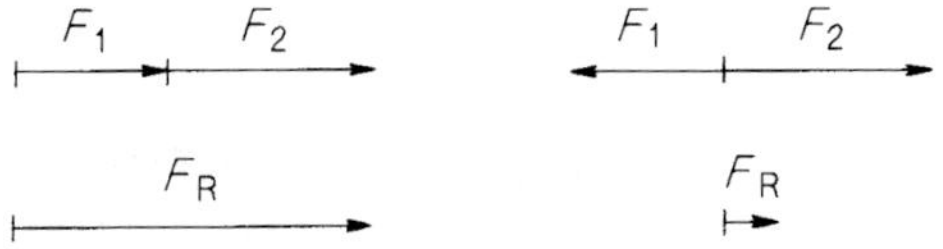

Abb. 2-19. Kräfte mit gleicher Wirkungslinie

Rechenbeispiel 2-73. An einem Körper greifen zwei Kräfte $F_1 = 120$ N und $F_2 = 85$ N im gleichen Punkt an. Wie groß ist die Resultierende F_R, wenn die beiden Kräfte in a) gleiche Richtung und b) entgegengesetzte Richtung wirken?

Gesucht: F_R **Gegeben:** $F_1 = 120$ N; $F_2 = 85$ N

Mit (2-80) gilt:

a) Wirkung in die gleiche Richtung

$F_R = F_1 + F_2 = 120$ N $+ 85$ N

$\underline{F_R = 205\text{ N}}$

b) Wirkung in die entgegengesetzte Richtung

$F_R = F_1 + F_2 = 120$ N $+ (-85$ N$)$

$\underline{F_R = 35\text{ N}}$

Übungsaufgaben:

2-77. Welche Ersatzkräfte F_R ergeben sich für folgende, an einem Körper in einer Wirkungslinie angreifende Kräfte F_i?
a) $F_1 = 250$ N; $F_2 = 375$ N
b) $F_1 = 1250$ N; $F_2 = -250$ N

2.2.1.1.2 Kräfte mit einem gemeinsamen Angriffspunkt

Zwei Kräfte, die in einem Punkt eines Körpers unter dem Winkel α zueinander angreifen, werden zeichnerisch mit Hilfe eines *Kräfteparallelogramms* durch geometrische Addition zu einer Resultierenden zusammengefaßt (vgl. Abb. 2-20):

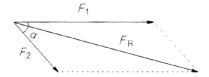

Abb. 2-20. Kräfteparallelogramm

Die Resultierende F_R ergibt sich nach Größenwert und Richtung als Diagonale des Kräfteparallelogramms.
Ihre Berechnung erfolgt gemäß

$$\vec{F}_R = \vec{F}_1 + \vec{F}_2 + \ldots \tag{2-81}$$

mit dem Cosinussatz der Trigonometrie:

$$F_R = \sqrt{F_1^2 + F_2^2 + 2\, F_1 F_2 \cos \alpha} \tag{2-82}$$

Rechenbeispiel 2-74. An einem Körper greifen zwei Kräfte $F_1 = 120$ N und $F_2 = 85$ N im gleichen Punkt unter einem Winkel $\alpha = 60°$ an. Wie groß ist ihre Ersatzkraft F_R?

Gesucht: F_R **Gegeben:** $F_1 = 120$ N; $F_2 = 85$ N; $\alpha = 60°$

Mit (2-81) gilt:

$$F_R = \sqrt{F_1^2 + F_2^2 + 2\, F_1 F_2 \cos \alpha}$$

$$= \sqrt{(120\text{ N})^2 + (85\text{ N})^2 + 2 \cdot 120\text{ N} \cdot 85\text{ N} \cdot \cos 60°}$$

$\underline{F_R = \mathbf{178{,}4 \text{ N}}}$

Übungsaufgaben:

2-78. Welche Resultierenden F_R ergeben sich für die, an einem Körper in den folgenden Winkeln a angreifenden Kräfte $F_1 = 200$ N und $F_2 = 100$ N?
a) 0°; b) 60°; c) 90°; d) 120°; e) 160°; f) 180°

Für zwei Kräfte, die unter einem Winkel von 90° angreifen, ist die Resultierende die Diagonale im Rechteck mit den Seiten F_1 und F_2 (s. Abb. 2-21):

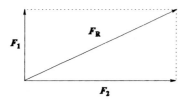

Abb. 2-21. Kräfteparallelogramm mit $a = 90°$

Nach dem Satz von Pythagoras (vgl. Abschn. 1.5.1.1, S. 30) ergibt sich:

$$F_R = \sqrt{F_1^2 + F_2^2} \tag{2-83}$$

Das folgt auch aus (2-81) mit **cos 90° = 0**.

Rechenbeispiel 2-75. An einem Körper greifen zwei Kräfte $F_1 = 120$ N und $F_2 = 85$ N im gleichen Punkt unter einem rechten Winkel ($a = 90°$) an. Wie groß ist ihre Resultante F_R?

Gesucht: F_R **Gegeben:** $F_1 = 120$ N; $F_2 = 85$ N; $a = 90°$

Mit (2-83) gilt:

$$F_R = \sqrt{F_1^2 + F_1^2}$$
$$= \sqrt{(120 \text{ N})^2 + (85 \text{ N})^2}$$

$\underline{F_R = 147{,}1 \text{ N}}$

Übungsaufgaben:

2-79. Welche Ersatzkräfte F_R ergeben sich für folgende, an einem Körper in einem Winkel $a = 90°$ angreifende Kräfte F_i?

a) $F_1 = 250$ N; $F_2 = 375$ N
b) $F_1 = 1250$ N; $F_2 = 250$ N

Die Resultierende F_R für mehr als zwei Kräfte mit gleichem Angriffspunkt ermittelt man zeichnerisch am besten mit dem *Krafteck*, auch als *Kraftzug* oder *Kräftepolygon* bezeichnet. Dabei reiht man die Kräfte in beliebiger Reihenfolge unter Berücksichtigung von Größenwert und Richtung aneinander und erhält die Resultante als Verbindungslinie zwischen dem Pfeilende der ersten Kraft und der Pfeilspitze der letzten Kraft (vgl. Abb. 2-22):

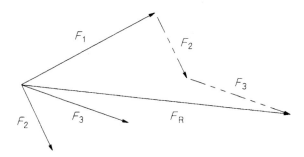

Abb. 2-22. Krafteck

Heben sich dabei die Teilkräfte in ihrer Wirkung auf, so ist das Krafteck geschlossen, d. h. es existiert keine Resultierende und der Körper befindet sich im Gleichgewicht.

2.2.1.1.3 Kräfte mit verschiedenen Angriffspunkten

Kräfte, die an einem Körper in verschiedenen Punkten angreifen, verschiebt man auf ihren Wirkungslinien bis zu ihrem Schnittpunkt (s. Abb. 2-23):

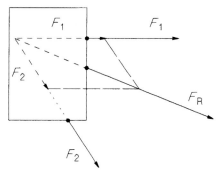

Abb. 2-23. Kräfte mit verschiedenen Angriffspunkten

Die Berechnung der Resultierenden erfolgt dann gemäß Abschn. 2.2.1.1.2.

2.2.1.1.4 Parallele Kräfte

Für zwei Kräfte F_1 und F_2, die an einem Körper parallel zueinander angreifen, besitzen die Wirkungslinien keinen Schnittpunkt. Läßt man aber zusätzlich zu jeder dieser Kräfte im rechten Winkel gleich große Hilfskräfte F_{H1} und F_{H2} in entgegengesetzter Richtung angreifen, ergeben sich für sie die Resultierenden F_{R1} und F_{R2}. Diese lassen sich in den neuen Wirkungslinien bis zu ihrem Schnittpunkt verschieben. Nun liefert das Kräfteparallelogramm die Gesamtresultierende F_R (s. Abb. 2-24):

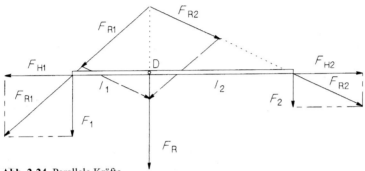

Abb. 2-24. Parallele Kräfte

Die Wirkungslinie der Resultierenden F_R teilt den Abstand zwischen den beiden Wirkungslinien von F_1 und F_2 in die Abstände l_1 und l_2, die sich umgekehrt wie die Größenwerte F_1 und F_2 verhalten (vgl. auch das Hebelgesetz, Abschn. 2.2.1.5, S. 192):

$$\frac{F_1}{F_2} = \frac{l_2}{l_1} \Rightarrow F_1 l_1 = F_2 l_2$$

Die Resultierende F_R kann auch wie in Abschn. 2.2.1.1.1 gemäß (2-80) mit

$$F_R = F_1 + F_2$$

berechnet werden.

2.2.1.2 Zerlegen von Kräften

Eine gegebene Kraft F kann stets durch zwei Kräfte F_1 und F_2 ersetzt werden, deren Wirkungslinien w_1 und w_2 vorgegeben sind. Durch die Spitze des Kraftpfeils für F lassen sich Parallelen zu diesen Wirkungslinien ziehen. Die Teilkräfte ergeben sich vom gemeinsamen Angriffspunkt bis zum Schnittpunkt der Parallelen mit den Wirkungslinien (s. Abb. 2-25).

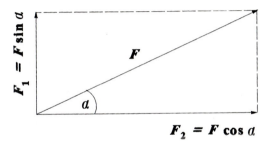

Abb. 2-25. Kraftzerlegung in Komponenten

Von besonderer Bedeutung ist die Zerlegung einer Kraft F in in zwei Teilkräfte F_1 und F_2, die einen rechten Winkel zueinander bilden. Für sie gilt gemäß Abb. 2-25:

$F_1 = F \sin \alpha$ \hfill (2-84)

$F_2 = F \cos \alpha$ \hfill (2-85)

Rechenbeispiel 2-76. Eine an einem Körper angreifende Kraft $F = 350$ N soll in zwei, in einem rechten Winkel zueinander stehende Teilkräfte F_1 und F_2 zerlegt werden. Wie groß sind diese Teilkräfte, wenn F_2 in einem Winkel $\alpha = 30°$ (vgl. Abb. 2-25) zur Kraft F verlaufen soll?

Gesucht: F_1; F_2 **Gegeben:** $F = 350$ N; $\alpha = 30°$

Mit (2-84) gilt für F_1:

$F_1 = F \sin \alpha = 350$ N $\cdot \sin 30°$

$\underline{F_1 = 175 \text{ N}}$

Mit (2-85) gilt für F_2:

$F_2 = F \cos \alpha = 350$ N $\cdot \cos 30°$

$\underline{F_2 = 303 \text{ N}}$

Übungsaufgaben:

2-80. Welche im rechten Winkel zueinander stehende Ersatzkräfte F_1 und F_2 ergeben sich für eine, an einem Körper angreifende Kraft $F = 200$ N, die zur Wirkungslinie von Teilkraft F_2 die folgenden Winkel α bildet?
a) 15°; b) 45°; c) 60°; d) 75°

2.2.1.3 Drehmoment

Greift eine Kraft F an einem starren, um einen Drehpunkt D drehbaren Körper im Abstand l von diesem Drehpunkt an, so erzeugt sie ein Drehmoment M (vgl. Abb. 2-26).

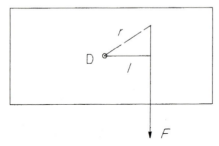

Abb. 2-26. Drehmoment

Das Drehmoment M ist das Produkt aus der Kraft F, die an einem, um einen Drehpunkt drehbaren, starren Körper angreift, und dem senkrechten Abstand l ihrer Wirkungslinie vom Drehpunkt.

Das Drehmoment M ist eine abgeleitete Größe. Sie hat die Dimension *Kraft mal Länge*:

Drehmoment = Kraft · Länge

$$M = F\,l \tag{2-86}$$

Seine Einheit ist 1 *Newtonmeter* (Einheitenzeichen: N m). Sie ergibt sich aus der Dimensionsbetrachtung:

$$[M] = [F] \cdot [l] = 1\,\text{N} \cdot 1\,\text{m} = 1\,\text{N m}$$

Das Drehmoment ist ein *axialer* Vektor, der in der Drehachse liegt und nicht an eine Wirkungslinie gebunden ist (vgl. Abb. 2-27). Seine Pfeillänge entspricht dem Größenwert.

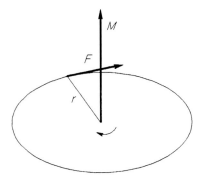

Abb. 2-27. Das Drehmoment als axialer Vektor

Rechenbeispiel 2-77. An einem, um einen Drehpunkt drehbaren Körper greift eine Kraft $F = 5{,}25$ kN im senkrechten Abstand $l = 45{,}0$ cm zum Drehpunkt an. Wie groß ist das erzeugte Drehmoment M?

Gesucht: M **Gegeben:** $F = 5{,}25$ kN; $l = 45{,}0$ cm

Mit (2-86) gilt:

$M = F\,l = 5{,}25$ kN $\cdot$ $45{,}0$ cm

$ = 5{,}25 \cdot 1000$ N $\cdot$ $0{,}450$ m

$M = 2{,}363$ kN m $= 2363$ N m

Rechenbeispiel 2-78. In welchem senkrechten Abstand l zum Drehpunkt muß die Kraft $F = 550$ N an einem Körper angreifen, wenn sie ein Drehmoment $M = 180$ N m bewirken soll?

Gesucht: l **Gegeben:** $F = 550$ kN; $M = 180$ N m

Mit (2-86) gilt:

$M = F\,l \Rightarrow$

$l = \dfrac{M}{F} = \dfrac{180 \text{ N m}}{550 \text{ N}}$

$l = 0{,}327$ m $= 32{,}7$ cm

190   2 Rechnen in der Mechanik

Rechenbeispiel 2-79.   Wie groß muß eine Kraft F sein, die im senkrechten Abstand $l = 1{,}25$ m zum Drehpunkt an einem drehbaren Körper angreift, wenn sie ein Drehmoment $M = 2000$ N m bewirken soll?

Gesucht: F **Gegeben:** $l = 1{,}25$ m; $M = 2000$ N m

Mit (2-86) gilt:

$M = F\,l \Rightarrow$

$$F = \frac{M}{l} = \frac{2000 \text{ N m}}{1{,}25 \text{ m}}$$

$\underline{F = 1600 \text{ N}}$

Übungsaufgaben:

2-81. An einem, um einen Drehpunkt drehbaren Körper greift eine Kraft $F = 875$ N im senkrechten Abstand $l = 55{,}0$ mm zum Drehpunkt an. Wie groß ist das erzeugte Drehmoment M?

2-82. In welchem senkrechten Abstand l zum Drehpunkt muß die Kraft $F = 1{,}55$ kN an einem Körper angreifen, wenn sie ein Drehmoment $M = 980$ N m bewirken soll?

2-83. Wie groß muß eine Kraft F sein, die im senkrechten Abstand $l = 75{,}0$ cm zum Drehpunkt an einem drehbaren Körper angreift, wenn sie ein Drehmoment $M = 1450$ N m bewirken soll?

Wirken auf einen drehbaren Körper mehrere Kräfte, so addieren sie sich algebraisch entsprechend dem *Momentensatz*:

Das resultierende Gesamtdrehmoment M ist gleich der Summe der einzelnen Drehmomente M_i.

$M = \Sigma M_i = M_1 + M_2 + \ldots$ (2-87)

Dabei werden die rechtsdrehenden Momente allgemein als positiv und die linksdrehenden als negativ bezeichnet.
Die Länge des Pfeils in Abb. 2-27 entspricht dann dem Gesamtdrehmoment M.

Rechenbeispiel 2-80.   An einem, um einen Drehpunkt drehbaren Körper greifen die Kräfte $F_1 = 875$ N und $F_2 = 525$ N in den senkrechten Abständen $l_1 = 35{,}0$ cm bzw. $l_2 = 55{,}0$ cm zum Drehpunkt an. Wie groß ist das erzeugte Gesamtdrehmoment M?

Gesucht: M **Gegeben:** $F_1 = 875$ N; $l_1 = 35{,}0$ cm;
                                  $F_2 = 525$ N; $l_2 = 55{,}0$ cm

Mit (2-87) gilt:

$M = F_1 \, l_1 + F_2 \, l_2$

$= 875 \text{ N} \cdot 35,0 \text{ cm} + 525 \text{ N} \cdot 55,0 \text{ cm}$

$M = 595$ N m

Rechenbeispiel 2-81. An einem, um einen Drehpunkt drehbaren Körper greifen die Kräfte $F_1 = 875$ N und $F_2 = 525$ N in den senkrechten Abständen $l_1 = 35,0$ cm rechts vom Drehpunkt bzw. $l_2 = 55,0$ cm links vom Drehpunkt an. Wie groß ist das erzeugte Drehmoment M?

Gesucht: M **Gegeben:** $F_1 = 875$ N; $l_1 = 35,0$ cm; $F_2 = -525$ N; $l_2 = 55,0$ cm

Mit (2-87) gilt:

$M = F_1 \, l_1 + F_2 \, l_2$

$= 875 \text{ N} \cdot 35,0 \text{ cm} + (-525 \text{ N} \cdot 55,0 \text{ cm})$

$M = 17,5$ N m

Übungsaufgaben:

2-84. Wie groß sind die erzeugten Gesamtdrehmomente M, wenn an einem, um einen Drehpunkt drehbaren Körper die Kräfte F_i in den senkrechten Abständen l_i zum Drehpunkt angreifen?
a) $F_1 = 0,675$ kN; $l_1 = 1,35$ m; $F_2 = 1,075$ kN; $l_1 = 2,35$ m
b) $F_1 = 0,675$ kN; $l_1 = 1,35$ m; $F_2 = -1,075$ kN; $l_1 = 2,35$ m

2.2.1.4 Gleichgewichtsbedingungen

Kräfte, die an einem starren Körper angreifen, können ihn in eine fortschreitende Bewegung oder Drehbewegung versetzen. Soll ein solcher Körper im Gleichgewicht sein, sich also nicht bewegen, müssen folgende Bedingungen erfüllt sein:

– Die Resultierende aller angreifenden Kräfte muß gleich Null sein.
– Die Summe aller Drehmomente muß gleich Null sein.

Für Kräfte, die in einer Ebene wirken, gilt demnach als *Gleichgewichtsbedingung*:

$\Sigma F_x = 0$; $\Sigma F_y = 0$; $\Sigma M = 0$ (2-88)

2.2.1.5 Einfache Maschinen

Einfache Maschinen sind mechanische Einrichtungen, die den Menschen die Arbeit erleichtern sollen, d. h. den Größenwert oder die Richtung (Wirkungslinie) einer aufzubringenden Kraft so zu verändern, daß die Arbeit leichter fällt.
Sie können dabei die Arbeit nicht verringern. Gemäß der Definitionsgleichung für die Arbeit kann deshalb eine Kraft nur verringert werden, wenn sich der Kraftweg entsprechend vergrößert (*Goldene Regel der Mechanik*):

Was bei einer Arbeit an Kraft gespart wird, muß an Weg zugesetzt werden.

2.2.1.5.1 Hebel

Ein Hebel ist ein starrer, um eine Achse drehbarer Körper.

Man unterscheidet zwischen *einseitigen* und *zweiseitigen* Hebeln. Zweiseitige Hebel, bei denen die Hebelarme einen Winkel < 180° bilden, sind Winkelhebel (vgl. Abb. 2-28).

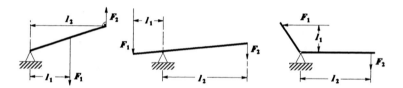

Abb. 2-28. Hebelarten

Für jeden Hebel gilt die Gleichgewichtsbedingung gemäß (2-88):

An einem Hebel herrscht Gleichgewicht, wenn die Summe aller Drehmomente gleich Null ist.

Greifen mehrere Kräfte an, so muß die Summe ΣM_l der linksdrehenden Momente gleich der Summe ΣM_r der rechtsdrehenden Momente sein:

$$\Sigma M_l = \Sigma M_r \tag{2-89}$$

Mit $M = F\,l$ gemäß (2-86) gilt dann:

$$F_{l,1}\,l_{l,1} + F_{l,2}\,l_{l,2} + \ldots = F_{r,1}\,l_{r,1} + F_{r,2}\,l_{r,2} + \ldots \tag{2-90}$$

Bei nur zwei angreifenden Kräften, die entgegengesetzt gerichtete Drehmomente erzeugen, gilt dann das *Hebelgesetz* in seiner vereinfachten Form:

2.2 Statik (Gleichgewichtslehre)

Kraft · Kraftarm = Last · Lastarm

$$F_1 \, l_1 = F_2 \, l_2 \tag{2-91}$$

Rechenbeispiel 2-82. An einem zweiarmigen Hebel hängt im senkrechten Abstand $l_2 = 92{,}5$ cm eine Last $F_2 = 2{,}65$ kN. Welche Kraft F_1 muß auf der anderen Seite des Hebels im senkrechten Abstand $l_1 = 125{,}0$ cm angreifen, wenn an ihm Gleichgewicht herrschen soll?

Gesucht: F_1 **Gegeben:** $F_2 = 2{,}65$ kN; $l_2 = 92{,}5$ cm; $l_1 = 125{,}0$ cm

Mit (2-91) gilt:

$F_1 \, l_1 = F_2 \, l_2 \Rightarrow$

$$F_1 = \frac{F_2 \, l_2}{l_1} = \frac{2{,}65 \text{ kN} \cdot 92{,}5 \text{ cm}}{125{,}0 \text{ cm}}$$

$F_1 = 1{,}961$ kN

Rechenbeispiel 2-83. An einem zweiarmigen Hebel hängt im senkrechten Abstand $l_2 = 75{,}5$ cm eine Last $F_2 = 3000$ N. In welchem Abstand l_1 muß eine Kraft $F_1 = 1850$ N senkrecht zum anderen Hebelarm angreifen, damit sich der Hebel im Gleichgewicht befindet?

Gesucht: l_1 **Gegeben:** $F_2 = 3000$ kN; $l_2 = 75{,}5$ cm; $F_1 = 1850$ N

Mit (2-91) gilt:

$F_1 \, l_1 = F_2 \, l_2 \Rightarrow$

$$l_1 = \frac{F_2 \, l_2}{F_1} = \frac{3000 \text{ N} \cdot 75{,}5 \text{ cm}}{1850 \text{ N}}$$

$l_1 = 122{,}4$ cm

Rechenbeispiel 2-84. An den beiden Enden einer 3,20 m langen, waagrechten Stange hängen zwei Lasten $F_1 = 675$ N und $F_2 = 925$ N. In welchem Abstand zum Angriffspunkt von F_1 muß die Stange unterstützt werden, damit sie im Gleichgewicht ist? (Die Gewichtskraft der Stange soll vernachlässigt werden!)

Gesucht: l_1 **Gegeben:** $l = 3{,}20$ m; $F_1 = 675$ N; $F_2 = 925$ N

Mit (2-91) und $l_2 = l - l_1$ gilt:

$F_1 l_1 = F_2 l_2 \longleftarrow l_2 = l - l_1$

$F_1 l_1 = F_2 (l - l_1) \Rightarrow F_1 l_1 = F_2 l - F_2 l_1 \Rightarrow$

$l_1 (F_1 + F_2) = F_2 l$

$l_1 = \dfrac{F_2 l}{F_1 + F_2} = \dfrac{925 \text{ N} \cdot 3{,}20 \text{ m}}{675 \text{ N} + 925 \text{ N}}$

$l_1 = 1{,}85$ m

Übungsaufgaben:

2-85. Wie groß muß die jeweils fehlende Größe sein, damit an einem zweiarmigen Hebel Gleichgewicht herrscht?

	Kraft F_1	Kraftarm l_1	Last F_2	Lastarm l_2
a)	?	3,75 m	600 N	2,85 m
b)	23,7 kN	?	30,0 kN	145 cm
c)	5000 N	126,5 cm	?	35,0 cm
d)	375 kN	1,00 m	120 kN	?

2-86. An den beiden Enden einer 2,85 m langen, waagrechten Stange hängen zwei Lasten $F_1 = 400$ N und $F_2 = 720$ N. In welchem Abstand zum Angriffspunkt von F_2 muß die Stange unterstützt werden, damit sie im Gleichgewicht ist? (Die Gewichtskraft der Stange soll vernachlässigt werden!)

Rechenbeispiel 2-85. An einem zweiarmigen Hebel hängen in den senkrechten Abständen $l_1 = 80{,}0$ cm und $l_2 = 110$ cm links vom Drehpunkt die Lasten $F_1 = 750$ N bzw. $F_2 = 1050$ N. Rechts vom Drehpunkt greift im senkrechten Abstand $l_3 = 25{,}5$ cm eine Kraft $F_3 = 3000$ N an. In welchem senkrechten Abstand l_4 muß eine weitere Kraft $F_4 = 850$ N angreifen, damit sich der Hebel im Gleichgewicht befindet?

Gesucht: l_4 **Gegeben:** $l_1 = 80{,}0$ cm; $F_1 = 750$ N;
$l_2 = 110$ cm; $F_2 = 1050$ N;
$l_3 = 25{,}5$ cm; $F_3 = 3000$ N;
$F_4 = 850$ N

Mit (2-90) gilt:

$F_1 l_1 + F_2 l_2 = F_3 l_3 + F_4 l_4 \Rightarrow$

$l_4 = \dfrac{F_1 l_1 + F_2 l_2 - F_3 l_3}{F_4}$

$= \dfrac{750 \text{ N} \cdot 80{,}0 \text{ cm} + 1050 \text{ N} \cdot 110 \text{ cm} - 3000 \text{ N} \cdot 25{,}5 \text{ cm}}{850 \text{ N}}$

$l_4 = 116{,}5$ cm

Übungsaufgaben:

2-87. An einem zweiarmigen Hebel greifen in den senkrechten Abständen $l_1 = 200$ cm und $l_2 = 320$ cm links vom Drehpunkt die Lasten $F_1 = 76{,}5$ N bzw. $F_2 = 20{,}5$ N an. Rechts vom Drehpunkt wirkt im senkrechten Abstand $l_3 = 135$ cm eine Kraft $F_3 = 30{,}0$ N. In welchem senkrechten Abstand l_4 muß eine weitere Kraft $F_4 = 148{,}5$ N angreifen, damit sich der Hebel im Gleichgewicht befindet?

2-88. Links vom Drehpunkt eines zweiarmigen Hebels greifen in den senkrechten Abständen $l_1 = 500$ mm und $l_2 = 110$ mm die Lasten $F_1 = 1650$ N bzw. $F_2 = 2200$ N an. Rechts vom Drehpunkt wirkt im senkrechten Abstand $l_3 = 455$ mm eine Kraft $F_3 = 1000$ N. Wie groß muß eine zusätzliche Kraft F_4 sein, die im senkrechten Abstand $l_4 = 660$ mm angreift, wenn am Hebel Gleichgewicht herrschen soll?

Wenn die Wirkungslinie der angreifenden Kraft nicht senkrecht zum Hebelarm verläuft, läßt sich mit Hilfe der trigonometrischen Funktionen (vgl. Lehrbücher der Mathematik) die tatsächlich wirkende Kraft als Resultante berechnen.

Rechenbeispiel 2-86. Wie groß muß die an dem Hebel in der untenstehenden Zeichnung angreifende Kraft F sein, wenn Gleichgewicht bestehen soll?

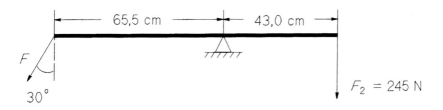

Gesucht: F **Gegeben:** $l_1 = 65{,}5$ cm; $l_2 = 43{,}0$ cm; $F_2 = 245$ N; $a = 30°$

Mit (2-91) und $F_1 = F \cos a$ gilt:

$F_1 l_1 = F_2 l_2$ ⟵ $F_1 = F \cos a$

$F \cos a \, l_1 = F_2 l_2 \Rightarrow$

$$F = \frac{F_2 l_2}{l_1 \cos a} = \frac{245 \text{ N} \cdot 43{,}0 \text{ cm}}{65{,}5 \text{ cm} \cdot \cos 30°}$$

$F = 185{,}7$ N

Auf die gleiche Weise läßt sich der senkrechte Abstand zwischen Drehpunkt und Wirkungslinie einer nicht im rechten Winkel angreifenden Kraft, der *wirksame* Hebelarm, berechnen.

Rechenbeispiel 2-87. Wie groß muß der senkrechte Abstand l zwischen dem Drehpunkt des Hebels und der Wirkungslinie der angreifenden Kraft F_1 in der untenstehenden Zeichnung sein, damit am Hebel ein Gleichgewicht herrscht?

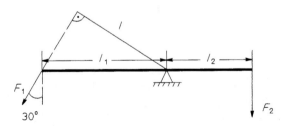

$l_2 = 28{,}7$ cm; $F_1 = 200$ N; $F_2 = 264$ N; $a = 30°$

Gesucht: l **Gegeben:** $l_2 = 28{,}7$ cm; $F_1 = 200$ N; $F_2 = 264$ N; $a = 30°$

Mit (2-91) und $l_1 = l \cos a$ gilt:

$F_1 l_1 = F_2 l_2$ ⟵ $l_1 = l \cos a$

$F_1 \, l \cos a = F_2 l_2 \Rightarrow$

$$l = \frac{F_2 l_2}{F_1 \cos a} = \frac{264 \text{ N} \cdot 28{,}7 \text{ cm}}{200 \text{ N} \cdot \cos 30°}$$

$l = 43{,}7$ cm

2.2 Statik (Gleichgewichtslehre) 197

Übungsaufgaben:

2-89. An einer in ihrem Mittelpunkt drehbar aufgehängten, runden Scheibe ($d = 30{,}0$ cm) greift eine Kraft $F_1 = 95{,}0$ N am Umfang an. Sie bildet mit dem Radius im Angriffspunkt einen Winkel von 135°. Welche Umfangskraft F_2 ist notwendig, damit die Scheibe sich nicht dreht?

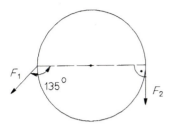

2-90. An einer Scheibe ($d = 30{,}0$ cm) wie in 2-89 wirken eine rechtsdrehende Kraft $F_1 = 120$ N und eine linksdrehende Kraft $F_2 = 500$ N mit den zugehörigen Abständen der Wirkungslinien zum Drehpunkt $l_1 = 7{,}5$ cm bzw. $l_2 = 10{,}0$ cm. Wie groß muß eine weitere rechtsdrehende, am Umfang angreifende Kraft F sein, damit Gleichgewicht besteht?

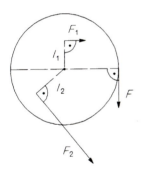

2.2.1.5.2 Feste Rolle

Die feste Rolle ist ein zweiarmiger, gleichseitiger Hebel. Der Drehpunkt D liegt im Mittelpunkt der Rolle. In die entgegengesetzt wirkenden Drehmomente geht der gleiche wirksame Hebelarm r ein (vgl. Abb. 2-29).

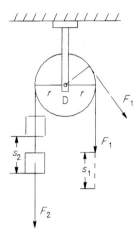

Abb. 2-29. Feste Rolle

Mit dem Hebelgesetz gilt dann im Gleichgewicht:

$\Sigma M_l = \Sigma M_r \Rightarrow F_1\, r = F_2\, r$

$F_1 = F_2$ (2-92)

Kraft = Last

Die Arbeitserleichterung erfolgt also bei der festen Rolle nur durch die Richtungsänderung der Kraft. Das bedeutet auch, daß der Kraftweg s_1, d. h. der Weg, entlang dem die Kraft F_1 wirkt, gleich dem zurückgelegten Lastweg s_2 ist:

$s_1 = s_2$ (2-93)

Kraftweg = Lastweg

2.2.1.5.3 Lose Rolle

Die lose Rolle ist ein einarmiger Hebel. Der Drehpunkt D liegt im Umfang der Rolle (vgl. Abb. 2-30).

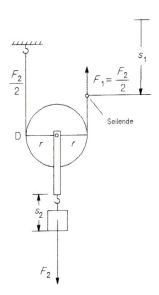

Abb. 2-30. Lose Rolle

Die Hälfte der Last – dazu zählt auch die lose Rolle selbst – wird vom Seil, an dem sie hängt, aufgenommen. Mit dem Hebelgesetz gilt dann im Gleichgewicht:

$\Sigma M_l = \Sigma M_r \Rightarrow F_1 \cdot 2r = F_2 r$

$$F_1 = \frac{F_2}{2} \tag{2-94}$$

$$\text{Kraft} = \frac{\text{Last}}{2}$$

Die Arbeitserleichterung erfolgt also bei der losen Rolle durch die Verringerung der notwendigen Kraft. Das bedeutet auch, daß der Kraftweg s_1, d. h. der Weg, entlang dem die Kraft F_1 wirkt, doppelt so groß ist wie der zurückgelegte Lastweg s_2:

$$s_1 = 2\, s_2 \tag{2-95}$$

Kraftweg = 2 mal Lastweg

Bei den folgenden Rechenbeispielen und Übungsaufgaben werden auftretende Reibungskräfte nicht berücksichtigt.

2 Rechnen in der Mechanik

Rechenbeispiel 2-88. Eine Last von 585 N wird über eine lose Rolle 2,75 m hochgehoben. Wie groß sind a) die aufzuwendende Kraft F_1 und b) der Weg s_1, entlang dem die Kraft wirken muß?

Gesucht: F_1; s_1 **Gegeben:** $F_2 = 585$ N; $s_2 = 2,75$ m

a) Mit (2-94) gilt für die aufzuwendende Kraft F_1:

$$F_1 = \frac{F_2}{2} = \frac{585 \text{ N}}{2}$$

$\underline{F_1 = 292,5 \text{ N}}$

b) Mit (2-95) gilt für den Kraftweg s_1:

$$s_1 = 2 s_2 = 2 \cdot 2,75 \text{ m}$$

$\underline{s_1 = 5,50 \text{ m}}$

Rechenbeispiel 2-89. Für das Heben einer Last über eine lose Rolle kann maximal eine Kraft von 1000 N aufgebracht werden. Wie groß kann die Last F_2 dann maximal sein?

Gesucht: F_2 **Gegeben:** $F_1 = 1000$ N

Mit (2-94) gilt:

$$F_1 = \frac{F_2}{2} \Rightarrow F_2 = 2 F_1 = 2 \cdot 1000 \text{ N}$$

$\underline{F_2 = 2000 \text{ N}}$

Übungsaufgaben:

2-91. Welche Größenwerte ergeben sich für die fehlenden Größen beim Heben von Lasten mit einer losen Rolle?

	Kraft F_1	Kraftweg s_1	Last F_2	Lastweg s_2
a)	725 N	750 cm	?	?
b)	?	?	1,20 kN	1,50 m
c)	1,50 kN	?	?	1,00 m
d)	?	6,50 m	860 N	?

2.2.1.5.4 Flaschenzüge

Flaschenzüge sind Kombinationen von losen Rollen mit festen Rollen oder einem Wellrad. Sie erlauben eine Seilführung, die eine für die Praxis zweckmäßigere Wirkungslinie und einen bequemeren Angriffspunkt der aufzuwendenden Kraft ergeben. Der Größenwert der Kraft bleibt dabei unverändert.

2.2.1.5.4.1 Faktorenflaschenzug

Der Faktorenflaschenzug ist eine Kombination von losen und festen Rollen.

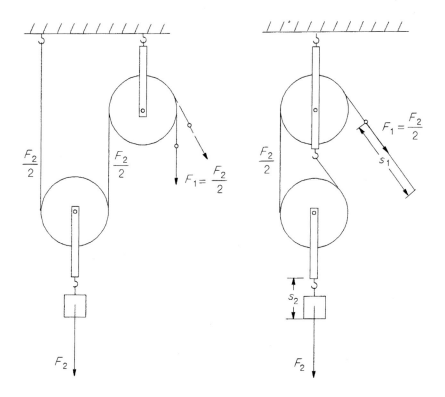

Abb. 2-31. Kombination von loser und fester Rolle

Abb. 2-31 zeigt zwei gleichwertige Anordnungen von loser und fester Rolle. Aus Gründen der Platzersparnis werden die Rollen üblicherweise übereinander angeordnet. So ergibt sich ein gewöhnlicher Flaschenzug mit zwei Rollen.
Im Normalfall besteht jedoch ein Faktorenflaschenzug aus drei oder mehr Rollen (vgl. Abb. 2-32):

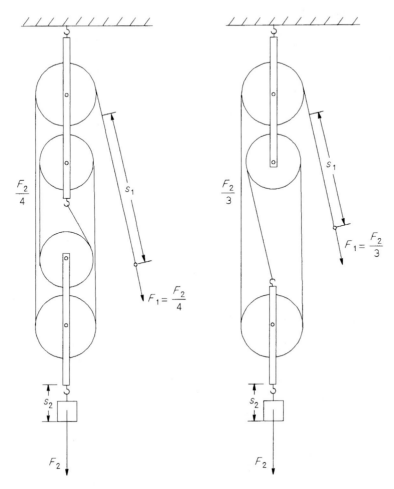

Abb. 2-32. Faktorenflaschenzüge

Die Abb. 2-31 und 2-32 zeigen, daß sich die Last z. B. bei zwei Rollen auf zwei Seile und bei vier Rollen auf vier Seile verteilt.

Die aufzuwendende Kraft F_1 beträgt deshalb bei zwei Rollen auch nur die Hälfte und bei vier Rollen nur noch ein Viertel der Last F_2.

Je nach Anzahl n der Rollen bzw. der Seile, die die Last tragen, verringert sich die zum Heben einer Last benötigte Kraft um diesen Faktor n. Bei gerader Anzahl von Rollen ist das Zugseil an der untersten festen Rolle, bei ungerader Anzahl an der obersten losen Rolle befestigt (vgl. Abb. 2-32). Für Faktorenflaschenzüge gilt demnach folgende Gleichgewichtsbedingung:

$$F_1 = \frac{F_2}{n} \qquad (2\text{-}96)$$

$$\text{Kraft} = \frac{\text{Last}}{\text{Anzahl der Rollen}} = \frac{\text{Last}}{\text{Anzahl der Tragseile}}$$

Die Arbeitserleichterung erfolgt also bei einem Faktorenflaschenzug durch die Verringerung der notwendigen Kraft um den Faktor n. Das bedeutet auch, daß der Kraftweg s_1 um den Faktor n größer ist als der zurückgelegte Lastweg s_2:

$$s_1 = n\, s_2 \qquad (2\text{-}97)$$

Kraftweg = Lastweg mal Anzahl der Rollen (Tragseile)

Bei den folgenden Berechnungen werden auftretende Reibungskräfte nicht berücksichtigt.

Rechenbeispiel 2-90. Mit einem Faktorenflaschenzug mit drei losen und drei festen Rollen soll eine Last $F_2 = 925$ N um 2,50 m angehoben werden. a) Wie groß ist die dazu aufzuwendende Kraft F_1? b) Wieviel Meter Seil müssen über die oberste feste Rolle gezogen werden?

Gesucht: F_1; s_1 **Gegeben:** $F_2 = 925$ N; $s_2 = 2,50$ m; $n = 6$

a) Mit (2-96) gilt für die aufzuwendende Kraft F_1:

$$F_1 = \frac{F_2}{n} = \frac{925\text{ N}}{6}$$

$F_1 = 154{,}2$ N

b) Mit (2-97) gilt für den Kraftweg s_1:

$s_1 = n\, s_2 = 6 \cdot 2{,}50$ m

$s_1 = 15{,}0$ m

Rechenbeispiel 2-91. An einem Faktorenflaschenzug mit zwei losen und zwei festen Rollen wirkt eine Kraft $F_1 = 500$ N. a) Wie groß kann die zu hebende Last F_2 sein? b) Um welche Höhe wird die Last gehoben, wenn über die oberste feste Rolle 9,20 m Seil eingeholt werden?

Gesucht: F_2; s_2 **Gegeben:** $F_1 = 500$ N; $s_1 = 9{,}20$ m; $n = 4$

a) Mit (2-96) gilt für die zu hebende Last F_2:

$$F_1 = \frac{F_2}{n} \Rightarrow$$

$$F_2 = n\,F_1 = 4 \cdot 500 \text{ N}$$

$\underline{F_2 = 2000 \text{ N}}$

b) Mit (2-97) gilt für den Lastweg s_2:

$$s_2 = \frac{s_1}{n} = \frac{9{,}20 \text{ m}}{4}$$

$\underline{s_2 = 2{,}30 \text{ m}}$

Rechenbeispiel 2-92. Welche Anzahl von Rollen müßte ein Faktorenflaschenzug haben, an dem eine Maximalkraft $F_1 = 520$ N wirken kann, wenn damit eine Last $F_2 = 2{,}90$ kN gehoben werden soll?

Gesucht: n **Gegeben:** $F_1 = 520$ N; $F_2 = 2{,}90$ kN

Mit (2-96) gilt:

$$F_1 = \frac{F_2}{n} \Rightarrow n = \frac{F_2}{F_1} = \frac{2{,}90 \text{ kN}}{520 \text{ N}} = 5{,}57$$

$\underline{n = 6}$

Übungsaufgaben:

2-92. Welche Größenwerte ergeben sich für die fehlenden Größen beim Heben von Lasten mit einem Faktorenflaschenzug?

	Rollenzahl n	Kraft F_1	Kraftweg s_1	Last F_2	Lastweg s_2
a)	3	625 N	9,50 m	?	?
b)	6	?	?	3,20 kN	1,50 m
c)	8	150 N	?	?	1,00 m
d)	4	?	6,50 m	860 N	?

2-93. Wieviel Rollen muß ein Faktorenflaschenzug mindestens haben, damit die folgenden Lasten F_2 mit einer maximal wirkenden Kraft $F_1 = 450$ N um 2,0 m angehoben werden können?
a) $F_2 = 3{,}50$ kN; b) $F_2 = 1300$ N; c) $F_2 = 1{,}50$ kN. Wie groß sind die zugehörigen Kraftwege s_1?

2.2.1.5.4.2 Potenzflaschenzug

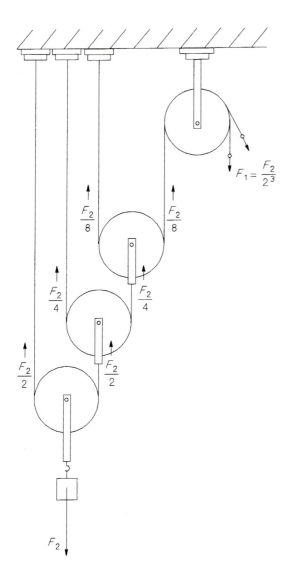

Abb. 2-33. Potenzflaschenzug

Der Potenzflaschenzug ist eine Kombination von mehreren losen Rollen mit *einer* festen Rolle. Die feste Rolle dient nur zur Änderung der Kraftrichtung. Bei jeder der losen Rollen verteilt sich die angreifende Last auf die beiden Tragseile, wobei sie sich jeweils von Rolle zu Rolle halbiert. Bei drei losen Rollen ergibt sich dann:

$$F_1 = F_2 \cdot \frac{1}{2} \cdot \frac{1}{2} \cdot \frac{1}{2} = \frac{F_2}{8} = \frac{F_2}{2^3}$$

Für n lose Rollen gilt folgende Gleichgewichtsbedingung:

$$F_1 = \frac{F_2}{2^n} \tag{2-98}$$

$$\mathbf{Kraft} = \frac{\mathbf{Last}}{2^{\mathbf{Anzahl\ der\ losen\ Rollen}}}$$

Für den Kraftweg gilt:

$$s_1 = 2^n\, s_2 \tag{2-99}$$

$$\mathbf{Kraftweg} = 2^{\mathbf{Anzahl\ der\ losen\ Rollen}}\ \mathbf{mal\ Lastweg}$$

Bei den folgenden Berechnungen werden auftretende Reibungskräfte nicht berücksichtigt.

Rechenbeispiel 2-93. Eine Last von 6,00 kN wird mit einem Potenzflaschenzug mit vier losen Rollen um 1,15 m angehoben. Wie groß sind a) die aufzuwendende Kraft F_1 und b) der Kraftweg s_1?

Gesucht: F_1; s_1 **Gegeben:** $F_2 = 6{,}00$ kN; $s_2 = 1{,}15$ m

a) Mit (2-98) gilt für die aufzuwendende Kraft F_1:

$$F_1 = \frac{F_2}{2^n} = \frac{6{,}00\ \text{kN}}{2^4}$$

$\underline{F_1 = 375\ \text{N}}$

b) Mit (2-99) gilt für den Kraftweg s_1:

$s_1 = 2^n\, s_2 = 2^4 \cdot 1{,}15\ \text{m}$

$\underline{s_1 = 18{,}4\ \text{m}}$

Übungsaufgaben:

2-94. Welche Größenwerte ergeben sich für die fehlenden Größen beim Heben von Lasten mit einem Potenzflaschenzug?

	Zahl n der losen Rollen	Kraft F_1	Kraftweg s_1	Last F_2	Lastweg s_2
a)	2	625 N	9,50 m	?	?
b)	3	?	?	3,20 kN	1,50 m
c)	4	150 N	?	?	1,00 m

2.2.1.5.4.3 Differentialflaschenzug

Der Differentialflaschenzug stellt eine Kombination von einem Wellrad (vgl. Abschn. 2.2.1.5.5) und einer losen Rolle dar.

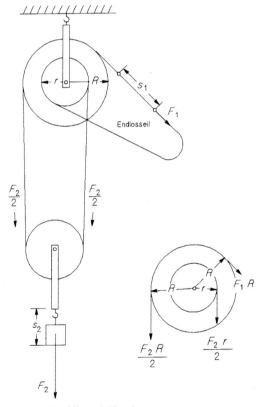

Abb. 2-34. Differentialflaschenzug

208   2 Rechnen in der Mechanik

Ein Endlosseil führt über das Wellrad und die lose Rolle. Durch die aufzuwendende Kraft F_1 und die Last F_2 werden folgende Drehmomente bewirkt (vgl. auch Darstellung der Drehmomente am Wellrad in Abb. 2-34):

– Rechtsdrehendes Moment der aufzuwendenden Kraft F_1, die am großen Umfang des Wellrades angreift

$$M_{r,1} = F_1 R$$

– Rechtsdrehendes Moment der Hälfte der Last F_2, mit der sie am kleinen Umfang des Wellrades angreift

$$M_{r,2} = \frac{F_2 r}{2}$$

– Linksdrehendes Moment der Hälfte der Last F_2, mit der sie am großen Umfang des Wellrades angreift

$$M_l = \frac{F_2 R}{2}$$

Mit dem Hebelgesetz gemäß (2-89) ergibt sich für den Differentialflaschenzug folgende Gleichgewichtsbedingung:

$$\Sigma M_r = \Sigma M_l \Rightarrow M_{r,1} + M_{r,2} = M_l \Rightarrow F_1 R + \frac{F_2 r}{2} = \frac{F_2 R}{2} \Rightarrow$$

$$F_1 R = \frac{F_2 R}{2} - \frac{F_2 r}{2} = \frac{F_2}{2}(R-r)$$

Für die zum Heben notwendige Kraft F_1 gilt dann:

$$F_1 = \frac{F_2}{2} \cdot \frac{R-r}{R} \tag{2-100}$$

Kraft = Hälfte der Last mal $\dfrac{\text{Differenz der Radien}}{\text{Großer Radius}}$

Da sich nach der Goldenen Regel der Mechanik die Kraft F_1 und Last F_2 zueinander umgekehrt verhalten wie die zugehörigen Wege s_1 und s_2, gilt:

$$s_1 = 2 s_2 \cdot \frac{R}{R-r} \tag{2-101}$$

Kraftweg = 2 mal Lastweg mal $\dfrac{\text{Großer Radius}}{\text{Differenz der Radien}}$

Rechenbeispiel 2-94. Ein Differentialflaschenzug hat ein Wellrad mit den Radien $R = 35{,}0$ cm und $r = 24{,}4$ cm. a) Welche Kraft muß aufgewendet werden, wenn eine Last von

2750 N damit gehoben werden soll? b) Wie groß ist der Lastweg, wenn 12,6 m Seil eingeholt werden?

Gesucht: F_1; s_2 **Gegeben:** $R = 35{,}0$ cm; $r = 24{,}4$ cm; $F_2 = 2750$ N; $s_1 = 12{,}6$ m

a) Mit (2-100) gilt für die aufzuwendende Kraft F_1:

$$F_1 = \frac{F_2}{2} \cdot \frac{R-r}{R} = \frac{2750 \text{ N}}{2} \cdot \frac{35{,}0 \text{ cm} - 24{,}4 \text{ cm}}{35{,}0 \text{ cm}}$$

$F_1 = 416$ N

b) Mit (2-101) ergibt sich für den Lastweg s_2:

$$s_1 = 2 s_2 \cdot \frac{R}{R-r} \Rightarrow$$

$$s_2 = \frac{s_1 (R-r)}{2R} = \frac{12{,}6 \text{ m } (35{,}0 \text{ cm} - 24{,}4 \text{ cm})}{2 \cdot 35{,}0 \text{ cm}}$$

$s_2 = 1{,}91$ m

Rechenbeispiel 2-95. Ein Differentialflaschenzug hat die Radien $R = 30{,}0$ cm und $r = 18{,}5$ cm. Es kann eine Kraft von 600 N aufgewendet werden. Welche Last läßt sich damit maximal heben?

Gesucht: F_2 **Gegeben:** $R = 30{,}0$ cm; $r = 18{,}5$ cm; $F_1 = 600$ N

a) Mit (2-100) ergibt sich für die Last F_2:

$$F_1 = \frac{F_2}{2} \cdot \frac{R-r}{R} \Rightarrow$$

$$F_2 = \frac{2 F_1 R}{R-r} = \frac{2 \cdot 600 \text{ N} \cdot 30{,}0 \text{ cm}}{30{,}0 \text{ cm} - 18{,}5 \text{ cm}}$$

$F_2 = 3130$ N

Übungsaufgaben:

2-95. Welche Größenwerte ergeben sich für die fehlenden Größen beim Heben von Lasten mit einem Differentialflaschenzug mit den Radien $R = 32{,}5$ cm und $r = 14{,}2$ cm?

Kraft F_1	Kraftweg s_1	Last F_2	Lastweg s_2
a) 725 N	750 cm	?	?
b) ?	?	1,20 kN	1,50 m
c) 150 N	?	?	1,00 m
d) ?	6,50 m	8600 N	?

2.2.1.5.5 Wellrad, Seilwinde

Das Wellrad ist eine einfache Maschine, bei der sich zwei fest miteinander verbundene Rollen mit den unterschiedlichen Radien R und r auf der gleichen Welle drehen.

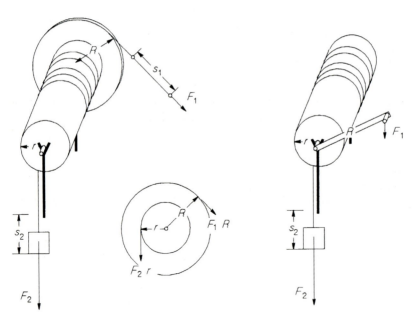

Abb. 2-35. Wellrad, Seilwinde

Das Zugseil läuft über die Rolle mit dem größeren Radius R und ist dort mit einem Ende befestigt. Das Lastseil wickelt sich beim Heben über die Rolle mit dem kleineren Radius r auf.

Durch die aufzuwendende Kraft F_1 und die Last F_2 werden folgende Drehmomente bewirkt (vgl. Abb. 2-35):

– Rechtsdrehendes Moment der aufzuwendenden Kraft F_1, die am großen Umfang des Wellrades angreift

$M_r = F_1 R$

– Linksdrehendes Moment der Last F_2, mit der sie am kleinen Umfang des Wellrades angreift

$M_l = F_2 r$

Für das Wellrad ergibt sich gemäß (2-89) demnach folgende Gleichgewichtsbedingung:

$M_r = M_l \Rightarrow$

$$F_1 R = F_2 r \tag{2-102}$$

Für die zum Heben notwendige Kraft F_1 gilt dann:

$$F_1 = F_2 \cdot \frac{r}{R} \tag{2-103}$$

$$\text{Kraft} = \text{Last mal} \; \frac{\text{Kleiner Radius}}{\text{Großer Radius}}$$

Da sich beide Rollen des Wellrades auf der gleichen Welle drehen, verhalten sich die zurückgelegten Wege s_1 und s_2 wie die zugehörigen Radien R und r:

$$\frac{s_1}{s_2} = \frac{R}{r} \tag{2-104}$$

$$\frac{\text{Kraftweg}}{\text{Lastweg}} = \frac{\text{Großer Radius}}{\text{Kleiner Radius}}$$

Rechenbeispiel 2-96. Ein Wellrad hat die Radien $R = 35{,}0$ cm und $r = 24{,}4$ cm. a) Welche Kraft muß aufgewendet werden, wenn eine Last von 2750 N damit gehoben werden soll? b) Wie groß ist der Lastweg, wenn 12,6 m Seil eingeholt werden?

Gesucht: F_1; s_2 **Gegeben:** $R = 35{,}0$ cm; $r = 24{,}4$ cm; $F_2 = 2750$ N; $s_1 = 12{,}6$ m

a) Mit (2-103) gilt für die aufzuwendende Kraft F_1:

$$F_1 = F_2 \cdot \frac{r}{R} = 2750 \text{ N} \cdot \frac{24{,}4 \text{ cm}}{35{,}0 \text{ cm}}$$

$\underline{F_1 = 1917 \text{ N}}$

b) Mit (2-104) ergibt sich für den Lastweg s_2:

$$\frac{s_1}{s_2} = \frac{R}{r} \Rightarrow$$

$$s_2 = \frac{s_1 r}{R} = \frac{12{,}6 \text{ m} \cdot 24{,}4 \text{ cm}}{35{,}0 \text{ cm}}$$

$\underline{s_2 = 8{,}78 \text{ m}}$

Rechenbeispiel 2-97. Ein Wellrad hat die Radien $R = 30{,}0$ cm und $r = 18{,}5$ cm. Es kann eine Kraft von 600 N aufgewendet werden. Welche Last läßt sich damit maximal heben?

Gesucht: F_2 **Gegeben:** $R = 30{,}0$ cm; $r = 18{,}5$ cm; $F_1 = 600$ N

Mit (2-103) ergibt sich für die Last F_2:

$$F_1 = F_2 \cdot \frac{r}{R} \Rightarrow$$

$$F_2 = \frac{F_1 R}{r} = \frac{600 \text{ N} \cdot 30{,}0 \text{ cm}}{18{,}5 \text{ cm}}$$

$\underline{\mathbf{F_2 = 973 \text{ N}}}$

Übungsaufgaben:

2-96. Welche Größenwerte ergeben sich für die fehlenden Größen beim Heben von Lasten mit einer einem Wellrad mit den Radien $R = 47{,}5$ cm und $r = 18{,}4$ cm?

	Kraft F_1	Kraftweg s_1	Last F_2	Lastweg s_2
a)	725 N	750 cm	?	?
b)	?	?	1,20 kN	1,50 m
c)	150 N	?	?	1,00 m
d)	?	6,50 m	8600 N	?

2.2.1.5.6 Schiefe Ebene

Eine schiefe Ebene ist jede gegen die Horizontale geneigte, ebene Fläche.

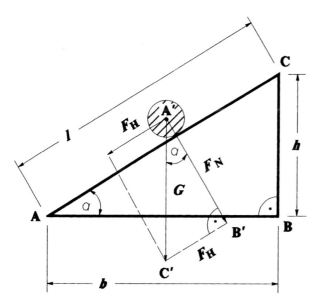

Abb. 2-36. Schiefe Ebene

In Abb. 2-36 bedeuten:

- l Länge einer schiefen Ebene
- h Höhe der schiefen Ebene
- b Basis der schiefen Ebene
- α Neigungswinkel der schiefen Ebene
- G Gewichtskraft des Körpers
- F_H Hangabtriebskraft
- F_N Normalkraft

Die drei genannten Strecken ergeben ein Dreieck ABC, in dem die Basis b mit der Höhe h einen rechten Winkel und mit der Länge l den Steigungswinkel α bildet.

Die an einem Körper auf einer schiefen Ebene angreifende Gewichtskraft G kann in zwei Teilkräfte zerlegt werden (vgl. Abschn. 2.2.1.2). Parallel zur Länge l der schiefen Ebene wirkt die *Hangabtriebskraft* F_H und senkrecht zu ihr die *Normalkraft* F_N. Aus diesen Kräften ergibt sich ein ebenfalls rechtwinkliges Dreieck A′B′C′, in dem die Normalkraft F_N mit der Hangabtriebskraft F_H einen rechten Winkel und mit der Gewichtskraft G den gleichen Winkel α bildet, wie er im Dreieck ABC vorliegt. Die Kräfte im Dreieck A′B′C′ verhalten sich zueinander wie die Strecken der schiefen Ebene im Dreieck ABC:

$$F_H : F_N : G = h : b : l \tag{2-105}$$

2 Rechnen in der Mechanik

Aus (2-105) ergeben sich folgende Einzelrelationen mit den entsprechenden Winkelfunktionen (vgl. Lehrbücher der Mathematik):

$$\frac{F_H}{G} = \frac{h}{l} = \sin \alpha \tag{2-105a}$$

$$\frac{F_N}{G} = \frac{b}{l} = \cos \alpha \tag{2-105b}$$

$$\frac{F_H}{F_N} = \frac{h}{b} = \tan \alpha \tag{2-105c}$$

Das Verhältnis $h : b = \tan \alpha$ in (2-105c) entspricht der *Steigung* der schiefen Ebene. Aus (2-105a) bis (2-105c) ergeben sich für die Hangabtriebskraft F_H und die Normalkraft F_N folgende Beziehungen:

$$F_H = G \cdot \frac{h}{l} = G \sin \alpha \tag{2-106}$$

$$F_H = F_N \cdot \frac{h}{b} = F_N \tan \alpha \tag{2-107}$$

$$F_N = G \cdot \frac{b}{l} = G \cos \alpha \tag{2-108}$$

$$F_N = F_H \cdot \frac{b}{h} = \frac{F_H}{\tan \alpha} \tag{2-109}$$

Die Hangabtriebskraft F_H und die Normalkraft F_N, die an einem Körper auf der schiefen Ebene angreifen, sind dem Steigungswinkel α direkt bzw. umgekehrt proportional. Für die beiden Grenzfälle $\alpha = 90°$ und $\alpha = 0°$ gelten:

$\alpha = 90°$ $\sin 90° = 1$ $F_H = G$
             $\cos 90° = 0$ $F_N = 0$

$\alpha = 0°$ $\sin 0° = 0$ $F_H = 0$
             $\cos 0° = 1$ $F_N = G$

Bei den folgenden Berechnungen sollen Reibungskräfte unberücksichtigt bleiben.

Rechenbeispiel 2-98. An einer 160 cm hohen Rampe liegt ein 450 cm langes Brett an, über das ein Wagen mit einer Gewichtskraft von 2050 N hochgezogen werden soll. Wie groß sind a) die zu überwindende Hangabtriebskraft F_H und b) die Normalkraft F_N, mit der der Wagen auf das Brett drückt?

Gesucht: F_H; F_N **Gegeben:** $G = 2050$ N; $h = 160$ cm; $l = 450$ cm

a) Mit (2-106) gilt für die Hangabtriebskraft F_H:

$$F_H = G \cdot \frac{h}{l} = 2050 \text{ N} \cdot \frac{160 \text{ cm}}{450 \text{ cm}}$$

$\underline{F_H = 729 \text{ N}}$

b) Mit (2-108) und $b = \sqrt{l^2 - h^2}$ gilt für die Normalkraft F_N:

$$F_N = G \cdot \frac{b}{l} \quad \longleftarrow \quad b = \sqrt{l^2 - h^2}$$

$$F_N = G \cdot \frac{\sqrt{l^2 - h^2}}{l} = 2050 \text{ N} \cdot \frac{\sqrt{(450 \text{ cm})^2 - (160 \text{ cm})^2}}{450 \text{ cm}}$$

$\underline{F_N = 1916 \text{ N}}$

Rechenbeispiel 2-99. Über eine schiefe Ebene mit dem Steigungswinkel $a = 18°$ wird ein Faß, $G = 1265$ N auf eine Rampe gerollt. a) Welche Kraft muß zu diesem Zweck aufgewendet werden? b) Mit welcher Kraft drückt das Faß auf seine Unterlage?

Gesucht: F_H; F_N **Gegeben:** $G = 1265$ N; $a = 18°$

a) Mit (2-106) gilt für die Hangabtriebskraft F_H:

$F_H = G \sin a = 1265 \text{ N} \cdot \sin 18°$

$\underline{F_H = 391 \text{ N}}$

b) Mit (2-108) gilt für die Normalkraft F_N:

$F_N = G \cos a = 1265 \text{ N} \cdot \cos 18°$

$\underline{F_N = 1203 \text{ N}}$

216   2 Rechnen in der Mechanik

Übungsaufgaben:

2-97. An einer Rampe, $h = 1{,}95$ m, liegt ein Brett, $l = 6{,}55$ m, an. Wie groß sind a) die zu überwindende Hangabtriebskraft F_H und b) die Normalkraft F_N, mit der ein Wagen, $G = 5{,}15$ kN, auf seine Unterlage drückt?

2-98. Über eine schiefe Ebene mit dem Steigungswinkel $\alpha = 12°$ wird ein Faß, $G = 2260$ N, auf eine Rampe gerollt. a) Welche Kraft muß zu diesem Zweck aufgewendet werden? b) Mit welcher Kraft drückt das Faß auf seine Unterlage?

2.2.1.5.7 Keil

Ein Keil besteht aus zwei mit der Basis aneinander gesetzten schiefen Ebenen.

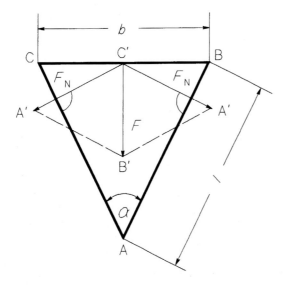

Abb. 2-37. Keil

Wirkt auf den Rücken b des Keils eine Kraft F, so ergibt sich als Teilkraft auf jede seiner beiden Flanken l die spaltend wirkende Normalkraft F_N (vgl. Abb. 2-37).
Das entsprechende Kräfteparallelogramm setzt sich aus zwei gleichen Dreiecken A′B′C′ zusammen, die dem gleichschenkligen Dreieck ABC, das sich als Schnitt durch den Keil ergibt, ähnlich sind.
Die Kräfte F und F_N im Dreieck A′B′C′ verhalten sich zueinander wie die entsprechenden Seiten b und l im Dreieck ABC:

$$\frac{F}{F_N} = \frac{b}{l} \tag{2-110}$$

2.2 Statik (Gleichgewichtslehre)

$$\frac{\text{Kraft auf den Keilrücken}}{\text{Spaltende Kraft}} = \frac{\text{Breite des Keilrückens}}{\text{Länge der Keilflanke}}$$

Mit $b : l = 2 \sin(a/2)$ gilt auch:

$$\frac{F}{F_N} = 2 \sin \frac{a}{2} \qquad (2\text{-}111)$$

Bei den folgenden Berechnungen sollen Reibungskräfte unberücksichtigt bleiben.

Rechenbeispiel 2-100. Auf den Rücken eines Keils ($b = 12{,}0$ cm, $l = 35{,}0$) wirkt eine Kraft $F = 875$ N. Wie groß ist die spaltende Kraft F_N?

Gesucht: F_N **Gegeben:** $F = 875$ N; $b = 12{,}0$ cm; $l = 35{,}0$ cm

Mit (2-110) ergibt sich für die spaltende Kraft F_N:

$$\frac{F}{F_N} = \frac{b}{l} \Rightarrow$$

$$F_N = F \cdot \frac{l}{b} = 875 \text{ N} \cdot \frac{35{,}0 \text{ cm}}{12{,}0 \text{ cm}}$$

$\underline{F_N = 2552 \text{ N}}$

Rechenbeispiel 2-101. Welche Kraft F muß auf den Rücken eines Keils mit dem Winkel $a = 12°$ wirken, damit eine spaltende Kraft $F_N = 2000$ N bewirkt wird?

Gesucht: F **Gegeben:** $F_N = 2000$ N; $a = 12°$

Mit (2-111) ergibt sich für die Rückenkraft F:

$$\frac{F}{F_N} = 2 \sin \frac{a}{2} \Rightarrow$$

$$F = 2 F_N \sin \frac{a}{2} = 2 \cdot 2000 \text{ N} \cdot \sin \frac{12°}{2}$$

$\underline{F = 418 \text{ N}}$

Übungsaufgaben:

2-99. Auf den Rücken eines Keils (b = 87 mm, l = 210 mm) wirkt eine Kraft F = 500 N. Wie groß ist die spaltende Kraft F_N?

2-100. Welche Kraft F muß auf den Rücken eines Keils mit dem Winkel α = 16° wirken, damit eine spaltende Kraft F_N = 2000 N bewirkt wird?

2.2.1.6 Standfestigkeit von Körpern

Der Schwerpunkt (Massenmittelpunkt) eines Körpers ist der Punkt, in dem man sich seine Masse vereinigt vorstellen kann. Er ist gleichzeitig der Angriffspunkt der Gewichtskraft G.

Ein Körper ist nur dann standsicher, wenn sein Schwerpunkt S senkrecht oberhalb seiner Unterstützungsfläche liegt; er ist dann im *stabilen* Gleichgewicht.
Beim Kippen eines Körpers wandert sein Schwerpunkt durch die Einwirkung einer **Kippkraft** F nach oben, bis er sich senkrecht oberhalb der Kippkante D befindet. Der Körper ist nun im *labilen* Gleichgewicht (vgl. Abb. 2-38).

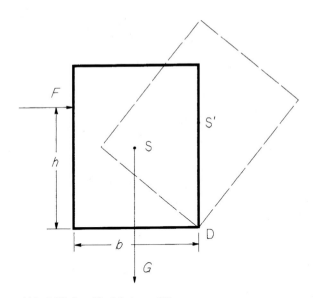

Abb. 2-38. Standfestigkeit von Körpern

Das zum Kippen erforderliche Kippmoment M_K ist ein Maß für die Standfestigkeit eines Körpers:

$M_K = F\,h$

2.2 Statik (Gleichgewichtslehre)

Es ist im labilen Gleichgewichtszustand so groß wie sein Standmoment M_{St}:

$$M_{St} = G \frac{b}{2}$$

Für jeden um eine Kippkante drehbaren Körper gilt im Gleichgewichtszustand das Hebelgesetz:

$$M_K = M_{St}$$

$$F\,h = \frac{G\,b}{2} \qquad (2\text{-}112)$$

Darin bedeuten:

F Zum Kippen eines Körpers erforderliche Kraft (Kippkraft)
h Senkrechter Abstand zwischen Drehpunkt und Angriffspunkt der Kippkraft
G Gewichtskraft des Körpers
b Breite der Standfläche

Rechenbeispiel 2-102. Wie groß muß eine Kraft F mindestens sein, mit der ein 1,25 m breiter Körper, $G = 2200$ N, gekippt werden soll, wenn sie 1,30 m über der Unterstützungsfläche im rechten Winkel am Körper angreift?

Gesucht: F **Gegeben:** $b = 1{,}25$ m; $G = 2200$ N; $h = 1{,}30$ m

Mit (2-112) ergibt sich für die Kippkraft F:

$$F\,h = \frac{G\,b}{2} \Rightarrow$$

$$F = \frac{G\,b}{2\,h} = \frac{2200\text{ N} \cdot 1{,}25\text{ m}}{2 \cdot 1{,}30\text{ m}}$$

$\underline{F = 1058\text{ N}}$

Rechenbeispiel 2-103. Zum Kippen eines Körpers, $G = 1350$ N, $b = 76{,}5$ cm, steht eine im rechten Winkel angreifende Kraft von maximal 600 N zur Verfügung. In welcher Höhe h über der Unterstützungsfläche muß diese Kraft angreifen?

Gesucht: h **Gegeben:** $G = 1350$ N; $b = 76{,}5$ cm; $F = 600$ N

Mit (2-112) ergibt sich für die Höhe h:

$$F\,h = \frac{G\,b}{2} \Rightarrow$$

$$h = \frac{G\,b}{2\,F} = \frac{1350\text{ N} \cdot 76{,}5\text{ cm}}{2 \cdot 600\text{ N}}$$

$h = 86{,}1$ cm

Übungsaufgaben:

2-101. Wie groß muß eine Kraft F mindestens sein, mit der ein 110 cm breiter Körper, $G = 1875$ N, gekippt werden soll, wenn sie 145 cm über seiner Unterstützungsfläche im rechten Winkel angreift?

2-102. Wie groß ist die Gewichtskraft eines Quaders, der 185 cm breit ist, wenn eine Kraft $F = 187{,}5$ N, die 145 cm über seiner Unterstützungsfläche im rechten Winkel angreift, gerade ausreicht, um ihn zu kippen?

2-103. Zum Kippen eines Körpers, $b = 56{,}5$ cm, steht eine Kraft von maximal 900 N zur Verfügung. In welcher Höhe h über der Unterstützungsfläche muß diese Kraft im rechten Winkel angreifen, wenn der Körper eine Gewichtskraft $G = 795$ N besitzt?

2-104. Um einen Körper, $G = 720$ N, zu kippen, steht eine Kraft von maximal 500 N zur Verfügung. Wie breit ist der Körper, wenn er von dieser Kraft, die 1,55 m über der Unterstützungsfläche im rechten Winkel angreift, gerade gekippt wird?

2.2.1.7 Schweredruck

Nach dem internationalen Einheitensystem gehört der *Druck* zu den abgeleiteten physikalischen Größen. Als Größensymbol verwendet man p. Seine Dimension ist *Kraft durch Fläche*:

$$\text{Druck} = \frac{\text{Kraft}}{\text{Fläche}}$$

Der Druck p ist der Quotient aus der Kraft F und der Fläche A, auf die diese Kraft wirkt.

$$p = \frac{F}{A} \tag{2-113}$$

2.2 Statik (Gleichgewichtslehre)

Die Dimensionsbetrachtung liefert die SI-Einheit des Druckes:

$$[p] = \frac{[F]}{[A]} = \frac{1\text{ N}}{1\text{ m}^2} = 1\text{ N/m}^2 = 1\text{ N m}^{-2} = 1\text{ Pa}$$

Die Einheit des Druckes ist 1 *Pascal* (Einheitenzeichen: Pa). In der Praxis werden allerdings noch andere Einheiten verwendet, z. B. Hektopascal, Bar und Millibar. Für den Zusammenhang zwischen den unterschiedlichen Druckeinheiten gilt die folgende Einheitengleichung:

$$1\text{ Pa} = 1\text{ N m}^{-2} = 10^{-5}\text{ bar} \qquad (2\text{-}114)$$

Jeder Körper übt aufgrund seiner Gewichtskraft einen bestimmten Druck, den *Schweredruck*, auf seine Unterlage aus.

Rechenbeispiel 2-104. Ein Zylinder mit der Bodenfläche $A = 675\text{ cm}^2$ besitzt eine Gewichtskraft $G = 395\text{ N}$. Wie groß ist der Druck, den der Körper auf seine Unterlage ausübt?

Gesucht: p **Gegeben:** $F = G = 395\text{ N}$; $A = 675\text{ cm}^2$

Mit (2-113) gilt:

$$p = \frac{G}{A} = \frac{395\text{ N}}{675\text{ cm}^2} \quad \longleftarrow \quad 1\text{ cm}^2 = 10^{-4}\text{ m}^2$$

$$= \frac{395\text{ N}}{675 \cdot 10^{-4}\text{ m}^2}$$

$\underline{p = 5{,}85 \cdot 10^3\text{ N/m}^2 = 5{,}85\text{ kPa}}$

Rechenbeispiel 2-105. Wie groß ist die Gewichtskraft eines Körpers mit der Bodenfläche $A = 0{,}035\text{ m}^2$, wenn er auf seiner Unterlage einen Druck $p = 4{,}50\text{ bar}$ erzeugt?

Gesucht: G **Gegeben:** $p = 4{,}50\text{ bar}$; $A = 0{,}035\text{ m}^2$

Mit (2-113) und **1 bar = 10^5 Pa = 10^5 N/m²** ergibt sich für die Gewichtskraft G:

$$p = \frac{G}{A} \Rightarrow$$

$G = p\,A = 4{,}50\text{ bar} \cdot 0{,}035\text{ m}^2 \quad \longleftarrow \quad 1\text{ bar} = 10^5\text{ Pa} = 10^5\text{ N/m}^2$

$\quad = 4{,}50 \cdot 10^5\text{ N m}^{-2} \cdot 0{,}035\text{ m}^2$

$\underline{G = 15{,}8\text{ kN}}$

Rechenbeispiel 2-106. Ein senkrecht stehender Zylinder hat die Gewichtskraft $G = 525$ N. Er bewirkt auf seiner Unterlage einen Druck von 3000 Pa. Wie groß ist seine kreisförmige Bodenfläche?

Gesucht: A **Gegeben:** $F = G = 525$ N; $p = 3000$ Pa

Mit (2-113) und **1 Pa = 1 N/m²** ergibt sich für die Fläche A:

$$p = \frac{G}{A} \Rightarrow$$

$$A = \frac{G}{p} = \frac{525 \text{ N}}{3000 \text{ Pa}} \quad \longleftarrow \quad 1 \text{ Pa} = 1 \text{ N/m}^2$$

$\underline{A = 0{,}1750 \text{ m}^2 = 1750 \text{ cm}^2}$

Übungsaufgaben:

2-105. Ein Zylinder mit der Bodenfläche $A = 320$ cm² hat eine Gewichtskraft $G = 395$ N. Wie groß ist der Druck p, den der Körper auf seine Unterlage ausübt?

2-106. Wie groß ist die Gewichtskraft G eines Körpers mit der Bodenfläche $A = 860$ cm², wenn er auf seiner Unterlage einen Druck $p = 1{,}50$ bar erzeugt?

2-107. Ein senkrecht stehender Zylinder hat die Gewichtskraft $G = 725$ N. Er bewirkt auf seiner Unterlage einen Druck $p = 2000$ Pa. Wie groß ist seine kreisförmige Bodenfläche A?

2.2.1.8 Wiederholungsaufgaben zu Abschn. 2.2.1

2-25. An einem Körper greifen die beiden Kräfte $F_1 = 300$ N und $F_2 = 500$ N in einer Wirkungslinie an. Wie groß ist die resultierende Kraft F_R, wenn sie a) in gleicher Richtung und b) entgegengesetzt wirken?

2-26. An einem Körper wirken die Kräfte $F_1 = 625$ N und $F_2 = 350$ N. Wie groß ist die resultierende Kraft F_R, wenn sie unter einem Winkel von a) 45° und b) 90° zueinander angreifen?

2-27. Eine an einem Körper angreifende Kraft $F = 120$ N soll in zwei gleichgroße, im rechten Winkel zueinander stehende Teilkräfte F_1 und F_2 zerlegt werden. Wie groß sind die Teilkräfte?

2-28. Eine an einem Körper angreifende Kraft $F = 400$ N soll in zwei Teilkräfte F_1 und F_2 zerlegt werden, wobei F_1 in einem Winkel von 20° zur Kraft F verlaufen soll. Wie groß sind die beiden Teilkräfte, die zueinander einen Winkel von 90° bilden?

2-29. An einer um einen Drehpunkt drehbaren Stange greift im Abstand $l = 25{,}3$ cm zum Drehpunkt eine Kraft $F = 725$ N senkrecht zur Stange an. Welches Drehmoment wird unter diesen Bedingungen erzeugt? Wie groß ist das Drehmoment, wenn die Wirkungslinie der Kraft mit der Stange einen Winkel von 115° bildet?

2-30. Am Ende eines einarmigen Hebels, $l = 75$ cm, greift eine Kraft $F = 785$ N an. Wie groß ist das jeweils bewirkte Drehmoment M, wenn der Winkel zwischen Hebel und Kraft a) 90° und b) 120° beträgt?

2-31. In welchem Abstand l zum Drehpunkt einer Stange muß eine Kraft von 500 N im rechten Winkel zur Stange angreifen, um ein Drehmont von 275 N m zu erzeugen? Wie groß müßte der Abstand l bei gleichbleibendem Drehmoment sein, wenn die Wirkungslinie der Kraft mit der Stange einen Winkel von 75° bildet?

2-32. Welche Kraft erzeugt an einem drehbaren Körper in einem Abstand von 60 cm zu seinem Drehpunkt ein Drehmoment von 1,00 kN m?

2-33. Ein einem zweiarmigen, gleichseitigen Hebel herrscht Gleichgewicht. Wie groß müssen unter dieser Bedingung die in der untenstehenden Tabelle fehlenden Größenwerte sein? (Alle Kräfte greifen im rechten Winkel zum Hebel an!)

	Kraft F_1	Kraftarm l_1	Kraft F_2	Kraftarm l_2
a)	390 N	1,25 m	475 N	?
b)	1,95 kN	35 cm	?	85 cm
c)	80 N	?	115 N	450 mm
d)	?	12,5 cm	200 N	10,0 cm

2-34. Wie groß muß die Kraft F_2 in der untenstehenden Zeichnung sein?

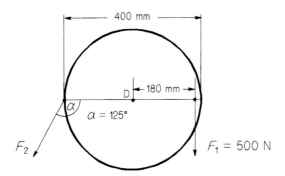

Abb. 2-28c. Kreisscheibe

2-35. Eine Last von $F_1 = 975$ N soll um die Strecke $s_1 = 3{,}60$ m hochgehoben werden. Wie groß sind die aufzuwendende Kraft F_2 und die Strecke s_2, entlang der die Kraft F_2 wirken muß, bei a) einer losen Rolle, einem b) Faktorenflaschenzug mit je drei *festen* und *losen* Rollen, c) Potenzflaschenzug mit zwei losen Rollen, d) Differenzialflaschenzug mit den Radien $R = 320$ mm und $r = 250$ mm und e) Wellrad mit den gleichen Radien wie unter d)?

2-36. Welche Last F_2 läßt sich mit der aufgewendeten Kraft $F_1 = 600$ N mit a) *einer* losen Rolle, einem b) Faktorenflaschenzug mit je *vier* festen und losen Rollen, c) Potenzflaschenzug mit *drei* losen Rollen und d) Differenzialflaschenzug mit den Radien $R = 400$ mm und $r = 300$ mm heben?

2-37. Über schiefe Ebene (vgl. Abb. 2-36, S. 213) mit der Länge $l = 600$ cm und dem Steigungswinkel $\alpha = 12°$ wird ein Faß mit der Gewichtskraft $G = 2{,}20$ kN nach oben gerollt. Wie groß sind a) die Hangabtriebskraft F_H, b) die Normalkraft F_N, c) die Höhe h und d) die Basis b, wenn die Reibungskräfte *nicht* berücksichtigt werden?

2-38. Wie groß ist die Hangabtriebskraft F_H unter den Bedingungen in Aufgabe 2-37, wenn die Rollreibungszahl η_{Roll} des Fasses mit 0,06 bekannt ist?

2-39. Auf einer Rampe mit der Höhe $h = 1{,}3$ m und der Länge $l = 7{,}5$ m steht ein Lastwagen mit der Gewichtskraft $G = 39{,}2$ kN. Wie groß sind a) der Steigungswinkel α der Rampe, b) die Hangabtriebskraft F_H und c) die Normalkraft F_N des Lastwagens?

2-40. Welchen Winkel α hat ein Keil (vgl. Abb. 2-37, S. 216), mit dem durch eine auf seinen Rücken wirkende Kraft $F = 500$ N eine Normalkraft $F_N = 2000$ N erzeugt wird?

2-41. Mit Hilfe eines Keils mit der Rückenbreite $b = 6{,}5$ cm und der Flankenlänge $l = 15$ cm (vgl. Abb. 2-37, S. 216) soll die spaltende Normalkraft $F_N = 2{,}2$ kN bewirkt werden. Welche Kraft F muß senkrecht auf den Keilrücken wirken?

2-42. Ein Zylinder (vgl. Abb. 2-38, S. 218) mit dem Durchmesser $d = 60$ cm und der Gewichtskraft $G = 1850$ N soll umgekippt werden. Welche Kraft F muß in der Höhe $h = 75$ cm zu diesem Zweck senkrecht zum Körper angreifen?

2-43. Welche Gewichtskraft G wirkt auf einen Körper mit der Breite $b = 95$ cm, wenn eine in einer Höhe $h = 80$ cm über seiner Unterstützungsfläche, im rechten Winkel seitlich angreifende Kraft von 635 N ausreicht, um ihn umzukippen?

2-44. Welchen Schweredruck übt ein Körper mit einer Bodenfläche von 460 cm^2 und einer Gewichtskraft von 185 N auf seine Unterlage aus?

2-45. Wie groß ist der Durchmesser eines Zylinders mit der Gewichtskraft $G = 1920$ N, der an seiner Unterstützungsfläche einen Druck von 1,25 bar bewirkt?

2-46. Wie groß ist die Gewichtskraft G eines Körpers, der auf seine Standfläche, $A = 875$ cm^2, einen Druck $p = 720$ hPa ausübt?

2.2.2 Statik elastischer Körper

2.2.2.1 Stoffeigenschaften fester Körper

Unter *Kohäsionskräften*[14] versteht man die durch gegenseitige Anziehung hervorgerufenen Zusammenhaltekräfte zwischen den Teilchen eines Körpers.

Sie sind bei festen Körpern besonders groß, weil die Abstände zwischen deren Teilchen sehr gering sind.

Unter *Adhäsionskräften*[15] versteht man die durch gegenseitige Anziehung hervorgerufenen Zusammenhaltekräfte zwischen den Teilchen zweier verschiedener Körper.

(Beispiel: Kreide haftet an einer Wandtafel!)

Unter *Härte* versteht man die Widerstandskraft, die ein Körper dem Eindringen in seine Oberfläche entgegensetzt.

(Beispiel: Die Härte von Glas ist geringer als die Härte eines Diamanten; deshalb kann Glas mit einem Diamanten angeritzt werden!)

Unter *Festigkeit* versteht man die Widerstandskraft, die ein Körper der Trennung seiner Teilchen (d. h. auch einer Formänderung) durch angreifende äußere Kräfte entgegensetzt.

---
14 lat. cohaerere = zusammenhängen (vgl. Fußnote, S. 4)
15 lat. adhaerere = aneinanderhängen, anhaften

(Beispiele: Zugfestigkeit, Druckfestigkeit, Biegefestigkeit, Drehfestigkeit)

Unter *Elastizität* (*Plastizität*) versteht man das Vermögen von Körpern, wieder ihre alte Form einzunehmen, wenn äußere Kräfte nicht mehr wirken.

Körper, bei denen äußere Kräfte eine dauerhafte Formänderung bewirken, nennt man *plastische Körper*.

Bei entsprechend großen angreifenden Kräften wird zunächst die sog. *Elastizitätsgrenze*, innerhalb der ein Körper wieder in seine Ausgangsform zurückkehren kann, erreicht. Eine weitere Steigerung der Kraft führt zur sog. *Bruchgrenze*, d. h. die Kohäsionskräfte werden völlig überwunden, der Körper *bricht*.

2.2.2.2 Federkraft, Hookesches Gesetz

Für die elastische Dehnung von festen Körpern innerhalb der Elastizitätsgrenze gilt das *Hookesche Gesetz*[16] in seiner vereinfachten Form:

Der Quotient (das Verhältnis) aus der an einem Körper angreifenden Kraft F und der bewirkten Formänderung Δl ist konstant.

$$\frac{F}{\Delta l} = c \qquad (2\text{-}115)$$

Die Proportionalitätskonstante ist die *Elastizitätskonstante*, die bei Federn auch als *Federkonstante* bezeichnet wird.

Ihre Einheit ergibt sich gemäß (2-115) durch eine Dimensionsbetrachtung in *1 Newton durch Meter*. (Einheitenzeichen: N/m oder N m^{-1}). In der Praxis werden allerdings meist die Einheiten 1 N/mm bzw. 1 N mm^{-1} oder 1 N/cm bzw. 1 N cm^{-1} verwendet.

Rechenbeispiel 2-106. Mit einer Kraft $F_1 = 15{,}0$ kN wird die Pufferfeder eines Eisenbahnwagens um 40 mm zusammengedrückt. Wie groß ist die Federkonstante c? Welche Kraft F_2 drückt den Puffer um 9,5 cm zusammen?

Gesucht: $c; F_2$ **Gegeben:** $F_1 = 15{,}0$ kN; $\Delta l_1 = 40$ mm; $\Delta l_2 = 9{,}5$ cm

Mit (2-115) gilt für die Federkonstante c:

$$c = \frac{F_1}{\Delta l_1} = \frac{15{,}0 \text{ kN}}{40 \text{ mm}}$$

$c = 0{,}375$ kN/mm $= 375$ N/mm

---

16 Hooke, Robert, 1635 bis 1703, Professor in London

Aus (2-115) folgt für die Kraft F_2:

$$c = \frac{F_1}{\Delta l_1} = \frac{F_2}{\Delta l_2} \Rightarrow F_2 = \frac{F_1 \Delta l_2}{\Delta l_1} = \frac{15,0 \text{ kN} \cdot 9,5 \text{ cm}}{40 \text{ mm}} = \frac{15,0 \text{ kN} \cdot 9,5 \text{ cm}}{4,0 \text{ cm}}$$

$F_2 = 35,6$ kN

Übungsaufgaben:

2-108. Wie groß ist die Federkonstante c einer Feder, die mit einer Kraft $F = 320$ N um 3,8 cm auseinandergezogen wird?

2-109. Welche Kraft drückt die Feder eines Stoßdämpfers, $c = 1,26$ kN/cm, um 4,3 cm zusammen?

2-110. An einer Federwaage mit der Federkonstante $c = 0,75$ N/mm wirkt die Gewichtskraft $G = 25,0$ N. Um welche Länge wird die Feder der Waage auseinandergezogen?

2.2.2.3 Spannung, Dehnung und Elastizitätsmodul

In der Technik spielt die Festigkeit von Körpern eine wichtige Rolle. Bei Prüfungen von Werkstoffen wird ihr Verhalten bei Krafteinwirkung von außen in Bezug auf die Größen *Spannung σ, Dehnung ε, Elastizitätsmodul E* und *Dehnungszahl α* untersucht.

2.2.2.3.1 Spannung

Die Spannung σ ist der Quotient aus einer von außen auf einen elastischen Körper wirkenden Kraft F und dessen Fläche (Querschnitt) A.

$$\text{Spannung} = \frac{\text{wirkende Kraft}}{\text{Fläche}}$$

$$\sigma = \frac{F}{A} \tag{2-116}$$

Die Spannung entspricht dem Druck (der Flächenpressung) (vgl. Abschn. 2.2.1.7). Ihre Einheit ist *1 Pascal* (Einheitenzeichen: Pa). In der Praxis wird jedoch meist *1 Newton durch Quadratmillimeter* (Einheitenzeichen: N/mm^2) verwendet.

Die Spannung verändert die Form eines Körpers; je nach Kraftrichtung dehnt sie ihn oder drückt ihn zusammen; sie ist der wirkenden Kraft F direkt und dem Querschnitt A des Körpers umgekehrt proportional.

2 Rechnen in der Mechanik

Rechenbeispiel 2-107. Ein Stahldraht mit dem Querschnitt $A = 8{,}0$ mm² wird bei einer Werkstoffprüfung mit einer Kraft $F = 3{,}20$ kN belastet. Wie groß ist die Spannung des Drahtes?

Gesucht: σ **Gegeben:** $A = 8{,}0$ mm²; $F = 3{,}20$ kN

Mit (2-116) gilt für die Spannung σ:

$$c = \frac{F}{A} = \frac{3{,}20 \text{ kN}}{8{,}0 \text{ mm}^2}$$

$\underline{\sigma = 400 \text{ N/mm}^2}$

Übungsaufgaben:

2-111. Wie groß sind die jeweils gesuchten Größen in folgender Tabelle?

	σ	F	A
a)	?	210 N	2,0 mm²
b)	250 N/mm²	?	38 mm²
c)	375 N/mm²	320 kN	?

Für jeden Werkstoff gibt es eine *zulässige mechanische Spannung* σ_{zul}, oberhalb derer ein Körper die Bruchgrenze erreicht. Dort gilt für ihn die *Bruchspannung* oder *statische Festigkeit* σ_b (mitunter auch als R_m bezeichnet).

Die *zulässige* mechanische Spannung σ_{zul} eines Werkstoffes ist der Quotient aus der Bruchspannung σ_b und der angestrebten Sicherheit v.

$$\sigma_{zul} = \frac{\sigma_b}{v} \tag{2-116a}$$

Je größer die angestrebte Sicherheit, um so geringer wird die zulässige Spannung. Bei $v = 1$, d. h. bei einfacher Sicherheit, gilt $\sigma_{zul} = \sigma_b$.

Rechenbeispiel 2-108. Ein Stahlpfeiler mit dem Querschnitt $A = 50{,}0$ cm² darf maximal mit einer Kraft $F = 450$ kN belastet werden. Welche zulässige Spannung σ_{zul} hat das Material?

Gesucht: σ_{zul} **Gegeben:** $A = 50{,}0$ cm²; $F = 450$ kN

2.2 Statik (Gleichgewichtslehre)

Mit (2-116) gilt für die zulässige Spannung σ_{zul}:

$$\sigma_{zul} = \frac{F}{A} = \frac{450\text{ kN}}{50{,}0\text{ cm}^2}$$

$\boldsymbol{\sigma_{zul} = 9{,}0\text{ kN/cm}^2}$

Übungsaufgaben:

2-112. Wie groß sind die jeweils gesuchten Größen in der untenstehenden Tabelle?

	σ_{zul}	F_{zul}	A
a)	?	1,35 kN	0,15 cm²
b)	92,5 N/mm²	?	38 mm²
c)	87,5 N/mm²	3,20 kN	?

2.2.2.4 Dehnung und Elastizitätsmodul

Die Dehnung ε ist der Quotient (das Verhältnis) aus der Längenänderung Δl eines elastischen Körpers und seiner ursprünglichen Länge l.

$$\text{Dehnung} = \frac{\text{Längenänderung}}{\text{ursprüngliche Länge}}$$

$$\varepsilon = \frac{\Delta l}{l} \tag{2-117}$$

Ihre Dimension ist *Länge durch Länge*. Man bezeichnet sie deshalb als *dimensionslose* Größe oder *unbenannte* Verhältniszahl. Ihre Einheit ist *1 Meter durch Meter* oder auch 1 (Einheitenzeichen: m/m oder m m⁻¹ bzw. 1).

Rechenbeispiel 2-109. Ein 10,0 cm langer Stahldraht wird bei einer Werkstoffprüfung mit einer Kraft F belastet. Dabei wird eine Längenänderung von 0,20 mm gemessen. Wie groß ist die Dehnung des Drahtes?

Gesucht: ε **Gegeben:** $l = 10{,}0$ cm; $\Delta l = 0{,}20$ mm

Mit (2-117) gilt für die Dehnung ε:

2 Rechnen in der Mechanik

$$\varepsilon = \frac{\Delta l}{l} = \frac{0{,}20 \text{ mm}}{10{,}0 \text{ cm}} = \frac{0{,}20 \text{ mm}}{100 \text{ mm}}$$

$\varepsilon = 0{,}002 = 0{,}2\,\%$

Übungsaufgaben:

2-113. Wie groß sind die jeweils gesuchten Größen in der untenstehenden Tabelle?

	ε	Δl	l
a)	?	0,50 mm	16 cm
b)	2,5 %	?	400 mm
c)	0,004	1,2 mm	?

Die Dehnung dient als Maß für die Formänderung eines Körpers. Sie ist der wirkenden Kraft und damit auch der Spannung direkt proportional. Das erweiterte Hookesche Gesetz lautet deshalb:

Die Dehnung ε eines elastischen Körpers ist der durch eine von außen angreifenden Kraft bewirkten Spannung σ direkt proportional.

$$\varepsilon = \frac{1}{E} \cdot \sigma \qquad (2\text{-}118)$$

Als Proportionalitätskonstante dient der Kehrwert des *Elastizitätsmoduls E*. Seine Einheit ergibt sich aus (2-118) gemäß

$$E = \frac{\sigma}{\varepsilon} \qquad (2\text{-}119)$$

bei einer Dimensionsbetrachtung mit *1 Newton durch Quadratmeter* (Einheitenzeichen: N/m^2 oder $N\,mm^{-2}$). In der Praxis wird meist die Einheit $1\,N/mm^2$ verwendet.

Rechenbeispiel 2-110. Ein Draht erfährt bei einer Werkstoffprüfung durch die Spannung $\sigma = 400\,N/mm^2$ eine Dehnung von 0,2 %. Wie groß ist der Elastizitätsmodul des Materials?

Gesucht: E **Gegeben:** $\sigma = 400\,N/mm^2$; $\varepsilon = 0{,}2\,\%$

Mit (2-119) gilt für den Elastizitätsmodul E:

$$E = \frac{\sigma}{\varepsilon} = \frac{400 \text{ N mm}^{-2}}{0{,}002}$$

$E = 2{,}0 \cdot 10^5$ N/mm²

Rechenbeispiel 2-111. Welche Spannung hat ein Stahldraht, $E = 210$ kN/mm², bei einer Dehnung von 0,2 %?

Gesucht: σ **Gegeben:** $E = 210$ kN/mm²; $\varepsilon = 0{,}2$ %

Aus (2-119) folgt für die Spannung σ:

$$E = \frac{\sigma}{\varepsilon} \Rightarrow \sigma = \varepsilon\, E = 0{,}002 \cdot 210 \text{ kN mm}^{-2}$$

$\sigma = 420$ N/mm²

Rechenbeispiel 2-112. Welche Dehnung erfährt ein Stahldraht, $E = 210$ kN/mm², bei einer Spannung von 375 N/mm²?

Gesucht: ε **Gegeben:** $\sigma = 375$ N/mm²; $E = 210$ kN/mm²

Aus (2-119) ergibt sich:

$$E = \frac{\sigma}{\varepsilon} \Rightarrow \varepsilon = \frac{\sigma}{E} = \frac{375 \text{ N mm}^{-2}}{210 \text{ kN mm}^{-2}}$$

$\varepsilon = 0{,}00179 = 0{,}179$ %

Übungsaufgaben:

2-114. Ein Stahldraht mit dem Querschnitt $A = 7{,}0$ mm² wird mit der Kraft $F = 2{,}50$ kN belastet. Wie groß ist die Spannung des Drahtes?

2-115. Ein 50,0 cm langer Stahldraht wird bei Belastung um 0,80 mm länger. Wie groß ist die Dehnung des Drahtes in %?

2-116. Wie groß ist der Elastizitätsmodul eines Drahtes, der durch eine Spannung $\sigma = 170$ N/mm² eine Dehnung von 0,25 % erfährt?

2-117. Ein 10,0 cm langer Draht mit dem Querschnitt $A = 8,0$ mm² wird mit einer Kraft von 240 N belastet. Dabei wird eine Längenänderung von 0,20 mm gemessen. Wie groß ist der Elastizitätsmodul des Stahls?

2-118. Wie groß sind die Spannung σ, der Elastizitätsmodul E und die Dehnung ε von Drähten aus unterschiedlichen Werkstoffen von der Länge l_i und des Querschnitt A_i, für die sich bei den Zugkräften F_i die Längenänderungen Δl_i ergeben?

	l_i	A_i	F_i	Δl_i
a)	0,100 m	10,0 mm²	1,95 kN	0,30 mm
b)	75,0 mm	8,0 mm²	3,88 kN	0,28 mm
c)	30 cm	0,15 cm²	360 N	0,45 mm
d)	200 mm	18,5 mm²	27,75 kN	1,50 mm

Für die Längenänderung Δl eines belasteten Werkstoffs folgt aus (2-117) und (2-118):

$$\varepsilon = \frac{\Delta l}{l} \quad \longleftarrow \quad \varepsilon = \frac{\sigma}{E}$$

$$\Delta l = \frac{\sigma l}{E} \tag{2-120}$$

Rechenbeispiel 2-113. Wie groß ist die maximale Längenänderung Δl eines Stahldrahtes, $E = 210$ kN/mm², von 6,25 m Länge mit der zulässigen Spannung von 9,0 kN/cm²?

Gesucht: Δl **Gegeben:** $E = 210$ kN/mm²; $\sigma_{zul} = 9,0$ kN/cm²; $l = 6,25$ m

Mit (2-120) gilt für die Längenänderung Δl:

$$\Delta l = \frac{\sigma l}{E} = \frac{9,0 \text{ kN cm}^{-2} \cdot 6,25 \text{ m}}{210 \text{ kN mm}^{-2}} = \frac{9,0 \cdot 10^{-2} \text{ kN mm}^{-2} \cdot 6,25 \text{ m}}{210 \text{ kN mm}^{-2}}$$

$\underline{\Delta l = 0,0027 \text{ m} = 2,7 \text{ mm}}$

Aus (2-120) folgt mit (2-116) für die Längenänderung Δl:

2.2 Statik (Gleichgewichtslehre)

$$\Delta l = \frac{\sigma l}{E} \quad \longleftarrow \quad \sigma = \frac{F}{A}$$

$$\Delta l = \frac{F\,l}{A\,E} \tag{2-121}$$

Rechenbeispiel 2-114. Bei einer Werkstoffprüfung wird ein Draht mit einer Länge von 1000 mm und einem Querschnitt von 22 mm² durch eine Kraft $F = 3{,}75$ kN um 2,5 mm auseinandergezogen. Welchen Elastizitätsmodul hat das Material?

Gesucht: E **Gegeben:** $A = 22$ mm²; $l = 1000$ mm; $F = 3{,}75$ kN; $\Delta l = 2{,}5$ mm

Aus (2-121) folgt für den Elastizitätsmodul E:

$$\Delta l = \frac{F\,l}{A\,E} \Rightarrow E = \frac{F\,l}{\Delta l\, A} = \frac{3{,}75 \text{ kN} \cdot 1000 \text{ mm}}{2{,}5 \text{ mm} \cdot 22 \text{ m}^2}$$

$E = 68$ kN/mm²

Übungsaufgaben:

2-119. Wie groß ist die maximale Längenänderung Δl eines Stahldrahtes von 1,25 m Länge mit einer zulässigen Spannung von 9,0 kN/cm²? $E_{Stahl} = 210$ kN/mm²

2-120. Eine Zugstange aus Stahl, $E = 210$ kN/mm², wird mit 200 kN belastet. Wie groß ist bei der Länge $l = 3{,}25$ m und dem Querschnitt $A = 5{,}50$ cm² die Längenänderung Δl?

2-121. Wie groß sind in untenstehender Tabelle die jeweils gesuchten Größenwerte?

	Δl	l	F	A	E
a)	?	2,0 m	500 N	20 mm²	210 kN/mm²
b)	1,6 mm	?	20 kN	1,75 cm²	75 kN/mm²
c)	0,65 mm	1,85 m	?	45 mm²	16 kN/mm²
d)	20 cm	2,75 m	30 N	?	$6{,}5 \cdot 10^{-3}$ kN/mm²
e)	0,21 mm	50 cm	775 N	15 mm²	?

2.2.2.5 Dehnungszahl

Anstelle des Elastizitätsmoduls E wird beim Rechnen mit dem Hookeschen Gesetz mitunter auch die *Dehnungszahl* α verwendet. Sie ist der Kehrwert des Elastizitätsmoduls:

$$\alpha = \frac{1}{E} \tag{2-121}$$

Aus (2-118) und (2-120) folgen mit (2-121):

$$\varepsilon = \alpha\,\sigma \tag{2-122a}$$

$$\Delta l = \frac{\alpha\,F\,l}{A} \tag{2-122b}$$

Rechenbeispiel 2-115. Wie groß ist die maximale Längenänderung Δl eines Stahldrahtes, $\alpha = 4{,}8 \cdot 10^{-6}$ mm²/N, $l = 6{,}25$ m, mit einer zulässigen Spannung von 90 N/mm²?

Gesucht: Δl **Gegeben:** $\alpha = 4{,}8 \cdot 10^{-6}$ mm²/N; $\sigma = 90$ N/mm²; $l = 6{,}25$ m

Aus (2-122b) folgt mit $\sigma = F/A$ (vgl. (2-116)) für die Längenänderung Δl:

$$\Delta l = \frac{\alpha\,F\,l}{A} \quad \longleftarrow \quad \frac{F}{A} = \sigma$$

$$\Delta l = \alpha\,\sigma\,l = 4{,}8 \cdot 10^{-6} \text{ mm}^2\,\text{N}^{-1} \cdot 90 \text{ N mm}^{-2} \cdot 6{,}25 \text{ m}$$

$\Delta l = 0{,}0027$ m $= 2{,}7$ mm

Rechenbeispiel 2-116. Ein Grauguß hat den Elastizitätsmodul $E = 75000$ N/mm². Wie groß ist seine Dehnungszahl α?

Gesucht: α **Gegeben:** $E = 75000$ N/mm²

Mit (2-121) gilt für die Dehnungszahl α:

$$\alpha = \frac{1}{E} = \frac{1}{75\,000 \text{ N mm}^{-2}}$$

$\alpha = 1{,}33 \cdot 10^{-5}$ mm²/N

2.2 Statik (Gleichgewichtslehre)

Rechenbeispiel 2-117. Welche Dehnung erfährt ein Stahldraht bei einer Spannung von 375 N/mm²? Die Dehnungszahl von Stahl ist $4{,}7 \cdot 10^{-6}$ mm²/N.

Gesucht: ε **Gegeben:** $a = 4{,}7 \cdot 10^{-6}$ mm²/N; $\sigma = 375$ N/mm²

Mit (2-122a) folgt für die Dehnung ε:

$$\varepsilon = a\,\sigma = 4{,}7 \cdot 10^{-6}\ \text{mm}^2\ \text{N}^{-1} \cdot 375\ \text{N}\ \text{mm}^{-2}$$

$\underline{\varepsilon = 0{,}00176 = 0{,}176\ \%}$

Rechenbeispiel 2-118. Welche Spannung hat ein Stahldraht, $a = 4{,}8 \cdot 10^{-6}$ mm²/N, bei einer Dehnung von 0,2 %?

Gesucht: σ **Gegeben:** $a = 4{,}8 \cdot 10^{-6}$ mm²/N; $\varepsilon = 0{,}2\ \% = 0{,}002$

Aus (2-122a) folgt für die Spannung σ:

$$\varepsilon = a\,\sigma \Rightarrow \sigma = \frac{\varepsilon}{a} = \frac{0{,}002}{4{,}8 \cdot 10^{-6}\ \text{mm}^2\ \text{N}^{-1}}$$

$\underline{\sigma = 417\ \text{N/mm}^2}$

Übungsaufgaben:

2-122. Ein Draht erfährt durch die Spannung $\sigma = 170$ N/mm² die Dehnung $\varepsilon = 0{,}25\ \%$. Wie groß ist die Dehnungszahl des Materials?

2-123. Ein 10,0 cm langer Stahldraht $A = 0{,}54$ mm² wird mit einer Kraft von 240 N belastet. Es wird eine Längenänderung von 0,20 mm gemessen. Welche Dehnungszahl hat der Stahl?

2-124. Wie groß sind die Spannung σ_i, die Dehnungszahl a_i und die Dehnung ε_i von Drähten aus unterschiedlichen Werkstoffen von gegebener Länge l_i und gegebenem Querschnitt A_i, für die sich bei den Zugkräften F_i die Längenänderungen Δl_i ergeben?

	l_i	A_i	F_i	Δl_i
a)	0,100 m	10,0 mm²	1,95 kN	0,30 mm
b)	75,0 mm	8,0 mm²	3,88 kN	0,28 mm
c)	30 cm	0,15 cm²	360 N	0,45 mm
d)	200 mm	18,5 mm²	27,75 kN	1,50 mm

2-125. Wie groß ist die maximale Längenänderung Δl eines 1,25 m langen Stahldrahtes einer zulässigen Spannung von 9,0 kN/cm²? $\alpha_{Stahl} = 4.8 \cdot 10^{-6}$ mm²/N

2-126. Wie groß sind die jeweils gesuchten Größenwerte?

	Δl	l	F	A	α
a)	?	2,0 m	500 N	20 mm²	$4{,}76 \cdot 10^{-6}$ mm²/N
b)	1,6 mm	?	20 kN	1,75 cm²	$1{,}33 \cdot 10^{-5}$ mm²/N
c)	0,65 mm	1,85 m	?	45 mm²	$6{,}25 \cdot 10^{-5}$ mm²/N
d)	20 cm	2,75 m	30 N	?	0,154 mm²/N
e)	0,21 mm	50 cm	775 N	15 mm²	?

2.2.2.6 Wiederholungsaufgaben

2-47. Der Puffer eines Eisenbahnwagens wird mit der Kraft $F_1 = 20{,}0$ kN um 48 mm zusammengedrückt. Wie groß ist seine Federkonstante c?

2-48. Welche Verlängerung verursacht eine Kraft $F = 700$ N an einer Feder mit der Federkonstante $c = 3{,}6$ N/mm?

2-49. Bei einer Werkstoffprüfung wird ein Draht mit einem Querschnitt $A = 9{,}0$ mm² mit einer Kraft $F = 4{,}20$ kN belastet. Wie groß ist die Spannung des Drahtes?

2-50. Mit welcher Kraft muß ein Körper mit einem Querschnitt von 12,2 mm² auseinandergezogen werden, wenn eine Spannung von 300 N/mm² erzeugt werden soll?

2-51. Welchen Querschnitt A hat ein Körper, an dem die Kraft $F = 2{,}50$ kN eine Spannung von 150 N/mm² erzeugt?

2-52. Ein Stahlpfeiler mit dem Querschnitt $A = 65{,}0$ cm² kann maximal mit der Kraft $F = 550$ kN belastet werden. Welche zulässige Spannung σ_{zul} hat das Material?

2-53. Mit welcher Zugkraft F darf ein Stahldraht, $\sigma_{zul} = 9{,}2$ kN/cm², mit einem Querschnitt von 12,2 mm² maximal belastet werden, ohne daß er reißt?

2-54. Welchen Querschnitt A muß eine Zugstange, $\sigma_{zul} = 9{,}1$ kN/cm², mindestens besitzen, damit sie bei einer Belastung mit 250 kN nicht reißt?

2-55. Ein 120 mm langer Stahldraht wird bei Belastung durch eine Kraft um 0,18 mm verlängert. Wie groß ist die Dehnung des Drahtes?

2-56. Wie lang muß ein Körper sein, damit er bei einer Dehnung von 0,3 % um 45 mm länger wird?

2-57. Ein 100 mm langer Stahldraht, Querschnitt $A = 8{,}0$ mm², wird mit einer Kraft von 3,20 kN belastet. Dabei wird eine Längenänderung von 0,20 mm gemessen. Wie groß ist der Elastizitätsmodul des Stahls?

2-58. Wie groß ist die maximale Längenänderung Δl eines Stahldrahtes von 8,25 m Länge mit der zulässigen Spannung von 9,0 kN/cm²? Der Elastizitätsmodul von Stahl beträgt $E = 210$ kN/mm²!

2-59. Bei einer Werkstoffprüfung wird ein Draht mit der Länge $l = 1000$ mm und dem Querschnitt $A = 32$ mm² durch eine Kraft $F = 4{,}75$ kN um 3,2 mm auseinandergezogen. Welchen Elastizitätsmodul hat das Material?

2-60. Eine Zugstange aus Stahl, $E = 210$ kN/mm², wird mit 165 kN belastet. Wie groß ist bei einer Länge von 6,25 m und einem Querschnitt $A = 18$ cm² die Längenänderung Δl der Stange?

2-61. Wie groß ist die Zugkraft F, die einen Körper, $E = 60$ kN/mm², von 625 mm Länge bei einem Querschnitt von 28 mm² um 0,15 mm dehnt?

2-62. Wie lang muß ein Holzkörper mit dem Querschnitt $A = 50$ mm² sein, der von der Druckkraft $F = 25{,}0$ kN um 3,0 mm zusammengedrückt wird? Der Elastizitätsmodul von Holz ist $E = 10$ kN/mm²!

2-63. Welchen Querschnitt muß ein Bleidraht, $E = 16$ kN/mm², mit einer Länge von 1,00 m haben, wenn er mit einer Kraft $F = 350$ N um 2,5 mm auseinandergezogen wird?

2-64. Wie groß ist die maximale Längenänderung Δl eines 500 mm langen Stahldrahts mit der Dehnungszahl $a = 4{,}7 \cdot 10^{-6}$ mm²/N, wenn die zulässige Spannung einen Wert von 95 N/mm² nicht überschreiten darf?

2-65. Ein Grauguß hat den Elastizitätsmodul $E = 78{,}0$ kN/mm². Wie groß ist die Dehnungszahl a des Materials?

2-66. Ein Draht erfährt durch eine Spannung von 400 N/mm² eine Dehnung von 0,2 %. Wie groß ist die Dehnungszahl a des Materials?

2.2.3 Hydrostatik (Statik der Flüssigkeiten)

2.2.3.1 Allgemeine Eigenschaften von Flüssigkeiten

Zwischen den einzelnen Teilchen einer Flüssigkeit wirken im Vergleich zu festen Körpern *geringe* Kohäsionskräfte (vgl. Abschn. 2.2.1), weil zwischen ihnen keine Gitterkräfte mehr bestehen. Daraus resultiert die gegenseitige *Verschiebbarkeit* der Flüssigkeitsteilchen als *die* charakteristische Eigenschaft von Flüssigkeiten.

Flüssigkeiten besitzen *keine* eigene Gestalt; sie nehmen die Gestalt des Gefäßes an, in dem sie sich befinden.

Aus dem gleichen Grund stellt sich die Oberfläche einer Flüssigkeit immer senkrecht zur wirkenden Kraft ein.

Die Oberfläche einer Flüssigkeit (der Flüssigkeitsspiegel) stellt sich unter dem Einfluß der Schwerkraft (Erdanziehungskraft) stets horizontal ein.

In verbundenen (kommunizierenden) Gefäßen steht eine Flüssigkeit überall gleich hoch.

Der Abstand zwischen den Teilchen von Flüssigkeiten ist *ähnlich gering* wie der zwischen den Teilchen eines festen Körpers. Sie lassen sich deshalb nur durch sehr großen äußeren Druck merklich zusammendrücken. Auf Flüssigkeiten wirkende Druckkräfte werden von Teilchen zu Teilchen weitergegeben.

Flüssigkeiten sind praktisch *nicht* komprimierbar; sie besitzen ein bestimmtes Volumen.

In einer Flüssigkeit pflanzt sich der Druck in alle Richtungen mit gleicher Größe fort (*Gesetz von Pascal*).

An Grenzflächen von Flüssigkeiten wirken sowohl *Kohäsionskräfte* (Zusammenhaltekräfte) zwischen den Flüssigkeitsteilchen untereinander als auch Adhäsionskräfte (Anhaftekräfte) zwischen ihnen und den Teilchen anderer Körper (z. B. Luft oder Gefäßwandungen), mit denen sie an dieser Grenzfläche in Berührung kommen. Je nach Verhältnis dieser Kräfte zueinander zeigen sich an der Oberfläche von Flüssigkeiten bestimmte Erscheinungen.

So sind z. B. die Adhäsionskräfte, d. h. die Anziehungskräfte, zwischen den Teilchen der Luft und denen einer Flüssigkeit, über der sie sich befindet, praktisch gleich Null. Im Innern der Flüssigkeit wirken die geringen Kohäsionskräfte in alle Richtungen, an der Oberfläche fehlen jedoch Kräfte in Richtung auf die darüber befindliche Luft. Aus diesem Grund zeigen Flüssigkeiten eine mehr oder weniger große *Oberflächenspannung* (vgl. Abb. 2-39).

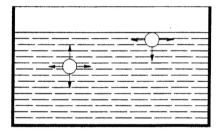

Abb. 2-39. Oberflächenspannung bei Flüssigkeiten

Die Oberflächungenspannung ist das Bestreben einer Flüssigkeit, ihre Oberfläche zu verkleinern.

Unterschiedlich große Adhäsions- und Kohäsionskräfte sind auch die Ursache für die sog. *Kapillarität*.

Kapillarität ist das Bestreben einer Flüssigkeit, in einer engen Röhre (Kapillare, Haarröhrchen) höher bzw. niedriger zu stehen als es nach dem Prinzip der verbundenen Gefäße sein dürfte.

2.2.3.2 Hydrostatischer Druck (Schweredruck von Flüssigkeiten)

Wie jeder feste Körper (vgl. Abschn. 2.2.1.7) erzeugt auch eine Flüssigkeitssäule auf Grund ihrer Gewichtskraft G (vgl. Abschn. 2.3.1) einen Schweredruck p, der jedoch von der Fläche A *unabhängig* ist. Dies folgt aus (2-113) mit (2-163), (1-53) und (1-4):

$$p_{hyd} = \frac{G_{Fl}}{A_{Fl}} \longleftarrow G_{Fl} = m_{Fl}\,g \longleftarrow m_{Fl} = \rho_{Fl}\,V_{Fl} \longleftarrow V_{Fl} = h_{Fl}\,A_{Fl}$$

$$p_{hyd} = \frac{h_{Fl}\,A_{Fl}\,\rho_{Fl}\,g}{A_{Fl}}$$

Dieser als *hydrostatischer* Druck p_{hyd} oder auch *Flüssigkeitsdruck* bezeichnete Schweredruck einer Flüssigkeitssäule ist von deren Form und damit auch von der Fläche unabhängig (*Hydrostatisches Paradoxon*, vgl. Abb. 2-40). Er ist nur von der Höhe h_{Fl} der Flüssigkeitssäule, der Dichte ρ_{Fl} der Flüssigkeit und der Erdbeschleunigung g abhängig:

Hydrostatischer Druck = Höhe · Dichte · Erdbeschleunigung

$$p_{hyd} = h_{Fl}\,\rho_{Fl}\,g \qquad (2\text{-}123)$$

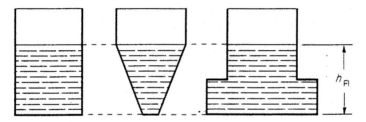

Abb. 2-40. Hydrostatisches Paradoxon

Entlang einer Flüssigkeitssäule nimmt der Druck von oben nach unten zu, weil ihre Höhe in dieser Richtung immer größer wird.

Rechenbeispiel 2-119. Welchen Druck bewirkt eine Wassersäule, $\rho_{Fl} = 1000$ kg/m³, in 12,0 m Tiefe auf die kreisförmige Ausstiegsluke eines U-Bootes? $g = 9,81$ m/s²

Gesucht: p_1 **Gegeben:** $h_1 = 12,0$ m; $h_2 = 80$ m; $\rho_{Fl} = 1000$ kg/m³; $g = 9,81$ m/s²

Mit (2-123) und **1 N = 1 kg m/s²** gilt für den hydrostatischen Druck p_1:

$$p_1 = h_1 \, \rho_{Fl} \, g = 12{,}0 \text{ m} \cdot 1000 \text{ kg m}^{-3} \cdot 9{,}81 \text{ m s}^{-2} = 12{,}0 \cdot 1000 \cdot 9{,}81 \text{ N m}^{-2}$$

$$\boldsymbol{p_1 = 1{,}177 \cdot 10^5 \text{ N/m}^2 = 1{,}177 \cdot 10^5 \text{ Pa} = 1{,}177 \text{ bar}}$$

Rechenbeispiel 2-120. Wie hoch muß Methanol, $\rho = 791$ kg/m³, in einem Behälter stehen, wenn an dessen Boden ein Druck von 725 mbar gemessen wird? $g = 9,81$ m/s²

Gesucht: h_{Fl} **Gegeben:** $\rho_{Fl} = 791$ kg/m³; $p = 725$ mbar; $g = 9,81$ m/s²

Aus (2-123) ergibt sich mit **1 bar = 10^5 Pa = 10^5 N/m²** (vgl. (2-114)) für die Höhe h_{Fl}:

$$p_{hyd} = h_{Fl} \, \rho_{Fl} \, g \Rightarrow$$

$$h_{Fl} = \frac{p}{\rho_{Fl} \, g} = \frac{725 \text{ mbar}}{791 \text{ kg m}^{-3} \cdot 9{,}81 \text{ m s}^{-2}} = \frac{0{,}725 \cdot 10^5 \text{ N m}^{-2}}{791 \text{ kg m}^{-3} \cdot 9{,}81 \text{ m s}^{-2}}$$

$$\boldsymbol{h_{Fl} = 9{,}34 \text{ m}}$$

2.2 Statik (Gleichgewichtslehre)

Rechenbeispiel 2-121. Eine 750 mm hohe Flüssigkeitssäule erzeugt am Boden eines Behälters einen Druck von 9,27 kPa. Welche Dichte hat die Flüssigkeit? $g = 9,81$ m/s²

Gesucht: ρ_{Fl} **Gegeben:** $h_{Fl} = 750$ mm; $p = 9,27$ kPa; $g = 9,81$ m/s²

Aus (2-123) ergibt sich mit **1 Pa = 1 N/m² und 1 N = 1 kg m/s²** für die Dichte ρ_{Fl}:

$p_{hyd} = h_{Fl}\, \rho_{Fl}\, g \Rightarrow$

$$\rho_{Fl} = \frac{p}{h_{Fl}\, g} = \frac{9{,}27 \text{ kPa}}{750 \text{ mm} \cdot 9{,}81 \text{ m s}^{-2}} = \frac{9{,}27 \cdot 10^3 \text{ kg m s}^{-2}\text{ m}^{-2}}{0{,}750 \text{ m} \cdot 9{,}81 \text{ m s}^{-2}}$$

$\underline{\rho_{Fl} = \mathbf{1260 \text{ kg/m}^3 = 1{,}260 \text{ g/cm}^3}}$

Übungsaufgaben:

2-127. Wie groß sind die in der Tabelle fehlenden Größenwerte? $g = 9,81$ m/s²

	p_{hyd}	h_{Fl}	ρ_{Fl}
a)	?	1,50 m	720 kg/m³
b)	12,6 bar	?	1,020 g/cm³
c)	173 Pa	20,0 mm	?

2.2.3.3 Boden-, Seiten- und Aufdruckkraft

In einer Flüssigkeit herrscht an jeder Stelle ein bestimmter hydrostatischer Druck, der von der Höhe der darüber befindlichen Flüssigkeitssäule abhängt und sich in gleicher Größe und in alle Richtungen fortpflanzt.

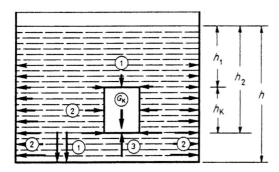

Abb. 2-41. Druckkräfte in einer Flüssigkeit

Er bewirkt deshalb auch entsprechende Kräfte auf alle Wandungen des Flüssigkeitsbehälters, die entlang der Flüssigkeitssäule von oben nach unten zunehmen (vgl. Abb. 2-41).

Die Kräfte auf die Behälterwandung sind die *Bodendruckkraft* F_B **(1)** mit der Höhe h und die *Seitendruckkräfte* $F_{S,i}$ **(2)** mit den Höhen h_i.

Auf einen in die Flüssigkeit eintauchenden Körper wirken die gleichen Kräfte, die ebenfalls von den zugehörigen Flüssigkeitshöhen abhängig sind (vgl. auch Abb. 2-41). Hinzu kommen noch die senkrecht nach unten wirkende Gewichtskraft G_K und die *Aufdruckkraft* F_D **(3)** mit der Höhe h_2.

2.2.3.3.1 Bodendruckkraft

Die Bodendruckkraft F_B läßt sich gemäß (2-113) mit (2-123) berechnen.

$$p = \frac{F}{A} \Rightarrow F = p\,A \quad \leftarrow \quad p_{hyd} = h_{Fl}\,\rho_{Fl}\,g$$

$$\mathbf{F_B = h_{Fl}\,\rho_{Fl}\,g\,A} \tag{2-124}$$

Rechenbeispiel 2-122. Wie groß ist die Druckkraft F_B des Wassers, $\rho = 998$ kg/m³, in 65 m Tiefe auf die Ausstiegsluke eines U-Bootes mit der Fläche $A = 0{,}66$ m²? $g = 9{,}81$ m/s²

Gesucht: F_B **Gegeben:** $\rho_{Fl} = 998$ kg/m³; $h_{Fl} = 65$ m; $A = 0{,}66$ m²; $g = 9{,}81$ m/s²

Mit (2-124) und **1 N = 1 kg m/s²** gilt für die Bodendruckkraft F_B:

$F_B = h_{Fl}\,\rho_{Fl}\,g\,A = 65$ m · 998 kg m⁻³ · 9,81 m s⁻² · 0,66 m²

$\underline{F_B = 420 \text{ kN}}$

Übungsaufgaben:

2-128. Wie groß sind die in folgender Tabelle fehlenden Größenwerte? $g = 9{,}81$ m/s²

	F_B	h_{Fl}	ρ_{Fl}	A
a)	?	25,5 cm	1594 kg/m³	40 cm²
b)	135 N	?	13,6 g/mL	2,0 cm²
c)	10,07 kN	10,3 m	?	0,10 m²
d)	12,0 kN	0,75 m	0,879 g/cm³	?

2-129. Wie groß sind die in folgender Tabelle fehlenden Größenwerte? $g = 9{,}81$ m/s²

	F_B	h_{Fl}	ρ_{Fl}	d
a)	?	25,5 cm	1594 kg/m³	7,0 cm
b)	135 N	?	13,6 g/mL	16 mm
c)	9,69 kN	10,3 m	?	0,35 m
d)	12,0 kN	0,75 m	0,879 g/cm³	?

2.2.3.3.2 Seitendruckkraft

Gemäß (2-124) läßt sich auch die Seitendruckkraft F_S auf die Wandungen des Gefäßes berechnen. Im Gegensatz zur Bodendruckkraft F_B geht dabei aber nicht die gesamte Höhe h_{Fl} der Flüssigkeitssäule ein, sondern nur die Höhe h_M über dem jeweiligen Flächenmittelpunkt M.

Aus (2-124) folgt deshalb:

$$F_S = h_M \, \rho_{Fl} \, g \, A \qquad (2\text{-}126)$$

Rechenbeispiel 2-123. In einem quaderförmigen Aquarium, $l = 1{,}25$ m, $b = 0{,}65$ m, steht Wasser 45 cm hoch. Wie groß sind die Seitenkräfte auf die Wände des Behälters? Wie groß ist die Kraft auf den Boden des Behälters? $\rho_{Fl} = 1000$ kg/m³; $g = 9{,}81$ m/s²

Gesucht: $F_{S,l}$; $F_{S,b}$; F_B **Gegeben:** $l = 1{,}25$ m, $b = 0{,}65$ m; $h_{Fl} = 45$ cm $= 0{,}45$ m; $\rho_{Fl} = 1000$ kg/m³; $g = 9{,}81$ m/s²

Mit (2-126), $h_M = h_{Fl}/2$, $A_S = l \, h_{Fl}$ und 1 N $= 1$ kg m/s² gilt für die Seitendruckkräfte $F_{S,l}$ und $F_{S,b}$:

$$F_{S,l} = h_M \, \rho_{Fl} \, g \, A_l = \frac{h_{Fl} \, \rho_{Fl} \, g \, l \, h_{Fl}}{2}$$

$$= \frac{0{,}45 \text{ m} \cdot 1000 \text{ kg m}^{-3} \cdot 9{,}81 \text{ m s}^{-2} \cdot 1{,}25 \text{ m} \cdot 0{,}45 \text{ m}}{2}$$

$$= \frac{0{,}45 \text{ m} \cdot 1000 \text{ m}^{-3} \cdot 9{,}81 \text{ N} \cdot 1{,}25 \text{ m} \cdot 0{,}45 \text{ m}}{2}$$

$\underline{F_{S,l} = 1{,}24 \text{ kN}}$

$$F_{S,b} = h_M \, \rho_{Fl} \, g \, A_b = \frac{h_{Fl} \, \rho_{Fl} \, g \, b \, h_{Fl}}{2}$$

$$= \frac{0{,}45 \text{ m} \cdot 1000 \text{ kg m}^{-3} \cdot 9{,}81 \text{ m s}^{-2} \cdot 0{,}65 \text{ m} \cdot 0{,}45 \text{ m}}{2}$$

$$= \frac{0{,}45 \text{ m} \cdot 1000 \text{ m}^{-3} \cdot 9{,}81 \text{ N} \cdot 0{,}65 \text{ m} \cdot 0{,}45 \text{ m}}{2}$$

$\underline{F_{S,b} = 0{,}65 \text{ kN}}$

Mit $A_B = l\,b$ für die Bodenfläche folgt aus (2-124) mit **1 N = 1 kg m/s²** für die Bodendruckkraft F_B:

$$F_B = h_{Fl} \, \rho_{Fl} \, g \, A_B \Rightarrow$$

$$F_B = h_{Fl} \, \rho_{Fl} \, g \, l \, b = 0{,}45 \text{ m} \cdot 1000 \text{ kg m}^{-3} \cdot 9{,}81 \text{ m s}^{-2} \cdot 1{,}25 \text{ m} \cdot 0{,}65 \text{ m}$$

$$= 0{,}45 \text{ m} \cdot 1000 \text{ m}^{-3} \cdot 9{,}81 \text{ N} \cdot 1{,}25 \text{ m} \cdot 0{,}65 \text{ m}$$

$\underline{F_B = 3{,}59 \text{ kN}}$

Rechenbeispiel 2-124. Ein senkrecht angeordnetes, kreisförmiges Absperrorgan, $d = 42$ cm, eines Wasserbehälters befindet sich mit seinem oberen Rand 15,5 m unter der Oberfläche. Wie groß ist die Druckkraft F_S auf diesen Schieber?
$\rho_{Fl} = 1{,}000 \text{ kg/m}^3$; $g = 9{,}81 \text{ m/s}^2$

Gesucht: F_S **Gegeben:** $d = 42$ cm; $h_{Fl} = 15{,}5$ m; $\rho_{Fl} = 1{,}000 \text{ kg/m}^3$; $g = 9{,}81 \text{ m/s}^2$

Mit (2-124), $h_M = h_{Fl} + d/2$, $A = d^2 \pi /4$ und **1 N = 1 kg m/s²** gilt für die Seitendruckkraft F_S:

$$F_S = h_M \, \rho_{Fl} \, g \, A = \left(h_{Fl} + \frac{d}{2}\right) \rho_{Fl} \, g \, \frac{d^2 \pi}{4}$$

$$= \left(15{,}5 \text{ m} + \frac{0{,}42 \text{ m}}{2}\right) \cdot 1000 \text{ kg m}^{-3} \cdot 9{,}81 \text{ m s}^{-2} \cdot \frac{(0{,}42 \text{ m})^2 \cdot \pi}{4}$$

$$= \left(15{,}5 \text{ m} + \frac{0{,}42 \text{ m}}{2}\right) \cdot 1000 \text{ m}^{-3} \cdot 9{,}81 \text{ N} \cdot \frac{(0{,}42 \text{ m})^2 \cdot \pi}{4}$$

$\underline{F_S = 21{,}4 \text{ kN}}$

Übungsaufgaben:

2-130. In einem rechteckigen Schwimmbassin von 25,0 m Länge und 12,5 m Breite steht das Wasser 2,50 m hoch. Wie groß sind die Druckkräfte auf a) die unterschiedlichen Seiten und b) den Boden des Bassins? ρ(Wasser) = 1,000 g/cm^3

2-131. Der obere Rand des kreisförmigen Torpedoschachts eines U-Bootes, d = 45 cm, befindet sich 32 m waagrecht unter der Meeresoberfläche. Welche Seitendruckkraft wirkt auf die senkrecht zum Schacht stehende Luke? ρ(Meerwasser) = 1,008 g/cm^3

2.2.3.3.3 Aufdruckkraft

Die Aufdruckkraft F_D läßt sich gemäß (2-113) mit (2-123) berechnen. Sie ist senkrecht nach oben gerichtet und hat den gleichen Größenwert wie die zugehörige Seitendruckkraft in der gleichen Höhe.

$$p = \frac{F}{A} \Rightarrow F = p\,A \quad \longleftarrow \quad p_{hyd} = h_{Fl}\,\rho_{Fl}\,g$$

$$F_D = h_{Fl}\,\rho_{Fl}\,g\,A \tag{2-127}$$

Rechenbeispiel 2-125. Eine Röhre mit dem Durchmesser d = 20 cm taucht senkrecht in Wasser, ρ = 1,000 kg/m^3, ein. Mit welcher Kraft wird sie in in 80 cm Tiefe von einer losen, runden Metallplatte des gleichen Durchmessers verschlossen?

Gesucht: F_D **Gegeben:** d = 20 cm; h_{Fl} = 80 cm; ρ_{Fl} = 1,000 kg/m^3; g = 9,81 m/s^2

Mit (2-127), $A = d^2\,\pi\,/4$ und **1 N = 1 kg m/s^2** gilt für die Aufdruckkraft F_D:

$$F_D = h_{Fl}\,\rho_{Fl}\,g\,A = \frac{h_{Fl}\,\rho_{Fl}\,g\,d^2\,\pi}{4}$$

$$= \frac{0{,}80 \text{ m} \cdot 1000 \text{ kg m}^{-3} \cdot 9{,}81 \text{ m s}^{-2} \cdot (0{,}2 \text{ m})^2 \cdot \pi}{4}$$

$\underline{F_D = 247 \text{ N}}$

Übungsaufgaben:

2-132. Ein Zylinder mit der Bodenfläche A = 1,0 cm^2 wird nacheinander senkrecht in verschiedene Flüssigkeiten mit den Dichten $\rho_{Fl,i}$ eingetaucht. Welche Aufdruckkräfte wirken

246   2 Rechnen in der Mechanik

in den unterschiedlichen Tiefen $h_{Fl,i}$ auf die Bodenfläche des Zylinders (vgl. Abb. 2-41)?
$g = 9{,}81$ m/s^2
a) $\rho_{Fl,1} = 13{,}6$ g/cm^3; $h_{Fl,1} = 760$ mm; b) $\rho_{Fl,2} = 1000$ kg/m^3; $h_{Fl,2} = 10{,}33$ m

2.2.3.4 Auftriebskraft in Flüssigkeiten

2.2.3.4.1 Prinzip von Archimedes

Die an einem in eine Flüssigkeit eintauchenden Körper (vgl. Abb. 2-41) angreifenden Seitendruckkräfte sind – abhängig von der Höhe der darüber befindlichen Flüssigkeitssäule – gleichgroß und entgegengesetzt gerichtet. Sie können deshalb zwar in Bezug auf eine Verformung des Körpers wirksam werden, nicht aber in Bezug auf eine Veränderung seines Bewegungszustandes.

Die von der Flüssigkeitshöhe h_2 abhängige Aufdruckkraft F_D ist ebenfalls der von der Flüssigkeitshöhe h_1 abhängigen Bodendruckkraft F_B entgegengerichtet, gleichzeitig jedoch immer größer als diese. Die Differenz dieser beiden Kräfte ist die nach oben gerichtete *Auftriebskraft* F_A, die oft auch nur als *Auftrieb* bezeichnet wird:

Die Auftriebskraft F_A eines in eine Flüssigkeit eintauchenden Körpers ist die Differenz zwischen Aufdruckkraft F_D und Bodendruckkraft F_B des Körpers.

$$F_A = F_D - F_B \tag{2-128}$$

Die Höhe h_K des Körpers ist die Differenz der beiden Flüssigkeitshöhen h_1 und h_2:

$$h_K = h_2 - h_1$$

Für den Körper in Abb. 2-41 folgt damit aus (2-128) mit (2-113), (2-123), $V = A\,h$ und (1-53):

$$F_A = F_D - F_B \quad \longleftarrow \quad F = p\,A \Leftarrow p = \frac{F}{A}$$

$$= (p_D - p_B)\,A \quad \longleftarrow \quad p = h_{Fl}\,\rho_{Fl}\,g$$

$$= (h_2 - h_1)\rho_{Fl}\,g\,A_{B,K} \quad \longleftarrow \quad h_2 - h_1 = h_K$$

$$= h_K\,\rho_{Fl}\,g\,A_{B,K} \quad \longleftarrow \quad h_K\,A_{B,K} = V_K$$

$$F_A = V_K\,\rho_{Fl}\,g \tag{2-129}$$

Naturgemäß ist das Volumen $V_{Fl,v}$ der verdrängten Flüssigkeit gleich dem Volumen V_K des eintauchenden Körpers. Aus (2-129) folgt somit:

$$F_A = V_{Fl,v}\,\rho_{Fl}\,g \tag{2-130}$$

2.2 Statik (Gleichgewichtslehre)

Mit (1-53) und (2-163) folgt aus (2-130) das *Prinzip von Archimedes*:

$F_A = V_{Fl,v}\, \rho_{Fl}\, g \quad \longleftarrow \quad \rho_{Fl} = \dfrac{m_{Fl,v}}{V_{Fl,v}}$

$F_A = m_{Fl,v}\, g \Rightarrow$

$F_A = G_{Fl,v}$ (2-131)

An einem in eine Flüssigkeit eintauchenden Körper wirkt eine nach oben gerichtete Auftriebskraft F_A, die gleich der Gewichtskraft $G_{Fl,v}$ der von ihm verdrängten Flüssigkeit ist.

Da die Auftriebskraft F_A entgegengesetzt zur Gewichtskraft G_K eines Körpers gerichtet ist, gilt gemäß (2-131) auch:

Die Gewichtskraft G_K eines in eine Flüssigkeit eintauchenden Körpers verringert sich scheinbar um die Gewichtskraft $G_{Fl,v}$ der von ihm verdrängten Flüssigkeit.

Rechenbeispiel 2-126. Welche Auftriebskraft erfährt ein Körper mit einem Volumen von 600 cm³, der völlig in Methanol, $\rho = 0{,}791$ g/cm³, eintaucht? $g = 9{,}81$ m/s²

Gesucht: F_A **Gegeben:** $V_K = 600$ cm³; $\rho = 0{,}791$ g/cm³; $g = 9{,}81$ m/s²

Mit (2-130) und **1 cm³ = 10⁻⁶ m³** sowie **1 N = 1 kg m/s²** gilt für die Auftriebskraft F_A:

$F_A = V_{Fl,v}\, \rho_{Fl}\, g = 600 \cdot 100^{-6}\ \text{m}^3 \cdot 791\ \text{kg m}^{-3} \cdot 9{,}81\ \text{m s}^{-2}$

$\underline{F_A = 4{,}66\ \text{N}}$

Rechenbeispiel 2-127. Die Gewichtskraft eines Körpers, der völlig in Quecksilber, $\rho = 13{,}6$ g/cm³, eintaucht, verringert sich scheinbar um 80,0 N. Wie groß ist das Volumen des Körpers? $g = 9{,}81$ m/s²

Gesucht: V_K **Gegeben:** $\rho = 13{,}6$ g/cm³; $F_A = 80{,}0$ N; $g = 9{,}81$ m/s²

Aus (2-130) folgt mit $V_K = V_{Fl,v}$ und **1 N = 1 kg m/s²** für das Volumen V_K des Körpers:

$F_A = V_{Fl,v}\, \rho_{Fl}\, g \Rightarrow$

$V_K = V_{Fl,v} = \dfrac{F_A}{\rho_{Fl}\, g} = \dfrac{80{,}0\ \text{N}}{13\,600\ \text{kg m}^{-3} \cdot 9{,}81\ \text{m s}^{-2}} = \dfrac{80{,}0\ \text{kg m s}^{-2}}{13\,600\ \text{kg m}^{-3} \cdot 9{,}81\ \text{m s}^{-2}}$

$\underline{V_K = 6{,}00 \cdot 10^{-4}\ \text{m}^3 = 600\ \text{cm}^3}$

248   2 Rechnen in der Mechanik

Rechenbeispiel 2-128. Welche Dichte hat eine Flüssigkeit, in der ein Körper mit dem Volumen von 2,60 dm³ scheinbar um 40,6 N leichter wird? $g = 9{,}81$ m/s²

Gesucht: ρ_{Fl} **Gegeben:** $V_K = 2{,}60$ dm³; $F_A = 40{,}7$ N; $g = 9{,}81$ m/s²

Aus (2-130) folgt mit $V_K = V_{Fl,v}$, **1 dm³ = 10⁻³ m³** und **1 N = 1 kg m/s²** für die Dichte ρ_{Fl} der Flüssigkeit:

$$F_A = V_{Fl,v}\, \rho_{Fl}\, g \Rightarrow$$

$$\rho_{Fl} = \frac{F_A}{V_K\, g} = \frac{40{,}7\ \text{N}}{2{,}60\ \text{dm}^3 \cdot 9{,}81\ \text{m s}^{-2}} = \frac{40{,}7\ \text{kg m s}^{-2}}{2{,}60 \cdot 10^{-3}\ \text{m}^3 \cdot 9{,}81\ \text{m s}^{-2}}$$

$\underline{\rho_{Fl} = 1596\ \text{kg/m}^3 = 1{,}596\ \text{g/cm}^3}$

Übungsaufgaben:

2-133. Für völlig in Flüssigkeiten eintauchende Körper sind die in der Tabelle aufgeführten Größenwerte bekannt. Wie groß sind die fehlenden Größenwerte? $g = 9{,}81$ m/s²

	F_A	$V_K = V_{Fl,v}$	ρ_{Fl}
a)	?	20,0 cm³	1005 kg/m³
b)	45,0 N	?	0,879 g/cm³
c)	100 N	750 cm³	?

2.2.3.4.2 Verhalten von Körpern in einer Flüssigkeit

Ob ein Körper in einer Flüssigkeit an der Oberfläche *schwimmt*, in ihr *schwebt* oder zum Boden *sinkt*, ist vom Verhältnis zwischen

– der Auftriebskraft F_A, die der Körper erfährt, und seiner Gewichtskraft G_K bzw.
– der Dichte ρ_{Fl} der Flüssigkeit und der Dichte ρ_K des Körpers

abhängig.

Mit (2-130) für die Auftriebskraft F_A, (2-163) für die Gewichtskraft G_K und $V_{Fl,ein} = V_K$ gelten (vgl. Abb. 2-42):

$F_A > G_K \Rightarrow V_{Fl}\rho_{Fl}\,g > V_K\,\rho_K\,g \Rightarrow \rho_{Fl} > \rho_K \Rightarrow$ **Der Körper schwimmt!**
$F_A = G_K \Rightarrow V_{Fl}\rho_{Fl}\,g = V_K\rho_K\,g \Rightarrow \rho_{Fl} = \rho_K \Rightarrow$ **Der Körper schwebt!**
$F_A < G_K \Rightarrow V_{Fl}\rho_{Fl}\,g < V_K\,\rho_K\,g \Rightarrow \rho_{Fl} < \rho_K \Rightarrow$ **Der Körper sinkt!**

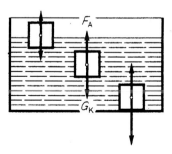

Abb. 2-42. Verhalten von Körpern in einer Flüssigkeit

2.2.3.4.3 Schwimmende Körper

Wenn ein Körper schwimmt, taucht er nur so tief in die Flüssigkeit ein, daß die dem eintauchenden Volumen $V_{K,ein}$ entsprechende Auftriebskraft F_A gleich seiner Gewichtskraft G_K ist.

Es gelten dann gemäß (1-53) und (2-163):

$$F_A = G_K = V_K\,\rho_K\,g \tag{2-132}$$

$$F_A = G_K = V_{K,ein}\,\rho_{Fl}\,g \tag{2-133}$$

$$F_A = G_K = V_K\,\rho_K\,g = V_{K,ein}\,\rho_{Fl}\,g \tag{2-134}$$

(2-134) stellt eine Zusammenfassung von (2-132) und (2-133) dar und läßt sich deshalb in jedem Fall bei der Berechnung aller in Frage kommenden Größen zugrundelegen.
Das sich aus (2-134) ergebende Verhältnis aus den Dichten der Flüssigkeit und des an ihren Oberflächen schwimmenden Körpers – das relative Eintauchvolumen h_{rel} – ergänzt die Berechnungsmöglichkeiten:

$$\frac{\rho_K}{\rho_{Fl}} = \frac{V_{K,ein}}{V_K} \tag{2-134a}$$

Aus (2-134a) folgt mit $V = A\,h$ unter der Voraussetzung, daß $A_K = A_{K,ein}$ ist, für die relative Eintauchhöhe h_{rel}:

$$\frac{\rho_K}{\rho_{Fl}} = \frac{h_{K,ein}}{h_K} = h_{rel} \qquad (2\text{-}134b)$$

Auftriebs- und Gewichtskraft von schwimmenden Körpern

Rechenbeispiel 2-129. Eine Korkkugel, $V = 11{,}2$ dm^3, $\rho = 0{,}205$ g/cm^3, schwimmt an einer Flüssigkeitsoberfläche. Welche Auftriebskraft erfährt die Kugel? $g = 9{,}81$ m/s^2

Gesucht: F_A **Gegeben:** $V_K = 11{,}2$ dm^3; $\rho_K = 0{,}205$ g/cm^3; $g = 9{,}81$ m/s^2

Mit (3-132) und **1 N = 1 kg m/s^2** gilt für die Auftriebskraft F_A:

$$F_A = V_K\, \rho_K\, g = 11{,}2 \text{ dm}^3 \cdot 0{,}205 \text{ g cm}^{-3} \cdot 9{,}81 \text{ m s}^{-2}$$
$$= 11{,}2 \cdot 10^{-3} \text{ m}^3 \cdot 205 \text{ kg m}^{-3} \cdot 9{,}81 \text{ m s}^{-2}$$

$F_A = 22{,}5$ N

Rechenbeispiel 2-130. Ein Körper taucht zu 725 cm^3 in Wasser ein. Wie groß ist die Gewichtskraft des Körpers? $\rho_{Fl} = 1{,}000$ g/cm^3; $g = 9{,}81$ m/s^2

Gesucht: G_K **Gegeben:** $V_{K,ein} = 725$ cm^3; $\rho_{Fl} = 1{,}000$ g/cm^3; $g = 9{,}81$ m/s^2

Mit (3-133) und **1 N = 1 kg m/s^2** gilt für die Gewichtskraft G_K:

$$G_K = V_{K,ein}\, \rho_{Fl}\, g = 725 \text{ dm}^3 \cdot 1{,}000 \text{ g cm}^{-3} \cdot 9{,}81 \text{ m s}^{-2}$$
$$= 725 \cdot 10^{-6} \text{ m}^3 \cdot 1000 \text{ kg m}^3 \cdot 9{,}81 \text{ m s}^{-2}$$

$G_K = 7{,}11$ N

Übungsaufgaben:

2-134. Welche Auftriebskraft F_A wirkt auf Körper, die an der Oberfläche von Flüssigkeiten schwimmen, wenn folgende Größenwerte bekannt sind? $g = 9{,}81$ m/s^2
a) $V_K = 20{,}0$ m^3; $\rho_K = 625$ kg/m^3
b) $V_K = 8{,}50$ dm^3; $\rho_K = 0{,}540$ g/cm^3
c) $V_K = 750$ cm^3; $\rho_K = 204$ kg/m^3

2-135. Welche Auftriebskraft F_A wirkt auf Körper, die an der Oberfläche von Flüssigkeiten schwimmen, wenn folgende Größenwerte bekannt sind? $g = 9{,}81$ m/s^2
a) $V_{K,ein} = 20{,}0$ m^3; $\quad \rho_{Fl} = 998$ kg/m^3
b) $V_{K,ein} = 8{,}50$ dm^3; $\quad \rho_{Fl} = 1{,}26$ g/cm^3
c) $V_{K,ein} = 750$ cm^3; $\quad \rho_{Fl} = 879$ kg/m^3

2-136. Welche Auftriebskraft F_A wirkt auf Körper, $V = 1{,}00$ dm^3, die an der Oberfläche von Flüssigkeiten schwimmen, wenn folgende Größenwerte bekannt sind? $g = 9{,}81$ m/s^2
a) $V_{K,ein}/V_K = 60$ %; $\quad \rho_{Fl} = 792$ kg/m^3
b) $V_{K,ein}/V_K = 1:5$; $\quad \rho_{Fl} = 1{,}594$ g/cm^3
c) $V_{K,ein}/V_K = 0{,}75$; $\quad \rho_{Fl} = 998$ kg/m^3

2-137. Eine Glaskugel, $d = 6{,}5$ cm, taucht zu 18,4 % ihres Volumens in Quecksilber ein. Wie groß ist ihre Auftriebskraft? ρ(Quecksilber) $= 13{,}5$ g/cm^3; $g = 9{,}81$ m/s^2

Volumina von schwimmenden Körpern

Rechenbeispiel 2-131. Welches Volumen eines Kunststoffkörpers mit der Gewichtskraft $G_K = 120$ N taucht in Glycerin, $\rho = 1{,}26$ g/cm^3, ein? $g = 9{,}81$ m/s^2

Gesucht: $V_{K,ein}$ $\qquad$ **Gegeben:** $G_K = 120$ N; $\rho_{Fl} = 1{,}26$ g/cm^3; $g = 9{,}81$ m/s^2

Aus (3-134) folgt mit **1 N = 1 kg m/s^2** für das Eintauchvolumen $V_{K,ein}$ des Körpers:

$G_K = V_{K,ein}\, \rho_{Fl}\, g \Rightarrow$

$$V_{K,ein} = \frac{G_K}{\rho_{Fl}\, g} = \frac{120 \text{ N}}{1{,}26 \text{ g cm}^{-3} \cdot 9{,}81 \text{ m s}^{-2}} = \frac{120 \text{ kg m s}^{-2}}{1260 \text{ kg m}^{-3} \cdot 9{,}81 \text{ m s}^{-2}}$$

$\underline{V_{K,ein} = 9{,}71 \cdot 10^{-3} \text{ m}^3 = 9{,}71 \text{ dm}^3}$

Rechenbeispiel 2-132. Zu welchem Anteil seines Volumens taucht ein Kunststoffkörper mit der Dichte $\rho = 1{,}385$ g/cm^3 in eine Flüssigkeit mit der Dichte $\rho = 1{,}594$ g ein?

Gesucht: $V_{rel} = V_{K,ein}/V_K$ $\qquad$ **Gegeben:** $\rho_K = 1{,}385$ g/cm^3; $\rho_{Fl} = 1{,}594$ g/cm^3

Mit (3-134a) und **1 N = 1 kg m/s^2** gilt für das relative Eintauchvolumen V_{rel}:

$$V_{rel} = \frac{V_{K,ein}}{V_K} = \frac{\rho_K}{\rho_{Fl}} = \frac{1{,}385 \text{ g cm}^{-3}}{1{,}594 \text{ g cm}^{-3}}$$

$\underline{V_{rel} = V_{K,ein}/V_K = 0{,}869 = 86{,}9\ \%}$

2 Rechnen in der Mechanik

Rechenbeispiel 2-133. Welches Volumen besitzt ein Körper, $\rho = 0{,}53$ g/cm³, der mit einem Volumen von 27,5 dm³ in eine Flüssigkeit, $\rho = 880$ kg/m³, eintaucht?

Gesucht: V_K **Gegeben:** $V_{K,ein} = 27{,}5$ dm³; $\rho_{Fl} = 880$ kg/m³, $\rho_K = 0{,}53$ g/cm³

Mit (3-134a) folgt für das Volumen V_K des Körpers:

$$V_K = \frac{V_{K,ein}\,\rho_{Fl}}{\rho_K} = \frac{27{,}5 \text{ dm}^3 \cdot 880 \text{ kg m}^{-3}}{530 \text{ kg m}^{-3}}$$

$\underline{V_K = 45{,}7 \text{ dm}^3}$

Übungsaufgaben:

2-138. Mit welchem Volumen taucht ein Körper mit der Gewichtskraft $G_K = 4{,}50$ N in Meerwasser, $\rho = 1{,}02$ g/cm³, ein? $g = 9{,}81$ m/s²

2-139. Mit welchem Volumen tauchen Körper, für die die folgenden Gewichtskräfte G_K bekannt sind, in Flüssigkeiten mit den Dichten ρ_{Fl} ein? $g = 9{,}81$ m/s²
a) $G_K = 11{,}5$ kN $\rho_{Fl} = 997$ kg/m³
b) $G_K = 45{,}0$ N $\rho_{Fl} = 0{,}879$ g/cm³
c) $G_K = 100$ N $\rho_{Fl} = 0{,}72$ g/cm³

2-140. Mit welchem Anteil seines Gesamtvolumens von 3,25 m³ taucht ein Holzfloß mit der Masse $m = 2038$ kg in Wasser ein? $\rho(\text{Wasser}) = 1{,}000$ g/cm³; $g = 9{,}81$ m/s²

2-141. Für an der Oberfläche von Flüssigkeiten schwimmende Körper sind die untenstehenden Dichten ρ_K bekannt. Mit welchem Volumenanteil tauchen die Körper in die Flüssigkeiten mit den Dichten ρ_{Fl} ein? $g = 9{,}81$ m/s²
a) $\rho_K = 680$ kg/m³ $\rho_{Fl} = 997$ kg/m³
b) $\rho_K = 0{,}21$ g/cm³ $\rho_{Fl} = 0{,}879$ g/cm³
c) $\rho_K = 0{,}60$ g/cm³ $\rho_{Fl} = 0{,}72$ g/cm³

2-142. Für schwimmende Körper sind die untenstehenden Größenwerte bekannt. Welches Gesamtvolumen V_K haben die jeweiligen Körper?
a) $\rho_K = 680$ kg/m³ $\rho_{Fl} = 997$ kg/m³ $V_{K,ein} = 2{,}25$ m³
b) $\rho_K = 0{,}21$ g/cm³ $\rho_{Fl} = 0{,}879$ g/cm³ $V_{K,ein} = 525$ mL
c) $\rho_K = 0{,}90$ g/cm³ $\rho_{Fl} = 1{,}03$ g/cm³ $V_{K,ein} = 65{,}5$ dm³

Eintauchtiefen von schwimmenden Körpern

Rechenbeispiel 2-134. Wie tief taucht ein Holzfloß, $\rho_K = 660$ kg/m³, mit der Gesamthöhe $h_K = 25$ cm in Wasser ein? ρ(Wasser) = 997 kg/m³

Gesucht: $h_{K,ein}$ **Gegeben:** $\rho_K = 660$ kg/m³; $h_K = 25$ cm; $\rho_{Fl} = 997$ kg/m³

Aus (2-134b) folgt mit $V = A\,h$ und $A_K = A_{K,ein}$ für die Eintauchtiefe $h_{K,ein}$:

$$h_{k,ein} = \frac{h_K\,\rho_K}{\rho_{Fl}} = \frac{25\text{ cm} \cdot 660\text{ kg m}^{-3}}{997\text{ kg m}^{-3}}$$

$h_{K,ein} = 16{,}5$ cm

Rechenbeispiel 2-135. Zu welchem Höhenanteil taucht ein Holzfloß $A_K = 15{,}0$ m², $h_K = 40$ cm, $G_K = 31{,}5$ kN, in Wasser ein? ρ(Wasser) = 997 kg/m³; $g = 9{,}81$ m/s²

Gesucht: $h_{rel} = h_{K,ein}/h_K$ **Gegeben:** $A_K = 15{,}0$ m²; $h_K = 40$ cm; $G_K = 31{,}5$ kN; $\rho_{Fl} = 997$ kg/m³; $g = 9{,}81$ m/s²

Mit $h_{rel} = h_{K,ein}/h_K$ und (2-134) folgt mit $V_{K,ein} = A_K\,h_{K,ein}$ und $A_K = A_{K,ein}$ für die relative Eintauchtiefe h_{rel}:

$$h_{rel} = \frac{h_{K,ein}}{h_K} \quad \leftarrow \quad h_{K,ein} = \frac{V_{K,ein}}{A_{K,ein}} \quad \leftarrow \quad V_{K,ein} = \frac{G_K}{\rho_{Fl}\,g} \quad \Leftarrow \quad G_K = V_{K,ein}\,\rho_{Fl}\,g$$

$$h_{rel} = \frac{h_{K,ein}}{h_K} = \frac{G_K}{\rho_{Fl}\,g\,A_{K,ein}\,h_K} = \frac{31{,}5\text{ kN}}{997\text{ kg m}^{-3} \cdot 9{,}81\text{ m s}^{-2} \cdot 15{,}0\text{ m}^2 \cdot 40\text{ cm}}$$

$$= \frac{31{,}5 \cdot 10^3\text{ kg m s}^{-2}}{997\text{ kg m}^{-3} \cdot 9{,}81\text{ m s}^{-2} \cdot 15{,}0\text{ m}^2 \cdot 0{,}40\text{ m}}$$

$h_{rel} = h_{K,ein}/h_K = 0{,}537 = 53{,}7\ \%$

Übungsaufgaben:

2-143. Wie tief taucht ein Quader aus Eichenholz, $A = 8{,}2$ dm², mit einer Masse von 2008 g in Wasser ein? $\rho_{Fl} = 1{,}000$ g/cm³; $g = 9{,}81$ m/s²

2-144. Wie tief taucht ein Würfel aus Fichtenholz, $\rho_K = 500$ kg/m³, mit einer Kantenlänge von 62 cm in Wasser, $\rho_{Fl} = 998$ kg/m³, ein?

2-145. Zu welchem Höhenanteil taucht ein Quader, $A = 95$ dm^2 und $h = 10{,}0$ cm, mit einer Gewichtskraft von 330 N in Ether, $\rho = 0{,}72$ g/cm^3, ein? $g = 9{,}81$ m/s^2

2-146. Zu welchem Höhenanteil taucht ein Holzwürfel, $\rho_K = 0{,}52$ g/cm^3, in eine Flüssigkeit, $\rho_{Fl} = 0{,}996$ g/cm^3, ein?

Dichte von Flüssigkeiten und schwimmenden Körpern

Rechenbeispiel 2-136. Welche Dichte hat eine Flüssigkeit, in die ein Körper mit einer Gewichtskraft von 2,60 N zu 340 cm^3 eintaucht? $g = 9{,}81$ m/s^2

Gesucht: ρ_{Fl} **Gegeben:** $G_K = 2{,}60$ N; $V_{K,ein} = 340$ cm^3; $g = 9{,}81$ m/s^2

Aus (2-133) folgt mit **1 N = 1 kg m/s^2** für die Dichte ρ_{Fl} der Flüssigkeit:

$$G_K = V_{K,ein}\, \rho_{Fl}\, g \Rightarrow$$

$$\rho_{Fl} = \frac{G_K}{V_{K,ein}\, g} = \frac{2{,}60 \text{ N}}{340 \text{ cm}^3 \cdot 9{,}81 \text{ m s}^{-2}} = \frac{2{,}60 \text{ kg m s}^{-2}}{340 \cdot 10^{-6} \text{ m}^3 \cdot 9{,}81 \text{ m s}^{-2}}$$

$$\underline{\rho_{Fl} = 780 \text{ kg/m}^3}$$

Rechenbeispiel 2-137. Ein Quader, $\rho_K = 0{,}63$ g/cm^3, mit der Gesamthöhe $h_K = 25$ cm taucht in eine Flüssigkeit 9,9 cm tief ein. Welche Dichte hat die Flüssigkeit?

Gesucht: ρ_{Fl} **Gegeben:** $\rho_K = 0{,}63$ g/cm^3; $h_K = 25$ cm; $h_{K,ein} = 9{,}9$ cm

Aus (2-134b) folgt für die Dichte ρ_{Fl} der Flüssigkeit:

$$\frac{\rho_K}{\rho_{Fl}} = \frac{h_{K,ein}}{h_K} \Rightarrow \rho_{Fl} = \frac{h_K\, \rho_K}{h_{K,ein}} = \frac{25 \text{ cm} \cdot 0{,}63 \text{ g cm}^{-3}}{9{,}9 \text{ cm}}$$

$$\underline{\rho_{Fl} = 1{,}59 \text{ g/cm}^3}$$

Rechenbeispiel 2-138. Ein Körper mit dem Volumen $V_K = 85$ cm^3 taucht in eine Flüssigkeit, $\rho_{Fl} = 0{,}88$ g/cm^3, mit einem Volumen von 52 cm^3 ein. Welche Dichte hat der Körper?

Gesucht: ρ_K **Gegeben:** $V_K = 85$ cm^3; $\rho_{Fl} = 0{,}88$ g/cm^3; $V_{K,ein} = 52$ cm^3

2.2 Statik (Gleichgewichtslehre)

Aus (2-134a) folgt für die Dichte ρ_{Fl} der Flüssigkeit:

$$\frac{\rho_K}{\rho_{Fl}} = \frac{V_{K,ein}}{V_K} \Rightarrow \rho_K = \frac{V_{K,ein}\,\rho_{Fl}}{V_K} = \frac{52\text{ cm}^3 \cdot 0{,}88\text{ g cm}^{-3}}{85\text{ cm}^3}$$

$\rho_K = 0{,}54$ g/cm^3

Übungsaufgaben:

2-147. Welche Dichte hat eine Flüssigkeit, in die ein Kunststoffwürfel, $G_K = 22{,}1$ N, mit der einer Fläche von 625 cm^2 und der Dichte $\rho_K = 1{,}20$ g/cm^3 28,6 mm eintaucht?

2-148. Ein Quader, $\rho_K = 0{,}81$ g/cm^3, mit der Höhe $h_K = 14{,}5$ cm taucht in eine Flüssigkeit 11,5 cm tief ein. Wie groß ist die Dichte der Flüssigkeit?

2-149. Eine Kugel taucht zu 12,5 % ihres Gesamtvolumens in eine Flüssigkeit mit der Dichte $\rho = 1{,}594$ g/cm^3 ein. Wie groß ist die Dichte der Kugel?

2-150. Ein Würfel mit einer Gesamthöhe von 35,0 cm taucht in eine Flüssigkeit mit einer Dichte von 0,72 g/cm^3 24,5 cm tief ein. Wie groß ist die Dichte des Körpers?

Masse von schwimmenden Körpern

Rechenbeispiel 2-139. Ein Körper taucht mit dem Volumen $V_{K,ein} = 1{,}15$ dm^3 in eine Flüssigkeit $\rho_{Fl} = 1260$ kg/m^{3}ein. Welche Masse hat der Körper?

Gesucht: m_K **Gegeben:** $V_{K,ein} = 1{,}15$ dm^3; $\rho_{Fl} = 1260$ kg/m^3

Aus $m_K = G_K/g$ (vgl. (2-163)) folgt mit (2-133) für die Masse m_K des Körpers:

$$m_K = \frac{G_K}{g} \quad \longleftarrow \quad G_K = V_{K,ein}\,\rho_{Fl}\,g$$

$$m_K = V_{K,ein}\,\rho_{Fl} = 1{,}15\text{ dm}^3 \cdot 1260\text{ kg m}^{-3} = 1{,}15 \cdot 10^{-3}\text{ m}^3 \cdot 1260\text{ kg m}^{-3}$$

$m_K = 1{,}449$ kg

Rechenbeispiel 2-140. Ein Holzkörper, $V_K = 225$ cm^3, taucht zu 82 % des Volumens in Wasser, $\rho_{Fl} = 1{,}000$ g/cm^3, ein. Wie groß ist seine Masse?

Gesucht: m_K **Gegeben:** $V = 225$ cm^3; $V_{rel} = 82$ %; $\rho_{Fl} = 1{,}000$ g/cm^3

Aus $m_K = G_K/g$ folgt mit (2-133) und $V_{rel} = V_{K,ein}/V_K$ für die Masse m_K des Körpers:

$$m_K = \frac{G_K}{g} \quad \leftarrow \quad G_K = V_{K,ein}\, \rho_{Fl}\, g \quad \leftarrow \quad V_{K,ein} = V_{rel}\, V_K$$

$m_K = V_{rel}\, V_K\, \rho_{Fl} = 0{,}82 \cdot 225 \text{ cm}^3 \cdot 1{,}000 \text{g cm}^{-3}$

$m_K = 184{,}5$ g

Übungsaufgaben:

2-151. Ein Körper taucht zu 825 cm³ in Methanol, $\rho = 792$ kg/m³, ein. Wie groß ist die Masse des Körpers?

2-152. Welche Masse m_K haben an der Oberfläche von Flüssigkeiten schwimmende Körper, wenn die folgenden Größenwerte bekannt sind?
a) $V_{K,ein} = 20{,}0$ m³ $\quad \rho_{Fl} = 998$ kg/m³
b) $V_{K,ein} = 8{,}50$ dm³ $\quad \rho_{Fl} = 1{,}26$ g/cm³
c) $V_{K,ein} = 750$ cm³ $\quad \rho_{Fl} = 879$ kg/m³

2-153. Welche Masse m_K haben an der Oberfläche von Flüssigkeiten schwimmende Körper mit dem Volumen $V = 5{,}0$ L, wenn die folgenden Größenwerte bekannt sind?
a) $V_{K,ein}/V_K = 60$ % $\quad \rho_{Fl} = 792$ kg/m³
b) $V_{K,ein}/V_K = 1:5$ $\quad \rho_{Fl} = 1{,}594$ g/cm³
c) $V_{K,ein}/V_K = 0{,}75$ $\quad \rho_{Fl} = 998$ kg/m³

2-154. Eine Glaskugel, $d = 6{,}5$ cm, taucht zu 18,4 % ihres Volumens in Quecksilber, $\rho = 13{,}5$ g/cm³, ein? Wie groß ist ihre Masse?

2.2.3.4.4 Belastung von schwimmenden Körpern

An einem an einer Flüssigkeitsoberfläche schwimmenden Körper wirken die senkrecht nach oben gerichtete Auftriebskraft F_A *und* seine senkrecht nach unten gerichtete Gewichtskraft G_K (vgl. Abb. 2-42). Diese beiden Kräfte heben sich gemäß (2-133) gerade auf, so daß sich der Körper im Gleichgewicht befindet.
Durch eine Last G_L taucht der Körper tiefer in die Flüssigkeit ein. Sein Eintauchvolumen $V_{K,ein}$ vergrößert sich dabei auf das neue Gesamteintauchvolumen $V_{K,ein,G}$, die Auftriebskraft F_A nimmt entsprechend zu, und es stellt sich ein neues Gleichgewicht ein:

$$F_A = (G_K + G_L) = V_{K,ein,G}\, \rho_{Fl}\, g \tag{2-135}$$

2.2 Statik (Gleichgewichtslehre)

Gewichtskraft einer zusätzlichen Last

Durch Umstellen von (2-135) ergibt sich eine Beziehung, mit der sich die Gewichts-kraft G_L einer zusätzlichen Last aus der Gewichtskraft G_K und dem Gesamteintauch-volumen $V_{K,ein,G}$ von Körper und Last sowie der Dichte ρ_{Fl} der Flüssigkeit berechnen läßt:

$$G_L = V_{K,ein,G}\, \rho_{Fl}\, g - G_K \qquad (2\text{-}136)$$

Rechenbeispiel 2-141. Ein Schwimmponton mit der Gewichtskraft $G = 2{,}55$ kN und dem Volumen $V = 413$ dm³ schwimmt auf Wasser, $\rho = 998$ kg/m³. Welche zusätzliche Last könnte er maximal noch tragen, ohne dabei unterzutauchen?

Gesucht: G_L **Gegeben:** $G_K = 2{,}55$ kN; $V_K = 413$ dm³; $\rho_{Fl} = 998$ kg/m³

Aus (2-136) folgt mit $V_{K,ein,G} = V_K$ und 1 N $= 1$ kg m/s² für die zusätzliche Last G_L:

$G_L = V_K\, \rho_{Fl}\, g - G_K \quad \longleftarrow \quad V_{K,ein,G} = V_K$
$G_L = V_{K,ein,G}\, \rho_{Fl}\, g - G_K$
$\quad = 413$ dm³ $\cdot 998$ kg m⁻³ $\cdot 9{,}81$ m s⁻² $- 2{,}55$ kN
$\quad = 0{,}413$ m³ $\cdot 998$ m⁻³ $\cdot 9{,}81$ N $- 2{,}55 \cdot 10^3$ N

$\underline{G_L = 1493 \text{ N}}$

Aus (2-136) folgt mit (2-133) eine Beziehung, mit der sich die Gewichtskraft G_L einer Last aus den Eintauchvolumina $V_{K,ein}$ und $V_{K,ein,G}$ eines Körpers im unbelasteten bzw. belasteten Zustand sowie der Dichte ρ_{Fl} der Flüssigkeit berechnen läßt:

$G_L = V_{K,ein,G}\, \rho_{Fl}\, g - G_K \quad \longleftarrow \quad G_K = V_{K,ein} = V_{K,ein}\, \rho_{Fl}\, g$
$G_L = V_{K,ein,G}\, \rho_{Fl}\, g - V_{K,ein}\, \rho_{Fl}\, g \Rightarrow$

$$G_L = (V_{K,ein,G} - V_{K,ein})\, \rho_{Fl}\, g \qquad (2\text{-}137)$$

Rechenbeispiel 2-142. Ein Körper taucht zu $25{,}5$ cm³ in Methanol, $\rho = 791$ kg/m³, ein. Welche zusätzliche Last läßt diesen Körper zu insgesamt 326 cm³ eintauchen?

Gesucht: G_L **Gegeben:** $V_{K,ein} = 25{,}5$ cm³; $V_{K,ein,G} = 326$ cm³; $\rho_{Fl} = 791$ kg/m³

Mit (2-137), 1 cm³ $= 10^{-6}$ m³ und 1 N $= 1$ kg m/s² gilt für die zusätzliche Last G_L:

258   2 Rechnen in der Mechanik

$G_L = (V_{K,ein,G} - V_{K,ein})\, \rho_{Fl}\, g$

$\quad = (326\ cm^3 - 25{,}5\ cm^3) \cdot 791\ kg\ m^{-3} \cdot 9{,}81\ m\ s^{-2}$

$\quad = (326\ m^3 - 25{,}5\ m^3) \cdot 10^{-6} \cdot 791\ m^{-3} \cdot 9{,}81\ N$

$\underline{G_L = 2{,}33\ N}$

Aus (2-136) folgt mit (2-133) und $V_{ein,L} = V_{K,ein,G} - V_{K,ein}$ eine Beziehung, mit der sich die Gewichtskraft G_L einer Last aus den Eintauchvolumina $V_{K,ein}$ und $V_{K,ein,G}$ eines Körpers im unbelasteten bzw. belasteten Zustand und der Flüssigkeitsdichte ρ_{Fl} berechnen läßt:

$G_L = V_{K,ein,G}\, \rho_{Fl}\, g - G_K \quad\longleftarrow\quad G_K = V_{K,ein}\, \rho_{Fl}\, g$

$G_L = V_{K,ein,G}\, \rho_{Fl}\, g - V_{K,ein}\, \rho_{Fl}\, g \quad\longleftarrow\quad V_{K,ein,G} - V_{K,ein} = V_{ein,L}$

$G_L = V_{ein,L}\, \rho_{Fl}\, g$ \hfill (2-138)

Rechenbeispiel 2-143. Mit einer zusätzlichen Last taucht ein Körper um ein Volumen von 75 dm³ tiefer in eine Flüssigkeit, $\rho = 1{,}26$ g/cm³, ein. Wie groß ist diese Last G_L?

Gesucht: G_L \qquad **Gegeben:** $V_{ein,L} = 75$ dm³; $\rho_{Fl} = 1260$ kg/m³

Mit (2-138) und **1 N = 1 kg m/s²** gilt für die zusätzliche Last G_L:

$G_L = V_{ein,L}\, \rho_{Fl}\, g = 75\ dm^3 \cdot 1260\ kg\ m^{-3} \cdot 9{,}81\ m\ s^{-2}$

$\quad = 75 \cdot 10^{-3}\ m^3 \cdot 1{,}26 \cdot 10^3\ m^{-3} \cdot 9{,}81\ N$

$\underline{G_L = 927\ N}$

Übungsaufgaben:

2-155. Ein Holzfloß von 3,00 kN und 510 dm³ schwimmt auf Wasser, $\rho = 998$ kg/m³. Welche zusätzliche Last könnte es maximal noch tragen, ohne dabei unterzutauchen?

2-156. Welche zusätzliche Last könnte ein leeres Faß, $V_K = 150$ dm³, $G_K = 620$ N, noch tragen, wenn es zu maximal 95 % in Wasser, $\rho = 998$ kg/m³, eintauchen darf?

2-157. Ein Körper taucht mit einem Volumen von 27,5 cm³ in Ether, $\rho = 0{,}720$ g/cm³, ein. Welche zusätzliche Last läßt diesen Körper zu insgesamt 40,0 cm³ eintauchen?

2-158. Mit einer zusätzlichen Last taucht ein Körper um ein Volumen von 65 cm³ tiefer in eine Flüssigkeit, $\rho = 1{,}26$ g/cm³, ein. Wie groß ist diese Last?

2-159. Ein Quader, $A_K = 1{,}85$ m², taucht mit einer zusätzlichen Last 5,0 cm tiefer in Wasser, $\rho = 998$ kg/m³, ein. Wie groß ist diese Last?

Masse einer zusätzlichen Last

Mit **G = m g** (vgl. (2-163)) und (2-135) bis (2-138) läßt sich entsprechend die Masse m_L einer zusätzlichen Last berechnen.

Rechenbeispiel 2-144. Ein Baumstamm mit der Masse $m_K = 240$ kg und dem Volumen $V_K = 400$ dm³ schwimmt auf Wasser, $\rho = 1000$ kg/m³. Welche zusätzliche Last könnte er maximal noch tragen, ohne dabei unterzutauchen?

Gesucht: G_L **Gegeben:** $m_K = 240$ kg; $V_K = 400$ dm³; $\rho_{Fl} = 1000$ kg/m³

Aus **G = m g** folgt mit (2-135) und $V_{K,ein,L} = V_K$ für die Masse m_L einer Zusatzlast:

$$m_L = \frac{G_L}{g} \quad \longleftarrow \quad G_L = V_{K,ein,L}\, \rho_{Fl}\, g - G_K$$

$$m_L = \frac{V_{K,ein,L}\, \rho_{Fl}\, g - m_K\, g}{g} \quad \longleftarrow \quad V_{K,ein,L} = V_K$$

$$= V_K\, \rho_{Fl} - m_K$$
$$= 400 \text{ dm}^3 \cdot 1000 \text{ kg m}^{-3} - 240 \text{ kg} = 400 \cdot 10^{-3} \text{ dm}^3 \cdot 1000 \text{ kg m}^{-3} - 240 \text{ kg}$$

$m_L = 160$ kg

Übungsaufgaben:

2-160. Ein Holzfloß von 306 kg und 510 dm³ schwimmt auf Wasser, $\rho = 998$ kg/m³. Welche zusätzliche Masse könnte es gerade noch tragen, ohne dabei unterzutauchen?

2-161. Welche zusätzliche Masse könnte ein leeres Faß, $V_K = 150$ dm³, $m_K = 63{,}2$ kg, noch aufnehmen, wenn es zu 95 % in Wasser, $\rho = 998$ kg/m³, eintauchen darf?

2-162. Ein Körper taucht mit einem Volumen von 27,5 cm³ in Ether, $\rho = 0{,}720$ g/cm³, ein. Welche zusätzliche Masse läßt diesen Körper zu insgesamt 40,0 cm³ eintauchen?

2-163. Mit einer zusätzlichen Masse taucht ein Körper um ein Volumen von 65 cm³ tiefer in eine Flüssigkeit, $\rho = 1{,}26$ g/cm³, ein. Wie groß ist diese Masse?

2-164. Ein Quader mit einer Fläche $A_K = 1{,}85$ m^2 taucht mit einer zusätzlichen Masse 5,0 cm tiefer in Wasser, $\rho = 998$ kg/m^3, ein. Wie groß ist diese Masse?

Volumen einer zusätzlichen Last

Mit $G = m\,g$ (vgl. (2-163)) und $m_L = V_L\,\rho_L$ (vgl. (1-53)) sowie (2-135) bis (2-138) läßt sich entsprechend das Volumen V_L einer zusätzlichen Last berechnen.

Rechenbeispiel 2-145. Eine leere, offene Flasche, $V = 760$ mL, $m = 600$ g, schwimmt auf Meerwasser, $\rho = 1{,}02$ g/cm^3. Wieviel Milliliter Wasser müßten in die Flasche eindringen, damit sie untergeht?

Gesucht: V_L **Gegeben:** $V_K = 760$ cm^3; $m_K = 600$ g; $\rho_{Fl} = \rho_L = 1{,}02$ g/cm^3

Aus $m_L = V_L\,\rho_L$ folgt mit $G = m\,g$ und (2-136) sowie $V_{K,\text{ein},L} = V_K$ für das Volumen V_L einer Zusatzlast:

$$V_L = \frac{m_L}{\rho_L} \;\longleftarrow\; m_L = \frac{G_L}{g} \;\longleftarrow\; G_L = V_{K,\text{ein},L}\,\rho_{Fl}\,g - G_K \;\longleftarrow\; G_K = m_K\,g$$

$$V_L = \frac{V_{K,\text{ein},L}\,\rho_{Fl}\,g - m_K\,g}{g\,\rho_{Fl}} \;\longleftarrow\; V_{K,\text{ein},L} = V_K$$

$$= \frac{V_K\,\rho_{Fl} - m_K}{\rho_L} = \frac{760\ \text{cm}^3 \cdot 1{,}02\ \text{g cm}^{-3} - 600\ \text{g}}{1{,}02\ \text{g cm}^{-3}}$$

$\underline{V_L = 172\ \text{cm}^3}$

Rechenbeispiel 2-146. Ein Körper, $V = 220$ cm^3, taucht zu 12,5 % in eine Flüssigkeit, $\rho = 1{,}594$ g/cm^3, ein. Bei Belastung mit einem Messingkörper, $\rho = 8{,}60$ g/cm^3, taucht er zu 85 % ein. Welches Volumen hat der Messingkörper?

Gesucht: V_L **Gegeben:** $V_K = 220$ cm^3; $V_{\text{rel1}} = 12{,}5$ %; $V_{\text{rel2}} = 85$ %; $\rho_{Fl} = 1{,}594$ g/cm^3; $\rho_L = 8{,}60$ g/cm^3

Mit (2-138) und $V_{\text{ein},L} = (V_{\text{rel2}} - V_{\text{rel1}})\,V_K$ sowie $G_L = V_L\,\rho_L\,g$ gilt:

Aus $m_L = V_L\,\rho_L$ folgt mit $G = m\,g$ und (2-138) sowie $V_{K,\text{ein},L} = V_K$ für das Volumen V_L einer Zusatzlast:

$$V_L = \frac{m_L}{\rho_L} \;\longleftarrow\; m_L = \frac{G_L}{g} \;\longleftarrow\; G_L = V_{\text{ein},L}\,\rho_{Fl}\,g$$

2.2 Statik (Gleichgewichtslehre)

$$V_L = \frac{V_{ein,L}\, \rho_{Fl}\, g}{g\, \rho_{Fl}} \quad \longleftarrow \quad V_{ein,L} = (V_{rel,2} - V_{rel})\, V_K$$

$$= \frac{(V_{rel,2} - V_{rel,1})\, V_K\, \rho_{Fl}}{\rho_L} = \frac{(0{,}85 - 12{,}5) \cdot 220\ \text{cm}^3 \cdot 1{,}594\ \text{g cm}^{-3}}{8{,}60\ \text{g cm}^{-3}}$$

$V_L = 29{,}56\ \text{cm}^3$

Übungsaufgaben:

2-165. Eine leere Glasflasche, $V = 2{,}50$ L, $m = 1{,}60$ kg, schwimmt im Meerwasser, $\rho = 1{,}02\ \text{g/cm}^3$. Welches Volumen an Wasser müßte in die Flasche eindringen, damit sie untergeht?

2-166. Ein Körper mit dem Volumen $V = 450\ \text{cm}^3$ taucht zu 12,5 % in eine Flüssigkeit, $\rho = 1{,}594\ \text{g/cm}^3$, ein. Bei Belastung mit einem Messingkörper, $\rho = 8{,}60\ \text{g/cm}^3$, taucht er zu 75 % ein. Welches Volumen hat der Messingkörper?

Eintauchvolumina bei einer zusätzlichen Last

Rechenbeispiel 2-147. Ein Schwimmponton, $G = 6{,}85$ kN, wird durch Badegäste mit der Gesamtmasse $m_L = 625$ kg zusätzlich belastet. Mit welchem Volumen taucht der Ponton a) nur durch seine eigene Gewichtskraft, b) nur durch die zusätzliche Last und c) insgesamt ein? $\rho(\text{Wasser}) = 998\ \text{kg/m}^3$

Gesucht: $V_{K,ein}$; $V_{ein,L}$; $V_{K,ein,G}$ **Gegeben:** $G_K = 6{,}85$ kN; $m_L = 625$ kg; $\rho_{Fl} = 998\ \text{kg/m}^3$

a) Aus (2-133) und **1 N = 1 kg m/s²** folgt für das Eintauchvolumen $V_{K,ein}$ des Pontons:

$$G_K = V_{K,ein}\, \rho_{Fl}\, g \Rightarrow$$

$$V_{K,ein} = \frac{G_K}{\rho_{Fl}\, g} = \frac{6{,}85\ \text{kN}}{998\ \text{kg m}^{-3} \cdot 9{,}81\ \text{m s}^{-2}} = \frac{6{,}85 \cdot 10^3\ \text{kg m s}^{-2}}{998\ \text{kg m}^{-3} \cdot 9{,}81\ \text{m s}^{-2}}$$

$V_{K,ein} = 0{,}700\ \text{m}^3 = 700\ \text{dm}^3$

b) Aus (2-138) ergibt sich mit **$G_L = m_L\, g$** für das Eintauchvolumen $V_{ein,L}$:

$$G_L = V_{ein,L}\, \rho_{Fl}\, g \quad \longleftarrow \quad G_L = m_L\, g$$
$$m_L\, g = V_{ein,L}\, \rho_{Fl}\, g \Rightarrow$$

$$V_{\text{ein,L}} = \frac{m_L}{\rho_{Fl}} = \frac{625 \text{ kg}}{998 \text{ kg m}^{-3}}$$

$$\underline{V_{\text{ein,L}} = 0{,}6263 \text{ m}^3 = 626{,}3 \text{ dm}^3}$$

c) Aus (2-135) ergibt sich mit $V_{\text{K,ein,G}} = V_K$ und $1 \text{ N} = 1 \text{ kg m/s}^2$:

$$G_K + G_L = V_{\text{K,ein,G}}\, \rho_{Fl}\, g \Rightarrow V_{\text{K,ein,G}} = \frac{G_K + G_L}{\rho_{Fl}\, g} \quad \leftarrow \quad G_L = m_L\, g$$

$$V_{\text{K,ein,G}} = \frac{G_K + m_L\, g}{\rho_{Fl}\, g} = \frac{6{,}85 \text{ kN} + 625 \text{ kg} \cdot 9{,}81 \text{ ms}^{-2}}{998 \text{ kg m}^{-3} \cdot 9{,}81 \text{ m s}^{-2}}$$

$$= \frac{6{,}85 \cdot 10^3 \text{ kg m s}^{-2} + 625 \text{ kg} \cdot 9{,}81 \text{ ms}^{-2}}{998 \text{ kg m}^{-3} \cdot 9{,}81 \text{ m s}^{-2}}$$

$$\underline{V_{\text{K,ein,G}} = 1{,}326 \text{ m}^3}$$

Übungsaufgaben:

2-167. Ein Boot, $G = 9{,}25$ kN, soll eine Last, $m_L = 750$ kg, befördern. Mit welchem Volumen taucht das Boot a) nur durch seine eigene Gewichtskraft, b) nur durch die zusätzliche Last und c) insgesamt ein? $\rho(\text{Wasser}) = 1000 \text{ kg/m}^3$

2-168. Ein leeres Faß, $m_K = 60{,}5$ kg, $V_K = 125 \text{ dm}^3$, schwimmt an der Wasseroberfläche. Im Laufe der Zeit schwappen durch das Spundloch $35{,}0 \text{ dm}^3$ Wasser in das Faß. Wie groß sind die relativen Eintauchvolumina a) für das leere Faß, b) durch das eingedrungene Wasser und c) für das teilweise gefüllte Faß? $\rho_{Fl} = 1{,}000 \text{ g/cm}^3$

Eintauchtiefen bei einer zusätzlichen Last

Rechenbeispiel 2-148. Ein quaderförmiger Schwimmponton aus Holz, $m = 1{,}20$ t, mit einer Gesamthöhe von 30,0 cm und einer Fläche von 8,00 m² wird durch Badegäste mit der Gesamtmasse $m_L = 700$ kg zusätzlich belastet. Wie tief taucht dieser Ponton a) nur durch die eigene Gewichtskraft, b) nur durch die zusätzliche Last und c) insgesamt in Wasser, $\rho_{Fl} = 998 \text{ kg/m}^3$, ein?

Gesucht: $h_{\text{K,ein}}$; $h_{\text{ein,L}}$; $h_{\text{K,ein,G}}$ 	**Gegeben:** $m_K = 1{,}20$ t; $m_L = 700$ kg; $\rho_{Fl} = 998 \text{ kg/m}^3$; $A_K = 8{,}00 \text{ m}^2$

a) Aus (2-133) folgt mit $V_{\text{K,ein}} = h_{\text{K,ein}}\, A_K$ und $G_K = m_K\, g$ für die Eintauchtiefe $h_{\text{K,ein}}$:

2.2 Statik (Gleichgewichtslehre)

$F_A = G_K = V_{K,ein}\, \rho_{Fl}\, g \quad \longleftarrow \quad V_{K,ein} = h_{K,ein}\, A_K$

$G_K = h_{K,ein}\, A_K\, \rho_{Fl}\, g \quad \longleftarrow \quad G_K = m_K\, g$

$m_K\, g = h_{K,ein}\, A_K\, \rho_{Fl}\, g \Rightarrow$

$$h_{K,ein} = \frac{m_K}{A_K\, \rho_{Fl}} = \frac{1{,}20\ \text{t}}{8{,}00\ \text{m}^2 \cdot 998\ \text{kg m}^{-3}} = \frac{1{,}20 \cdot 10^3\ \text{kg}}{8{,}00\ \text{m}^2 \cdot 998\ \text{kg m}^{-3}}$$

$\underline{h_{K,ein} = 0{,}150\ \text{m} = 15{,}0\ \text{cm}}$

b) Aus (2-138) folgt mit $V_{K,ein} = h_{K,ein}\, A_K$ und $G_L = m_L\, g$ die Eintauchtiefe $h_{ein,L}$:

$G_L = V_{ein,L}\, \rho_{Fl}\, g \quad \longleftarrow \quad V_{ein,L} = h_{K,ein}\, A_K$

$G_L = h_{ein,L}\, A_K\, \rho_{Fl}\, g \quad \longleftarrow \quad G_L = m_L\, g$

$m_L\, g = h_{ein,L}\, A_K\, \rho_{Fl}\, g \Rightarrow$

$$h_{ein,L} = \frac{m_K}{A_K\, \rho_{Fl}} = \frac{700\ \text{kg}}{8{,}00\ \text{m}^2 \cdot 998\ \text{kg m}^{-3}}$$

$\underline{h_{ein,L} = 0{,}088\ \text{m} = 8{,}8\ \text{cm}}$

c) Aus (2-135) folgt mit $h_{K,ein,G} = h_K$ und $1\ \text{N} = 1\ \text{kg m/s}^2$ für die Eintauchtiefe $h_{K,ein,G}$:

$h_{K,ein,G} = \dfrac{V_{K,ein,G}}{A_K} \quad \longleftarrow \quad V_{K,ein,G} = \dfrac{G_K + G_L}{\rho_{Fl}\, g} \Leftarrow G_K + G_L = V_{K,ein,G}\, \rho_{Fl}\, g$

$h_{K,ein,G} = \dfrac{G_K + G_L}{\rho_{Fl}\, g\, A_K} \quad \longleftarrow \quad G_L = m_L\, g$

$h_{K,ein,G} = \dfrac{m_K + m_L}{\rho_{Fl}\, A_K} = \dfrac{120 \cdot 10^3\ \text{kg} + 700\ \text{kg}}{998\ \text{kg m}^{-3} \cdot 8{,}00\ \text{m}^2}$

$\underline{h_{K,ein,G} = 0{,}238\ \text{m} = 23{,}8\ \text{cm}}$

Übungsaufgaben:

2-169. Ein quaderförmiges Holzfloß, $m = 2{,}25\ \text{t}$, mit einer Fläche von $15{,}0\ \text{m}^2$ wird durch Badegäste mit der Gesamtmasse $m_L = 850\ \text{kg}$ zusätzlich belastet. Wie tief taucht das Floß a) nur durch die eigene Gewichtskraft, b) nur durch die zusätzliche Last und c) insgesamt ein? $\rho(\text{Wasser}) = 1000\ \text{kg/m}^3$

2-170. Welche relativen Eintauchtiefen hat das Floß in Aufgabe 2-169 durch a) seine eigene Gewichtskraft, b) nur die Last und c) insgesamt, wenn es eine Gesamthöhe von 30,0 cm besitzt? ρ(Wasser) = 1000 kg/m³

2.2.3.4.5 Methoden zur Dichtebestimmung

Die Tatsache, daß die Auftriebskraft, die ein Körper in einer Flüssigkeit erfährt, von der Dichte dieser Flüssigkeit abhängt, bildet die Grundlage für einige Methoden der Dichtebestimmung von festen Körpern und Flüssigkeiten.

Bestimmung der Dichte fester Körper mit der hydrostatischen Waage

Gemäß der Definitionsgleichung (vgl. (1-53)) werden zur Berechnung der Dichte von Körpern deren Masse m_K **(1)** und Volumen V_K **(2)** benötigt. Beide Größen werden mit der hydrostatischen Waage durch Massenmessung ermittelt (vgl. Abb. 2-43):

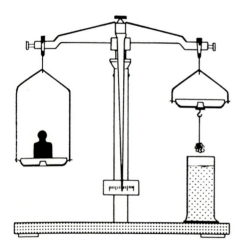

Abb. 2-43. Hydrostatische Waage [Nach Schmittel, E., Bouchee, G. und Less,W. (1994): *Labortechnische Grundoperationen*, Band 1. VCH Verlagsgesellschaft, Weinheim]

(1) Ein fester Körper, dessen Dichte bestimmt werden soll, wird mit einem dünnen Draht an der verkürzten Waagschale befestigt und zunächst an der Luft gewogen.

(2) Anschließend wird der Körper durch Herablassen der verkürzten Waagschale vollständig in eine Flüssigkeit mit bekannter Dichte eingetaucht. Dabei erfährt er eine entsprechende Auftriebskraft und die Waage gerät aus dem Gleichgewicht. Die Auftriebskraft wird durch Herabnehmen von „Gewichten" ausgeglichen.

2.2 Statik (Gleichgewichtslehre)

Der Körper verliert scheinbar an „Gewicht"[17], er hat in der Flüssigkeit nur noch die geringere Gewichtskraft $G_{K,Fl}$.
Die Auftriebskraft F_A ist die Differenz aus der Gewichtskraft G_K des Körpers an der Luft und der Gewichtskraft $G_{K,Fl}$ in der Flüssigkeit:

$$F_A = G_K - G_{K,Fl}$$

Mit (2-131) und (2-163) folgt daraus für die Masse $m_{Fl,v}$ der vom Körper verdrängten Flüssigkeit:

$$F_A = G_{Fl,v} = G_K - G_{K,Fl} \quad \longleftarrow \quad G = m\,g$$

$$m_{Fl,v} = m_K - m_{K,Fl} \tag{2-139a}$$

Durch Gleichsetzen von (2-129) und (2-131) folgt mit (2-139a) für das Volumen V_K des Körpers:

$$F_A = V_K\, \rho_{Fl}\, g = G_{Fl,v} \quad \longleftarrow \quad G = m\,g$$
$$V_K\, \rho_{Fl}\, g = m_{Fl,v}\, g \Rightarrow$$

$$V_K = \frac{m_{Fl,v}}{\rho_{Fl}} \quad \longleftarrow \quad m_{Fl,v} = m_K - m_{K,Fl}$$

$$V_K = \frac{m_K - m_{K,Fl}}{\rho_{Fl}} \tag{2-139b}$$

Mit (1-53) und (2-139b) ergibt sich für die Bestimmung der Dichte von festen Körpern mit der hydrostatischen Waage:

$$\rho_K = \frac{m_K}{V_K} \quad \longleftarrow \quad V_K = \frac{m_K - m_{K,Fl}}{\rho_{Fl}}$$

$$\rho_K = \frac{m_K}{\dfrac{m_K - m_{K,Fl}}{\rho_{Fl}}} \Rightarrow$$

$$\rho_K = \frac{m_K}{m_K - m_{K,Fl}} \cdot \rho_{Fl} \tag{2-140}$$

---

[17] Der Begriff „Gewicht" darf im Alltag noch anstelle der „Masse" verwendet werden.

Rechenbeispiel 2-149. Für einen Körper wurden zur Bestimmung seiner Dichte mit der hydrostatischen Waage die folgenden Werte ermittelt. Welche Dichte besitzt der Körper?
Masse m_K des Körpers an der Luft = 53,54 g
Masse $m_{K,Fl}$ des Körpers in der Flüssigkeit = 46,68 g
Dichte ρ_{Fl} von Wasser = 0,9985 g/cm^3

Gesucht: ρ_K **Gegeben:** $m_K = 53{,}54$ g; $m_{K,Fl} = 46{,}68$ g; $\rho_{Fl} = 0{,}9985$ g/cm^3

Mit (2-140) gilt für die Dichte ρ_K des Körpers:

$$\rho_K = \frac{m_K}{m_K - m_{K,Fl}} \cdot \rho_{Fl} = \frac{53{,}54 \text{ g}}{53{,}54 \text{ g} - 46{.}68 \text{ g}} \cdot 0{.}9985 \text{ g cm}^{-3}$$

$\underline{\rho_K = 7{,}79 \text{ g/cm}^3}$

Übungsaufgaben:

2-171. Für einen Körper wurden bei der Bestimmung seiner Dichte mit der hydrostatischen Waage die folgenden Werte ermittelt. Welche Dichte hat der Körper?
Masse des Körpers an der Luft = 86,32 g
Masse des Körpers in der Flüssigkeit = 78,73 g
Dichte von Wasser = 1,000 g/cm^3

2-172. Die Masse eines Körpers in Luft ergibt sich mit der hydrostatischen Waage zu 44,39 g. Nach dem Eintauchen in eine Flüssigkeit mit der Dichte $\rho = 1{,}594$ g/cm^3 wiegt der Körper nur noch 18,28 g. Welche Dichte hat der Körper?

2-173. Bei der Bestimmung der Dichte fester Körper wurden die folgenden Größenwerte ermittelt. Welche Dichten ergeben sich für die Körper?

	Masse m_K an der Luft	Masse $m_{K,Fl}$ in der Flüssigkeit	Dichte ρ_{Fl} der Flüssigkeit
a)	10,49 g	9,94 g	1,000 g/cm^3
b)	20,56 g	1,73 g	1,594 g/cm^3
c)	74,36 g	36,88 g	1,260 g/cm^3
d)	35,04 g	0,39 g	0,791 g/cm^3

Nach (2-140) könnte mit der hydrostatischen Waage auch die Dichte einer Flüssigkeit bestimmt werden, wenn die Dichte eines in sie eintauchenden Körpers bekannt ist. Mit der

Definitionsgleichung (vgl. (1-53)) werden zur Berechnung der Dichte von Flüssigkeiten deren Masse $m_{Fl} = m_{Fl,v}$ und Volumen $V_{Fl} = V_{K,ein}$ benötigt. Mit (2-139a) gilt:

$$\rho_{Fl} = \frac{m_{Fl}}{V_{Fl}} \quad \longleftarrow \quad m_{Fl} = m_{Fl,v} = m_K - m_{K,Fl} \text{ und } V_{Fl} = V_{K,ein} = \frac{m_K}{\rho_K}$$

$$\rho_{Fl} = \frac{m_K - m_{K,Fl}}{\frac{m_K}{\rho_K}} \Rightarrow$$

$$\rho_{Fl} = \frac{m_K - m_{K,Fl}}{m_K} \cdot \rho_K \qquad (2\text{-}141)$$

(2-141) ergibt sich auch durch Umstellen von (2-140) nach der Dichte ρ_{Fl} der Flüssigkeit. (In der Praxis verwendet man allerdings zu diesem Zweck die *Mohrsche Waage* (vgl. Abschn. 2.2.3.5.2).

Rechenbeispiel 2-150. Zur Bestimmung der Dichte einer Flüssigkeit mit der hydrostatischen Waage wurden die folgenden Werte ermittelt. Welche Dichte ergibt sich für die Flüssigkeit?
Masse m_K des Eintauchkörpers an der Luft = 66,71 g
Masse $m_{K,Fl}$ des Eintauchkörpers in der Flüssigkeit = 54,35 g
Dichte ρ_K des Eintauchkörpers = 8,602 g/cm³

Gesucht: ρ_{Fl} **Gegeben:** $m_K = 66{,}71$ g; $m_{K,Fl} = 54{,}35$ g; $\rho_K = 8{,}602$ g/cm³

Mit (2-141) gilt für die Dichte ρ_{Fl} der Flüssigkeit:

$$\rho_{Fl} = \frac{m_K - m_{K,Fl}}{m_K} \cdot \rho_K = \frac{66{,}71 \text{ g} - 54{,}35 \text{ g}}{66{,}71 \text{ g}} \cdot 8{,}606 \text{ g cm}^{-3}$$

$\rho_{Fl} = 1{,}594$ g/cm³

Übungsaufgaben:

2-174. Bei der Dichtebestimmung von Flüssigkeiten mit einer hydrostatischen Waage wurden die folgenden Werte ermittelt. Welche Dichte hat der Körper?
Masse des Eintauchkörpers an der Luft = 10,22 g
Masse des Körpers in der Flüssigkeit = 6,64 g
Dichte des Eintauchkörpers = 2,512 g/cm³

2-175. Die Masse eines Körpers, $\rho_K = 7{,}802$ g/cm³, beträgt bei der Messung mit der hydrostatischen Waage 34,76 g. Nach dem Eintauchen in eine Flüssigkeit wiegt der Körper nur noch 29,14 g. Welche Dichte hat die Flüssigkeit?

2-176. Bei der Bestimmung der Dichte von Körpern wurden die untenstehenden Größenwerte ermittelt. Welche Dichten ergeben sich für die Flüssigkeiten?

	Masse m_K an der Luft	Masse $m_{K,Fl}$ in der Flüssigkeit	Dichte ρ_K des Eintauchkörpers
a)	30,69 g	27,25 g	7,843 g/cm³
b)	60,56 g	55,11 g	11,34 g/cm³
c)	24,36 g	18,27 g	2,79 g/cm³
d)	35,04 g	29,47 g	4,53 g/cm³

Bestimmung der Dichte von Flüssigkeiten mit der Mohrschen Waage

Die Dichtebestimmung von Flüssigkeiten mit der Mohrschen Waage (vgl. Abb. 2-44) erfolgt prinzipiell wie die Bestimmung mit der hydrostatischen Waage. Allerdings verwendet man dabei einen Normkörper von bestimmter Masse und bestimmtem Volumen. Es erübrigt sich eine Berechnung, weil nach Auflegen von sog. *Reitern* auf dem Waagebalken die Dichte direkt abgelesen werden kann.

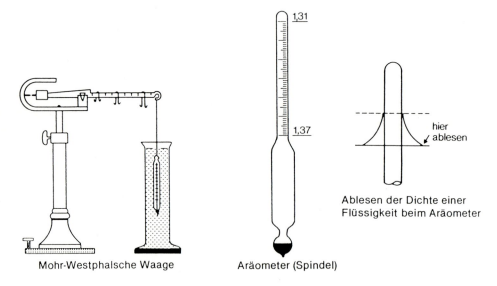

Mohr-Westphalsche Waage   Aräometer (Spindel)   Ablesen der Dichte einer Flüssigkeit beim Aräometer

Abb. 2-44. Mohrsche Waage und Aräometer [Nach Schmittel, E., Bouchee, G. und Less, W. (1994): *Labortechnische Grundoperationen*, Band 1. VCH Verlagsgesellschaft, Weinheim]

Bestimmung der Dichte von Flüssigkeiten mit dem Aräometer (Spindel)

Die Bestimmung der Dichte von Flüssigkeiten mit einem Aräometer beruht ebenfalls auf dem Auftrieb von Körpern in einer Flüssigkeit. Die Dichte kann ebenfalls wie bei der Mohrschen Waage – hier auf einer an der Spindel angebrachten Skala – direkt abgelesen werden.

2.2.3.5 Verbundene (kommunizierende) Gefäße

In verbundenen (kommunizierenden) Gefäßen steht *eine* Flüssigkeit überall gleich hoch (vgl. Abschn. 2.2.3.1). Zwei miteinander *nicht* mischbare Flüssigkeiten bilden hingegen unterschiedlich hohe Säulen aus (vgl. Abb. 2-45). Dabei sind die hydrostatischen Drücke $p_{hyd,i}$ der Flüssigkeitssäulen gleich.

$$p_{hyd,1} = p_{hyd,2}$$

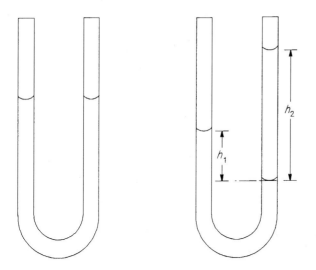

Abb. 2-45. Flüssigkeiten in verbundenen (kommunizierenden) Gefäßen

Mit (2-123) ergibt sich:

$p_{hyd,1} = p_{hyd,2}$ ⟵ $p_{hyd,i} = h_{Fl,i}\, \rho_{Fl,i}\, g$

$h_{Fl,1}\, \rho_{Fl,1}\, g = \rho_{Fl,2}\, \rho_{Fl,2}\, g$

$$h_{Fl,1}\, \rho_{Fl,1} = h_{Fl,2}\, \rho_{Fl,2} \tag{2-142}$$

Rechenbeispiel 2-151. In einem U-Rohr stehen zwei miteinander nicht mischbare Flüssigkeiten mit $h_{Fl,1} = 10{,}2$ cm und $h_{Fl,2} = 11{,}6$ cm unterschiedlich hoch. Die Dichte der Flüssigkeit 1 ist 1,000 g/cm³. Welche Dichte hat die Flüssigkeit 2?

Gesucht: $\rho_{Fl,2}$ **Gegeben:** $h_{Fl,1} = 10{,}2$ cm; $h_{Fl,2} = 11{,}6$ cm; $\rho_{Fl,1} = 1{,}000$ g/cm³

Aus (2-142) folgt für die Dichte $\rho_{Fl,2}$ der zweiten Flüssigkeit:

$$h_{Fl,1}\,\rho_{Fl,1} = h_{Fl,2}\,\rho_{Fl,2} \Rightarrow \rho_{Fl,2} = \frac{\rho_{Fl,1}\,h_{Fl,1}}{h_{Fl,2}} = \frac{1{,}000 \text{ g cm}^{-3} \cdot 10{,}2 \text{ cm}}{11{,}6 \text{ cm}}$$

$\underline{\rho_{Fl,2} = \mathbf{0{,}879 \text{ g/cm}^3}}$

Rechenbeispiel 2-152. In einem Schenkel eines U-Rohrs steht Wasser mit der Dichte $\rho = 0{,}998$ g/cm³ 12,2 cm hoch. Wie hoch steht im anderen Schenkel eine mit Wasser nicht mischbare, zweite Flüssigkeit, $\rho = 1{,}594$ g/cm³?

Gesucht: $h_{Fl,2}$ **Gegeben:** $h_{Fl,1} = 12{,}2$ cm; $\rho_{Fl,1} = 0{,}998$ g/cm³; $\rho_{Fl,2} = 1{,}594$ g/cm³

Aus (2-142) folgt für die Standhöhe $h_{Fl,2}$:

$$h_{Fl,1}\,\rho_{Fl,1} = h_{Fl,2}\,\rho_{Fl,2} \Rightarrow h_{Fl,2} = \frac{\rho_{Fl,1}\,h_{Fl,1}}{\rho_{Fl,2}} = \frac{0{,}998 \text{ g cm}^{-3} \cdot 12{,}2 \text{ cm}}{1{,}594 \text{ g cm}^{-3}}$$

$\underline{h_{Fl,2} = \mathbf{7{,}64 \text{ cm}}}$

Übungsaufgaben:

2-177. Bei einem U-Rohr (vgl. Abb. 2-45), das mit zwei *nicht* mischbaren Flüssigkeiten gefüllt ist, sind die folgenden Meßwerte bekannt. Wie groß ist der jeweils fehlende Größenwert?

	$h_{Fl,1}$	$\rho_{Fl,1}$	$h_{Fl,2}$	$\rho_{Fl,2}$
a)	?	13600 kg/m³	205 mm	998 kg/m³
b)	15,2 cm	?	17,3 cm	0,880 g/cm³
c)	102 mm	0,879 kg/dm³	?	0,791 kg/dm
d)	207 mm	1,000 g/mL	130 mm	?

2.2.3.6 Druckausbreitung in Flüssigkeiten, Hydraulische Presse

Wirkt auf die Oberfläche einer *nicht* komprimierbaren Flüssigkeit eine Kraft, z. B. mit Hilfe eines Kolbens, so entsteht in der Flüssigkeit ein enstprechender Druck, der sich nach allen Seiten in gleicher Größe fortpflanzt (vgl. Abschn. 2.2.3.1).
Mit einer *hydraulischen Presse* oder *Flüssigkeitspresse* (vgl. Abb. 2-46) kann man auf diese Weise eine auf der *Kraftseite* an einer kleinen Flüssigkeitsfläche angreifende, relativ kleine Kraft F_1 an einer größeren Fläche auf der *Lastseite* in eine entsprechend große Kraft F_2 umwandeln. Dabei ist der Druck p_1 auf der Kraftseite gleich dem Druck p_2 auf der Lastseite. Mit der Definitionsgleichung (2-113) für den Druck folgt:

$p_1 = p_2 \quad \longleftarrow \quad p = \dfrac{F}{A}$

$\dfrac{F_1}{A_1} = \dfrac{F_2}{A_2} \Rightarrow$

$\dfrac{F_1}{F_2} = \dfrac{A_1}{A_2}$ \hfill (2-143)

Bei der hydraulischen Presse verhalten sich die Kräfte F an den Kolben zu deren Flächen A direkt proportional.

Abb. 2-46. Prinzip der hydraulischen Presse

Bei einem Kolbenhub auf der Kraftseite wird ein bestimmtes Volumen V_1 an Flüssigkeit verdrängt. Es ist gleich dem Volumen V_2, das dabei in den Zylinder auf der Lastseite gelangt. Mit $V = A\,s$ ergibt sich:

$V_1 = V_2 \quad \longleftarrow \quad V = A\,s$

$A_1\,s_1 = A_2\,s_2 \Rightarrow$

$\dfrac{A_1}{A_2} = \dfrac{s_2}{s_1}$ \hfill (2-144)

Bei der hydraulischen Presse verhalten sich die Flächen A der Kolben umgekehrt proportional zu den von den Kolben zurückgelegten Strecken s.

Die hydraulische Presse ist eine einfache Maschine. Es kann mit ihr *keine* Arbeit eingespart werden (vgl. *Goldene Regel der Mechanik*, S. 192); die zugeführte Arbeit W_1 auf der Kraftseite ist gleich der verrichteten Arbeit W_2 auf der Lastseite. Daraus folgt mit der Definitionsgleichung (2-113) für die Arbeit:

$W_1 = W_2$ ⟵ $W = F\,s$

$F_1\,s_1 = F_2\,s_2$

$$\frac{F_1}{F_2} = \frac{s_2}{s_1} \qquad (2\text{-}145)$$

Bei der hydraulischen Presse verhalten sich die Kräfte F an den Kolben indirekt proportional zu den von den Kolben zurückgelegten Strecken s.

(2-143) bis (2-145) lassen sich zusammenfassen zu

$$\frac{F_1}{F_2} = \frac{A_1}{A_2} = \frac{s_2}{s_1} \qquad (2\text{-}146)$$

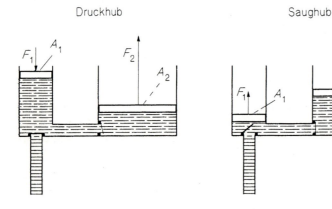

Abb. 2-47. Hydraulische Presse

2.2 Statik (Gleichgewichtslehre)

Rechenbeispiel 2-154. Die Flächen einer hydraulischen Presse (vgl. Abb. 2-46) sind $A_1 = 3{,}2$ cm² auf der Kraftseite und $A_2 = 28{,}6$ cm² auf der Lastseite. Welche Kraft kann man an der Lastseite mit einer Kraft von 500 N auf der Kraftseite bewirken?

Gesucht: F_2 **Gegeben:** $F_1 = 500$ N; $A_1 = 3{,}2$ cm²; $A_2 = 28{,}6$ cm²

Aus (2-143) folgt für die Kraft F_2:

$$\frac{F_1}{A_1} = \frac{F_2}{A_2} \Rightarrow F_2 = \frac{F_1 A_2}{A_1} = \frac{500 \text{ N} \cdot 28{,}6 \text{ cm}^2}{3{,}2 \text{ cm}^2}$$

$\underline{F_2 = 4{,}47 \text{ kN}}$

Rechenbeispiel 2-156. Mit einer hydraulischen Hebebühne (vgl. Abb. 2-47) wird eine Last von 12,5 kN durch 14 Kolbenhübe von je 35 cm (auf der Kraftseite) um 6,5 cm (auf der Lastseite) angehoben. Welche Kraft muß am Kraftkolben wirken?

Gesucht: F_1 **Gegeben:** $F_2 = 12{,}5$ kN; $N_{Hub} = 14$; $s_{Hub} = 35$ cm; $s_2 = 6{,}5$ cm

Aus (2-145) folgt mit $s_1 = n_{Hub}\, s_{Hub}$ für die Kraft F_1:

$$\frac{F_1}{F_2} = \frac{s_2}{s_1} \Rightarrow F_1 = \frac{s_2 F_2}{N_{Hub}\, s_{Hub}} = \frac{6{,}5 \text{ cm} \cdot 12{,}5 \text{ kN}}{14 \cdot 35 \text{ cm}}$$

$\underline{F_1 = 0{,}166 \text{ kN} = 166 \text{ N}}$

Rechenbeispiel 2-157. Bei einer hydraulischen Hebeeinrichtung (s. Abb. 2-47) wirkt auf den Kraftkolben mit der Fläche $A_1 = 20$ cm² eine Kraft $F_1 = 75$ N. a) Welche Kraft F_2 wirkt am Lastkolben mit der Fläche $A_2 = 0{,}24$ m²? b) Welche Strecke s_1 muß der Kraftkolben zurücklegen, damit sich die Last um $s_2 = 15$ cm hebt?

Gesucht: F_2; s_1 **Gegeben:** $A_1 = 20$ cm²; $F_1 = 75$ N; $A_2 = 0{,}24$ m²; $s_2 = 15$ cm

a) Aus (2-143) folgt mit **1 cm² = 10^{-4} m²** für die Kraft F_2:

$$\frac{F_1}{F_2} = \frac{A_1}{A_2} \Rightarrow F_2 = \frac{F_1 A_2}{A_1} = \frac{75 \text{ N} \cdot 0{,}24 \text{ m}^2}{20 \text{ cm}^2} = \frac{75 \text{ N} \cdot 0{,}24 \text{ m}^2}{20 \cdot 10^{-4} \text{ m}^2}$$

$\underline{F_2 = 9{,}0 \text{ kN}}$

b) Aus (2-144) folgt mit $1\text{ cm}^2 = 10^{-4}\text{ m}^2$ für den zurückgelegten Weg s_1:

$$\frac{A_1}{A_2} = \frac{s_2}{s_1} \Rightarrow s_1 = \frac{s_2 A_2}{A_1} = \frac{15\text{ cm} \cdot 0{,}24\text{ m}^2}{20\text{ cm}^2} = \frac{0{,}15\text{ m} \cdot 0{,}24\text{ m}^2}{20 \cdot 10^{-4}\text{ m}^2}$$

$\underline{s_1 = 18\text{ m}}$

Übungsaufgaben:

2-178. Das Bremspedal eines Motorrads wird mit einer Kraft von 200 N betätigt. Die hydraulischen Bremsleitungen (vgl. Abb. 2-46) haben die Durchmesser $d_1 = 1{,}0$ cm auf der Kraftseite bzw. $d_2 = 3{,}5$ cm auf der Lastseite. Mit welcher Kraft wird das Auto abgebremst?

2-179. Die Flächen einer hydraulischen Hebebühne (vgl. Abb. 2-47) sind $A_1 = 3{,}2\text{ cm}^2$ auf der Kraftseite und $A_2 = 36{,}6\text{ cm}^2$ auf der Lastseite. a) Welche Last kann man mit einer Kraft von 200 N hochheben? b) Um welche Strecke wird die Last dabei gehoben, wenn der Kraftkolben eine Strecke von 225 cm zurücklegt?

2-180. Von einer Flüssigkeitspresse sind die in der untenstehenden Tabelle aufgeführten Meßwerte bekannt. Wie groß ist der jeweils fehlende Größenwert?

	F_1	F_2	d_1	d_2
a)	?	4,00 kN	2,0 cm	10,0 cm
b)	400 N	?	1,5 cm	8,5 cm
c)	200 N	6,4 kN	?	7,5 cm
d)	62,5 N	1,20 kN	3,3 cm	?

2-181. Für eine hydraulische Hebevorrichtung sind die in der untenstehenden Tabelle aufgeführten Meßwerte bekannt. Wie groß sind die jeweils fehlenden Größenwerte?

	F_1	F_2	A_1	A_2	s_1	s_2
a)	?	1800 N	20 cm²	100 cm²	?	1,75 m
b)	550 N	?	5,07 cm²	45,6 cm²	3,6 m	?
c)	300 N	2,70 kN	?	0,020 m²	?	65 cm
d)	?	2,0 kN	45,6 cm²	?	2,75 m	20 cm

2.2.3.7 Oberflächenspannung und Kapillarität

Die Kohäsionskräfte zwischen den Teilchen von Flüssigkeiten bewirken, daß äußerlich kräftefreie Flüssigkeitsportionen Kugelgestalt annehmen; sie besitzen das Bestreben, ihre Oberfläche zu verkleinern. Wird durch eine angreifende Kraft diese Oberfläche gedehnt, kommt es zu einer *Oberflächenspannung*:

Die Oberflächenspannung σ einer Flüssigkeit ist der Quotient (das Verhältnis) aus der zur Dehnung ihrer Oberfläche erforderlichen Kraft F und der Länge ihrer Randlinie l.

$$\sigma = \frac{F}{l} \qquad (2\text{-}147)$$

Rechenbeispiel 2-158. Eine gut benetzte, kreisförmige Drahtöse mit dem Durchmesser $d = 3{,}5$ cm wird waagrecht aus dem Wasser angehoben. Welche Kraft F tritt im Moment des Abreißens der Flüssigkeit auf? Die Oberfächenspannung von Wasser beträgt 0,0741 N/m!

Gesucht: F **Gegeben:** $d = 3{,}5$ cm; σ(Wasser) = 0,0741 N/m

Die kreisförmige Flüssigkeitsscheibe besitzt eine Vorder- und eine Rückseite mit der Gesamtlänge $l = 2\,U = 2\,\pi\,d$. Aus (2-147) folgt somit:

$$\sigma = \frac{F}{l} \Rightarrow$$

$F = \sigma l = 2\,\sigma\,\pi\,d = 2 \cdot 0{,}0741\ \text{N m}^{-1} \cdot 3{,}5\ \text{cm} = 2 \cdot 0{,}0741\ \text{N m}^{-1} \cdot 3{,}5 \cdot 10^{-2}\ \text{m}$

$\underline{F = 0{,}00519\ \text{N} = 5{,}19\ \text{mN}}$

Die Kapillarität von Flüssigkeiten, d. h. ihr Bestreben, in einer engen Röhre höher oder niedriger zu stehen, als nach dem Gesetz für verbundene Gefäße sein dürfte, ist ihrer Oberflächenspannung σ gegen das darüber befindliche Medium, z. B. Luft, direkt proportional. Für die kapillare Steighöhe h einer Flüssigkeit mit einer kreisförmigen Oberfläche vom Umfang $l = 2\,\pi\,r$ ergibt sich mit $p = F/A$ und $A = r^2\,\pi$ und (2-123) aus (2-147):

$$\sigma = \frac{F}{l} \quad \Leftarrow \quad F = p\,A \Leftarrow p = \frac{F}{A}$$

$$\sigma = \frac{p\,A}{l} \quad \Leftarrow \quad A = r^2\,\pi \text{ und } p = h\,\rho\,g \text{ und } l = 2\,\pi\,r$$

$$\sigma = \frac{h\,\rho\,g\,r^2\,\pi}{2\,\pi\,r} \Rightarrow$$

$$h = \frac{2\,\sigma}{g\,\rho\,r} \tag{2-148}$$

Rechenbeispiel 2-159. Wie hoch steigt Wasser in einer vollkommen benetzbaren Kapillare mit einem Durchmesser von 0,15 mm? σ(Wasser) = 0,0741 N/m

Gesucht: h **Gegeben:** $\sigma = 0{,}0741$ N/m; $d = 0{,}15$ mm; $g = 9{,}81$ m/s^2

Mit (2-148) gilt mit **$r = d/2$** und **1 N = 1 kg m/s^2** für die Steighöhe h:

$$h = \frac{2\,\sigma}{g\,\rho\,r} \quad \Leftarrow \quad r = \frac{d}{2}$$

$$h = \frac{4\,\sigma}{g\,\rho\,d}$$

$$= \frac{4 \cdot 0{,}0741 \text{ N m}^{-1}}{9{,}81 \text{ m s}^{-2} \cdot 0{,}998 \text{ g cm}^{-3} \cdot 0{,}15 \text{ mm}} = \frac{4 \cdot 0{,}0741 \text{ kg m s}^{-2}\text{ m}^{-1}}{9{,}81 \text{ m s}^{-2} \cdot 998 \text{ kg m}^{-3} \cdot 0{,}15 \cdot 10^{-3} \text{ m}}$$

$h = 0{,}202$ m $= 20{,}2$ cm

Rechenbeispiel 2-160. Welche Oberflächenspannung hat eine Flüssigkeit mit einer Dichte $\rho = 0{,}791$ g/cm^3, die in einer vollkommen benetzbaren Kapillare mit einem Durchmesser von 0,10 mm um 11,3 cm hochsteigt? $g = 9{,}81$ m/s^2

Gesucht: σ **Gegeben:** $\rho = 0{,}791$ g/cm^3; $d = 0{,}10$ mm; $h = 11{,}3$ cm; $g = 9{,}81$ m/s^2

Aus (2-148) folgt mit **$r = d/2$** und **1 N = 1 kg m/s^2** für die Oberflächenspannung σ:

$$h = \frac{2\,\sigma}{g\,\rho\,r} \quad \Leftarrow \quad r = \frac{d}{2}$$

$$\sigma = \frac{h\,g\,\rho\,d}{4} = \frac{11{,}3 \text{ cm} \cdot 9{,}81 \text{ m s}^{-2} \cdot 0{,}791 \text{ g cm}^{-3} \cdot 0{,}10 \text{ mm}}{4}$$

$$= \frac{11{,}3 \cdot 10^{-2} \text{ m} \cdot 9{,}81 \text{ m s}^{-2} \cdot 791 \text{ kg m}^{-3} \cdot 0{,}10 \cdot 10^{-3} \text{ m}}{4}$$

$r = 0{,}022$ N/m

Übungsaufgaben:

2-182. Eine gut benetzte, kreisförmige Drahtöse mit dem Durchmesser $d = 4{,}0$ cm wird waagrecht aus einer Seifenlösung, $\sigma = 0{,}030$ N/m, angehoben. Welche Kraft F tritt im Moment des Abreißens der Flüssigkeit auf?

2-183. Wie hoch steigt Benzol, $\sigma = 0{,}0288$ N/m, $\rho = 879$ kg/m^3, in einer vollkommen benetzbaren Kapillare mit einem Durchmesser von 0,08 mm? $g = 9{,}81$ m/s^2

2-184. Welche Oberflächenspannung hat eine Flüssigkeit, $\rho = 0{,}791$ g/cm^3, die in einer vollkommen benetzbaren Kapillare mit einem Durchmesser von 0,12 mm 94 mm hochsteigt? $g = 9{,}81$ m/s^2

2.2.3.8 Wiederholungsaufgaben

2-67. Welchen Druck bewirkt eine Wassersäule in 65,5 m Tiefe auf die Ausstiegsluke eines U-Bootes mit der Fläche $A = 0{,}80$ m^2? Wie groß ist die Druckkraft auf die Luke? ρ(Wasser) $= 1000$ kg/m^3; $g = 9{,}81$ m/s^2

2-68. Wie hoch steht Ethanol, $\rho = 791$ kg/m^3, in einem Behälter, an dessen Boden ein hydrostatischer Druck von 455 mbar gemessen wird? $g = 9{,}81$ m/s^2

2-69. Eine Flüssigkeitssäule, $h_{Fl} = 60{,}0$ cm, erzeugt am Boden eines Behälters einen Druck von 7,42 kPa. Welche Dichte hat die Flüssigkeit? $g = 9{,}81$ m/s^2

2-70. Wie groß ist die Druckkraft F_B des Wassers, $\rho = 998$ kg/m^3, in einer Tiefe von 130 m auf die Ausstiegsluke eines U-Bootes mit einen Durchmesser von 85 cm? $g = 9{,}81$ m/s^2

2-71. Auf den Boden eines zylinderförmigen Behälters, in dem Wasser 1,50 m hoch steht, wirkt eine Bodendruckkraft $F_B = 14{,}5$ kN. Wie groß sind a) die Bodenfläche A und b) der Durchmesser d des Behälters? $\rho_{Fl} = 998$ kg/m^3; $g = 9{,}81$ m/s^2

2-72. Auf den Boden eines Behälters, $A = 0{,}20$ m^2, in dem sich eine Flüssigkeit, $\rho = 1840$ kg/m^3, befindet, wirkt eine Bodendruckkraft $F_B = 2{,}0$ kN. Wie hoch steht die Flüssigkeit im Behälter? $g = 9{,}81$ m/s^2

2-73. In einem Behälter mit einer Bodenfläche $A = 1{,}15$ m^2 bewirkt eine Flüssigkeitssäule von 1,30 m Höhe eine Bodendruckkraft $F_B = 11{,}6$ kN. Welche Dichte hat die Flüssigkeit? $g = 9{,}81$ m/s^2

2-74. In einem quaderförmigen Behälter, $l = 2{,}35$ m, $b = 0{,}45$ m, steht Wasser 65 cm hoch. Wie groß sind die Seitendruckkräfte auf die Wände des Behälters? Wie groß ist die Kraft auf den Boden des Behälters? ρ(Wasser) $= 1{,}000$ g/cm^3; $g = 9{,}81$ m/s^2

2-75. Ein senkrecht angeordnetes, kreisförmiges Absperrorgan eines Wasserbehälters mit dem Durchmesser $d = 32$ cm befindet sich mit seinem oberen Rand 10,5 m unter der Wasseroberfläche. Wie groß ist die Druckkraft F_S auf diesen Schieber?
ρ(Wasser) $= 1,000$ g/cm^3; $g = 9,81$ m/s^2

2-76. Eine Röhre mit dem äußeren Durchmesser $d = 35$ cm taucht senkrecht in Wasser, $\rho = 1,000$ g/cm^3, ein. Mit welcher Kraft wird sie in in 95 cm Tiefe von einer losen, runden Metallplatte des gleichen Durchmessers verschlossen? $g = 9,81$ m/s^2

2-77. Welche Auftriebskraft erfährt ein Körper mit einem Volumen von 750 cm^3, der völlig in Wasser, $\rho = 0,998$ g/cm^3, eintaucht? $g = 9,81$ m/s^2

2-78. Die Gewichtskraft eines Körpers, der völlig in Methanol, $\rho = 0,792$ g/cm^3, eintaucht, verringert sich scheinbar um 7,25 N. Wie groß ist das Volumen des Körpers?
$g = 9,81$ m/s^2

2-79. Welche Dichte hat eine Flüssigkeit, in der ein Körper mit dem Volumen von 3,50 dm^3 scheinbar um 43,3 N leichter wird? $g = 9,81$ m/s^2

2-80. Ein Körper, $V = 25,5$ dm^3, $\rho = 0,605$ g/cm^3, schwimmt an einer Flüssigkeitsoberfläche. Welche Auftriebskraft erfährt der Körper? $g = 9,81$ m/s^2

2-81. Ein Körper taucht zu 3,25 dm^3 in Wasser ein. Wie groß ist die Gewichtskraft des Körpers? $\rho_{Fl} = 1,000$ g/cm^3; $g = 9,81$ m/s^2

2-82. Ein Holzkörper, $V = 222$ cm^3, taucht zu 82 % seines Volumens in Wasser ein. Welche Auftriebskraft erfährt der Körper? ρ(Wasser) $= 1000$ kg/m^3; $g = 9,81$ m/s^2

2-83. Eine Kugel, $d = 12,2$ cm, taucht zu 62 % ihres Volumens in Wasser, $\rho = 1000$ kg/m^3, ein. Welche Gewichtskraft hat die Kugel? $g = 9,81$ m/s^2

2-84. Welches Volumen eines Holzkörpers mit der Gewichtskraft $G_K = 16,5$ N taucht in Tetrachlormethan, $\rho = 1,594$ g/cm^3, ein? $g = 9,81$ m/s^2

2-85. Wie groß ist das Eintauchvolumen eines Körpers mit dem Volumen $V = 250$ cm^3 und einer Dichte von 0,62 g/cm^3, in Methanol, $\rho = 0,792$ g/cm^3?

2-86. Zu welchem Anteil seines Volumens taucht ein Kunststoffkörper mit der Dichte $\rho = 2,320$ g/cm^3 in Quecksilber mit der Dichte $\rho = 13,6$ g ein?

2-87. Zu welchem Anteil seines Volumens von 100 L taucht ein Faß, $G = 485$ N, in Wasser ein? ρ(Wasser) $= 1000$ kg/m^3; $g = 9,81$ m/s^2

2-88. Welches Volumen besitzt ein Körper, $\rho = 0,585$ g/cm^3, der mit einem Volumen von 37,5 cm^3 in eine Flüssigkeit, $\rho = 1,260$ g/cm^3, eintaucht?

2-89. Wie tief taucht ein Holzfloß, $A = 25{,}2$ m², mit einer Gewichtskraft von 23,2 kN in Wasser ein? ρ(Wasser) $= 1{,}000$ g/cm³; $g = 9{,}81$ m/s²

2-90. Wie tief taucht ein Körper, $\rho_K = 675$ kg/m³, mit der Gesamthöhe $h_K = 22$ cm in Wasser ein? ρ(Wasser) $= 1000$ kg/m³

2-91. Zu welchem Höhenanteil taucht ein Holzfloß $A_K = 35{,}0$ m², $h_K = 43$ cm, $G_K = 89{,}0$ kN, in Wasser ein? ρ (Wasser) $= 997$ kg/m³; $g = 9{,}81$ m/s²

2-92. Zu welchem Höhenanteil taucht ein Holzbalken, $\rho = 520$ kg/m³, in Wasser, $\rho_{Fl} = 998$ kg/m³, ein?

2-93. Welche Dichte hat eine Flüssigkeit, in die ein Körper mit einer Gewichtskraft von 2,20 N zu 255 cm³ eintaucht? $g = 9{,}81$ m/s²

2-94. Welche Dichte hat eine Flüssigkeit, in die ein Holzwürfel, $A = 64$ cm², mit einer Gewichtskraft von 10,0 N 20,1 cm tief eintaucht? $g = 9{,}81$ m/s²

2-95. Ein Quader, $\rho_K = 0{,}21$ g/cm³, mit der Gesamthöhe $h_K = 42{,}5$ cm taucht in eine Flüssigkeit 7,1 cm tief ein. Welche Dichte hat die Flüssigkeit?

2-96. Ein Körper mit dem Volumen $V_K = 75$ cm³ taucht in eine Flüssigkeit mit einer Dichte von 0,88 g/cm³ mit einem Volumen von 49 cm³ ein. Wie groß ist die Dichte des Körpers?

2-97. Ein Würfel mit der Kantenlänge $h_K = 100$ mm taucht in eine Flüssigkeit, $\rho_{Fl} = 0{,}88$ g/cm³, 24 mm tief ein. Welche Dichte hat der Körper?

2-98. Ein Körper taucht mit dem Volumen $V_{K,ein} = 845$ cm³ in eine Flüssigkeit, $\rho_{Fl} = 720$ kg/m³, ein. Welche Masse hat der Körper?

2-99. Ein Holzkörper, $V_K = 375$ cm³, taucht zu 64 % seines Volumens in Wasser, $\rho_{Fl} = 1{,}000$ g/cm³, ein. Wie groß ist seine Masse?

2-100. Eine Holzkugel, $d_K = 12{,}2$ cm, taucht zu 62 % des Volumens in Wasser, $\rho_{Fl} = 1{,}000$ g/cm³, ein. Wie groß ist ihre Masse?

2-101. Welche zusätzliche Last kann ein leeres Faß, $V_K = 120$ dm³, $G_K = 520$ N, noch tragen, damit es zu 90 % in Wasser, $\rho = 1000$ kg/m³, eintaucht?

2-102. Ein Quader mit der Fläche $A_K = 1{,}85$ m² taucht mit einer zusätzlichen Last G_L 20 cm tiefer in Wasser, $\rho = 998$ kg/m³, ein. Wie groß ist diese Last?

2-103. Ein Baumstamm mit der Masse $m_K = 140$ kg und dem Volumen $V_K = 220$ dm³ schwimmt auf Wasser, $\rho = 998$ kg/m³. Welche zusätzliche Masse könnte er maximal noch tragen, ohne dabei unterzutauchen?

2-104. Eine leere, offene Flasche, $V = 750$ mL, $m = 480$ g, schwimmt auf Meerwasser, $\rho = 1{,}01$ g/cm³. Wieviel Milliliter Wasser müßten in die Flasche eindringen, damit sie untergeht?

2-105. Mit einer hydrostatischen Waage wird die Masse m_K eines Körpers an der Luft mit 26,92 g gemessen. Nach dem Eintauchen in eine Flüssigkeit mit der Dichte $\rho_{Fl} = 0{,}792$ g/cm³, wiegt der Körper nur noch 14,70 g. Welche Dichte ρ_K hat der Körper?

2-106. Die Masse eines Körpers, $\rho_K = 2{,}468$ g/cm³, an der Luft wird mit einer hydrostatischen Waage mit 20,07 g gemessen. Nach Eintauchen in eine Flüssigkeit, deren Dichte bestimmt werden soll, wiegt der Körper nur noch 12,17 g. Welche Dichte hat die Flüssigkeit?

2-107. Mit einer hydraulischen Hebebühne wird eine Last von 22,5 kN durch 20 Kolbenhübe von je 30 cm (auf der Kraftseite) um 7,5 cm (auf der Lastseite) angehoben. Welche Kraft muß am Kraftkolben wirken?

2-108. Mit welcher Kraft muß das Pedal einer hydraulischen Bremse eines Pkws (vgl. Abb. 2-46) betätigt werden, wenn zum Abbremsen des Fahrzeugs insgesamt eine Kraft von 14,5 kN notwendig ist? Die Bremsleitungen haben die Durchmesser $d_1 = 0{,}90$ cm auf der Kraftseite bzw. $d_2 = 3{,}7$ cm auf der Lastseite.

2-109. Die Flächen einer hydraulischen Presse (vgl. Abb. 2-46) sind $A_1 = 4{,}5$ cm² auf der Kraftseite und $A_2 = 48{,}0$ cm² auf der Lastseite. Wie groß ist die Kraft, die man an der Lastseite mit einer Kraft von 850 N auf der Kraftseite bewirken kann?

2-110. Bei einer hydraulischen Hebeeinrichtung (vgl. Abb. 2-47) wirkt auf den Kraftkolben mit der Fläche $A_1 = 25$ cm² eine Kraft $F_1 = 175$ N. a) Welche Kraft F_2 wirkt am Lastkolben mit der Fläche $A_2 = 0{,}20$ m²? b) Welche Strecke s_1 muß der Kraftkolben zurücklegen, damit sich die Last um $s_2 = 10$ cm hebt?

2-111. Mit einer hydraulischen Hebeeinrichtung (s. Abb. 2-47) wird eine Last durch 220 Hübe des Kraftkolbens, $A = 15{,}0$ cm², von je 15 cm um 2,0 m angehoben. Welche Fläche hat der Kolben auf der Lastseite?

2.2.4 Aerostatik (Statik von Gasen)

2.2.4.1 Allgemeine Eigenschaften von Gasen

Zwischen den einzelnen Teilchen eines Gases wirken keine Kohäsionskräfte, wenn es bei einer hohen Temperatur T ein großes Volumen V einnimmt und unter einem geringen Druck p steht. Es gehorcht unter diesen Bedingungen der *allgemeinen Zustandsgleichung* der Gase (vgl. Abschn. 3.2.3.3) und wird deshalb als *ideales Gas* bezeichnet.

Verändert man diese Bedingungen, so geht ein Gas immer mehr in den *realen* Zustand über, in dem es nicht mehr der allgemeinen Zustandsgleichung gehorcht. Die veränderlichen Größen *Druck*, *Volumen* und *Temperatur* bestimmen demnach den Zustand eines Gases und werden deshalb als *Zustandsvariablen* bezeichnet.

Wegen der nur geringen Kohäsionskräfte besitzen Gase keine eigene Gestalt; sie nehmen vielmehr die Form des Behälters an, in dem sie sich befinden. Aus dem gleichen Grund haben Gase *kein* bestimmtes Volumen. Wie alle Körper besitzen sie aber eine bestimmte Masse. Jedes Gas steht unter einem bestimmten Druck, der sich nach allen Seiten gleichmäßig fortpflanzt.

2.2.4.2 Druck in Gasen

2.2.4.2.1 Gasdruck

Die Anzahl von Gasteilchen ist selbst in sehr kleinen Gasportionen außerordentlich groß. Sie bewegen sich mit einer von der Temperatur abhängigen Geschwindigkeit völlig unregelmäßig im vom Behälter zur Verfügung gestellten Raum. Dabei prallen sie nicht nur untereinander zusammen, sondern auch auf die Behälterwandung. Dadurch entsteht ein Druck, der als *Gasdruck p* bezeichnet wird. Er ist bei konstanter Temperatur um so größer, je größer die Anzahl N der in einer Gasportion vorhandenen Teilchen ist:

$$p = kN \qquad (2\text{-}149a)$$

Aus (2-149a) folgt für die Zustandsänderung von Gasen:

$$\frac{p_1}{N_1} = \frac{p_2}{N_2} = \ldots \qquad (2\text{-}149b)$$

2.2.4.2.2 Schweredruck von Gasen, Luftdruck

Wie beim Schweredruck von Flüssigkeiten (vgl. Abschn. 2.2.3.2) ist der Druck in Gassäulen von ihrer Höhe h über einer gedachten Grundfläche und der Dichte ρ des Gases abhängig. Dabei nimmt die Dichte allerdings wegen der Komprimierbarkeit von Gasen auf Grund des von oben nach unten zunehmenden Schweredrucks des Gases ebenfalls ständig zu.

282 2 Rechnen in der Mechanik

Während der Schweredruck in einer Flüssigkeitssäule von oben nach unten wegen der konstanten Dichte der Flüssigkeit gleichmäß (linear) zunimmt, wächst der Schweredruck p einer Gassäule mit zunehmender Höhe exponentiell an. Er läßt sich mit der *barometrischen Höhenformel* berechnen, wenn der Druck p_0 am Boden der Gassäule, ihre Höhe h und die Dichte ρ_0 des Gases am Boden der Säule bekannt sind:

$$p = p_0\, e^{-\frac{\rho_0 g h}{p_0}} \tag{2-150}$$

Rechenbeispiel 2-161. Wie groß ist der Luftdruck in 2000 m Höhe, wenn am Boden ein Druck von 1013 hPa herrscht? ρ_0(Luft) = 1,293 kg/m³

Gesucht: p(Luft)   **Gegeben:** h = 2000 m; p_0(Luft) = 1013 hPa; ρ_0(Luft) = 1,293 kg/m³

Mit (2-150) gilt mit der Zahl **e = 2,71828** für den Luftdruck p:

$$p = p_0\, e^{-\frac{\rho_0 g h}{p_0}} = 1013\ \text{hPa} \cdot 2{,}71828^{-\frac{1{,}293\ \text{kg m}^{-3}\cdot 9{,}81\ \text{m s}^{-2}\cdot 2000\ \text{m}}{1013\ \text{hPa}}}$$

$$= 1013\ \text{hPa} \cdot 2{,}71828^{-\frac{1{,}293\ \text{kg m}^{-3}\cdot 9{,}81\ \text{m s}^{-2}\cdot 2000\ \text{m}}{1013 \cdot 10^2\ \text{N m}^{-2}}}$$

p = 789 hPa = 789 mbar

Rechenbeispiel 2-162. In welcher Höhe herrscht ein Druck von 700 hPa, wenn am Boden ein Druck von 1013 hPa gemessen wird? ρ_0(Luft) = 1,293 kg/m³; g = 9,81 m/s²

Gesucht: h **Gegeben:** p = 700 hPa; p_0(Luft) = 1013 hPa; ρ_0(Luft) = 1,293 kg/m³; g = 9,81 m/s²

Aus (2-150) folgt mit **1 Pa = 1 kg m⁻¹s⁻²** und der Zahl **e = 2,71828** für die Höhe h:

$$p = p_0\, e^{-\frac{\rho_0 g h}{p_0}} \Rightarrow \frac{p}{p_0} = e^{-\frac{\rho_0 g h}{p_0}} \Rightarrow -\ln\left(\frac{p}{p_0}\right) = \frac{\rho_0 g h}{p_0} \Rightarrow$$

$$h = -\ln\left(\frac{p}{p_0}\right) \cdot \frac{p_0}{\rho_0 g} = -\ln\left(\frac{700}{1013}\right) \cdot \frac{1013\ \text{hPa}}{1{,}293\ \text{kg m}^{-3} \cdot 9{,}81\ \text{m s}^{-2}}$$

$$= -\ln\left(\frac{700}{1013}\right) \cdot \frac{1013 \cdot 10^2\ \text{kg m}^{-1}\ \text{s}^{-2}}{1{,}293\ \text{kg m}^{-3} \cdot 9{,}81\ \text{m s}^{-2}}$$

h = 2952 m

Übungsaufgaben:

2-185. Wie groß ist der Luftdruck in 1400 m Höhe, wenn am Boden ein Druck von 1013 mbar herrscht? ρ_0(Luft) = 1,293 kg/m³

2-186. In welcher Höhe herrscht ein Druck von 900 hPa, wenn am Boden ein Druck von 1013 hPa gemessen wird? ρ_0(Luft) = 1,293 kg/m³

Aus der Definitionsgleichung für den Druck p (vgl. (2-113)) leitet sich die Beziehung für die Druckkraft F_D ab, die eine Gassäule auf ihre Unterlage oder ein eingeschlossenes Gas auf die Wandung des Behälters, in dem es sich befindet, ausübt:

$$p = \frac{F_D}{A} \Rightarrow$$

$$F_D = p\,A \tag{2-151}$$

Die senkrecht auf eine Unterlage oder Wandung wirkende Druckkraft F_D eines Gases ist das Produkt aus dem Gasdruck p und der Fäche A von Unterlage oder Wandung.

Rechenbeispiel 2-163. Welche Druckkraft übt die Atmosphäre bei einem Luftdruck von 1028 mbar auf einen Menschen mit einer Körperoberfläche mit 1,50 m² aus?

Gesucht: F_D **Gegeben:** p_{amb} = 1028 mbar = 1028 hPa; A = 1,50 m²

Gemäß (2-151) gilt mit **1 Pa = 1 N m⁻²** für die Druckkraft F_D:

$F_D = p\,A$ = 1028 mbar · 1,50 m² = 1028 · 10² N m⁻² · 1,50 m²

$\underline{F_D = 154{,}2 \text{ kN}}$

Rechenbeispiel 2-164. Welche Druckkraft übt eine eingeschlossene Gasportion, die unter einem Druck von 2,60 bar steht, auf die Behälterwandung, A = 6,25 m², aus?

Gesucht: F_D **Gegeben:** p_{abs} = 2,60 bar; A = 6,25 m²

Gemäß (2-151) gilt **1 bar = 10⁵ N m⁻²** für die Druckkraft F_D:

$F_D = p\,A$ = 2,60 bar · 6,25 m² = 2,60 · 10⁵ N m⁻² · 6,25 m²

$\underline{F_D = 1625 \text{ kN}}$

Übungsaufgaben:

2-187. Welche Druckkraft übt die Atmosphäre bei einem Luftdruck von 995 mbar auf ein Flachdach von 8,50 m Länge und 6,30 m Breite aus? Welche Masse hat die Luftsäule über dem Dach? $g = 9{,}81$ m/s^2

2-188. In einem Behälter mit einer Gesamtfläche von 10,2 m^2 befindet sich ein Gas unter einem Druck von 1,75 bar. Welche Kraft wirkt auf die gesamte Wandung?

2.2.4.2.3 Zusammenhang zwischen Gasdruck und Umgebungsdruck

In der Technik werden überwiegend Druckdifferenzen verwendet, die meist auch als Drücke bezeichnet werden (vgl. Abb. 2-48):

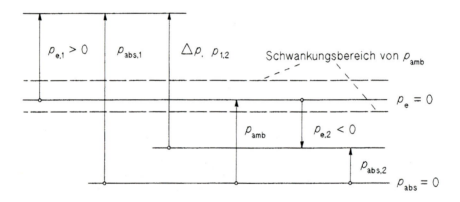

Abb. 2-48. Druckdifferenzen nach DIN 1314

Der *absolute Druck* (*Absolutdruck*) p_{abs}[18] ist der Druck gegenüber dem Druck Null im leeren Raum [7].

Der jeweilige (absolute) *Atmosphärendruck* p_{amb}[19] ist die Differenz zwischen dem herrschenden Umgebungsdruck und dem Druck Null im leeren Raum.

Der *Überdruck* p_e[20] – auch als *atmosphärische Druckdifferenz* – bezeichnet, ist die Differenz zwischen dem absoluten Druck p_{abs} und dem (absoluten) Atmosphärendruck p_{amb}:

$$p_e = p_{abs} - p_{amb} \qquad (2\text{-}152)$$

---

18 Von lat. *absolutus* = losgelöst, unabhängig
19 Von lat. *ambiens* = umgebend
20 Von lat. *excedens* = überschreitend

2.2 Statik (Gleichgewichtslehre)

Die Differenz zwischen zwei Drücken p_1 und p_2 wird *Druckdifferenz* $\Delta p = p_1 - p_2$ oder auch, wenn sie selbst Meßgröße ist, *Differenzdruck* $p_{1,2}$ genannt [7].

Gemäß (2-152) nimmt der Überdruck p_e positive (negative) Werte an, wenn der abso-lute Druck größer (kleiner) ist als der Atmosphärendruck. Bei negativen Werten für den Überdruck wurde bisher von „Unterdruck" gesprochen. Dieses Wort darf nur noch als Bezeichnung für einen Zustand (z. B. *Unterdruckkammer* oder *Der Unterdruck in einem Saugrohr...*) verwendet werden [7].

Als SI-Einheit für den Druck ergibt sich aus seiner Definitionsgleichung (vgl. (2-133) in Abschn. 2.2.1.7) 1 *Pascal* (Einheitenzeichen: Pa).

Die in der Vergangenheit verwendeten Druckeinheiten *Kilopond durch Quadratzentimeter* (kp/cm²), *physikalische Atmosphäre* (atm), *technische Atmosphäre* (at), *Torr* (Torr) = *Millimeter Quecksilbersäule* (mmHg) und *Meter Wassersäule* (mWs) können in die SI-Einheit Pascal und die Einheit Bar (bar) umgerechnet werden (vgl. Tab. 2-7).

Tab. 2-7. Umrechnung von Druckeinheiten

	Pa	bar	atm	at	Torr	mWs
Pa		10^{-5}	$9{,}87 \cdot 10^{-6}$	$1{,}02 \cdot 10^{-5}$	$7{,}5 \cdot 10^{-3}$	$1{,}02 \cdot 10^{-4}$
bar	10^5		0,987	1,02	750	10,2
atm	101325	1,0133		1,033	760	10,33
at	98067	981	0,968		736	10,00
Torr	133	1,33	$1{,}32 \cdot 10^{-3}$	$1{,}36 \cdot 10^{-3}$		$1{,}36 \cdot 10^{-2}$
mWs	9810	$9{,}81 \cdot 10^{-2}$	$9{,}68 \cdot 10^{-2}$	10^{-1}	73,6	

In der Praxis sollten neben der SI-Einheit Pascal und den sich durch Verwendung der entsprechenden Präfixe gemäß Tab. 1-2 davon ableitbaren Druckeinheiten nur noch die Einheiten Bar und Millibar verwendet werden. Bei der Umrechnung von Druckwerten mit diesen Einheiten gilt die Einheitengleichung

$$1 \text{ Pa} = 10^{-2} \text{ hPa} = 10^{-5} \text{ bar} = 10^{-2} \text{ mbar} \tag{2-153}$$

Rechenbeispiel 2-165. In einem Druckbehälter wird bei einem äußeren Luftdruck von 1028 mbar ein Überdruck von 8,50 bar gemessen. Wie groß ist der absolute Druck des Gases im Behälter?

Gesucht: p_{abs} **Gegeben:** $p_{amb} = 1028$ mbar; $p_e = 8{,}50$ bar

Aus (2-152) folgt für den absoluten Druck p_{abs} im Behälter:

$p_e = p_{abs} - p_{amb} \Rightarrow$

$p_{abs} = p_e + p_{amb} = 8{,}50 \text{ bar} + 1028 \text{ mbar} = 8{,}50 \text{ bar} + 1{,}028 \text{ bar}$

$\underline{p_{abs} = 9{,}528 \text{ bar}}$

Übungsaufgaben:

2-189. Wie groß sind die fehlenden Druckwerte in der untenstehenden Tabelle?

	p (in bar)	p (in mbar)	p (in Pa)	p (in hPa)
a)	4,15	?	?	?
b)	?	985	?	?
c)	?	?	$2,65 \cdot 10^5$	?
d)	?	?	?	120

2-190. Wie groß sind die fehlenden Druckwerte in der untenstehenden Tabelle?

	Umgebungsdruck p_{amb}	Absolutdruck p_{abs}	Überdruck p_e
a)	995 hPa	1,25 bar	?
b)	1,010 bar	?	−750 mbar
c)	?	2050 hPa	1048 hPa

2.2.4.3 Druck und Volumen eines Gases bei konstanter Temperatur

Wird das Volumen V einer eingeschlossenen Gasportion, die unter dem Druck p steht, verringert, erhöht sich dieser Druck entsprechend der Volumenänderung:

Der Druck p einer eingeschlossenen Gasportion ist bei gleichbleibender Temperatur T seinem Volumen V umgekehrt (indirekt) proportional.

$$p = \frac{k}{V} \tag{2-154a}$$

Aus (2-154a) folgt:

$$pV = k \tag{2-154b}$$

Das Produkt pV aus dem Druck p und dem Volumen V einer eingeschlossenen Gasportion ist bei gleichbleibender Temperatur T konstant.

Man bezeichnet diese Gesetzmäßigkeiten als das *Gesetz von Boyle-Mariotte*. Es besagt gemäß (2-154b) auch, daß bei isothermen[21] Zustandsänderungen von Gasen, d. h. beim Übergang eines Gases aus einem Zustand 1 in einen anderen Zustand 2 bei konstanter Temperatur das Produkt aus den *Zustandsvariablen* Druck p und Volumen V konstant ist:

$$p_1 V_1 = p_2 V_2 = \ldots \tag{2-154c}$$

---
21 Von griech. *isos thermos* = gleiche Temperatur

Die grafische Darstellung des Zusammenhangs zwischen dem Druck p und dem Volumen V eines eingeschlossenen, idealen Gases erfolgt gemäß den Beziehungen (2-154a) bis (2-154c) in einem Druck-Volumen-Diagramm (vgl. Abb. 2-49).

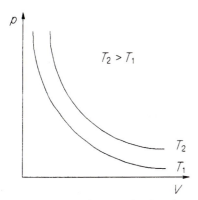

Abb. 2-49. p,V-Diagramm für eine eingeschlossene, ideale Gasportion

Die beiden Graphen stellen die *Isothermen* des Gases bei den unterschiedlichen Temperaturen T_1 und T_2 ($T_1 < T_2$) dar.

Die Flächen, die sich unter den Graphen aus den zugehörigen Drücken p_1 und Volumina V_1 bzw. p_2 und V_2 ergeben, sind gemäß (2-154a) und (2-154b) gleich.

Rechenbeispiel 2-166. Eine Gasportion mit dem Volumen $V = 225$ L und dem Druck $p = 1025$ mbar wird bei gleichbleibender Temperatur auf ein Volumen von 180 L komprimiert. Welcher neue Druck stellt sich im Gas ein?

Gesucht: p_2 **Gegeben:** $V_1 = 225$ L; $p_1 = 1025$ mbar; $V_2 = 180$ L

Aus (2-154c) folgt für den Druck p_2:

$$p_1 V_1 = p_2 V_2 \Rightarrow p_2 = \frac{p_1 V_1}{V_2} = \frac{1025 \text{ mbar} \cdot 225 \text{ L}}{180 \text{ L}}$$

$p_2 = 1281$ mbar

Rechenbeispiel 2-167. In einer Weinflasche befinden sich über der Flüssigkeit noch 130 cm³ Luft. Die Flasche wird mit einem Stopfen, $V = 9,0$ cm³, verschlossen. Welcher Überdruck wird beim Einschieben des Stopfens erzeugt, wenn der äußere Luftdruck mit 1005 mbar gemessen wird?

Gesucht: p_e **Gegeben:** $V_1 = 130$ cm³; V(Korken) $= 9{,}0$ cm³;
$p_1 = p_{amb} = 1005$ mbar

Mit (2-152) und (2-154c) ergibt sich für den Überdruck p_e:

$$p_e = p_{abs} - p_{amb} \leftarrow p_{abs} = p_2 \leftarrow p_2 = \frac{p_1 V_1}{V_2} \Leftarrow p_1 V_1 = p_2 V_2$$

$$p_e = \frac{p_1 V_1}{V_2} - p_{amb} \leftarrow V_2 = V_1 - V(\text{Korken})$$

$$p_e = \frac{p_1 V_1}{V_1 - V(\text{Korken})} - p_{amb} = \frac{1005 \text{ mbar} \cdot 130 \text{ cm}^3}{130 \text{ cm}^3 - 9{,}0 \text{ cm}^3} - 1005 \text{ mbar}$$

$p_e = 74{,}8$ mbar

Rechenbeispiel 2-168. In einer Gasstahlflasche, $V = 85$ L, steht ein Gas unter einem absoluten Druck von 150 bar. Welchen Raum würde der Inhalt der Flasche bei einem Luftdruck von 1018 mbar einnehmen, wenn die Temperatur konstant bliebe? Welches Volumen Gas könnte unter diesen Bedingungen und bei diesem Luftdruck maximal entnommen werden?

Gesucht: V_2; $V_{2,max}$ **Gegeben:** $V_1 = 85$ L; $p_1 = p_{abs} = 150$ bar;
$p_2 = p_{amb} = 1018$ mbar

Aus (2-154c) folgt für das Volumen V_2:

$$p_1 V_1 = p_2 V_2 \Rightarrow V_2 = \frac{p_1 V_1}{V_2} = \frac{150 \text{ mbar} \cdot 85 \text{ L}}{1018 \text{ mbar}} = \frac{150 \text{ bar} \cdot 85 \text{ L}}{1{,}018 \text{ bar}}$$

$V_2 = 12{,}52$ m³

Beim Ausströmen des Gases gegen den Luftdruck wird nur der Überdruck p_e wirksam. Aus (2-154c) folgt deshalb mit (2-152) für das Volumen $V_{2,max}$:

$$p_e V_1 = p_2 V_2 \Rightarrow V_2 = \frac{p_e V_1}{p_2} \leftarrow p_e = p_{abs} - p_{amb}$$

$$V_2 = \frac{(p_{abs} - p_{amb}) V_1}{p_2} = \frac{(150 \text{ bar} - 1{,}018 \text{ bar}) \cdot 85 \text{ L}}{1{,}018 \text{ bar}}$$

$V_{2,max} = 12{,}44$ m³

Rechenbeispiel 2-169. In einer Gasstahlflasche, $V = 120$ L, steht ein Gas unter einem absoluten Druck von 95,0 bar. Welcher Druck herrscht noch in der Flasche, wenn beim äußeren Luftdruck von 1002 mbar 2750 L Gas entnommen werden?

Gesucht: $p_{2,Fl}$ **Gegeben:** $V_{1,Fl} = 120$ L; $p_{1,Fl} = 95{,}0$ bar; $p_{amb} = p_2 = 1002$ mbar; $V_{amb} = 2750$ L

Der Druck p einer eingeschlossenen Gasportion ist gemäß (2-149) der Anzahl der Gasteilchen N direkt proportional.

$$p = k\,N \Rightarrow \frac{p_{1,Fl}}{N_{1,Fl}} = \frac{p_{2,Fl}}{N_{2,Fl}} \quad \longleftarrow \quad N = k\,V$$

$$\frac{p_{1,Fl}}{V_{1,Fl}} = \frac{p_{2,Fl}}{V_{2,Fl}} \Rightarrow p_{2,Fl} = \frac{p_{1,Fl}\,V_{2,Fl}}{V_{1,Fl}} \quad \longleftarrow \quad V_{2,Fl} = V_{1,Fl} - V_{1,ent}$$

$$p_{2,Fl} = \frac{p_{1,Fl}(V_{1,Fl} - V_{1,ent})}{V_{1,Fl}} \quad \longleftarrow \quad V_{1,ent} = \frac{p_{amb}\,V_{amb}}{p_{1,Fl}} \Leftarrow p_{1,Fl}\,V_{1,ent} = p_{amb}\,V_{amb}$$

$$p_{2,Fl} = \frac{p_{1,Fl}\left(V_{1,Fl} - \dfrac{p_{amb}\,V_{amb}}{p_{1,Fl}}\right)}{V_{1,Fl}} = \frac{95{,}0 \text{ bar}\left(120 \text{ L} - \dfrac{1{,}002 \text{ bar} \cdot 2750 \text{ L}}{95{,}0 \text{ bar}}\right)}{120 \text{ L}}$$

$\underline{p_{2,Fl} = 72{,}0 \text{ bar}}$

Übungsaufgaben:

2-191. Eine Gasportion mit dem Volumen $V = 485$ L und dem Druck $p = 1015$ mbar wird bei gleichbleibender Temperatur auf einen Druck von 4,25 bar komprimiert. Welches Volumen hat das Gas danach?

2-192. In einem Zylinder eines Ottomotors befinden sich 500 cm³ Gasgemisch unter einem Druck von 1,75 bar. Nach der Kompression durch den Zylinderkolben nimmt das Gas unmittelbar vor der Zündung einen Raum von 80 cm³ ein. Unter welchem Druck stünde das Gemisch zu diesem Zeitpunkt, wenn die Temperatur durch Kühlung konstant gehalten werden könnte? Welche Druckdifferenz würde dabei durch die Bewegung des Kolbens erzeugt?

2-193. In einem Zylinder, $V = 1{,}85$ dm³, wird eine Gasportion mit einem dicht abschließenden Kolben zusammengedrückt. Dabei wird der Gasdruck um 35 % erhöht. Wie groß ist das Volumen nach der Kompression, wenn die Temperatur konstant gehalten wird?

2-194. In einer Gasstahlflasche, $V = 125$ L, steht ein Gas unter einem absoluten Druck von 120 bar. Welcher Druck herrscht noch in der Flasche, wenn beim äußeren Luftdruck von 1018 mbar 1750 L Gas entnommen werden?

2.2.4.4 Volumen und Dichte eines Gases bei konstanter Temperatur

Der Zusammenhang zwischen dem Volumen V einer eingeschlossenen Gasportion und ihrer Dichte ρ leitet sich von der Tatsache ab, daß sich die Masse m eines Gases bei Zustandsänderungen *nicht* verändert. Mit (1-53) folgt:

$$m_1 = m_2 = \ldots \longleftarrow m = \rho V \Leftarrow \rho = \frac{m}{V}$$

$$\rho_1 V_1 = \rho_2 V_2 = \ldots \tag{2-155a}$$

Das Produkt aus der Dichte ρ einer eingeschlossenen Gasportion und ihrem Volumen V ist bei gleichbleibender Temperatur T konstant.

$$\rho V = k \tag{2-155b}$$

Aus (2-155b) folgt auch:

$$\rho = \frac{k}{V} \tag{2-155c}$$

Die Dichte ρ einer eingeschlossenen Gasportion ist bei gleichbleibender Temperatur T ihrem Volumen V umgekehrt (indirekt) proportional.

Rechenbeispiel 2-170. Ein eingeschlossenes Gas, $V = 30{,}0$ L, besitzt eine Dichte von 1,429 g/L. Wie groß ist seine Dichte, wenn das Volumen auf 24,5 L verringert wird?

Gesucht: ρ_2 **Gegeben:** $V_1 = 30{,}0$ L; $\rho_1 = 1{,}429$ g/L; $V_2 = 24{,}5$ L

Aus (2-155a) folgt für die Dichte ρ_2 der Gasportion:

$$\rho_1 V_1 = \rho_2 V_2 \Rightarrow \rho_2 = \frac{\rho_1 V_1}{V_2} = \frac{1{,}429 \text{ g L}^{-1} \cdot 30{,}0 \text{ L}}{24{,}5 \text{ L}}$$

$\underline{\rho_2 = 1{,}750 \text{ g/L}}$

Rechenbeispiel 2-171. Ein eingeschlossenes Gas, $V = 635$ mL, $\rho_1 = 2{,}860$ kg/m³, wird entspannt und besitzt dann die Dichte $\rho_2 = 1{,}972$ kg/m³. Welches neue Volumen V_2 hat die Gasportion?

Gesucht: V_2 **Gegeben:** $V_1 = 635$ mL; $\rho_1 = 2{,}860$ kg/m³; $\rho_2 = 1{,}972$ kg/m³

Aus (2-155a) folgt für das neue Volumen V_2 der Gasportion:

$$\rho V_1 = \rho_2 V_2 \Rightarrow V_2 = \frac{\rho_1 V_1}{\rho_2} = \frac{2{,}860 \text{ kg m}^{-3} \cdot 635 \text{ mL}}{1{,}972 \text{ kg m}^{-3}}$$

$\underline{V_2 = 921 \text{ mL}}$

Übungsaufgaben:

2-196. Wie groß sind die in der folgenden Tabelle fehlenden Größenwerte, wenn sich die Volumina und Dichten von eingeschlossenen Gasportionen bei $T =$ konstant verändern?

	V_1	ρ_1	V_2	ρ_2
a)	12,6 dm³	0,760 kg/m³	18,4 dm³	?
b)	20,0 m³	0,716 g/dm³	?	0,838 g/dm³
c)	140,0 L	?	100,0 L	1,256 g/L
d)	?	0,0903 kg/m³	200 cm³	0,1566 kg/m³

2-195. Ein eingeschlossenes Gas, $V = 35,5$ L, besitzt eine Dichte von 1,365 g/L. Wie groß ist seine Dichte, wenn das Volumen auf 84,5 L vergrößert wird?

2-197. Ein eingeschlossenes Gas, $V = 600$ dm³, $\rho_1 = 0{,}720$ kg/m³, wird entspannt und besitzt dann die Dichte $\rho_2 = 0{,}624$ kg/m³. Welches neue Volumen V_2 hat das Gas?

2.2.4.5 Druck und Dichte eines Gases bei konstanter Temperatur

Der Zusammenhang zwischen dem Druck p einer eingeschlossenen Gasportion und ihrer Dichte ρ leitet sich aus (2-154c) ab:

$$p_1 V_1 = p_2 V_2 = \ldots \quad \longleftarrow \quad V = \frac{m}{\rho} \Leftarrow \rho = \frac{m}{V}$$

$$\frac{p_1 m_1}{\rho_1} = \frac{p_2 m_2}{\rho_2} = \ldots \quad \longleftarrow \quad m_1 = m_2 = \ldots$$

$$\frac{p_1}{\rho_1} = \frac{p_2}{\rho_2} = \ldots \qquad (2\text{-}156a)$$

Aus (2-156a) folgt:

$$\frac{p}{\rho} = k \qquad (2\text{-}156b)$$

$$p = k\,\rho \qquad (2\text{-}156c)$$

Der Druck p in einer eingeschlossenen Gasportionen ist bei gleichbleibender Temperatur T der Dichte ρ direkt proportional.

Aus (2-156a) folgt auch:

$$\frac{p_1}{p_2} = \frac{\rho_1}{\rho_2} \qquad (2\text{-}156d)$$

Die Dichten ρ_i einer eingeschlossenen Gasportion verhalten sich bei Zustandsänderungen zueinander wie die entsprechenden Drücke p_i.

Rechenbeispiel 2-172. Ein eingeschlossenes Gas hat bei einem Druck von 1013 mbar eine Dichte von 1,251 kg/m³. Wie groß ist die Dichte des Gases, wenn es auf einen Druck von 1,80 bar komprimiert wird?

Gesucht: ρ_2 **Gegeben:** $p_1 = 1013$ mbar; $\rho_1 = 1,251$ kg/m³; $p_2 = 1,80$ bar

Aus (2-156a) folgt für die Dichte ρ_2 der Gasportion:

$$\frac{p_1}{\rho_1} = \frac{p_2}{\rho_2} \Rightarrow$$

$$\rho_2 = \frac{p_2 \, \rho_1}{p_1} = \frac{1,80 \text{ bar} \cdot 1,251 \text{ kg m}^{-3}}{1013 \text{ mbar}} = \frac{1,80 \cdot 10^3 \text{ mbar} \cdot 1,251 \text{ kg m}^{-3}}{1013 \text{ mbar}}$$

$\underline{\rho_2 = 2,223 \text{ kg/m}^3}$

Rechenbeispiel 2-173. Ein eingeschlossenes Gas, $p_1 = 2,25$ bar, $\rho_1 = 0,200$ kg/m³, wird auf einen neuen Druck entspannt und besitzt dann die Dichte $\rho_2 = 0,090$ kg/m³. Unter welchem neuen Druck p_2 steht das Gas?

Gesucht: p_2 **Gegeben:** $p_1 = 2,25$ bar; $\rho_1 = 0,200$ kg/m³; $\rho_2 = 0,090$ kg/m³

Aus (2-156a) folgt für den Druck p_2 der Gasportion:

$$\frac{p_1}{\rho_1} = \frac{p_2}{\rho_2} \Rightarrow p_2 = \frac{p_2 \, \rho_2}{\rho_1} = \frac{2,25 \text{ bar} \cdot 0,090 \text{ kg m}^{-3}}{0,200 \text{ kg m}^{-3}}$$

$\underline{p_2 = 1,01 \text{ bar}}$

Übungsaufgaben:

2-198. Ein eingeschlossenes Gas hat bei einem Druck von 998 mbar eine Dichte von 1,232 kg/m³. Wie groß ist die Dichte des Gases, wenn es auf einen Druck von 3,65 bar komprimiert wird?

2-199. Ein eingeschlossenes Gas, $p_1 = 1171$ hPa, $\rho_1 = 0,104$ g/dm³, wird auf einen neuen Druck entspannt und besitzt dann die Dichte $\rho_2 = 0,086$ g/dm³. Unter welchem neuen Druck p_2 steht das Gas?

2-200. Wie groß sind die in der folgenden Tabelle fehlenden Größenwerte, wenn sich Drücke und Dichten von eingeschlossenen Gasportionen bei T = konstant verändern?

	p_1	ρ_1	p_2	ρ_2
a)	850 hPa	0,638 kg/m³	1013 hPa	?
b)	1013 mbar	0,716 g/dm³	?	0,838 g/dm³
c)	1013 mbar	?	2,00 bar	2,470 g/L
d)	?	0,0903 kg/m³	1757 hPa	0,1566 kg/m³

2.2.4.6 Wiederholungsaufgaben

2-112. Welche Masse m_L hat die Luftsäule der Atmosphäre über einem Erdoberflächenausschnitt von 1,60 m² beim Normdruck von 1013 hPa?

2-113. Welche Druckkraft F_D übt eine eingeschlossene Gasportion, p_{abs} = 1,80 bar, auf die Behälterwandung, A = 9,25 m², aus?

2-114. In einer evakuierten Apparatur wird ein Absolutdruck p_{abs} = 120 mbar gemessen. Der Umgebungsdruck p_{amb} beträgt 1002 mbar. Wie groß ist der Überdruck p_e in der Apparatur?

2-115. In einer Weinflasche befinden sich über der Flüssigkeit noch 130 cm³ Luft. Die Flasche wird mit einem Stopfen, V = 9,0 cm³, verschlossen. Welcher Druck herrscht in der Flasche, wenn der äußere Luftdruck 1005 mbar beträgt?

2-116. In einen Zylinder wird ein dicht abschließender Kolben gedrückt. Dabei verringert sich das Volumen auf 12 %. Der Druck wird mit 3,2 bar gemessen. Wie groß war der ursprüngliche Druck, wenn die Temperatur durch Kühlung konstant gehalten wird?

2-117. Eine eingeschlossene Gasportion, V = 320 L, besitzt eine Dichte von 1,696 g/L. Welche Dichte hat das Gas, wenn sein Volumen auf 275 L verringert wird?

2-118. Ein eingeschlossenes Gas, V = 525 mL, ρ_1 = 2,150 kg/m³, wird entspannt und besitzt dann die Dichte ρ_2 = 1,772 kg/m³. Wie groß ist das neue Volumen V_2 der Gasportion?

2-119. Ein eingeschlossenes Gas hat bei einem Druck von 1013 mbar eine Dichte von 1,251 kg/m³. Wie groß ist die Dichte des Gases, wenn es auf einen Druck von 2,80 bar komprimiert wird?

2-120. Ein eingeschlossenes Gas, p_1 = 3,25 bar, ρ_1 = 0,289 kg/m³, wird entspannt und besitzt dann die Dichte ρ_2 = 0,090 kg/m³. Unter welchem neuen Druck p_2 steht das Gas?

2.3 Dynamik (Kinetik)

Die Dynamik befaßt sich mit Kräften als Ursache für Bewegungsänderungen von Körpern. Man unterscheidet dabei zwischen *Translation* oder *fortschreitender Bewegung* und *Rotation* oder *Drehbewegung* (vgl. Abschn. 2.1.3).

2.3.1 Dynamik fester Körper

2.3.1.1 Kräfte bei der Translation

2.3.1.1.1 Masse, Kraft und Beschleunigung

Die Masse von Körpern spielt bei Translationsvorgängen eine besondere Rolle:

Die Eigenschaft eines Körpers, Masse zu haben, ist auch seine Eigenschaft, träge und schwer zu sein.

Eine wichtige, ständig zu beobachtende Eigenschaft aller Körper ist ihre *Trägheit*, die auch als *Beharrungsvermögen* bezeichnet wird.

Ein Körper verharrt solange in Ruhe oder geradliniger, gleichförmiger Bewegung, wie er nicht durch einwirkende Kräfte gezwungen wird, diesen Bewegungszustand zu ändern (*Trägheitsgesetz* oder *1. Bewegungsgesetz von Newton*[22]).

Ursache jeder Bewegungsänderung von Körpern ist demnach das Wirken von Kräften (vgl. Abschn. 2.2). Für den Zusammenhang zwischen einer wirkenden Kraft F als Ursache für die Bewegungsänderung und der durch sie bewirkten Beschleunigung a gilt:

Die an einem Körper angreifende Kraft F ist der bewirkten Beschleunigung a direkt proportional (*2. Bewegungsgesetz von Newton*).

$$F = k\,a \qquad (2\text{-}157)$$

Als Proportionalitätskonstante dient die Masse m des Körpers. Aus (2-157) folgt:

Die (konstante) Masse m eines Körpers ist der Quotient (das Verhältnis) aus der angreifenden Kraft F und der bewirkten Beschleunigung a.

---

[22] Isaac Newton, englischer Naturwissenschaftler (1643 bis 1727)

$$\text{Masse} = \frac{\text{Kraft}}{\text{Beschleunigung}}$$

$$m = \frac{F}{a} \tag{2-158}$$

Aus (2-158) leitet sich das *dynamische Grundgesetz* oder auch *Kraftwirkungsgesetz* ab:

$$a = \frac{F}{m} \tag{2-159}$$

Die Beschleunigung a, die ein Körper durch eine angreifende Kraft F erfährt, ist dieser Kraft direkt und seiner Masse m umgekehrt proportional.

Aus (2-159) ergibt sich durch Umstellen:

$$F = m\,a \tag{2-160}$$

Die SI-Einheit der Kraft ist 1 *Newton* (Einheitenzeichen: N). Sie ergibt sich durch die Dimensionsbetrachtung von (2-160):

$$[F] = [m] \cdot [a] = 1 \text{ kg} \cdot 1 \text{ m s}^{-2} = 1 \text{ N}$$

1 Newton ist die Kraft, die einem Körper mit einer Masse von 1 Kilogramm eine Beschleunigung von 1 Meter durch Sekundenquadrat erteilt.

$$1 \text{ N} = 1 \text{ kg m s}^{-2} = 1 \text{ kg m/s}^2 \tag{2-161}$$

Rechenbeispiel 2-174. Ein Auto erfährt durch die Kraft $F = 7{,}00$ kN eine Beschleunigung $a = 3{,}70$ m/s². Welche Masse hat das Auto?

Gesucht: m **Gegeben:** $F = 7{,}00$ kN; $a = 3{,}70$ m/s²

Mit (2-158) und **1 N = 1 kg m/s²** gilt für die Masse m des Autos:

$$m = \frac{F}{a} = \frac{7{,}00 \text{ kN}}{3{,}70 \text{ m s}^{-2}} = \frac{7{,}00 \cdot 10^3 \text{ N}}{3{,}70 \text{ m s}^{-2}} = \frac{7{,}00 \cdot 10^3 \text{ kg m s}^{-2}}{3{,}70 \text{ m s}^{-2}}$$

$\underline{m = 1892 \text{ kg}}$

Rechenbeispiel 2-175. Ein Körper mit der Masse $m = 15{,}5$ kg wird durch eine Kraft F mit 2,65 m/s² beschleunigt. Wie groß muß diese Kraft sein?

Gesucht: F **Gegeben:** $m = 15{,}5$ kg; $a = 2{,}65$ m/s²

Mit (2-160) und **1 N = 1 kg m/s²** gilt für die Kraft F:

$F = m\,a = 15{,}5 \text{ kg} \cdot 2{,}65 \text{ m s}^{-2} = 15{,}5 \cdot 2{,}65 \text{ N}$

$F = 41{,}1 \text{ N}$

Rechenbeispiel 2-176. Ein Sportler bringt eine Kraft von 300 N auf, um eine Stahlkugel mit der Masse $m = 7{,}5$ kg möglichst weit zu stoßen. Welche Beschleunigung gibt er der Kugel?

Gesucht: a **Gegeben:** $F = 300$ N; $m = 15{,}5$ kg

Mit (2-159) und **1 N = 1 kg m/s²** gilt für die Beschleunigung a:

$$a = \frac{F}{m} = \frac{300 \text{ N}}{7{,}5 \text{ kg}} = \frac{300 \text{ kg m s}^{-2}}{7{,}5 \text{ kg}}$$

$a = 40{,}0 \text{ m/s}^2$

Übungsaufgaben:

2-201. Wie groß sind die in untenstehender Tabelle fehlenden Größenwerte für Körper mit der Masse m, die durch eine angreifende Kraft F eine Beschleunigung a erfahren?

	Masse m	Kraft F	Beschleunigung a
a)	9,25 kg	20,0 N	?
b)	2,15 t	?	2,80 m/s²
c)	?	1,16 kN	12,2 m/s²

Alle Körper auf der Erde sind *schwer*, d. h. sie unterliegen der Schwerkraft der Erde.

Die Gewichtskraft[23] G eines Körpers ist die Kraft, mit der der Körper senkrecht zum Erdmittelpunkt hin von der Erde angezogen wird.

Die Gewichtskraft G eines Körpers ist die auf ihn wirkende Schwerkraft.

---

[23] Der Begriff „Gewicht" darf nach DIN nicht mehr anstelle von „Gewichtskraft", jedoch im Alltag noch anstelle der „Masse" verwendet werden.

2.3 Dynamik (Kinetik)

Diese spezielle Kraft erteilt allen Körpern auf der Erde eine Beschleunigung, die als *Erd-*, *Fall-* oder *Schwerebeschleunigung g* bezeichnet wird. Sie ist an jedem Ort der Erde unterschiedlich, am größten an den beiden Polen und am kleinsten am Äquator. Am Normort, d. h. auf 45° nördlicher Breite in Meereshöhe beträgt die sog. *Normerdbeschleunigung* $g_n = 9{,}80665 \text{ m/s}^2$.

Entsprechend (2-159) und (2-160) gelten für Erdbeschleunigung und Gewichtskraft:

$$g = \frac{G}{m} \tag{2-162}$$

$$G = m\,g \tag{2-163}$$

Rechenbeispiel 2-177. Ein Körper erfährt am Normort (d. h. auf 45° nördlicher Breite in Meereshöhe) eine Gewichtskraft $G = 17{,}00$ kN. Wie groß ist seine Masse?

Gesucht: m **Gegeben:** $F = 17{,}00$ kN; $g_n = 9{,}80665 \text{ m/s}^2$

Aus (2-163) folgt mit **1 N = 1 kg m/s²** für die Masse m des Körpers:

$$G = m\,g \Rightarrow m = \frac{G}{g} = \frac{17{,}0 \text{ kN}}{9{,}80665 \text{ m s}^{-2}} = \frac{17{,}0 \cdot 10^3 \text{ kg m s}^{-2}}{9{,}80665 \text{ m s}^{-2}}$$

$\underline{m = \mathbf{1734 \text{ kg}}}$

Rechenbeispiel 2-178. Welche Gewichtskraft G greift an einem Körper mit der Masse $m = 87{,}5$ kg an? $g = 9{,}81 \text{ m/s}^2$

Gesucht: G **Gegeben:** $m = 87{,}5$ kg; $g = 9{,}81 \text{ m/s}^2$

Mit (2-163) und **1 N = 1 kg m/s²** gilt für die angreifende Gewichtskraft G:

$$G = m\,g = 87{,}5 \text{ kg} \cdot 9{,}81 \text{ m s}^{-2} = 87{,}5 \cdot 9{,}81 \text{ N}$$

$\underline{G = \mathbf{858{,}4 \text{ N}}}$

Rechenbeispiel 2-179. Ein Körper mit der Masse $m = 250$ kg hat am Nordpol eine Gewichtskraft von 2,460 kN. Wie groß ist dort die Erdbeschleunigung?

Gesucht: g **Gegeben:** $m = 250$ kg; $G = 300$ N

298 2 Rechnen in der Mechanik

Aus (2-163) folgt mit **1 N = 1 kg m/s²** für die Erdbeschleunigung g:

$$G = m\,g \Rightarrow g = \frac{G}{m} = \frac{2{,}460\ \text{kN}}{250\ \text{kg}} = \frac{2{,}460 \cdot 10^3\ \text{kg m s}^{-2}}{250\ \text{kg}}$$

$g = 9{,}84\ \text{m/s}^2$

Übungsaufgaben:

2-202. Wie groß sind die jeweils fehlenden Größenwerte für Körper mit der Masse m, die durch eine angreifende Kraft G die Erdbeschleunigung g erfahren, in der untenstehenden Tabelle?

	Masse m	Gewichtskraft G	Erdbeschleunigung g
a)	2033 kg	20,0 kN	?
b)	2,15 t	?	9,81 m/s²
c)	?	1,16 kN	9,78 m/s²

2.3.1.2 Trägheitskräfte bei der Translation

Kräfte sind die Ursache jeder Änderung des Bewegungszustandes und wirken stets in Richtung der Beschleunigung, die ein Körper durch sie erfährt. *Trägheitskräfte* sind eine Folge der Beschleunigung und entgegengesetzt gerichtet. Man erkennt sie nur in einem beschleunigten Bezugssystem (vgl. Abb. 2-50).

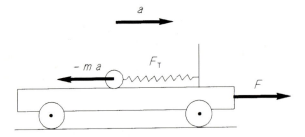

Abb. 2-50. Trägheitskraft im beschleunigten Bezugssystem

Die *Kraft F* und *Trägheitskraft* F_T sind als Ursache bzw. Wirkung einer Beschleunigung von Körpern immer gleich groß, aber entgegengesetzt gerichtet.

$F_T = -F$ \hfill (2-164)

Mit (2-160) folgt daraus:

$$F_T = -m\,a \tag{2-165}$$

Rechenbeispiel 2-180. Welche Trägheitskräfte wirken in einem Auto auf den Fahrer mit einer Masse von 85,0 kg, wenn das Auto a) mit $a_1 = 5{,}60$ m/s² beschleunigt und b) mit $a_2 = -2{,}85$ m/s² abgebremst wird?

Gesucht: F_T **Gegeben:** $m = 85{,}0$ kg; $a_1 = 5{,}60$ m/s²; $a_2 = -2{,}85$ m/s²

a) Mit (2-165) und **1 N = 1 kg m/s²** gilt für die Trägheitskraft F_T:

$$F_T = -m\,a = -85{,}0 \text{ kg} \cdot 5{,}60 \text{ m s}^{-2} = -85{,}0 \cdot 5{,}60 \text{ N}$$

$$\underline{F_T = -476{,}0 \text{ N}}$$

b) Mit (2-165) und **1 N = 1 kg m/s²** gilt für die Trägheitskraft F_T:

$$F_T = -m\,a = -85{,}0 \text{ kg} \cdot -2{,}85 \text{ m s}^{-2} = -85{,}0 \cdot -2{,}85 \text{ N}$$

$$\underline{F_T = 242{,}3 \text{ N}}$$

Rechenbeispiel 2-181. Auf einen Körper wirkt bei der Beschleunigung $a = 1{,}75$ m/s² eine Trägheitskraft $F_T = -1{,}30$ kN. Welche Masse hat der Körper?

Gesucht: m_K **Gegeben:** $F_T = -1{,}30$ kN; $a = 1{,}75$ m/s²

Aus (2-165) folgt mit **1 N = 1 kg m/s²** für die Masse m_K des Körpers:

$$F_T = -m\,a \Rightarrow m_K = -\frac{F_T}{a} = -\frac{-1{,}30 \text{ kN}}{1{,}75 \text{ m s}^{-2}} = -\frac{-1{,}30 \cdot 10^3 \text{ kg m s}^{-2}}{1{,}75 \text{ m s}^{-2}}$$

$$\underline{m_K = 743 \text{ kg}}$$

Rechenbeispiel 2-182. Auf einen Körper mit einer Masse von 80,0 kg wirkt bei einer Beschleunigung die Trägheitskraft von –200 N. Wie groß ist die Beschleunigung, die der Körper erfährt?

Gesucht: a **Gegeben:** $m_K = 80{,}0$ kg; $F_T = -200$ N

Aus (2-165) folgt mit $1\text{ N} = 1\text{ kg m/s}^2$ für die Beschleunigung a:

$$F_T = -m\,a \Rightarrow a = -\frac{F_T}{m} = -\frac{-200\text{ N}}{80{,}0\text{ kg}} = -\frac{-200\text{ kg m s}^{-2}}{80{,}0\text{ kg}}$$

$\underline{a = 2{,}500\text{ m/s}^2}$

Übungsaufgaben:

2-203. Welche Trägheitskräfte wirken auf einen Motorradfahrer mit einer Masse von 75 kg, wenn das Motorrad a) mit $8{,}0\text{ m/s}^2$ beschleunigt und b) mit $-3{,}8\text{ m/s}^2$ gebremst wird?

2-204. Auf einen Körper wirkt bei der Beschleunigung $a = 7{,}75\text{ m/s}^2$ eine Trägheitskraft $F_T = -2{,}30\text{ kN}$. Welche Masse hat der Körper?

2-205. Auf einen Körper mit einer Masse von 80,0 kg wirkt bei einer Beschleunigung die Trägheitskraft von 420 N. Wie groß ist die Verzögerung, die der Körper erfährt?

2-206. Wie groß sind die fehlenden Größenwerte für Körper mit der Masse m, die bei einer Beschleunigung a eine Trägheitskraft F_T erfahren, in der untenstehenden Tabelle?

	Masse m	Trägheitskraft F_T	Beschleunigung a
a)	295 kg	−800 N	?
b)	2,15 t	?	15 cm/s^2
c)	?	1,16 kN	−9,8 m/s^2

2.3.1.3 Hemmende Kräfte bei der Translation

2.3.1.3.1 Reibungskraft

Die *Reibungskraft* (oft auch als *Reibung* bezeichnet) tritt zwischen den Oberflächen von zwei sich berührenden Körpern auf und wirkt wie der Widerstand des umgebenden Mediums entgegengesetzt zur Bewegungsrichtung des Körpers (vgl. Abb. 2-51).

Die Größe der Berührungsflächen wirkt sich nicht auf die Reibungskraft aus, jedoch aber ihre Beschaffenheit. Dies kommt durch die entsprechende Reibungszahl μ zum Ausdruck, die als Proportionalitätsfaktor zwischen der Reibungskraft und der Normalkraft F_N des Körpers fungiert.

Die Reibungskraft F_R wirkt immer parallel zur Berührungsfläche und entgegengesetzt zur Bewegungsrichtung; sie beträgt nur den Bruchteil μ der senkrecht zur Bewegungsrichtung wirkenden Normalkraft F_N.

$F_R = \mu\, F_N$ \hfill (2-166)

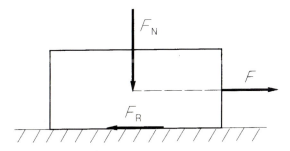

Abb. 2-51. Reibungskraft

Auf horizontaler Unterlage ist die senkrecht dazu wirkende Normalkraft F_N gleich der Gewichtskraft G des Körpers. Auf einer schiefen Ebene hingegen wird die Normalkraft mit zunehmendem Steigungswinkel α immer kleiner und ist bei $\alpha = 90°$ gleich Null (vgl. Abschn. 2.2.1.5.6).
Mit $F_N = G \cos \alpha$ gemäß (2-108) folgt aus (2-166) für die Reibungskraft F_R die allgemeine Beziehung

$F_R = \mu\, G \cos \alpha$ \hfill (2-167)

Für den speziellen Fall eines Körpers auf waagrechter Unterlage ($\alpha = 0°$) geht (2-167) über in

$F_R = \mu\, G$ \hfill (2-167a)

Die Reibungszahl μ läßt sich über den Neigungswinkel α einer schiefen Ebene, bei dem ein Körper aus einem bestimmten Material auf einer Unterlage aus einem bestimmten Material gerade noch haftet bzw. gerade eben zu gleiten beginnt, ermitteln. Grundlage dafür bildet die Tatsache, daß auf einer schiefen Ebene die Hangabtriebskraft F_H und Reibungskraft F_R eines Körpers gleich sind. Mit den Beziehungen (2-167) und (2-106) folgt für die Reibungszahl μ:

$F_H = F_R \quad \longleftarrow \quad F_R = \mu\, G \cos \alpha \quad \longleftarrow \quad$ (2-167)

$F_H = \mu\, G \cos \alpha \quad \longleftarrow \quad F_H = G \sin \alpha \quad \longleftarrow \quad$ (2-106)

$\mu\, G \cos \alpha = G \sin \alpha \Rightarrow \mu \cos \alpha = \sin \alpha \Rightarrow$

$\mu = \dfrac{\sin \alpha}{\cos \alpha}$

Daraus folgt auf Grund der trigonometrischen Funktionen (vgl. Lehrbücher der Mathematik):

$\mu = \tan \alpha$ (2-168)

Mit (2-168) kann die Reibungszahl mit Hilfe von entsprechenden Versuchen bestimmt werden. Dazu vergrößert man den Neigungswinkel α einer schiefen Ebene so lange, bis ein aufgelegter Körper zu gleiten beginnt ($\Rightarrow$ Haftreibungszahl μ_H) bzw. gleichförmig gleitet ($\Rightarrow$ Gleitreibungszahl μ_G).

Rechenbeispiel 2-183. Ein Stahlkörper beginnt auf einer schiefen Ebene aus Stahl zu gleiten, wenn ihr Neigungswinkel $\alpha = 8{,}5°$ beträgt. Wie groß ist die Haftreibungszahl μ_H von Stahl auf Stahl?

Gesucht: μ_H(Stahl/Stahl)   **Gegeben:** $\alpha = 8{,}5°$

Mit (2-168) gilt für die Haftreibungszahl μ_H(Stahl/Stahl):

μ_H(Stahl/Stahl) $= \tan \alpha = \tan 8{,}5°$

$\underline{\mu_H\text{(Stahl/Stahl)} = 0{,}149}$

Übungsaufgaben:

2-207. Zur Bestimmung der Gleitreibungszahlen von untenstehenden Berührungsflächen ergeben sich auf einer schiefen Ebene die Neigungswinkel α_i. Wie groß sind die sich daraus ergebenden Gleitreibungszahlen μ_G?

	Berührungsflächen	Neigungswinkel α_i
a)	Metall/Holz	6°
b)	Holz/Holz	20°
c)	Gummi/Asphalt	27°

Arten von Reibungskräften

Die *Haftreibungskraft* F_{RH} wirkt, wenn ein auf einer Unterlage ruhender Körper in Bewegung gesetzt wird. Dabei ist die Haftreibungszahl μ_H ein Maß für die Rauhigkeit der Berührungsflächen.

Die *Gleitreibungskraft* F_{RG} wirkt an bereits auf einer Unterlage gleitenden Körpern. Sie ist wegen $\mu_G < \mu_H$ erheblich kleiner als die Haftreibungskraft ($F_{RG} < F_{RH}$).

Die *Rollreibungskraft* F_{RR} wirkt an bereits auf einer Unterlage rollenden Körpern. Sie ist wegen $\mu_R < \mu_G$ wiederum kleiner als die Gleitreibungskraft ($F_{RR} < F_{RG}$). Dabei geht der Radius r des Körpers in die Rollreibungszahl ein. Es gelten die gegenüber (2-167) und (2-167a) veränderten Beziehungen:

$$F_{RR} = \frac{\mu\, G \cos \alpha}{r} \qquad (2\text{-}169)$$

$$F_{RR} = \frac{\mu\, G}{r} \qquad (2\text{-}169a)$$

Rechenbeispiel 2-184. Wie groß sind die Haftreibungskräfte eines Holzkörpers mit der Gewichtskraft $G = 500$ N auf einer Stahlunterlage ($\mu_H = 0{,}55$), wenn er sich a) auf horizontaler Unterlage und b) auf einer Rampe mit dem Steigungswinkel $\alpha = 45°$ befindet?

Gesucht: F_{RH} **Gegeben:** $G = 500$ N; $\mu_H = 0{,}55$; $\alpha = 45°$

a) Gemäß (2-167a) gilt für Haftreibungskraft F_{RH} auf horizontaler Unterlage ($\alpha = 0°$):

$F_{RH} = \mu_H\, G = 0{,}55 \cdot 500$ N

$F_{RH} = 275$ N

b) Gemäß (2-167) gilt für Haftreibungskraft F_{RH} auf einer schiefen Ebene ($\alpha > 0°$):

$F_{RH} = \mu_H\, G \cos \alpha = 0{,}55 \cdot 500 \text{ N} \cdot \cos 45° = 0{,}55 \cdot 500 \text{ N} \cdot 0{,}7071$

$F_{RH} = 194$ N

Rechenbeispiel 2-185. Wie groß sind die vergleichbaren Gleitreibungskräfte des Körpers aus Rechenbeispiel 2-216 mit der Gleitreibungszahl $\mu_G = 0{,}10$?

Gesucht: F_{RG} **Gegeben:** $G = 500$ N; $\mu_G = 0{,}10$; $\alpha = 45°$

a) Gemäß (2-167a) gilt für Gleitreibungskraft F_{RG} auf horizontaler Unterlage ($a = 0°$):

$F_{RG} = \mu_G \, G = 0{,}10 \cdot 500$ N

$\underline{F_{RG} = 50 \text{ N}}$

b) Gemäß (2-167) gilt für Gleitreibungskraft F_{RG} auf einer schiefen Ebene ($a < 0°$):

$F_{RG} = \mu_G \, G \cos a = 0{,}10 \cdot 500 \text{ N} \cdot \cos 45° = 0{,}10 \cdot 500 \text{ N} \cdot 0{,}7071$

$\underline{F_{RG} = 35{,}4 \text{ N}}$

Rechenbeispiel 2-186. Wie groß ist die Gewichtskraft eines Körpers, für den auf einer schiefen Ebene mit dem Steigungswinkel $a = 20{,}5°$ eine Haftreibungskraft von 280 N gemessen wird? $\mu_H = 0{,}65$

Gesucht: G_K **Gegeben:** $a = 20{,}5°$; $F_{RH} = 280$ N; $\mu_H = 0{,}65$

Aus (2-167) folgt für die Gewichtskraft G_K des Körpers:

$F_R = \mu \, G \cos a \Rightarrow G_K = \dfrac{F_{RH}}{\mu_H \cos a} = \dfrac{280 \text{ N}}{0{,}65 \cdot \cos 20{,}5°}$

$\underline{G_K = 460 \text{ N}}$

Rechenbeispiel 2-187. Ein Körper mit der Gewichtskraft $G_K = 1250$ N befindet sich auf einer schiefen Ebene. Wie groß ist ihr Steigungswinkel, wenn für den Körper eine Haftreibungskraft von 520 N gemessen wird? $\mu_H = 0{,}60$

Gesucht: a **Gegeben:** $G_K = 1250$ N; $F_{RH} = 520$ N; $\mu_H = 0{,}60$

Aus (2-167) folgt für den Steigungswinkel a:

$F_R = \mu \, G \cos a \Rightarrow \cos a = \dfrac{F_{RH}}{\mu_H \, G_K} = \dfrac{520 \text{ N}}{0{,}60 \cdot 1250 \text{ N}} = 0{,}6933$

$\underline{a = 46{,}1°}$

2.3 Dynamik (Kinetik)

Übungsaufgaben:

2-208. Wie groß sind die Haftreibungskräfte eines Holzkörpers mit der Gewichtskraft $G = 2{,}20$ kN auf einer Holzunterlage ($\mu_H = 0{,}65$), wenn er sich a) auf horizontaler Unterlage und b) auf einer Rampe mit dem Steigungswinkel $\alpha = 30°$ befindet?

2-209. Wie groß sind die vergleichbaren Gleitreibungskräfte des Körpers aus Aufgabe 2-208 mit der Gleitreibungszahl $\mu_G = 0{,}35$?

2-210. Wie groß sind die Rollreibungskräfte eines gummibereiften Fahrzeuges, $G = 995$ N, mit dem Raddurchmesser $r = 25{,}0$ cm auf einer Asphaltstraße, $\mu_R = 0{,}9$ cm, die a) horizontal und b) mit dem Steigungswinkel $\alpha = 12°$ verläuft?

2-211. Wie groß ist die Gewichtskraft eines Körpers, für den auf einer schiefen Ebene mit dem Steigungswinkel $\alpha = 14{,}5°$ eine Haftreibungskraft von 450 N gemessen wird? $\mu_H = 0{,}65$

2-212. Ein Körper mit der Gewichtskraft $G_K = 250$ N befindet sich auf einer schiefen Ebene. Wie groß ist ihr Steigungswinkel, wenn für den Körper eine Haftreibungskraft von 140 N gemessen wird? $\mu_H = 0{,}60$

2.3.1.3.2 Fahrwiderstand

Bei Rädern von Fahrzeugen wirkt nicht nur die Rollreibungskraft F_{RR} am Umfang des Rades, sondern zusätzlich auch noch die Reibungskraft in seinem Achslager. Diese beiden bewegungshemmenden Kräfte faßt man in der *Fahrwiderstandszahl* μ_F zusammen. Für den Fahrwiderstand F_{RF} gilt wiederum (2-167).

Rechenbeispiel 2-188. a) Welcher Fahrwiderstand F_{RF} muß überwunden werden, um ein Fahrzeug mit der Gewichtskraft $G_K = 14{,}0$ kN auf horizontaler Straße mit gleichförmiger Geschwindigkeit zu bewegen? b) Wie groß wäre der entsprechende Größenwert auf einer schiefen Ebene mit einem Steigungswinkel von 8°? $\mu_F = 0{,}02$

Gesucht: F_{RF} **Gegeben:** $G_K = 14{,}0$ kN; $\mu_F = 0{,}02$; $\alpha_1 = 0°$; $\alpha_2 = 8°$

a) Mit (2-167a) gilt bei $\alpha_1 = 0°$ für den Fahrwiderstand F_{RF}:

$F_{RF} = \mu_F\, G = 0{,}02 \cdot 14{,}0$ N

$\underline{F_{RF} = 280\ N}$

b) Mit (2-167) gilt bei $\alpha > 0°$:

$F_R = \mu_F\, G \cos\alpha = 0{,}02 \cdot 14{,}0$ kN $\cdot \cos 8°$

$\underline{F_R = 277\ N}$

Übungsaufgaben:

2-213. a) Wie groß ist der Fahrwiderstand F_{RF} für eine Straßenbahn mit der Gesamtmasse $m = 120$ t, die sich auf horizontaler Strecke mit gleichförmiger Geschwindigkeit bewegen soll? b) Wie groß wäre der entsprechende Größenwert auf einer Strecke mit einem Steigungswinkel von 6°? $\mu_F = 0{,}002$

2.3.1.4 Arbeit, Energie, Leistung und Wirkungsgrad

2.3.1.4.1 Arbeit

Nach dem internationalen Einheitensystem gehört die *Arbeit* zu den abgeleiteten physikalischen Größen. Als Größensymbol verwendet man W. Ihre Dimension ist *Kraft mal Weg*. Arbeit im physikalischen Sinne wird nur dann verrichtet, wenn eine Kraft entlang eines Weges s an einem Körper wirkt.

Arbeit = Kraft in Richtung des Weges · Weg

Die Arbeit W ist das Produkt aus einer an einem Körper wirkenden Kraft F und dem Weg s, entlang dem die Kraft wirkt.

$$W = F\,s \qquad (2\text{-}170)$$

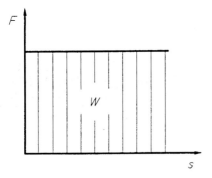

Abb. 2-52. Arbeit im Kraft-Weg-Diagramm (F = konstant)

Die Dimensionsbetrachtung der Definitionsgleichung (2-170) liefert die SI-Einheit:

$$[W] = [F]\,[s] = 1\text{ N} \cdot 1\text{ m} = 1\text{ N m} = 1\text{ J} \qquad (2\text{-}170a)$$

Die Einheit der Arbeit ist *1 Joule*[24] (Einheitenzeichen: J). In der Praxis werden jedoch häufig auch die Einheiten Newtonmeter (vor allem in der Mechanik) und Wattsekunde (in der Elektrik) verwendet.

Ein besonderer Vorteil des internationalen Einheitensystems liegt darin, daß diese Einheiten einander gleich sind. Dabei gilt mit **1 N = 1 kg m/s²**:

1 J = 1 N m = 1 W s = 1 kg m² s^{-2} (2-171)

1 Joule (1 J) ist die Arbeit, die verrichtet wird, wenn eine Kraft von 1 N entlang eines Weges von 1 m wirkt.

Die Arbeit ist eine *vektorielle* Größe, weil definitionsgemäß die Richtung von Kraft und Weg übereinstimmen müssen. Von der an einem Körper angreifenden Kraft wirkt sich nur der Teil im Hinblick auf die verrichtete Arbeit aus, der entlang des Weges wirkt (vgl. Abb. 2-53):

$$\vec{W} = \vec{F}\,\vec{s}$$ (2-172)

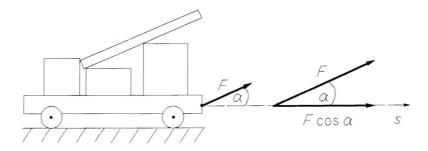

Abb. 2-53. Arbeit als Vektor

An dem Wagen in Abb. 2-53 wirkt im Hinblick auf die verrichtete Arbeit nicht die unter dem Winkel α zur Bewegungsrichtung angreifende Kraft F, sondern nach den Gesetzmäßigkeiten der Kraftzerlegung in Komponenten (vgl. Abschn. 2.2.1.2) gemäß (2-85) die in Bewegungsrichtung wirkende Teilkraft $F_W = F \cos \alpha$.

Damit folgt aus (2-170) für die verrichtete Arbeit W:

$W = F \cos \alpha\ s$ (2-173)

In der Praxis ist eine Kraft häufig nicht konstant, weil entweder ihr Wert sich entlang des Weges verändert, oder sie in einem Winkel α zur Wegrichtung angreift.

---

24 J. P. Joule, englischer Physiker (1818 bis 1889)

Deshalb gilt allgemein (vgl. Abb. 2-54):

$$W = \int_{s_1}^{s_2} F \cos \alpha \, ds$$

Die Arbeit ist das Wegintegral der Kraft.

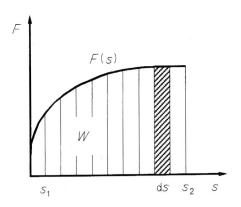

Abb. 2-54. Arbeit als Wegintegral der Kraft

Rechenbeispiel 2-189. An einem Körper wirkt eine Kraft $F = 155$ N über einen Weg $s = 295$ cm. Wie groß ist die dabei verrichtete Arbeit, wenn die Kraft a) in Wegrichtung und b) unter einem Winkel von 30° zur Wegrichtung wirkt?

Gesucht: W **Gegeben:** $F = 155$ N; $s = 295$ cm; $\alpha = 30°$

a) Mit (2-170) und **1 J = 1 N m** gilt für die Arbeit W:

$W = F\,s = 155$ N · 295 cm = 155 N · 2,95 m = 155 · 1,20 J

$\underline{W = 457 \text{ J}}$

b) Mit (2-173) und **1 J = 1 N m** gilt für die Arbeit W:

$W = F \cos \alpha \, s = 155$ N · cos 30° · 295 cm = 155 N · cos 30° · 2,95 m

$\underline{W = 396 \text{ J}}$

2.3 Dynamik (Kinetik)

Rechenbeispiel 2-190. Wie groß muß eine Kraft F sein, die über einen Weg von 20 m eine Arbeit von 375 kJ verrichtet, wenn sie a) in Wegrichtung und b) unter einem Winkel von 20° zur Wegrichtung wirkt?

Gesucht: F **Gegeben:** $s = 20$ m; $W = 375$ kJ; $a = 20°$

a) Aus (2-170) folgt mit **1 J = 1 N m** für die Kraft F:

$$W = F s \Rightarrow F = \frac{W}{s} = \frac{375 \text{ kJ}}{20 \text{ m}} = \frac{375 \cdot 10^3 \text{ N m}}{20 \text{ m}}$$

$\underline{F = 18{,}8 \text{ kN}}$

b) Aus (2-173) folgt mit **1 J = 1 N m** für die Kraft F:

$$W = F \cos a \, s \Rightarrow F = \frac{W}{\cos a \, s} = \frac{375 \text{ kJ}}{\cos 20° \cdot 20 \text{ m}} = \frac{375 \cdot 10^3 \text{ N m}}{\cos 20° \cdot 20 \text{ m}}$$

$\underline{F = 20{,}0 \text{ kN}}$

Rechenbeispiel 2-191. Eine Kraft $F = 6{,}0$ kN soll an einem Körper eine Arbeit von 500 kJ verrichten. Wie lang muß der Weg s sein, wenn die Kraft a) in Wegrichtung und b) in einem Winkel von 28° zur Wegrichtung angreift?

Gesucht: s **Gegeben:** $F = 6{,}0$ kN; $W = 500$ kJ; $a = 28°$

a) Aus (2-170) folgt mit **1 J = 1 N m** für den Weg s:

$$W = F s \Rightarrow s = \frac{W}{F} = \frac{500 \text{ kJ}}{6{,}0 \text{ kN}} = \frac{500 \text{ N m}}{6{,}0 \text{ N}}$$

$\underline{s = 83{,}3 \text{ m}}$

b) Aus (2-173) folgt mit **1 J = 1 N m** für den Weg s:

$$W = F \cos a \, s \Rightarrow s = \frac{W}{F \cos a} = \frac{500 \text{ kJ}}{6{,}0 \text{ kN} \cdot \cos 28°} = \frac{500 \text{ N m}}{6{,}0 \text{ N} \cdot \cos 28°}$$

$\underline{s = 94{,}4 \text{ m}}$

Übungsaufgaben:

2-214. An einem Körper wirkt eine Kraft $F = 1{,}75$ kN über einen Weg $s = 40{,}2$ km. Wie groß ist die dabei verrichtete Arbeit, wenn die Kraft a) in Wegrichtung und b) in einem Winkel von 39° angreift?

2-215. Wie groß muß eine Kraft F sein, die a) in Wegrichtung und b) im Winkel von 15° zur Wegrichtung angreift, wenn sie über einen Weg von 900 m eine Arbeit von 680 kJ verrichten soll?

2-216. Welchen Weg s muß ein Körper zurücklegen, wenn eine an ihm a) in Wegrichtung und b) im Winkel von 20° angreifende Kraft $F = 5{,}25$ kN eine Arbeit von 300 kJ bewirken soll?

Hubarbeit

Bei der *Hubarbeit* W_H wirkt die angreifende Kraft entgegengesetzt zur Gewichtskraft G_K eines Körpers. Gemäß (2-170) gilt deshalb:

$$W_H = G_K\, h \tag{2-174}$$

Mit (2-163) folgt daraus auch:

$$W_H = G_K\, h \quad \longleftarrow \quad G_K = m_K\, g$$

$$W_H = m_K\, g\, h \tag{2-174a}$$

Bei der Bewegung eines Körpers auf einer schiefen Ebene über den Weg s wird neben einer Reibungsarbeit (vgl. Abschn. 2.3.1.2.2.2) auch Hubarbeit verrichtet, weil der Körper dabei im Vergleich zu seiner Ausgangslage um eine bestimmte Höhe h angehoben wird. Für diese Höhe gilt $h = s \sin \alpha$. Damit folgt aus (2-174) und (2-174a):

$$W_H = G_K\, s\, \sin \alpha \tag{2-174b}$$

$$W_H = m_K\, g\, s\, \sin \alpha \tag{2-174c}$$

Rechenbeispiel 2-192. Ein Körper mit der Gewichtskraft $G_K = 785$ N wird 3,25 m hochgehoben. a) Wie groß ist die dabei verrichtete Hubarbeit? b) Wie groß ist die Hubarbeit, wenn der Körper stattdessen auf einer schiefen Ebene mit dem Neigungswinkel $\alpha = 40°$ über 3,25 m hochgeschoben wird?

Gesucht: W_H **Gegeben:** $G_K = 785$ N; $h = 3{,}25$ m; $\alpha = 40°$

a) Mit (2-174) gilt für die Hubarbeit W_H:

$W_H = G_K \, h = 785 \text{ N} \cdot 3{,}25 \text{ m} = 785 \cdot 3{,}25 \text{ J}$

$\underline{W_H = 2551 \text{ J} = 2{,}551 \text{ kJ}}$

b) Mit (2-174b) gilt für die Hubarbeit W_H auf einer schiefen Ebene:

$W_H = G_K \, s \sin \alpha = 785 \text{ N} \cdot 3{,}25 \text{ m} \cdot \sin 40°$

$\underline{W_H = 1{,}64 \text{ kJ}}$

Rechenbeispiel 2-193. Welche Gewichtskraft G_K muß ein Körper haben, wenn beim Anheben um 2,0 m eine Arbeit von 250 kJ verrichtet wird?

Gesucht: G_K **Gegeben:** $h = 2{,}0$ m; $W_H = 250$ kJ

Aus (2-174) folgt für die Gewichtskraft G_K des Körpers:

$W_H = G_K \, h \Rightarrow G_K = \dfrac{W_H}{h} = \dfrac{250 \text{ kJ}}{2{,}0 \text{ m}} = \dfrac{250 \cdot 10^3 \text{ N m}}{2{,}0 \text{ m}}$

$\underline{G_K = 125 \text{ kN}}$

Rechenbeispiel 2-194. Um welche Höhe kann ein Körper mit einer Gewichtskraft von 120 kN angehoben werden, wenn eine Arbeit von 600 J verrichtet wird?

Gesucht: h **Gegeben:** $G_K = 120$ kN; $W_H = 600$ J

Aus (2-174) folgt mit **1 J = 1 N m** für die Höhe h:

$W_H = G_K \, h \Rightarrow h = \dfrac{W_H}{G_K} = \dfrac{600 \text{ J}}{120 \text{ kN}} = \dfrac{600 \text{ N m}}{120 \cdot 10^3 \text{ N}}$

$\underline{h = 5{,}00 \text{ mm}}$

Übungsaufgaben:

2-217. Ein Körper mit der Gewichtskraft $G_K = 7{,}00$ kN wird 40,0 cm hochgehoben. Welche Hubarbeit wird dabei verrichtet? b) Wie groß ist die Hubarbeit, wenn der Körper stattdessen auf einer schiefen Ebene mit dem Neigungswinkel $\alpha = 40°$ über die gleiche Strecke von 40,0 cm hochgeschoben wird?

2-218. Ein Körper mit der Masse $m_K = 185$ kg wird 15,0 m hochgehoben. Wie groß ist die dabei verrichtete Hubarbeit? b) Welche Hubarbeit muß verrichtet werden, wenn der Körper stattdessen auf einer schiefen Ebene mit dem Neigungswinkel $\alpha = 28°$ über 15,0 m hochgeschoben wird? $g = 9{,}81$ m/s^2

2-219. 75,0 m^3 Flüssigkeit, $\rho = 1594$ kg/m^3, werden um 7,2 m hochgepumpt. Welche Hubarbeit muß die Pumpe verrichten? $g = 9{,}81$ m/s^2

2-220. Welche a) Gewichtskraft, b) Masse und c) Volumen muß ein Körper mit der Dichte $\rho = 200$ kg/m^3 haben, wenn beim Anheben um 2,0 m eine Arbeit von 975 J verrichtet wird? $g = 9{,}81$ m/s^2

2-221. Um welche Höhe können drei verschiedene Körper mit a) der Gewichtskraft von 1,30 kN, b) der Masse von 2,75 kg und und c) dem Volumen von 12,0 dm^3 mit der Dichte $\rho = 2050$ kg/m^3 angehoben werden, wenn in jedem Fall eine Arbeit von 800 J verrichtet wird? $g = 9{,}81$ m/s^2

Reibungsarbeit

Bei der *Reibungsarbeit* W_R wirkt die Kraft entgegengesetzt zur Reibungskraft F_R eines Körpers. Gemäß (2-166) gilt deshalb:

$$W_R = \mu \, F_N \, s \qquad (2\text{-}175)$$

Mit $F_N = G \cos \alpha$ gemäß (2-108) folgt daraus die allgemeine Beziehung:

$$W_R = \mu \, G \cos \alpha \, s \qquad (2\text{-}175a)$$

Im speziellen Fall eines Körpers auf waagrechter Unterlage ($\alpha = 0°$) geht (2-175a) über in

$$W_R = \mu \, G \, s \qquad (2\text{-}175b)$$

Mit $G = m \, g$ folgen aus (2-175a) und (2-175b):

$$W_R = \mu \, m \, g \cos \alpha \, s \qquad (2\text{-}175c)$$

$$W_R = \mu \, m \, g \, s \qquad (2\text{-}175d)$$

2.3 Dynamik (Kinetik)

Rechenbeispiel 2-195. Ein Körper, G_K = 750 N, wird auf seiner Unterlage um 5,2 m verschoben. Die Gleitreibungszahl ist 0,1. Wie groß ist die verrichtete Reibungsarbeit W_R auf a) horizontaler Unterlage und b) einer schiefen Ebene mit dem Steigungswinkel $a = 11°$?

Gesucht: W_R **Gegeben:** G_K = 750 N; s = 5,2 m; μ_G = 0,1; a_1 = 0°; a_2 = 11°

a) Mit (2-175b) gilt mit **1 J = 1 N m** für die Reibungsarbeit W_R:

$W_R = \mu \, G_K \, s = 0{,}1 \cdot 750 \text{ N} \cdot 5{,}2 \text{ m} = 0{,}1 \cdot 750 \cdot 5{,}2 \text{ J}$

$\underline{W_R = 390 \text{ J}}$

b) Mit (2-175a) gilt mit **1 J = 1 N m** für die Reibungsarbeit W_R:

$W_R = \mu \, G_K \cos a \, s = 0{,}1 \cdot 750 \text{ N} \cdot \cos 11° \cdot 5{,}2 \text{ m}$

$\underline{W_R = 383 \text{ J}}$

Übungsaufgaben:

2-222. Ein Körper, G_K = 350 N, wird auf seiner Unterlage um 5,2 m verschoben. Die Gleitreibungszahl ist 0,2. Wie groß ist die verrichtete Reibungsarbeit W_R auf a) horizontaler Unterlage und b) einer schiefen Ebene mit dem Steigungswinkel $a = 22°$?

2-223. Ein Körper, m_K = 50,0 kg, wird auf seiner Unterlage um 3,5 m verschoben. Die Gleitreibungszahl ist 0,25. Wie groß ist die verrichtete Reibungsarbeit W_R auf a) horizontaler Unterlage und b) einer schiefen Ebene mit dem Steigungswinkel $a = 16°$? $g = 9{,}81$ m/s^2

Dehnungsarbeit (Spannarbeit)

Bei der *Dehnungsarbeit* W_D wirkt die notwendige Kraft immer entgegengesetzt zu den Kohäsionskräften zwischen den Teilchen eines elastischen Körpers, aber stets in Dehnungsrichtung. Die zur Dehnung notwendige Kraft nimmt vom Anfangswert Null bis zum Endwert F_{max} gleichmäßig zu. Deshalb muß für die verrichtete Arbeit der Mittelwert $F_{max}/2$ berücksichtigt werden (vgl. Abb. 2-55).

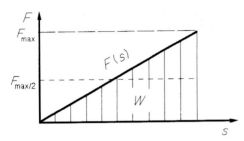

Abb. 2-55. Spannkraft einer Feder

Gemäß (2-170) gilt für die Dehnungsarbeit für elastische Körper innerhalb der Elastizitätsgrenzen:

$$W_D = \frac{F_{max}\, s}{2} \qquad (2\text{-}176)$$

Rechenbeispiel 2-196. Eine Feder wird durch eine Kraft $F = 455$ N um 10,2 cm gedehnt. Wie groß ist die verrichtete Dehnungsarbeit W_D?

Gesucht: W_D **Gegeben:** $F = 455$ N; $s = 10{,}2$ cm

Mit (2-176) gilt mit **1 J = 1 N m** für die Dehnungsarbeit W_D:

$$W_D = \frac{F_{max}\, s}{2} = \frac{455\text{ N} \cdot 10{,}2\text{ cm}}{2} = \frac{455\text{ N} \cdot 0{,}102\text{ m}}{2}$$

$\underline{W_D = 23{,}2\text{ J}}$

Rechenbeispiel 2-197. Eine Feder wird durch eine Dehnungsarbeit $W_D = 300$ J um eine Strecke von 32 mm auseinandergezogen. Wie groß die notwendige Kraft am Ende des Vorganges?

Gesucht: F_{max} **Gegeben:** $W_D = 300$ J; $s = 32$ mm

Aus (2-176) folgt mit **1 J = 1 N m** für die maximale Dehnkraft F_{max}:

$$W_D = \frac{F_{max}\, s}{2} \Rightarrow F_{max} = \frac{2\, W_D}{s} = \frac{2 \cdot 300\text{ J}}{32\text{ mm}} = \frac{2 \cdot 300\text{ J}}{32 \cdot 10^{-3}\text{ m}} = \frac{2 \cdot 300\text{ N m}}{32 \cdot 10^{-3}\text{ m}}$$

$\underline{F_{max} = 18{,}8\text{ kN}}$

2.3 Dynamik (Kinetik)

Rechenbeispiel 2-198. An einer Feder wird durch eine Kraft von 1,25 kN eine Dehnungsarbeit W_{Dehn} von 17,5 J verrichtet. Um welche Strecke wird die Feder gedehnt?

Gesucht: s **Gegeben:** $W_D = 17{,}5$ J; $F = 1{,}25$ kN

Aus (2-176) folgt mit **1 J = 1 N m** für die Dehnungsstrecke s:

$$W_D = \frac{F_{max} \, s}{2} \Rightarrow s = \frac{2 \, W_D}{F_{max}} = \frac{2 \cdot 17{,}5 \text{ J}}{1{,}25 \text{ kN}} = \frac{2 \cdot 17{,}5 \text{ N m}}{1{,}25 \cdot 10^3 \text{ N}}$$

$s = 0{,}028$ m $= 28$ mm

Übungsaufgaben:

2-224. Eine Feder wird durch eine Kraft $F = 555$ N um 13,2 cm gedehnt. Wie groß ist die verrichtete Dehnungsarbeit W_D?

2-225. Eine Feder wird durch Anhängen eines Körpers, $m = 62{,}7$ kg, um 56 cm gedehnt. Wie groß ist die verrichtete Dehnungsarbeit W_D? $g = 9{,}81$ m/s^2

2-226. Eine Feder wird durch eine Dehnungsarbeit $W_D = 500$ J um 36 mm auseinandergezogen. Wie groß die notwendige Kraft am Ende des Vorganges?

2-227. An einer Feder wird durch eine Kraft von 1,05 kN die Dehnungsarbeit W_D von 12,5 J verrichtet. Um welche Strecke wird die Feder gedehnt?

Beschleunigungsarbeit

Bei der Beschleunigungsarbeit W_B wirkt die notwendige Kraft F entgegengesetzt zur Trägheitskraft F_T.
Bei gleichmäßig beschleunigten Bewegungen aus der Ruhelage ($v_A = 0$) gilt für den zurückgelegten Weg s (vgl. Abschn. 2.1.3.1.2, (2-3)):

$$s = \frac{v \, t}{2}$$

Aus (2-170) folgt mit $s = v\,t/2$, $F = m\,a$ und $a = v/t$:

$W_B = F \, s \quad \longleftarrow \quad s = \dfrac{v\,t}{2}$

$W_B = \dfrac{F \, v \, t}{2} \quad \longleftarrow \quad F = ma$

$W_B = F \, s \quad \longleftarrow \quad s = \dfrac{v\,t}{2}$

$W_B = \dfrac{m \, v^2}{2} \hfill (2\text{-}177)$

Rechenbeispiel 2-199. Ein Kraftwagen, $m = 1050$ kg, soll aus dem Stand auf eine Geschwindigkeit von 22 m/s beschleunigt werden. Wie groß ist (ohne Berücksichtigung der Reibungskraft) die dazu notwendige Beschleunigungsarbeit?

Gesucht: W_B **Gegeben:** $m = 1050$ kg; $v = 22$ m/s

Mit (2-177) und $1\ \text{J} = 1\ \text{kg m}^2\ \text{s}^{-2}$ gilt für die Beschleunigungsarbeit W_B:

$$W_B = \frac{m v^2}{2} = \frac{1050\ \text{kg} \cdot (22\ \text{m s}^{-1})^2}{2} = \frac{1050 \cdot (22)^2\ \text{J}}{2}$$

$\underline{W_B = 254\ \text{kJ}}$

Rechenbeispiel 2-200. Welche Masse hat ein Körper, der (ohne Berücksichtigung von Reibungskräften) durch eine Beschleunigungsarbeit von 850 J auf aus der Ruhelage auf eine Geschwindigkeit von 6,5 m/s gebracht wird?

Gesucht: m **Gegeben:** $W_B = 850$ J; $v = 6{,}5$ m/s

Aus (2-177) folgt mit $1\ \text{J} = 1\ \text{kg m}^2\ \text{s}^{-2}$ für die Masse m_K eines Körpers:

$$W_B = \frac{m_K v^2}{2} \Rightarrow m_K = \frac{2 W_B}{v^2} = \frac{2 \cdot 850\ \text{J}}{(6{,}5\ \text{m s}^{-1})^2} = \frac{2 \cdot 850\ \text{kg m}^2\ \text{s}^{-2}}{(6{,}5)^2\ \text{m}^2\ \text{s}^{-2}}$$

$\underline{m_K = 40{,}2\ \text{kg}}$

Rechenbeispiel 2-201. An einem Fahrzeug, $m_K = 250$ kg, wird die Beschleunigungsarbeit $W_B = 2{,}25$ kJ verrichtet. Welche Geschwindigkeit erreicht es (ohne Berücksichtigung von Reibungskräften)?

Gesucht: v **Gegeben:** $m_K = 250$ kg; $W_B = 2{,}25$ kJ

Aus (2-177) folgt mit $1\ \text{J} = 1\ \text{kg m}^2\ \text{s}^{-2}$ für die Geschwindigkeit v eines Körpers:

$$W_B = \frac{m v^2}{2} \Rightarrow v = \sqrt{\frac{2 W_B}{m}} = \sqrt{\frac{2 \cdot 2{,}25\ \text{kJ}}{250\ \text{kg}}} = \sqrt{\frac{2 \cdot 2{,}25 \cdot 10^3\ \text{kg m}^2\ \text{s}^{-2}}{250\ \text{kg}}}$$

$\underline{v = 4{,}24\ \text{m/s}}$

Übungsaufgaben:

2-228. Ein Kraftwagen, $m = 1250$ kg, soll aus dem Stand auf eine Geschwindigkeit von 25 m/s beschleunigt werden. Welche Beschleunigungsarbeit ist (ohne Berücksichtigung der Reibungskraft) dazu notwendig?

2-229. Welche Masse hat ein Körper, der (ohne Berücksichtigung von Reibungskräften) durch eine Beschleunigungsarbeit von 950 J auf aus der Ruhelage auf eine Geschwindigkeit von 5,5 m/s gebracht wird?

2-230. An einem Fahrzeug mit einer Masse von 165 kg, wird die Beschleunigungsarbeit $W_B = 1{,}25$ kJ verrichtet. Welche Geschwindigkeit erreicht es (ohne Berücksichtigung der Reibungskraft)?

2.3.1.4.2 Energie

Wenn an einem Körper eine Arbeit verrichtet wird, führt dies für ihn zu Veränderungen, die an seinem *Bewegungszustand*, seiner *Lage* oder seiner *Form* zu erkennen sind. Häufig kehrt der Körper von selbst wieder in seinen Ausgangszustand zurück und verrichtet dabei seinerseits Arbeit.
Ein Körper kann die an ihm verrichtete Arbeit vorübergehend oder auch für längere Zeit speichern.
Bringt man z. B. einen Körper in eine größere Höhe, indem man eine Hubarbeit an ihm verrichtet, so besitzt er im Vergleich zu seiner Ausgangslage nun eine höhere Energie, die als *Energie der Lage* oder *potentielle Energie* bezeichnet wird.
Auch das Wasser in einem Stausee besitzt eine solche Energie, mit der sich Arbeit verrichten läßt, wenn es unter dem Einfluß der Erdanziehungskraft nach unten strömt.
Ebenso hat auch eine gespannte Feder eine potentielle Energie, die der Dehnungsarbeit entspricht, die zum Spannen aufgewendet wurde (vgl. Abschn. 2.3.1.2.3).

Auch Körper, die sich bewegen, haben die Fähigkeit, Arbeit zu verrichten; sie besitzen *Energie der Bewegung* (*kinetische Energie*), die so groß ist wie die Beschleunigungsarbeit, die aufgebracht werden mußte, um sie in diesen Bewegungszustand zu versetzen.

Energie ist die Fähigkeit eines Körpers, Arbeit zu verrichten.

Energie ist gespeicherte Arbeit.

Fällt also ein Körper aus einer bestimmten Höhe nach unten, oder entspannt sich eine Feder, so wandelt sich potentielle Energie um in kinetische Energie.
Da Energie und Arbeit gleichzusetzen sind, wird für beide auch das gleiche Größensymbol und die gleiche Einheit verwendet.

Potentielle Energie (Energie der Lage)

Die *potentielle Energie* W_{pot} eines Körpers entspricht der Hubarbeit W_H, die an einem Körper verrichtet wird.

Gemäß (2-174) gilt für die potentielle Energie W_{pot} (vgl. Abb. 2-56):

$$W_{pot} = W_H = G_K\, h \qquad (2\text{-}178)$$

Mit $G = m\, g$ (vgl. (2-163)) folgt aus (2-178):

$$W_{pot} = G_K\, h \quad \longleftarrow \quad G_K = m_K\, g$$

$$W_{pot} = m_K\, g\, h \qquad (2\text{-}178a)$$

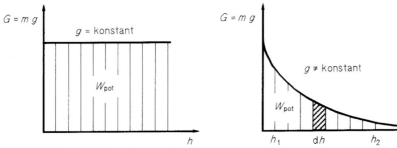

Abb. 2-56. Potentielle Energie

(2-178a) gilt nur für den Fall, daß die Erdbeschleunigung g über die gesamte Hubhöhe konstant ist. Wenn sie sich jedoch entlang der Höhe verändert, also eine Funktion $g(h)$ darstellt, gilt:

$$W_{pot} = m \int_{h_1}^{h_2} g\, dh$$

Rechenbeispiel 2-202. Welche potentielle Energie hat ein Körper, $m_K = 65{,}0$ kg, der um eine Höhe von 2,15 m angehoben wird? $g = 9{,}81$ m/s^2

Gesucht: W_{pot} **Gegeben:** $m_K = 65{,}0$ kg; $h = 2{,}15$ m; $g = 9{,}81$ m/s^2

Mit (2-178a) und **1 J = 1 kg m^2 s^{-2}** gilt für die potentielle Energie W_{pot} eines Körpers:

$$W_{pot} = m_K\, g\, h = 65{,}0 \text{ kg} \cdot 9{,}81 \text{ m s}^{-2} \cdot 2{,}15 \text{ m} = 65{,}0 \cdot 9{,}81 \cdot 2{,}15 \text{ J}$$

$$\underline{W_{pot} = 1371 \text{ J} = 1{,}371 \text{ kJ}}$$

Übungsaufgaben:

2-231. Welche potentielle Energie hat ein Rammbock, $m_K = 75{,}0$ kg, der um die Höhe $h = 1{,}90$ m angehoben wird? $g = 9{,}81$ m/s^2

2-232. Ein Körper wird durch eine Hubarbeit von 1,50 kJ um 1,75 m angehoben. Welche Masse hat der Körper? $g = 9{,}81$ m/s^2

2-233. Um welche Höhendifferenz muß ein Körper, $m_K = 395$ kg, angehoben werden, damit er eine potentielle Energie von 30,0 kJ besitzt? $g = 9{,}81$ m/s^2

Kinetische Energie (Energie der Bewegung)

Die *kinetische Energie* W_{kin} eines Körpers entspricht der Beschleunigungsarbeit W_B, die an ihm verrichtet wird.

Gemäß (2-177) gilt für die kinetische Energie W_{kin}:

$$W_{kin} = W_B = \frac{m\,v^2}{2} \qquad (2\text{-}179)$$

Rechenbeispiel 2-203. Welche kinetische Energie hat ein Dampfhammer mit der Masse $m_K = 50{,}0$ kg, der mit einer Geschwindigkeit von 5,5 m/s aufprallt?

Gesucht: W_{kin} **Gegeben:** $m_K = 50{,}0$ kg; $v = 5{,}5$ m/s

Mit (2-179) und **1 J = 1 kg m^2 s^{-2}** gilt für die kinetische Energie W_{kin} eines Körpers:

$$W_{kin} = \frac{m\,v^2}{2} = \frac{50{,}0 \text{ kg} \cdot (5{,}5 \text{ m s}^{-1})^2}{2} = \frac{50{,}0 \cdot (5{,}5)^2 \text{ J}}{2}$$

$\underline{W_{kin} = 0{,}78 \text{ kJ}}$

Übungsaufgaben:

2-234. Welche kinetische Energie hat ein Dampfhammer mit der Masse $m_K = 50{,}0$ kg, der mit einer Geschwindigkeit von 3,5 m/s aufprallt?

2-235. Ein Auto prallt mit einer Geschwindigkeit von 25,0 km/h auf eine Wand. Es besitzt eine kinetische Energie von 45 kJ. Welche Masse hat das Auto?

2-236. Beim Abreißen von Mauern wird eine Rammkugel mit der Masse $m = 220$ kg verwendet, die eine kinetische Energie von 1,8 kJ haben soll. Welche Geschwindigkeit muß die Kugel beim Aufprall haben?

Aus einer Geschwindigkeitsänderung von v_1 nach v_2 ergibt sich eine exponentiell ansteigende Änderung der kinetischen Energie (vgl. Abb. 2-57):

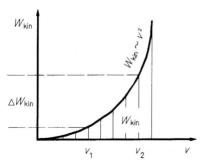

Abb. 2-57. Geschwindigkeitsänderung und kinetische Energie

$$\Delta W_{kin} = \frac{m \, (v_2^2 - v_1^2)}{2} \qquad (2\text{-}180)$$

Rechenbeispiel 2-204. Bei einem Auto mit der Masse $m = 1500$ kg ändert sich die Geschwindigkeit von 35 m/s auf 30 m/s. Wie groß ist die Änderung der kinetischen Energie des Autos?

Gesucht: ΔW_{kin} **Gegeben:** $m_K = 1500$ kg; $v_1 = 30$ m/s; $v_2 = 35$ m/s

Mit (2-180) und **1 J = 1 kg m² s⁻²** gilt für die Änderung ΔW_{kin} der kinetischen Energie:

$$\Delta W_{kin,a} = \frac{m \, (v_{2,a}^2 - v_{1,a}^2)}{2} = \frac{1500 \text{ kg} \cdot [(35 \text{ m s}^{-1})^2 - (30 \text{ m s}^{-1})^2]}{2}$$

$$= \frac{1500 \cdot [(35)^2 - (30)^2] \text{ J}}{2}$$

$\underline{\Delta W_{kin,a} = 244 \text{ kJ}}$

Übungsaufgaben:

2-237. Bei einem Auto mit der Masse $m = 1200$ kg ändert sich die Geschwindigkeit jeweils um 15 m/s und zwar a) von 45 m/s auf 30 m/s und b) von 25 m/s auf 10 m/s. Wie groß ist jeweils die Änderung der kinetischen Energie?

2.3.1.4.3 Gesetz von der Erhaltung der Energie

Wie schon in Abschn. 2.3.1.4.2 erwähnt, wandelt sich die potentielle Energie W_{pot} bei einem aus bestimmter Höhe fallenden Körper oder einer sich entspannenden Feder um in kinetische Energie W_{kin}. Auch wenn ein bestimmter Energieanteil dabei in *Reibungs*- bzw. *Wärmeenergie* umgewandelt wird, gilt für solche Vorgänge das *Gesetz von der Erhaltung der Energie*[25]:

Die Gesamtsumme der Energie ist in einem geschlossenen System stets konstant.

Für die mechanische Energie gilt entsprechend:

Bei rein mechanischen Vorgängen[26] bleibt die Summe der mechanischen Energien der beteiligten Körper stets konstant.

$$W_{pot} + W_{kin} = k \qquad (2\text{-}181)$$

Daraus folgt:

$$W_{pot} = k - W_{kin} \qquad (2\text{-}181a)$$

(2-181a) zeigt, daß Energien, die wie die Arbeit vektorielle Größen sind, bei ihrer Umwandlung immer entgegengesetzte Richtungen haben:

$$W_{pot} = - W_{kin} \qquad (2\text{-}181b)$$

Bei der rechnerischen Betrachtung von mechanischen Vorgängen können Hubarbeit, Dehnungs- bzw. Spannarbeit und Beschleunigungsarbeit gemäß (2-178a), (2-176) und (2-179) gleichgesetzt werden:

$$m_K \, g \, h = \frac{F_{max} \, s}{2} = \frac{m_K \, v^2}{2} \qquad (2\text{-}182)$$

Aus (2-182) folgt für den Zusammenhang zwischen Hubarbeit und Spannarbeit:

$$m_K \, g \, h = \frac{F_{max} \, s}{2} \qquad (2\text{-}182a)$$

Die Reibungskräfte sind bei den folgenden Rechenbeispielen zu vernachlässigen.

---

25 1842 von Robert Mayer aufgestellt.
26 In der Praxis treten rein mechanische Vorgänge kaum auf.

322   2 Rechnen in der Mechanik

Rechenbeispiel 2-205. Ein Kugel, $m = 0{,}250$ kg, soll mit einem Katapult 100 m senkrecht hochgeschossen werden. Mit welcher Kraft muß zu diesem Zweck die Feder des Katapults über eine Strecke von 0,15 m zusammengedrückt werden? $g = 9{,}81$ m/s^2

Gesucht: F_{max} **Gegeben:** $m_K = 0{,}250$ kg; $h = 100$ m; $s = 0{,}15$ m; $g = 9{,}81$ m/s^2

Aus (2-182a) folgt mit **1 N = 1 kg m/s^2** für die Federspannkraft F_{max}:

$$m_K\, g\, h = \frac{F_{max}\, s}{2} \Rightarrow$$
$$F_{max} = \frac{2\, m_K\, g\, h}{s} = \frac{2 \cdot 0{,}250 \text{ kg} \cdot 9{,}81 \text{ m s}^{-2} \cdot 100 \text{ m}}{0{,}15 \text{ m}}$$

$\underline{F_{max} = 3{,}3 \text{ kN}}$

Übungsaufgaben:

2-238. Die Feder eines Katapults wird mit der Kraft $F = 750$ N um 0,35 m zusammengedrückt. Wie groß ist die Masse m_K eines Körpers, der beim Loslassen der Feder 45 m senkrecht hochgeschleudert wird? $g = 9{,}81$ m/s^2

2-239. Eine Kugel, $m = 1{,}00$ kg, wird durch eine Feder, die mit einer Kraft von 1650 N um 12,5 cm gespannt ist, senkrecht hochgeschleudert. Wie hoch steigt die Kugel? $g = 9{,}81$ m/s^2

2-240. Ein Stein, $m = 2{,}25$ kg, soll mit einem Katapult 30 m senkrecht nach oben geschossen werden. Mit welcher Kraft muß zu diesem Zweck die Feder des Katapults über eine Strecke von 20 cm zusammengedrückt werden? $g = 9{,}81$ m/s^2

2-241. Ein Körper, $m = 500$ g, soll mit einem Katapult 60 m senkrecht hochgeschossen werden. Wie weit muß zu diesem Zweck die Feder des Katapults mit einer Kraft von 750 N zusammengedrückt werden? $g = 9{,}81$ m/s^2

2-242. Wie groß sind die in der untenstehenden Tabelle fehlenden Größenwerte, die sich bei der Umrechnung von Hubarbeit und Spannarbeit ergeben? $g = 9{,}81$ m/s^2

	Masse m_K des Körpers	Hubhöhe h	Spannkraft F_{max} der Feder	Spannweg s der Feder
a)	?	30 m	550 N	250 mm
b)	675 g	?	1,35 kN	0,30 m
c)	5,50 kg	12,5 m	?	55 cm
d)	325 g	75 m	3,20 kN	?

2.3 Dynamik (Kinetik)

Aus (2-182) folgt für den Zusammenhang zwischen Hubarbeit und Beschleunigungsarbeit:

$$m_K \, g \, h = \frac{m_K \, v^2}{2} \tag{2-182b}$$

Rechenbeispiel 2-206. Mit welcher Endgeschwindigkeit trifft ein aus einer Höhe von 10 m freifallender Körper am Boden auf? $g = 9{,}81 \text{ m/s}^2$

Gesucht: v **Gegeben:** $h = 10$ m; $g = 9{,}81 \text{ m/s}^2$

Aus (2-182b) folgt für die Endgeschwindigkeit v eines Körpers:

$$\frac{m_K \, v^2}{2} = m_K \, g \, h \Rightarrow v = \sqrt{2 \, g \, h} = \sqrt{2 \cdot 9{,}81 \text{ m s}^{-2} \cdot 10 \text{ m}}$$

$v = 14{,}0$ m/s

Rechenbeispiel 2-207. Aus welcher Höhe muß ein Körper frei fallen, damit er mit der Endgeschwindigkeit $v = 20{,}0$ m/s am Boden auftrifft? $g = 9{,}81 \text{ m/s}^2$

Gesucht: h **Gegeben:** $v = 20$ m/s; $g = 9{,}81 \text{ m/s}^2$

Aus (2-182b) folgt für die Fallhöhe h eines Körpers:

$$\frac{m_K \, v^2}{2} = m_K \, g \, h \Rightarrow h = \frac{v^2}{2 \, g} = \frac{(20{,}0 \text{ m s}^{-1})^2}{2 \cdot 9{,}81 \text{ m s}^{-2}} = \frac{(20{,}0)^2 \text{ m}^2 \text{ s}^{-2}}{2 \cdot 9{,}81 \text{ m s}^{-2}}$$

$h = 20{,}4$ m

Übungsaufgaben:

2-243. Wie groß ist die Endgeschwindigkeit eines aus 75 m Höhe frei fallenden Körpers? $g = 9{,}81 \text{ m/s}^2$

2-244. Wie tief muß ein Körper frei fallen, damit er mit der Endgeschwindigkeit $v = 60$ m/s am Boden auftrifft? $g = 9{,}81 \text{ m/s}^2$

2-245. Wie groß sind die in der untenstehenden Tabelle fehlenden Größenwerte, die sich bei der Umrechnung von Hubarbeit und Spannarbeit ergeben?

	Hubhöhe h des Körpers	Geschwindigkeit v des Körper
a)	30 m	?
b)	125 m	?
c)	?	16,5 m/s
d)	?	200 km/h

Aus (2-182) folgt für den Zusammenhang zwischen Spannarbeit und Beschleunigungsarbeit:

$$\frac{F_{max}\, s}{2} = \frac{m_K\, v^2}{2} \qquad (2\text{-}182c)$$

Rechenbeispiel 2-208. Mit welcher Kraft muß die Feder eines Katapults um 28 cm gespannt werden, damit ein darauf befindlicher Körper, $m = 13{,}6$ g, mit der Geschwindigkeit $v = 85$ m/s abgeschossen wird?

Gesucht: F_{max} \qquad **Gegeben:** $s = 28$ cm; $m_K = 13{,}6$ g; $v = 85$ m/s

Aus (2-182c) folgt mit $1\ \mathbf{N} = 1\ \mathbf{kg\ m/s^2}$ für die Masse m_K des Körpers:

$$\frac{F_{max}\, s}{2} = \frac{m_K\, v^2}{2} \Rightarrow$$

$$F_{max} = \frac{m_K\, v^2}{s} = \frac{13{,}6\ \text{g} \cdot (85\ \text{m s}^{-1})^2}{28\ \text{cm}} = \frac{13{,}6\ \text{g} \cdot 10^{-3}\ \text{kg} \cdot (85)^2\ \text{m}^2\ \text{s}^{-2}}{0{,}28\ \text{m}}$$

$\underline{F_{max} = 351\ \text{N}}$

Rechenbeispiel 2-209. Eine Kugel, $m = 1{,}65$ kg, wird durch eine Feder, die mit einer Kraft von 1230 N über 15,5 cm gespannt ist, abgeschossen. Welche Geschwindigkeit hat die Kugel?

Gesucht: v \qquad **Gegeben:** $m_K = 1{,}65$ kg; $F_{max} = 1230$ N; $s = 15{,}5$ cm

Aus (2-182c) folgt mit **1 N = 1 kg m/s²** für die Geschwindigkeit v:

$$\frac{F_{max}\, s}{2} = \frac{m_K\, v^2}{2} \Rightarrow$$

$$v = \sqrt{\frac{F_{max}\, s}{m_K}} = \sqrt{\frac{1230\ \text{N} \cdot 15{,}5\ \text{cm}}{1{,}65\ \text{kg}}} = \sqrt{\frac{1230\ \text{kg m s}^{-2} \cdot 0{,}155\ \text{m}}{1{,}65\ \text{kg}}}$$

$v = 10{,}75$ m/s

Übungsaufgaben:

2-246. Mit welcher Kraft muß die Feder eines Katapults um 32 cm gespannt werden, damit ein darauf befindlicher Körper $m = 19{,}6$ g, mit $v = 85$ m/s abgeschossen wird?

2-247. Um welche Strecke muß die Feder des Katapults mit einer Kraft von 2,80 kN gespannt werden, damit eine Kugel, $m = 200$ g, den Katapult beim Loslassen der Feder mit einer Geschwindigkeit von 140 km/h verläßt?

2-248. Eine Kugel verläßt die zuvor mit einer Kraft von 1450 N um 110 mm gespannte Feder eines Katapults mit der Geschwindigkeit $v = 100$ m/s. Welche Masse besitzt die Kugel?

2-249. Eine Kugel, $m = 165$ g, wird durch eine Feder, die mit einer Kraft von 1,50 kN über 13,5 cm gespannt ist, abgeschossen. Welche Geschwindigkeit hat die Kugel?

2-250. Wie groß sind die in der untenstehenden Tabelle fehlenden Größenwerte, die sich bei der Umrechnung von Spannarbeit und Beschleunigungsarbeit ergeben?

	Masse m_K des Körpers	Geschwindigkeit v des Körpers	Spannkraft F_{max} der Feder	Spannweg s der Feder
a)	?	30 m/s	550 N	250 mm
b)	675 g	?	1,35 kN	0,30 m
c)	5,50 kg	12,5 m/s	?	55 cm
d)	325 g	175 km/h	3,20 kN	?

Mechanische Vorgänge mit Reibungskräften

In der Praxis tritt bei fast allen mechanischen Vorgängen eine Reibungsarbeit W_R auf. Dabei ist zu beachten, daß die entsprechende Reibungskraft immer entgegengesetzt zur Arbeit gerichtet ist, die gerade an einem Körper verrichtet wird.

Rechenbeispiel 2-210. Ein Kraftfahrzeug, $m = 1275$ kg, befindet sich auf einer 20 m langen Gefällstrecke mit dem Steigungswinkel $\alpha = 14°$. Wie groß sind Endgeschwindigkeit und kinetische Energie am Ende der Strecke, wenn die Reibungskraft a) nicht berücksichtigt wird und b) mit eingeht ($\mu_F = 0{,}02$) und c) das Fahrzeug die Strecke mit blockierter Bremse hinunterrutscht ($\mu_G = 0{,}1$)? $g = 9{,}81$ m/s^2

Gesucht: v; W_{kin} **Gegeben:** $m_K = 1275$ kg; $s = 20$ m; $\alpha = 14°$; $\mu_F = 0{,}02$; $\mu_G = 0{,}1$; $g = 9{,}81$ m/s^2

a) Mit $h = s \sin \alpha$ folgt aus (2-182b) für die Geschwindigkeit v eines Körpers:

$$\frac{m_K v^2}{2} = m_K g h \Rightarrow \frac{v^2}{2} = g s \sin \alpha \Rightarrow$$

$$v = \sqrt{2 g s \sin \alpha} = \sqrt{2 \cdot 9{,}81 \text{ m s}^{-2} \cdot 20 \text{ m} \cdot \sin 14°}$$

$v = 9{,}7$ m/s

Mit $h = s \sin \alpha$ folgt aus (2-182b) für die kinetische Energie W_{kin} eines Körpers:

$$W_{kin} = W_{pot} \Rightarrow W_{kin} = \frac{m_K v^2}{2} = m_K g h \quad \longleftarrow \quad h = g s \sin \alpha$$

$$W_{kin} = m_K g s \sin \alpha = 1275 \text{ kg} \cdot 9{,}81 \text{ m s}^{-2} \cdot 20 \text{ m} \cdot \sin 14°$$

$W_{kin} = 60{,}5$ kJ

b) Die potentielle Energie W_{pot} vermindert sich gemäß (2-175c) um die Reibungsarbeit $W_R = \mu m g \cos \alpha \, s$. Mit $h = s \sin \alpha$ folgt aus (2-182) für die Geschwindigkeit v eines Körpers:

$$W_{kin} = W_{pot} - W_R \Rightarrow \frac{m_K v^2}{2} = m_K g h - \mu_F m_K g \cos \alpha \, s \Rightarrow$$

$$\frac{v^2}{2} = g h - \mu_F g \cos \alpha \, s \quad \longleftarrow \quad h = s \sin \alpha$$

$$\frac{v^2}{2} = g s \sin \alpha - \mu_F g \cos \alpha \, s \Rightarrow \frac{v^2}{2} = 2 g s (\sin \alpha - \mu_F \cos \alpha) \Rightarrow$$

$$v = \sqrt{2 g s (\sin \alpha - \mu_F \cos \alpha)}$$

$$= \sqrt{2 \cdot 9{,}81 \text{ m s}^{-2} \cdot 20 \text{ m} \cdot (\sin 14° - 0{,}02 \cdot \cos 14°)}$$

$v = 9{,}3$ m/s

Mit $h = s \sin \alpha$ folgt aus (2-182) für die kinetische Energie W_{kin} des Körpers:

$W_{kin} = W_{pot} - W_R \Rightarrow W_{kin} = m_K \, g \, h - \mu_F \, m_K \, g \, s \cos \alpha \quad \longleftarrow \quad h = s \sin \alpha$
$W_{kin} = m_K \, g \, s \sin \alpha - \mu_F \, m_K \, g \, s \cos \alpha = m_K \, g \, s \, (\sin \alpha - \mu_K \cos \alpha)$
$\qquad = 1275 \text{ kg} \cdot 9{,}81 \text{ m s}^{-2} \cdot 20 \text{ m} \cdot (\sin 14° - 0{,}02 \cdot \cos 14°)$

$\underline{W_{kin} = 55{,}7 \text{ kJ}}$

c) Die potentielle Energie W_{pot} vermindert sich gemäß (2-175c) um die Reibungsarbeit $W_R = \mu \, m \, g \cos \alpha \, s$. Mit $h = s \sin \alpha$ folgt aus (2-182) für die Geschwindigkeit v eines Körpers:

$W_{kin} = W_{pot} - W_R \Rightarrow \dfrac{m_K \, v^2}{2} = m_K \, g \, h - \mu_G \, m_K \, g \cos \alpha \, s \Rightarrow$

$\dfrac{v^2}{2} = g \, h - \mu_G \, g \cos \alpha \, s \quad \longleftarrow \quad h = s \sin \alpha$

$\dfrac{v^2}{2} = g \, s \sin \alpha - \mu_G \, g \cos \alpha \, s \Rightarrow \dfrac{v^2}{2} = g \, s \, (\sin \alpha - \mu_G \cos \alpha) \Rightarrow$

$v = \sqrt{2 \, g \, s \, (\sin \alpha - \mu_G \cos \alpha)}$

$\quad = \sqrt{2 \cdot 9{,}81 \text{ m s}^{-2} \cdot 20 \text{ m} \cdot (\sin 14° - 0{,}1 \cdot \cos 14°)}$

$\underline{v = 7{,}5 \text{ m/s}}$

Mit $h = s \sin \alpha$ folgt aus (2-182) für die kinetische Energie W_{kin} des Körpers:

$W_{kin} = W_{pot} - W_R \Rightarrow W_{kin} = m_K \, g \, h - \mu_G \, m_K \, g \, s \cos \alpha \quad \longleftarrow \quad h = s \sin \alpha$
$W_{kin} = m_K \, g \, s \sin \alpha - \mu_G \, m_K \, g \, s \cos \alpha = m_K \, g \, s \, (\sin \alpha - \mu_K \cos \alpha)$
$\qquad = 1275 \text{ kg} \cdot 9{,}81 \text{ m s}^{-2} \cdot 20 \text{ m} \cdot (\sin 14° - 0{,}1 \cdot \cos 14°)$

$\underline{W_{kin} = 36{,}2 \text{ kJ}}$

Übungsaufgaben:

2-251. Ein Fahrzeug, $m = 950$ kg, befindet sich auf einer 40 m langen Gefällstrecke mit dem Steigungswinkel $\alpha = 12°$. Mit welcher Endgeschwindigkeit und kinetischer Energie kommt das Fahrzeug an deren Ende an, wenn die Reibungskraft a) nicht berücksichtigt wird, b) mit eingeht ($\mu_F = 0{,}015$) und c) das Fahrzeug mit blockierter Bremse die Strecke hinunterrutscht ($\mu_G = 0{,}15$)? $g = 9{,}81$ m/s^2

2-252. Ein Körper, $m = 250$ kg, wird mit einem Faktorenflaschenzug mit zwei losen Rollen, $m_{R,Ges} = 2,25$ kg, $\mu_{Ges} = 0,007$, um 2,5 m angehoben. a) Welche Hubarbeit muß a) ohne und b) mit Berücksichtigung von Reibungskräften verrichtet werden? Mit welcher Energie schlüge der Motorblock im Falle eines Unfalls jeweils am Boden auf?

2.3.1.4.4 Leistung

Nach dem internationalen Einheitensystem ist die *Leistung* eine abgeleitete physikalische Größe. Als Größensymbol verwendet man P. Ihre Dimension ist *Arbeit durch Zeit*.

Die Leistung P ist der Quotient (das Verhältnis) aus einer verrichteten Arbeit W und der dazu benötigten Zeit t.

$$\text{Leistung} = \frac{\text{Arbeit}}{\text{Zeit}}$$

$$P = \frac{W}{t} \qquad (2\text{-}183)$$

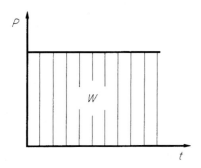

Abb. 2-58. Arbeit im Leistung-Zeit-Diagramm (P = konstant)

Die Dimensionsbetrachtung der Definitionsgleichung (2-183) liefert die SI-Einheit:

$$[P] = \left[\frac{W}{t}\right] = \left[\frac{1\text{ J}}{1\text{ s}}\right] = 1\,\frac{\text{J}}{\text{s}} = 1\text{ J s}^{-1} = 1\text{ W} \qquad (1\text{-}183a)$$

Die Einheit der Leistung ist *1 Watt*[27] (Einheitenzeichen: W). In der Praxis verwendet man häufig die Einheiten *1 Newtonmeter durch Sekunde* (vor allem in der Mechanik) und *1 Joule durch Sekunde* (in der Kalorik).
Diese SI-Einheiten sind einander gleich. Dabei gilt mit **1 N = 1 kg m/s²**:

$$1\text{ W} = 1\text{ J s}^{-1} = 1\text{ N m s}^{-1} = 1\text{ kg m}^2\text{ s}^{-3} \qquad (2\text{-}184)$$

---

27 Nach dem englischen Erfinder James Watt

1 Watt (1 W) ist die Leistung, die erbracht wird, wenn eine Arbeit von 1 J in 1 s verrichtet wird.

Mit (2-183) lassen sich die Leistung P, die Arbeit W und die Zeit t unter Vernachlässigung von in der Praxis üblicherweise auftretenden Reibungsenergien berechnen.

Rechenbeispiel 2-211. Eine Maschine verrichtet eine Arbeit von 350 kJ in 10,5 min. Wie groß ist die Leistung der Maschine?

Gesucht: P **Gegeben:** $W = 350$ kJ; $t = 10,5$ min

Mit (2-183) und **1 W = 1 J/s** gilt für die Leistung P:

$$P = \frac{W}{t} = \frac{350 \text{ kJ}}{10,5 \text{ min}} = \frac{350 \cdot 10^3 \text{ J}}{10,5 \cdot 60 \text{ s}}$$

$P = 556$ W

Übungsaufgaben:

2-253. Eine Maschine verrichtet eine Arbeit von 120 kJ in 90 s. Welche Leistung hat die Maschine?

2-254. Welche Arbeit muß ein Arbeiter in 20 min verrichten, wenn er eine Leistung von durchschnittlich 175 W erreichen will?

2-255. Welche Zeit benötigt ein Elektromotor mit einer Leistung von 650 W, um eine Arbeit von 150 kJ zu verrichten?

2-256. Wie groß sind die fehlenden Größenwerte in der untenstehenden Tabelle?

	Leistung P	Arbeit W	Zeit t
a)	0,625 kW	300 kJ	?
b)	295 W	?	1,85 min
c)	?	2,90 kJ	70 s

Aus (2-183) ergibt sich mit $W = F\,s$ (vgl. (2-170)) und $v = s/t$ (vgl. (2-1)) eine weitere Möglichkeit zur Berechnung der Leistung:

$$P = \frac{W}{t} \quad \longleftarrow \quad W = F\,s$$

$$P = \frac{F\,s}{t} \quad \longleftarrow \quad \frac{s}{t} = v$$

$P = F\,v$ \hfill (2-185)

Die Beziehungen (2-183) und (2-185) gelten nur für eine konstante Leistung. Häufig sind jedoch bei einem Vorgang Kraft und/oder Geschwindigkeit nicht konstant.

So steigt z. B. bei einer gleichmäßig beschleunigten Bewegung eines Körpers aus der Ruhelage die Anfangsleistung $P_a = 0$ bei der Anfangsgeschwindigkeit $v_a = 0$ bis zu der Endleistung P_e bei der Endgeschwindigkeit v_e an. Dabei gilt (2-185) für eine mittlere Leistung P bei der mittleren Geschwindigkeit v_m. Gemäß (2-3) folgt daraus:

$$P = F v_m \quad \longleftarrow \quad v_m = \frac{v_a + v_e}{2}$$

$$P = \frac{F(v_a + v_e)}{2} \tag{2-186}$$

Während des oben beschriebenen Vorgangs ergibt sich für einen bestimmten Zeitpunkt eine *augenblickliche* Leistung (vgl. Abb. 2-59).

Die augenblickliche Leistung P ist der Differentialquotient der Arbeit W nach der Zeit t.

$$P = \frac{dW}{dt} \tag{2-187}$$

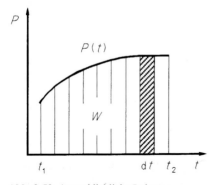

Abb. 2-59. Augenblickliche Leistung

Mit (2-185) lassen sich die Leistung P, die Kraft F und die Geschwindigkeit v unter Vernachlässigung von in der Praxis meist auftretenden Reibungsenergien berechnen.

Rechenbeispiel 2-212. Welche Leistung wird erbracht, wenn ein Körper durch eine Kraft von 325 N mit einer mittleren Geschwindigkeit von 20 m/s bewegt wird?

Gesucht: P **Gegeben:** $F = 325$ N; $v_m = 20$ m/s

Mit (2-185) und **1 W = 1 N m/s** gilt für die Leistung P:

$P = F \, v_m = 325 \text{ N} \cdot 20 \text{ m s}^{-1} = 325 \cdot 20 \text{ N m s}^{-1}$

$P = 6{,}5$ kW

Übungsaufgaben:

2-257. Welche Leistung wird erbracht, wenn eine Kraft von 0,25 kN einen Körper mit einer konstanten Geschwindigkeit von 15,0 m/s bewegt?

2-258. Welche Kraft muß an einem Körper wirken, der sich mit einer konstanten Geschwindigkeit von 22,0 km/h bewegt, damit eine Leistung von 1,95 kW erbracht wird?

2-259. Wie groß ist die konstante Geschwindigkeit eines Körpers, an dem eine Kraft von 1,62 kN angreift, damit eine Leistung von 2,40 kW aufgewendet wird?

2-260. Wie groß sind die fehlenden Größenwerte in der untenstehenden Tabelle?

	Leistung P	Kraft F	Mittlere Geschwindigkeit v
a)	0,625 kW	300 N	?
b)	295 W	?	1,85 m/min
c)	?	2,90 kN	70 cm/s

Mit (2-186) lassen sich die aufgewendete Durchschnittsleistung P und die an einem Körper wirkende Kraft F und die Ausgangs- und Endgeschwindigkeiten v_a bzw. v_e bei Beschleunigungsvorgängen berechnen.

Rechenbeispiel 2-213. Welche Durchschnittsleistung wird erbracht, wenn ein Körper durch eine Kraft von 325 N aus der Ruhelage auf eine Geschwindigkeit von 20 m/s beschleunigt wird?

Gesucht: P_m **Gegeben:** $F = 325$ N; $v_a = 0$; $v_e = 20$ m/s

Mit (2-186), **1 W = 1 N m/s** und $v_a = 0$ gilt für die Durchschnittsleistung P_m:

$$P_m = \frac{F(v_a + v_e)}{2} \Rightarrow P_m = \frac{F \, v_e}{2} = \frac{325 \text{ N} \cdot 20 \text{ m s}^{-1}}{2}$$

$P_m = 3{,}25$ kW

332   2 Rechnen in der Mechanik

Übungsaufgaben:

2-261. Welche Durchschnittsleistung wird erbracht, wenn ein Körper durch eine Kraft von 325 N aus der Ruhelage auf eine Geschwindigkeit von 5,8 m/s beschleunigt wird?

2-262. Ein Motorrad wird von einer Geschwindigkeit von 25,6 m/s auf 13,9 m/s abgebremst. Welche mittlere Bremskraft wird bei einer hydraulischen Bremsanlage mit einer Leistung von 0,95 kW wirksam?

2-263. Der Motor eines Fahrzeugs hat eine Leistung von 54,5 kW. Auf welche Endgeschwindigkeit (in km/h) kann er das Fahrzeug aus dem Stand beschleunigen, wenn Reibungskräfte von insgesamt 1,82 kN zu überwinden sind?

Hubleistung

Die *Hubleistung* P_H ergibt sich, wenn man das Produkt aus einer Kraft, die so groß ist wie die Gewichtskraft G_K eines Körpers, und der Hubhöhe h, um den der Körper angehoben wird, auf die dazu notwendige Zeit t bezogen wird.

Aus (2-183) folgt mit (2-174) für die Hubleistung P_H:

$$P = \frac{W}{t} \quad \longleftarrow \quad W_H = G_K h$$

$$P_H = \frac{G_K h}{t} \tag{2-188}$$

Rechenbeispiel 2-214. Welche Hubleistung bringt der Motor eines Lastenaufzugs auf, der eine Gesamtlast von 8,50 kN in 23 s um 12,5 m anhebt?

Gesucht: P_H **Gegeben:** $G_K = 8,50$ kN; $t = 23$ s; $h = 12,5$ m

Mit (2-188) und **1 W = 1 N m/s** gilt für die Hubleistung P_H:

$$P_H = \frac{G_K h}{t} = \frac{8,50 \text{ kN} \cdot 12,5 \text{ m}}{23 \text{ s}}$$

$\underline{P_H = 4,6 \text{ kW}}$

Übungsaufgaben:

2-264. Welche Hubleistung bringt der Motor eines Lastenaufzugs auf, der die Last von 9,50 kN in 17 s um 8,7 m anhebt?

2.3 Dynamik (Kinetik)

2-265. Wie groß ist die Gewichtskraft eines Körpers, den ein Aufzug bei einer Hubleistung von 5,0 kW in 30,0 s um 19,5 m nach oben befördert?

2-266. Um welche Höhe kann ein Körper, $G_K = 625$ N, durch eine Hubleistung von 320 W in 28,4 s angehoben werden?

2-267. In welcher Zeit kann ein Körper, $G_K = 250$ N, durch eine Leistung von 400 W um 35 m angehoben werden?

2-268. Wie groß sind die fehlenden Größenwerte in der untenstehenden Tabelle?

	Hubleistung P_H	Gewichtskraft G_K	Hubhöhe h	Zeit t
a)	?	275 N	40,0 m	55 s
b)	2,90 kW	?	12,2 m	1,15 min
c)	735 W	800 N	?	10,4 s
d)	1,35 kW	4,20 kN	85 cm	?

Mit (2-1) folgt aus (2-188) für die Hubleistung P_H auch:

$$P_H = \frac{G_K \, h}{t} \quad \leftarrow \quad \frac{h}{t} = v$$

$$\boldsymbol{P_H = G_H \, v_H} \tag{2-188a}$$

Rechenbeispiel 2-215. Welche Hubleistung ist nötig, um einen Körper, $G_K = 305$ N, mit einer Hubgeschwindigkeit von 4,5 m/s hochzuheben?

Gesucht: P_H **Gegeben:** $G_K = 305$ N; $v_H = 4,5$ m/s

Mit (2-188a) und **1 W = 1 N m/s** gilt für die Hubleistung P_H:

$$P_H = G_H \, v_H = 305 \text{ N} \cdot 4,5 \text{ m s}^{-1}$$

$$\underline{\underline{P_H = 1{,}37 \text{ kW}}}$$

Übungsaufgaben:

2-269. Welche Leistung ist nötig, um einen Körper, $G_K = 555$ N, mit einer Geschwindigkeit von 1,50 m/s hochzuheben?

2-270. Welche Gewichtskraft hat ein Körper, wenn eine Hubleistung von 485 W notwendig ist, um ihn mit einer Geschwindigkeit von 1,85 m/s anzuheben?

2-271. Wie groß ist die Geschwindigkeit, mit der ein Körper mit der Gewichtskraft $G_K = 475$ N durch eine Leistung von 0,65 kW hochgehoben wird?

2-272. Wie groß sind die fehlenden Größenwerte in der untenstehenden Tabelle?

	Hubleistung P_H	Gewichtskraft G_K	Hubgeschwindigkeit v_H
a)	?	275 N	4,0 m/s
b)	1,90 kW	?	12,2 m/s
c)	735 W	800 N	?

Mit $G = m\,g$ und $m_K = V_K\,\rho_K$ läßt sich die Hubleistung P_H auch aus der Masse m_K eines Körpers bzw. aus seinem Volumen V_K und seiner Dichte ρ_K berechnen.

Rechenbeispiel 2-216. Welche Hubleistung hat eine Pumpe, die 20 m³ Methanol, $\rho_{Fl} = 791$ kg/m³, in 12,5 min 7,5 m hochpumpt? $g = 9{,}81$ m/s²

Gesucht: P_H **Gegeben:** $V_{Fl} = 20{,}0$ m³; $\rho_{Fl} = 791$ kg/m³; $t = 12{,}5$ min; $h = 7{,}5$ m; $g = 9{,}81$ m/s²

Mit (2-188), $G = m\,g$, $m = V\,\rho$ und 1 W $= 1$ kg m² s⁻³ gilt für die Hubleistung P_H:

$$P_H = \frac{G_K\,h}{t} \quad \longleftarrow \quad G_K = m_K\,g \text{ und } m_K = V_{Fl}\,\rho_{Fl}$$

$$P_H = \frac{\rho_{Fl}\,V_{Fl}\,g\,h}{t}$$

$$= \frac{20{,}0 \text{ m}^3 \cdot 791 \text{ kg m}^3 \cdot 9{,}81 \text{ m s}^{-2} \cdot 7{,}5 \text{ m}}{12{,}5 \text{ min}}$$

$$= \frac{20{,}0 \text{ m}^3 \cdot 791 \text{ kg m}^3 \cdot 9{,}81 \text{ m s}^{-2} \cdot 7{,}5 \text{ m}}{12{,}5 \cdot 60 \text{ s}} = \frac{20{,}0 \cdot 791 \cdot 9{,}81 \cdot 7{,}5 \text{ W}}{12{,}5 \cdot 60}$$

$P_H = 1{,}55$ kW

Rechenbeispiel 2-217. Welche Masse Flüssigkeit kann man mit einer Pumpe mit der Hubleistung $P_H = 1{,}50$ kW in 6,5 s um 7,2 m hochpumpen?

Gesucht: m_{Fl} **Gegeben:** $P_H = 1{,}50$ kW; $t = 6{,}5$ s; $h = 7{,}2$ m

2.3 Dynamik (Kinetik)

Aus (2-188) folgt mit $G = m\,g$ und $1\,W = 1\,kg\,m^2\,s^{-3}$ und für die Masse m_{Fl}:

$$P_H = \frac{G_{Fl}\,h}{t} \Rightarrow P_H = \frac{m_{Fl}\,g\,h}{t} \Rightarrow$$

$$m_{Fl} = \frac{P_H\,t}{g\,h} = \frac{1{,}50\,kW \cdot 6{,}5\,s}{9{,}81\,m\,s^{-2} \cdot 7{,}2\,m} = \frac{1{,}50 \cdot 10^3\,kg\,m^2\,s^{-3} \cdot 6{,}5\,s}{9{,}81\,m\,s^{-2} \cdot 7{,}2\,m}$$

$m_{Fl} = 138\,kg$

Rechenbeispiel 2-218. Welches Volumen einer Flüssigkeit, $\rho_{Fl} = 1220\,kg/m^3$, kann man mit einer Pumpe mit der Hubleistung $P_H = 1{,}50\,kW$ in 65 s um 7,2 m hochpumpen? $g = 9{,}81\,m/s^2$

Gesucht: V_{Fl} **Gegeben:** $P_H = 1{,}50\,kW$; $\rho_{Fl} = 1220\,kg/m^3$; $t = 65\,s$; $h = 7{,}2\,m$; $g = 9{,}81\,m/s^2$

Aus (2-188) folgt mit $G = m\,g$, $m = V\,\rho$ und $1\,W = 1\,kg\,m^2\,s^{-3}$ für das Volumen V_{Fl}:

$$P_H = \frac{G_{Fl}\,h}{t} \quad \longleftarrow \quad G_{Fl} = m_{Fl}\,g \text{ und } m_{Fl} = V_{Fl}\,\rho_{Fl}$$

$$P_H = \frac{V_{Fl}\,\rho_{Fl}\,g\,h}{t} \Rightarrow$$

$$V_{Fl} = \frac{P_H\,t}{\rho_{Fl}\,g\,h}$$

$$= \frac{1{,}50\,kW \cdot 65\,s}{1220\,kg\,m^{-3} \cdot 9{,}81\,m\,s^{-2} \cdot 7{,}2\,m} = \frac{1{,}50 \cdot 10^3\,kg\,m^2\,s^{-3} \cdot 65\,s}{1220\,kg\,m^{-3} \cdot 9{,}81\,m\,s^{-2} \cdot 7{,}2\,m}$$

$V_{Fl} = 1{,}13\,m^3$

Übungsaufgaben:

2-273. Welche Hubleistung hat eine Pumpe, die a) 3,45 t Wasser in 10 min um 3,2 m und b) 25 m³ Methanol, $\rho_{Fl} = 791\,kg/m^3$, in 10 min 7,3 m hochpumpt?

2-274. Welche Masse Flüssigkeit kann man mit einer Pumpe mit der Hubleistung $P_H = 1{,}00\,kW$ in 25 s um 5,0 m hochpumpen?

2-275. Welches Volumen einer Flüssigkeit, $\rho_{Fl} = 1220\,kg/m^3$, kann man mit einer Pumpe mit der Hubleistung $P_H = 0{,}150\,kW$ in 65 s um 3,6 m hochpumpen?

2-276. Um welche Höhe kann ein Körper, $m_K = 50$ kg, durch eine Leistung von 400 W in 10,0 s angehoben werden?

2-277. Ein Körper, $m_K = 175$ kg, wird durch eine Leistung von 600 W um 10,0 m angehoben. Welche Zeit ist dazu notwendig?

2-278. 11,5 m³ einer Flüssigkeit werden von einer Pumpe mit der Hubleistung $P_H = 1{,}264$ kW in 7,6 min 6,45 m hochgepumpt? Welche Dichte hat die Flüssigkeit?

Beschleunigungsleistung

Die *Beschleunigungsleistung* P_B wird aufgewendet, wenn ein Körper mit der Masse m_K im Zeitraum t auf eine Endgeschwindigkeit v beschleunigt wird.

Aus (1-283) folgt mit (2-177) für diese Beschleunigungsleistung P_B:

$$P_B = \frac{W_B}{t} \quad \longleftarrow \quad W_B = \frac{m_K v^2}{2}$$

$$P_B = \frac{m_K v^2}{2t} \tag{2-189}$$

Rechenbeispiel 2-219. Welche Leistung erbringt der Motor eines Fahrzeugs, $m_K = 1325$ kg, wenn er es in 11,7 s aus dem Stand auf 100 km/h beschleunigt?

Gesucht: P **Gegeben:** $m_K = 1325$ kg; $t = 11{,}7$ s; $v = 100$ km/h

Mit (2-189) gilt mit **1 W = 1 kg m² s⁻³** und **1 km/h = 1/3,6 m/s** für die Leistung P_B:

$$P_B = \frac{m_K v^2}{2t} = \frac{1325 \text{ kg} \cdot (100 \text{ km/h})^2}{2 \cdot 11{,}7 \text{ s}} = \frac{1325 \cdot \left(\frac{100}{3{,}6}\right)^2 \text{ W}}{2 \cdot 11{,}7}$$

P = 43,7 kW

Übungsaufgaben:

2-279. Welche Leistung erbringt der Motor eines Fahrzeugs, $m_K = 985$ kg, der dieses Fahrzeug in 15,9 s aus dem Stand auf 100 km/h beschleunigt?

2-280. Welche Masse hat ein Fahrzeug, dessen Motor, $P = 44{,}5$ kW, es in 20,5 s aus dem Stand auf 100 km/h beschleunigt?

2.3 Dynamik (Kinetik) 337

2-281. Auf welche Geschwindigkeit kann ein Motor mit der Leistung von 55 kW ein Motorrad, $m_K = 275$ kg, aus dem Stand in 4,3 s beschleunigen?

2-282. Welche Zeit ist notwendig, damit ein Motor mit der Leistung von 45,5 kW ein Motorrad, $m_K = 195$ kg, aus dem Stand auf eine Geschwindigkeit von 18,4 m/s beschleunigen kann?

2.3.1.4.5 Wirkungsgrad

Bei Verwendung von mechanisch wirkenden Maschinen treten durch Reibung, Luftwiderstand, Erwärmung, Energieaufwand für Steuer- und Regelorgane usw. in Bezug auf die aufgenommene Energie fast immer Verluste auf, d. h. einer Maschine muß in aller Regel mehr Leistung zugeführt werden, als sie bei einem Arbeitsvorgang abgeben kann:

Abgegebene Leistung P_{ab} < zugeführte Leistung P_{zu}

Das Verhältnis dieser Leistungen wird als Wirkungsgrad η bezeichnet:

Der Wirkungsgrad η ist das Verhältnis aus der abgegebenen Leistung P_{ab} und der zugeführten Leistung P_{zu}.

$$\text{Wirkungsgrad} = \frac{\text{Abgegebene Leistung}}{\text{Zugeführte Leistung}}$$

$$\eta = \frac{P_{ab}}{P_{zu}} \qquad (2\text{-}190)$$

Nach dem internationalen Einheitensystem gehört der Wirkungsgrad η zu den abgeleiteten physikalischen Größen. Die Dimensionsbetrachtung seiner Definitionsgleichung (2-190) liefert die SI-Einheit:

$$[\eta] = \frac{[P_{ab}]}{[P_{zu}]} = \frac{1 \text{ Watt}}{1 \text{ Watt}} = 1$$

Wegen $P_{ab} = P_{zu}$ ist der Größenwert des Wirkungsgrads kleiner als 1. Er wird deshalb als ein Bruchteil von 1 oder in Prozent angegeben.

Rechenbeispiel 2-220. Ein Kran gibt beim Anheben einer Last eine Leistung P_{ab} = 3,65 kW ab. Sein Antriebsmotor hat eine Leistungsaufnahme von 4,0 kW. Wie groß ist der Gesamtwirkungsgrad dieser Hebevorrichtung?

Gesucht: η **Gegeben:** $P_{ab} = 3{,}65$ kW; $P_{auf} = 4{,}0$ kW

2 Rechnen in der Mechanik

Mit (2-190) gilt für den Wirkungsgrad η:

$$\eta = \frac{P_{ab}}{P_{zu}} = \frac{3{,}65 \text{ kW}}{4{,}0 \text{ kW}}$$

$$\underline{\underline{\eta = 0{,}91 = 91\ \%}}$$

Übungsaufgaben:

2-283. Ein Kran gibt beim Anheben einer Last die Leistung $P_{ab} = 3{,}65$ kW ab. Sein Motor hat eine Leistungsaufnahme von 4,15 kW. Wie groß ist der Gesamtwirkungsgrad dieser Hebevorrichtung?

2-284. Ein Motor mit einem Wirkungsgrad von 91 % nimmt eine Leistung von 620 W auf. Welche Leistung kann er bei einem Arbeitsvorgang abgeben?

2-285. Welche Leistung muß der Motor einer Pumpenanlage mit dem Gesamtwirkungsgrad $\eta_{ges} = 87\ \%$ aufnehmen, um eine Leistung von 250 W abgeben zu können?

2-286. Wie groß sind die in der untenstehenden Tabelle fehlenden Größenwerte?

	Wirkungsgrad η	Abgegebene Leistung P_{ab}	Zugeführte Leistung P_{zu}
a)	?	628 W	650 W
b)	0,93	?	1,15 kW
c)	84 %	125 W	?

Rechenbeispiel 2-221. Ein Kran hebt eine Last von 825 kg in 25 s auf eine Höhe von 10,5 m. Sein Antriebsmotor hat eine Leistungsaufnahme von 4,0 kW. Wie groß ist der Gesamtwirkungsgrad dieser Hebevorrichtung? $g = 9{,}81$ m/s²

Gesucht: η **Gegeben:** $m_K = 825$ kg; $t = 25$ s; $h = 10{,}5$ m; $P_{auf} = 4{,}0$ kW; $g = 9{,}81$ m/s²

Mit (2-190) und (2-188) sowie $\mathbf{G = m\,g}$ und $\mathbf{1\ W = 1\ kg\ m^2\ s^{-3}}$ gilt für den Wirkungsgrad η:

$$\eta = \frac{P_{ab}}{P_{zu}} \longleftarrow P_{ab} = P_H = \frac{m_K\,g\,h}{t}$$

$$\eta = \frac{m_K\,g\,h}{t\,P_{zu}} = \frac{825\text{ kg}\cdot 9{,}81\text{ m s}^{-2}\cdot 10{,}5\text{ m}}{25\text{ s}\cdot 40\text{ kW}} = \frac{825\text{ kg}\cdot 9{,}81\text{ m s}^{-2}\cdot 10{,}5\text{ m}}{25\text{ s}\cdot 4{,}0\cdot 10^3\text{ kg m}^2\text{ s}^{-3}}$$

$$\underline{\underline{\eta = 0{,}85 = 85\ \%}}$$

2.3 Dynamik (Kinetik)

Übungsaufgaben:

2-287. Ein Kran hebt eine Last von 940 kg in 30 s auf eine Höhe von 11,5 m. Sein Antriebsmotor hat eine Leistungsaufnahme von 4,0 kW. Welchen Gesamtwirkungsgrad η hat der Kran? $g = 9{,}81$ m/s²

2-288. Der Motor eines Autos hat eine Leistungsaufnahme von 45 kW. Er kann dieses Fahrzeug, $m = 1320$ kg, in 14,2 s aus dem Stand auf eine maximale Geschwindigkeit von 100 km/h beschleunigen? Welchen Wirkungsgrad besitzt der Motor?

Rechenbeispiel 2-222. Mit einer Pumpenanlage, $\eta_{ges} = 78$ %, werden stündlich 35 m³ einer Flüssigkeit, $\rho_{Fl} = 879$ kg/m³, 12,0 m hoch gefördert. Welche Leistung muß dem Pumpenmotor zugeführt werden? $g = 9{,}81$ m/s²

Gesucht: P_{zu} **Gegeben:** $\eta_{ges} = 78$ %; $V_{Fl} = 35$ m³; $\rho_{Fl} = 879$ kg/m³; $t = 1$ h; $h = 12{,}0$ m; $g = 9{,}81$ m/s²

Aus (2-190) und (2-188) sowie $G = m\,g$, $m_K = V_K \rho_K$ und $1\,\text{W} = 1\,\text{kg m}^2\,\text{s}^{-3}$ folgt für die zugeführte Leistung P_{zu}:

$$\eta = \frac{P_{ab}}{P_{zu}} \Rightarrow P_{zu} = \frac{P_{ab}}{\eta} \quad \longleftarrow \quad P_{ab} = \frac{G_K h}{t} = \frac{m_{Fl}\,g\,h}{t} = \frac{V_{Fl}\,\rho_{Fl}\,g\,h}{t}$$

$$P_{zu} = \frac{V_{Fl}\,\rho_{Fl}\,g\,h}{t\,\eta} = \frac{35\,\text{m}^3 \cdot 879\,\text{kg m}^{-3} \cdot 9{,}81\,\text{m s}^{-2} \cdot 12{,}0}{1\,\text{h} \cdot 78\,\%}$$

$P_{zu} = 1{,}29$ kW

Übungsaufgaben:

2-289. Mit einer Hebevorrichtung, $\eta = 81$ %, wird eine Last von 925 kg in 27 s auf eine Höhe von 13,5 m angehoben. Welche Leistung muß der Antriebsmotor dabei aufnehmen? $g = 9{,}81$ m/s²

2-290. Der Motor eines Motorrads, $\eta = 92$ %, beschleunigt das Fahrzeug, $m = 150$ kg, in 5,8 s auf eine maximale Geschwindigkeit von 165 km/h. Welche Leistung nimmt der Motor auf?

Rechenbeispiel 2-223. Welche Gewichtskraft hat ein Körper, der mit einem Aufzug mit einem Wirkungsgrad von 82 % und einer Leistungsaufnahme von 600 W in 10 s um 25 m nach oben befördert wird?

Gesucht: G_K **Gegeben:** $\eta = 82$ %; $P_{zu} = 600$ W; $h = 25$ m; $t = 10$ s

2 Rechnen in der Mechanik

Aus (2-188) ergibt sich mit (2-190) und **1 W = 1 N m/s** für die Gewichtskraft G_K:

$$P_H = \frac{G_H \, h}{t} \Rightarrow G_H = \frac{P_H \, t}{h} \quad \longleftarrow \quad P_H = P_{ab} = \eta \, P_{zu} \Leftarrow \eta = \frac{P_{ab}}{P_{zu}}$$

$$G_H = \frac{\eta \, P_{zu} \, t}{h} = \frac{0{,}82 \cdot 600 \text{ W} \cdot 10 \text{ s}}{25 \text{ m}} = \frac{0{,}82 \cdot 600 \text{ N m s}^{-1} \cdot 10 \text{ s}}{25 \text{ m}}$$

$\underline{G_K = 197 \text{ N}}$

Übungsaufgaben:

2-291. Welche Gewichtskraft G_K hat ein Körper, der mit einem Aufzug mit einem Wirkungsgrad von 87 % und einer Leistungsaufnahme von 600 W in 10 s um 25 m nach oben befördert wird?

2-292. Um welche Höhe kann ein Körper, $G_K = 5500$ N, durch einen Kran, $\eta = 82$ %, mit einer Leistungsaufnahme von 2,20 kW in 20 s angehoben werden?

2-293. In welcher Zeit kann ein Körper, $G_K = 750$ N, durch eine Hebevorrichtung mit einem Wirkungsgrad von 79 % und einer Leistungsaufnahme von 300 W um 25 m angehoben werden?

Rechenbeispiel 2-224. Welche Masse Flüssigkeit kann man mit einer Pumpe mit dem Wirkungsgrad $\eta = 86$ % durch eine zugeführte Leistung von 1,50 kW in 6,5 s 7,2 m hochpumpen? $g = 9{,}81$ m/s²

Gesucht: m_{Fl} **Gegeben:** $\eta = 86$ %; $P_{zu} = 1{,}50$ kW; $t = 6{,}5$ s; $h = 7{,}2$ m; $g = 9{,}81$ m/s²

Aus (2-188) folgt mit (2-190) sowie $\boldsymbol{G = m\,g}$ und **1 W = 1 kg m² s⁻³** für die Masse m_{Fl}:

$$P_H = \frac{G_{Fl} \, h}{t} = \frac{m_{Fl} \, g \, h}{t} \quad \longleftarrow \quad P_H = P_{ab} = \eta \, P_{zu} \Leftarrow \eta = \frac{P_{ab}}{P_{zu}}$$

$$\eta \, P_{zu} = \frac{m_{Fl} \, g \, h}{t} \Rightarrow \eta \, P_{zu} = \frac{m_{Fl} \, g \, h}{t} \Rightarrow$$

$$m_{Fl} = \frac{\eta \, P_{zu} \, t}{g \, h} = \frac{0{,}86 \cdot 1{,}50 \text{ kW} \cdot 6{,}5 \text{ s}}{9{,}81 \text{ m s}^{-2} \cdot 7{,}2 \text{ m}} = \frac{0{,}86 \cdot 1{,}50 \cdot 10^3 \text{ kg m}^2 \text{ s}^{-3} \cdot 6{,}5 \text{ s}}{9{,}81 \text{ m s}^{-2} \cdot 7{,}2 \text{ m}}$$

$\underline{m_{Fl} = 119 \text{ kg}}$

2.3 Dynamik (Kinetik)

Übungsaufgaben:

2-294. Welche Masse Flüssigkeit kann man mit einer Pumpe, $\eta = 96\,\%$, bei einer zugeführten Leistung $P_{zu} = 1{,}00$ kW in 25 s um 5,0 m hochpumpen?

2-295. Welches Volumen einer Flüssigkeit, $\rho_{Fl} = 1220$ kg/m^3, kann man mit einer Pumpe, $\eta = 95\,\%$, $P_{zu} = 0{,}150$ kW, in 65 s um 3,6 m hochpumpen?

2-296. Um welche Höhe kann ein Körper, $m_K = 50$ kg, durch eine zugeführte Leistung von 400 W von einer Hebebühne mit dem Wirkungsgrad von 89 % in 10 s angehoben werden?

2-297. Ein Körper, $m_K = 175$ kg, wird durch eine Hebevorrichtung, $\eta = 88\,\%$, durch eine zugeführte Leistung von 600 W um 10,0 m angehoben. Welche Zeit ist dazu notwendig?

2-298. 12,5 m^3 einer Flüssigkeit werden von einer Pumpe, $\eta = 92\,\%$, mit der zugeführten Leistung $P_{zu} = 1{,}264$ kW in 7,6 min 6,45 m hochgepumpt? Welche Dichte hat die Flüssigkeit?

Rechenbeispiel 2-225. Welche Gewichtskraft hat ein Körper, der mit einem Aufzug mit einem Wirkungsgrad von 82 % und einer Leistungsaufnahme von 600 W mit der Geschwindigkeit von 2,5 m/s nach oben befördert wird?

Gesucht: G_K **Gegeben:** $\eta = 82\,\%$; $P_{zu} = 600$ W; $v = 2{,}5$ m/s

Aus (2-188a) folgt mit (2-190) und **1 W = 1 N m/s** für die Gewichtskraft G_K:

$$P_H = G_H\, v_H \quad \longleftarrow \quad P_H = P_{ab} = \eta\, P_{zu} \Leftarrow \eta = \frac{P_{ab}}{P_{zu}}$$

$$\eta\, P_{zu} = G_H\, v_H \Rightarrow G_H = \frac{\eta\, P_{zu}}{v_H} = \frac{0{,}82 \cdot 600 \text{ W}}{2{,}5 \text{ m s}^{-1}} = \frac{0{,}82 \cdot 600 \text{ N m s}^{-1}}{2{,}5 \text{ m s}^{-1}}$$

$G_K = 197$ N

Übungsaufgaben:

2-299. Welche Gewichtskraft hat ein Körper, wenn für eine Hebebühne mit einem Wirkungsgrad von 84 % eine zugeführte Leistung von 485 W notwendig ist, um ihn mit einer Geschwindigkeit von 1,85 m/s anzuheben?

2-300. Wie groß ist die Geschwindigkeit, mit der ein Körper, $G_K = 475$ N, bei einem Wirkungsgrad von 88 % durch eine zugeführte Leistung von 0,65 kW hochgehoben wird?

Rechenbeispiel 2-226. Welche Masse hat ein Fahrzeug, dessen Motor, $\eta = 93\,\%$, es mit der zugeführten Leistung $P = 54{,}5$ kW in 14,7 s aus dem Stand auf 100 km/h beschleunigt?

Gesucht: m_K **Gegeben:** $\eta = 93\,\%$; $P_B = 54{,}5$ kW; $t = 14{,}7$ s; $v_e = 100$ km/h

Aus (2-189) folgt mit (2-190) sowie **1 km/h = 1/3,6 m/s** und **1 W = 1 kg m^2 s^{-3}** für die Masse m_K eines Körpers:

$$P_B = \frac{m_K v_e^2}{2t} \quad \longleftarrow \quad P_B = P_{ab} = \eta\, P_{zu} \Leftarrow \eta = \frac{P_{ab}}{P_{zu}}$$

$$m_K = \frac{2\,\eta\, P_{zu}\, t}{v_e^2}$$

$$= \frac{2 \cdot 0{,}93 \cdot 54{,}5 \text{ kW} \cdot 14{,}7 \text{ s}}{(100 \text{ km h}^{-1})^2} = \frac{2 \cdot 0{,}93 \cdot 54{,}5 \cdot 10^3 \text{ kg m}^2\text{ s}^{-3} \cdot 14{,}7 \text{ s} \cdot 3{,}6^2}{\left(\dfrac{100}{3{,}6}\right)^2 \text{m}^2\text{ s}^{-2}}$$

$\underline{m_K = 1{,}93\text{ t}}$

Übungsaufgaben:

2-301. Welche Masse hat ein Fahrzeug, dessen Motor, $\eta = 91\,\%$, es mit einer zugeführten Leistung von 44,5 kW in 20,5 s aus dem Stand auf 100 km/h beschleunigt?

2-302. Auf welche Geschwindigkeit kann ein Motor, $\eta = 86\,\%$, mit der zugeführten Leistung von 55 kW ein Motorrad, $m_K = 275$ kg, in 4,3 s aus dem Stand beschleunigen?

2-303. Welche Zeit ist notwendig, damit ein Motor, $\eta = 93\,\%$, mit der zugeführten Leistung von 45,5 kW ein Fahrzeug, $m_K = 195$ kg, aus dem Stand auf eine Geschwindigkeit von 18,4 m/s beschleunigen kann?

Häufig besteht eine mechanische Vorrichtung aus mehreren Bauteilen, in denen sich dann auch mehrere Wirkungsgrade ergeben. So arbeitet z. B. der Antriebsmotor einer Druckpumpe mit einem gewissen Wirkungsgrad, weil ein Teil seiner aufgenommenen Leistung in nicht effiziente Reibungsenergie oder Wärmeenergie umgewandelt wird. Dies gilt aber auch für die Druckpumpe selbst.
Der Gesamtwirkungsgrad η_{ges} einer mechanischen Vorrichtung ergibt sich als Produkt der einzelnen Wirkungsgrade:

$\eta_{ges} = \eta_1\, \eta_2\, \dots$ (2-190a)

Rechenbeispiel 2-227. Mit einer Hebebühne, $\eta_1 = 95\,\%$, wird ein Kraftfahrzeug, $m = 900$ kg, in 7,5 s 2,20 m angehoben. Dabei nimmt der Antriebsmotor der Hebebühne eine Leistung von 2,85 kW auf. Welchen Wirkungsgrad hat der Motor? $g = 9{,}81$ m/s^2

Gesucht: η_2 **Gegeben:** $\eta_1 = 95\ \%$; $m_K = 900$ kg; $t = 7{,}5$ s; $h = 2{,}20$ m; $P_{zu} = 2{,}85$ kW

Aus (2-190) folgt mit (2-190a), (2-188) und $G = m\,g$ und $1\ \text{W} = 1\ \text{kg m}^2\ \text{s}^{-3}$ für den Wirkungsgrad η_2:

$$\eta_{ges} = \frac{P_{ab}}{P_{zu}} \quad \longleftarrow \quad \eta_{ges} = \eta_1\,\eta_2$$

$$\eta_1\,\eta_2 = \frac{P_{ab}}{P_{zu}} \Rightarrow \eta_2 = \frac{P_{ab}}{\eta_1\,P_{zu}} \quad \longleftarrow \quad P_{ab} = \frac{m_{Fl}\,g\,h}{t}$$

$$\eta_2 = \frac{m_{Fl}\,g\,h}{t\,\eta_1\,P_{zu}}$$

$$= \frac{900\ \text{kg} \cdot 9{,}81\ \text{m s}^{-2} \cdot 2{,}20\ \text{m}}{7{,}5\ \text{s} \cdot 0{,}95 \cdot 2{,}85\ \text{kW}} = \frac{900\ \text{kg} \cdot 9{,}81\ \text{m s}^{-2} \cdot 2{,}20\ \text{m}}{7{,}5\ \text{s} \cdot 0{,}95 \cdot 2{,}85 \cdot 10^3\ \text{kg m}^2\ \text{s}^{-3}}$$

$\eta_2 = 0{,}957 = 95{,}7\ \%$

Übungsaufgaben:

2-304. Mit einer Pumpe, $\eta_1 = 95\ \%$, werden in 85 min 35,0 m³ einer Flüssigkeit, $\rho_{Fl} = 879$ kg/m³, 12,0 m hoch gefördert. Welche Leistung nimmt der Pumpenmotor mit dem Wirkungsgrad $\eta_2 = 93\ \%$ auf? $g = 9{,}81$ m/s²

2-305. Mit einer Hebebühne, $\eta_1 = 94\ \%$, wird ein Kraftfahrzeug, $m = 900$ kg, in 7,5 s 2,20 m angehoben. Dabei nimmt der Antriebsmotor der Hebebühne eine Leistung von 2,95 kW auf. Welchen Wirkungsgrad hat der Motor? $g = 9{,}81$ m/s²

2.3.1.4.6 Impuls und Stoß

Impuls

Ein Körper mit der Masse m, der sich mit der Geschwindigkeit v bewegt, besitzt eine bestimmte *Bewegungsgröße*, die auch als *Impuls p* bezeichnet wird. Für ihn gilt der *Impulssatz*:

Der *Impuls p* eines Körpers ist das Produkt aus der Masse *m* des Körpers und dessen Geschwindigkeit *v*.

$$\vec{p} = m\,\vec{v} \tag{2-191}$$

Im SI ist der Impuls p eine abgeleitete, vektorielle Größe. Die Dimensionsbetrachtung der Definitionsgleichung (2-191) liefert die SI-Einheit:

2 Rechnen in der Mechanik

$$[p] = [m]\,[v] = 1\text{ kg} \cdot 1\,\frac{\text{m}}{\text{s}} = 1\,\frac{\text{kg m}}{\text{s}} = 1\text{ kg m s}^{-1}$$

Die Einheit des Impulses ist *1 Kilogrammeter durch Sekunde* mit dem Einheitenzeichen 1 kg m/s oder 1 kg m s^{-1}.

Rechenbeispiel 2-228. Welchen Impuls besitzt ein Körper mit der Masse $m_K = 75$ kg, der sich mit einer Geschwindigkeit von 12,0 m/s bewegt?

Gesucht: p **Gegeben:** $m_K = 75$ kg; $v = 12{,}0$ m/s

Mit (2-190) gilt für den Impuls p:

$p = m\,v = 75$ kg $\cdot$ 12,0 m s^{-1}

$p = 900$ kg m/s

Übungsaufgaben:

2-306. Welchen Impuls besitzt ein Auto, $m_K = 975$ kg, das sich mit der konstanten Geschwindigkeit $v = 120$ km/h bewegt?

2-307. Welchen Impuls besitzt ein Körper mit der Masse $m_K = 26{,}5$ kg, der sich mit einer Geschwindigkeit von 22,0 m/s bewegt?

Kraftstoß, Impulsänderung

Wenn auf einen Körper eine Kraft F über einen Zeitraum Δt wirkt, so erzeugt sie nach dem Grundgesetz der Dynamik (vgl. (2-160)) eine Beschleunigung, deren Größenwert von dem Produkt $F\,\Delta t$ abhängt. Dieses Produkt wird als *Kraftstoß*, *Antrieb* oder auch *Impulsänderung* Δp bezeichnet:

Der *Kraftstoß* Δp ist das Produkt aus einer an einem Körper angreifenden Kraft F und dem Zeitraum Δt, in dem diese Kraft auf den Körper einwirkt.

$$\Delta \vec{p} = \vec{F}\,\Delta t \qquad (2\text{-}192)$$

Der Kraftstoß (die Impulsänderung) ist ebenfalls eine abgeleitete, vektorielle Größe. Die Einheit ist *1 Newtonsekunde* (Einheitenzeichen: 1 N s). Sie ist identisch mit der Einheit des Impulses. Mit **1 N = 1 kg m/s²** folgt nämlich:

1 N s = 1 kg m s^{-1}

2.3 Dynamik (Kinetik)

Aus (2-160) läßt sich mit (2-2) ableiten, daß der Kraftstoß Δp auch gleich dem Produkt aus der Masse m eines Körpers und seiner Geschwindigkeitsänderung Δv ist:

$$F = m\,a \quad \longleftarrow \quad a = \frac{\Delta v}{\Delta t}$$

$$F = m\,\frac{\Delta v}{\Delta t} \Rightarrow$$

$$\Delta p = F\,\Delta t = m\,\Delta v \qquad (2\text{-}193)$$

Der Kraftstoß $\Delta p = F\,\Delta t$ ist gleich der durch ihn hervorgerufenen Impulsänderung $\Delta p = m\,\Delta v$.

Mit $\Delta v = v_e - v_a$ folgt aus (2-193):

$$\Delta p = F\,\Delta t = m\,(v_e - v_a) \qquad (2\text{-}194)$$

(2-193) gilt nur bei konstanter Kraft. Ändert sich hingegen die Kraft mit der Zeit, ist sie also eine Funktion der Zeit (vgl. Abb. 2-60), so gilt wegen $F(t)$:

$$\Delta p = m\,\Delta v = \int_{t_1}^{t_2} F\,\mathrm{d}t$$

Der Kraftstoß (die Impulsänderung) Δp ist das Zeitintegral der Kraft.

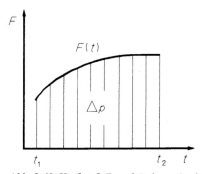

Abb. 2-60. Kraftstoß (Impulsänderung) mit $F \neq$ konstant

Rechenbeispiel 2-229. Welche Kraft muß ein Sportler aufwenden, um eine Kugel mit der Masse von 7,50 kg innerhalb von 0,35 s aus der Ruhe auf eine Geschwindigkeit von 20 m/s zu bringen?

Gesucht: F **Gegeben:** $m_K = 7{,}50$ kg; $\Delta t = 0{,}35$ s; $\Delta v = 20$ m/s

Aus (2-194) folgt mit **1 N = 1 kg m/s²** für die Kraft F:

$$\Delta p = F \Delta t = m (v_e - v_a)$$

$$F \Delta t = m_K \Delta v \Rightarrow F = \frac{m_K \Delta v}{\Delta t} = \frac{7{,}50 \text{ kg} \cdot 20 \text{ m s}^{-1}}{0{,}35 \text{ s}} = \frac{7{,}50 \cdot 20}{0{,}35} \text{ N}$$

F = 429 N

Übungsaufgaben:

2-308. Welche Kraft ist notwendig, um einen Körper mit der Masse von 7,50 kg im Zeitraum von 3,0 s aus der Ruhelage auf eine Geschwindigkeit von 20 km/h zu beschleunigen?

2-309. Welche Masse muß ein Körper haben, wenn seine Geschwindigkeit im Zeitraum von 6,0 s durch eine an ihm wirkende Kraft von 2,00 kN um 13,5 m/s vergrößert wird?

2-310. Wie groß ist die Geschwindigkeitsänderung, die ein Fahrzeug mit einer Masse von 375 kg durch eine treibende Kraft von 700 N innerhalb von 5,5 s erfährt?

2-311. Auf welche Geschwindigkeit kann ein Fahrzeug, m = 1,25 t, durch eine treibende Kraft von 850 N innerhalb von 8,0 s aus dem Stand beschleunigt werden?

2-312. Über welchen Zeitraum muß eine Kraft von 645 N an einem Körper mit der Masse von 85 kg wirken, um seine Geschwindigkeit um 30 m/s zu steigern?

Gesetz von der Erhaltung des Impulses

Zwei Körper werden beim Entspannen einer Feder in entgegengesetzte Richtungen bewegt (vgl. Abb. 2-61).

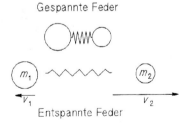

Abb. 2-61. Impulserhaltung

Dabei sind die wirkende Kraft F nach dem Prinzip von Kraft und Gegenkraft und die Zeitdauer Δt für beide Körper gleich. Jeder Körper erfährt den gleichen Kraftstoß Δp, d. h. die Impulse p müssen gleich, aber entgegengesetzt gerichtet sein. Aus (2-191) folgt deshalb:

$p_1 = -p_2$ ⟵ $p = m v$

$m_1 v_1 = -m_2 v_2$ (2-195)

$m_1 v_1 + m_2 v_2 = 0$ (2-195a)

Die Summe der Impulse aller Teile eines abgeschlossenen Systems ist konstant.

Unter Vernachlässigung der Richtung für die Geschwindigkeit gilt:

$m_1 v_1 = m_2 v_2$ (2-195b)

Rechenbeispiel 2-230. Beim Entspannen einer Feder werden zwei Körper 1 und 2 mit $m_1 = 25$ g und $m_2 = 120$ g in entgegengesetzte Richtungen geschleudert, wobei Körper 1 die Feder mit einer Geschwindigkeit von 40 m/s verläßt. Wie groß ist die Geschwindigkeit von Körper 2?

Gesucht: v_2 **Gegeben:** $m_1 = 25$ g; $m_2 = 120$ g; $v_1 = 40$ m/s

Aus (2-195b) folgt für die Geschwindigkeit v_2:

$$m_1 v_1 = m_2 v_2 \Rightarrow v_2 = \frac{m_1 v_1}{m_2} = \frac{25 \text{ g} \cdot 40 \text{ m s}^{-1}}{120 \text{ g}}$$

$\underline{v_2 = 8,3 \text{ m/s}}$

Übungsaufgaben:

2-313. Beim Entspannen einer Feder werden zwei Körper 1 und 2 mit $m_1 = 75$ g und $m_2 = 220$ g in entgegengesetzte Richtungen geschleudert, wobei Körper 1 die Feder mit einer Geschwindigkeit von 10,0 m/s verläßt. Wie groß ist die Geschwindigkeit von Körper 2?

2-314. Beim Entspannen einer Feder werden zwei Körper 1 und 2 mit den Geschwindigkeiten $v_1 = 280$ m/s und $v_2 = 50$ m/s in entgegengesetzte Richtungen geschleudert. Wie groß ist die Masse von Körper 1, wenn der Körper 2 eine Masse von 52,5 g hat?

348 2 Rechnen in der Mechanik

2.3.1.5 Kräfte bei der Rotation
2.3.1.5.1 Zentripetalkraft

Ein Körper, der sich auf einer Kreisbahn bewegt, erfährt ständig eine zum Mittelpunkt gerichtete *Zentralbeschleunigung* a_z (vgl. Abschn. 2.1.3.3.1).
Ursache für diese Beschleunigung ist die *Zentripetalkraft* oder *Radialkraft* F_r. Sie ist zum Zentrum hin gerichtet (vgl. Abb. 2-62) und hält den Körper auf seiner Kreisbahn.

So muß z. B. ein Hammerwerfer eine beträchtliche Zentripetalkraft aufbringen, um die Kugel (den Hammer) bei der Beschleunigung um seine Körperachse zunächst auf der Kreisbahn zu halten. Dabei wirkt in entgegengesetzter Richtung zu dieser Kraft eine gleichgroße Trägheitskraft, die als *Zentrifugalkraft* oder *Fliehkraft* bezeichnet wird.

Läßt der Werfer den Körper los, entfernt er sich für ihn in radialer Richtung, d. h. in der Richtung, in der auch der Radius des vom Hammer beschriebenen Kreises verläuft.
Ein sich außerhalb dieses rotierenden Bezugsystems „Werfer/Hammer" befindlicher (*außenstehender*) Beobachter jedoch sieht den Hammer in *tangentialer* Richtung, d. h. in der Richtung, in die er sich zum Zeitpunkt des Loslassens bewegte, davonfliegen (s. Abb. 2-62).

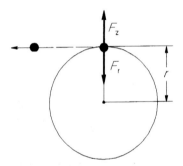

Abb. 2-62. Zentripetal- und Zentrifugalkraft

Entsprechend (2-160) gilt mit der Zentralbeschleunigung a_z und (2-78) sowie (2-71):

$$F_r = m\, a_z \quad \longleftarrow \quad a_z = \frac{v^2}{r}$$

$$F_r = \frac{m\, v^2}{r} \quad \longleftarrow \quad v = \omega\, r$$

$$F_r = \frac{m\, v^2}{r} = m\, \omega^2\, r \tag{2-196}$$

Die *Zentripetalkraft* F_r eines Körpers ist das Produkt aus seiner Masse m, dem Quadrat seiner Winkelgeschwindigkeit ω und dem Radius r der Kreisbahn, auf der er sich bewegt.

2.3 Dynamik (Kinetik)

Rechenbeispiel 2-231. Um den Hammer, $m = 7{,}25$ kg, – waagrecht über dem Boden gemessen – 70 m weit zu werfen, muß ihn ein Athlet auf seiner Kreisbahn, $r = 130$ cm, auf eine Umfangsgeschwindigkeit von 36 m/s beschleunigen. Welche Zentripetalkraft F_r muß der Athlet (ohne Berücksichtigung der Schwerkraft) a) unter diesen Bedingungen und b) bei einer Winkelgeschwindigkeit von 27/s aufbringen?

Gesucht: F_r **Gegeben:** $m_K = 7{,}25$ kg; $r = 1{,}30$ m; $v = 36$ m/s; $\omega = 27$/s

a) Mit (2-196) und $1\text{ N} = 1\text{ kg m/s}^2$ gilt für die benötigte Zentripetalkraft F_r:

$$F_r = \frac{m\,v^2}{r} = \frac{7{,}25 \text{ kg} \cdot (36 \text{ m s}^{-1})^2}{1{,}30 \text{ m}} = \frac{7{,}25 \cdot (36)^2 \text{ N}}{1{,}30}$$

$\underline{F_r = 7{,}2 \text{ kN}}$

b) Mit (2-196), $v = \omega\,r$ und $1\text{ N} = 1\text{ kg m/s}^2$ gilt für die Zentripetalkraft F_r:

$$F_r = m\,\omega^2 r = 7{,}25 \text{ kg} \cdot (27 \text{ s}^{-1})^2 \cdot 1{,}30 \text{ m} = 7{,}25 \cdot (27)^2 \cdot 1{,}30 \text{ N}$$

$\underline{F_r = 6{,}9 \text{ kN}}$

Übungsaufgaben:

2-315. Ein Körper, $m_K = 11{,}7$ kg, bewegt sich auf einer Kreisbahn mit dem Radius $r = 500$ mm. Wie groß ist die wirkende Zentripetalkraft F_r, wenn sich der Körper mit a) einer Umfangsgeschwindigkeit von 20,0 m/s und b) einer Winkelgeschwindigkeit von 14,8/s bewegt?

2-316. Wie groß sind a) die Umfangsgeschwindigkeit v und b) die Winkelgeschwindigkeit ω eines Körpers, $m_K = 5{,}0$ kg, auf den bei der Bewegung auf einer Kreisbahn mit einem Radius von 1,85 m eine Zentripetalkraft von 995 N wirkt?

2-317. Ein Körper A bewegt sich auf einer Kreisbahn mit dem Radius von 75 cm mit einer Umfangsgeschwindigkeit von 25,0 m/s, wobei eine Zentripetalkraft von 600 N angreift. Wie groß ist seine Masse? Wie groß ist die Masse eines Körpers B, der sich auf der gleichen Kreisbahn mit einer Winkelgeschwindigkeit von 20,0/s bewegt, wenn an ihm eine Zentripetalkraft von 1,45 kN angreift?

2.3.1.5.2 Trägheitskräfte

Zentrifugalkraft

Als Folge der Zentralbeschleunigung tritt eine gleichgroße Trägheitskraft, die *Zentrifugalkraft* oder *Fliehkraft,* auf (vgl. Abschn. 2.3.1.2). Sie ist vom Drehzentrum weg und entgegengesetzt zur Zentripetalkraft gerichtet (vgl. Abb. 2-62) und wirkt somit einer Änderung des Bewegungszustandes entgegen.

Die *Zentripetalkraft* F_r und die *Zentrifugalkraft* F_z sind gleichgroß, aber entgegengesetzt gerichtet.

$$F_r = -F_z \qquad (2\text{-}197)$$

Aus (2-197) folgt mit (2-196) bei Vernachlässigung des Vorverzeichnisses für den Größenwert der Zentrifugalkraft F_z:

$$F_z = \frac{m\,v^2}{r} = m\,\omega^2\,r \qquad (2\text{-}198)$$

Übungsaufgaben:

2-318. Ein Körper, $m_K = 3{,}62$ kg, bewegt sich auf einer Kreisbahn mit dem Radius $r = 67$ cm mit einer Umfangsgeschwindigkeit von 10,0 m/s. Welche Zentrifugalkraft F_z wirkt an dem Körper?

2-319. Ein Körper, $m_K = 600$ g, bewegt sich auf einer Kreisbahn mit dem Radius $r = 120$ cm mit einer Winkelgeschwindigkeit von 10,0/s. Welche Zentrifugalkraft F_z greift an dem Körper an?

Mit (2-196) bzw. (2-198) oder $v = 2\,\pi\,r\,n$, $v = \omega\,r$ und $\omega = 2\,\pi\,n$ lassen sich Zentripetal- und Zentrifugalkraft auch aus der Drehzahl n berechnen.

Rechenbeispiel 2-232. Ein Körper, $m_K = 1{,}75$ kg, bewegt sich auf einer Kreisbahn mit dem Radius $r = 40{,}5$ cm mit der Drehzahl $n = 600$/min. Wie groß ist die wirkende Zentripetalkraft F_r?

Gesucht: F_r **Gegeben:** $m_K = 1{,}75$ kg; $r = 40{,}5$ cm; $n = 600$/min

Mit (2-196), $v = 2\pi r n$ und $1\text{ N} = 1\text{ kg m/s}^2$ gilt für die Zentripetalkraft F_r:

$$F_r = \frac{m v^2}{r} = \frac{m (2\pi r n)^2}{r} = 4 m \pi^2 r n^2$$

$$= 4 \cdot 1{,}75 \text{ kg} \cdot \pi^2 \cdot 40{,}5 \text{ cm} \cdot (600 \text{ min}^{-1})^2$$

$$= 4 \cdot 1{,}75 \text{ kg} \cdot \pi^2 \cdot 0{,}405 \text{ m} \cdot \left(\frac{600}{60}\right)^2 \text{s}^{-2}$$

$F_r = 2{,}80$ kN

Mit (2-198), $\omega = 2\pi n$ und $1\text{ N} = 1\text{ kg m/s}^2$ gilt für die Zentripetalkraft F_r:

$$F_r = m \omega^2 r = m (2\pi n)^2 r = 4 m \pi^2 n^2 r$$

$$= 4 \cdot 1{,}75 \text{ kg} \cdot \pi^2 \cdot (600 \text{ min}^{-1})^2 \cdot 40{,}5 \text{ cm}$$

$$= 4 \cdot 1{,}75 \text{ kg} \cdot \pi^2 \cdot \left(\frac{600}{60}\right)^2 \text{s}^{-2} \cdot 0{,}405 \text{ m}$$

$F_r = 2{,}79$ kN

Rechenbeispiel 2-233. Ein Körper, $m_K = 1{,}75$ kg, bewegt sich auf einer Kreisbahn mit dem Radius $r = 40{,}5$ cm. Wie groß ist seine Drehzahl n, wenn eine Zentripetalkraft von 750 N an ihm wirkt?

Gesucht: n **Gegeben:** $m_K = 1{,}75$ kg; $r = 40{,}5$ cm; $F_r = 750$ N

Aus (2-196), $v = 2\pi r n$ und $1\text{ N} = 1\text{ kg m/s}^2$ folgt für die Drehzahl n:

$$F_r = \frac{m v^2}{r} = \frac{m (2\pi r n)^2}{r} = 4 m \pi^2 r n^2 \Rightarrow$$

$$n = \sqrt{\frac{F_r}{4 m \pi^2 r}} = \sqrt{\frac{750 \text{ N}}{4 \cdot 1{,}75 \text{ kg} \cdot \pi^2 \cdot 40{,}5 \text{ cm}}} = \sqrt{\frac{750 \text{ kg m s}^{-2}}{4 \cdot 1{,}75 \text{ kg} \cdot \pi^2 \cdot 0{,}405 \text{ m}}}$$

$n = 5{,}18$/s

Übungsaufgaben:

2-320. Ein Körper, $m_K = 1{,}25$ kg, bewegt sich auf einer Kreisbahn mit dem Radius $r = 65$ cm mit der Drehzahl $n = 60$/s. Wie groß ist die wirkende Zentripetalkraft F_r?

2-321. Ein Körper, $m_K = 3{,}0$ kg, bewegt sich auf einer Kreisbahn mit dem Radius $r = 1{,}10$ m. Wie groß ist seine Drehzahl n, wenn eine Zentripetalkraft von 450 N an ihm wirkt?

2-322. Welche Masse hat ein Körper, der sich mit einer Drehzahl von 8,0/s auf einer Kreisbahn mit dem Radius $r = 0{,}75$ m bewegt, wenn dabei eine Zentripetalkraft von 1,85 kN an ihm wirkt?

2-323. Ein Körper, $m_K = 2{,}55$ kg, bewegt sich mit einer Drehzahl von 4,2/s auf einer Kreisbahn. Dabei wirkt eine Zentrifugalkraft von 1,65 kN. Welchen Radius besitzt die Kreisbahn?

Gewichtskraft und Zentrifugalkraft

Zusätzlich zur Zentrifugalkraft F_z wirkt auf jeden sich auf einer Kreisbahn bewegenden Körper auch seine Gewichtskraft G_K. Die daraus resultierende Kraft F_R ergibt sich nach den Gesetzmäßigkeiten für die Addition von Kräften (vgl. Abb. 2-63a).
Dies gilt auch für ein Fahrzeug, das sich durch eine Straßenkurve, demnach auf einem Kreisbogen bewegt (vgl. Abb. 2-63b). Die waagrecht angreifende Zentrifugalkraft verursacht an ihm ein Kippmoment M_K, die in Richtung zum Erdmittelpunkt wirkende Gewichtskraft ein entgegengesetzt drehendes Standmoment M_{st}. Das Fahrzeug gerät ins Kippen, wenn das Kippmoment größer ist als das Standmoment, sein Schwerpunkt S sich also *nicht mehr* senkrecht über seiner Auflagefläche befindet.
Für ein Fahrzeug in einer überhöhten Kurve ist die senkrecht zur Unterlage wirkende Normalkraft F_N gleich der oben erwähnten resultierenden Kraft F_R. Sie wird mit zunehmendem Überhöhungswinkel a der Kurve trotz gleichbleibender Zentrifugal- und Gewichtskraft immer größer, wodurch auch das Standmoment des Fahrzeugs immer mehr zunimmt.

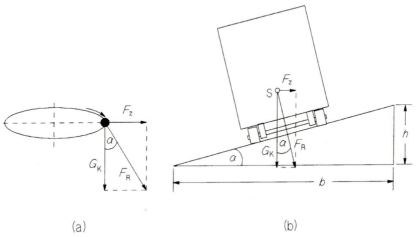

(a)   (b)

Abb. 2-63. Zentrifugal- und Schwerkraft eines Körpers

Bei einer Kurvenüberhöhung mit der Höhe h, der Basis b und dem Steigungswinkel a folgt für den Zusammenhang zwischen der Geschwindigkeit v eines Fahrzeugs, dem Kurvenradius r einer Kurve und deren Überhöhungswinkel a bei *voller* Standfestigkeit des Fahrzeugs:

$$\frac{F_z}{G_K} = \frac{h}{b} = \tan a \quad \longleftarrow \quad F_z = \frac{m\,v^2}{r} \text{ und } G_K = m_K\,g$$

$$\frac{m_K\,v^2}{r\,m_K\,g} = \frac{h}{b} = \tan a \Rightarrow$$

$v^2 = r\,g\,\tan a$ (2-199)

Mit (2-199) wird ersichtlich, daß in diesem Zusammenhang die Masse des Fahrzeugs bedeutungslos ist. Die Beziehung gilt allerdings nur, wenn die Wirkungslinie der resultierenden Kraft F_R die Standfläche schneidet.

Rechenbeispiel 2-234. Mit welcher Geschwindigkeit kann ein Fahrzeug eine Kurve mit dem Radius $r = 20$ m und dem Überhöhungswinkel $a = 7{,}5°$ bei voller Standfestigkeit durchfahren? $g = 9{,}81$ m/s^2

Gesucht: v **Gegeben:** $r = 20$ m; $a = 7{,}5°$; $g = 9{,}81$ m/s^2

Mit (2-199) gilt für die Geschwindigkeit v:

$$v^2 = r\,g\,\tan a \Rightarrow v = \sqrt{r\,g\,\tan a} = \sqrt{20 \text{ m} \cdot 9{,}81 \text{ m s}^{-2} \cdot \tan 7{,}5°}$$

$v = 5{,}08$ m/s $= 18{,}3$ km/h

Übungsaufgaben:

2-324. Wie groß sind für die Fahrt eines Fahrzeugs durch eine überhöhte Kurve die in der untenstehenden Tabelle fehlenden Größenwerte? $g = 9{,}81$ m/s^2

	Geschwindigkeit v	Kurvenradius r	Überhöhungswinkel a
a)	100 km/h	125 m	?
b)	15 m/s	?	14°
c)	?	50 m	4°

2-325. Mit welcher Geschwindigkeit kann ein Fahrzeug eine Kurve mit dem Radius $r = 75$ m und dem Steigungswinkel $a = 17{,}5°$ bei voller Standfestigkeit durchfahren? $g = 9{,}81$ m/s^2

2-326. Welchen Krümmungsradius r muß eine Kurve mit dem Überhöhungswinkel $a = 12°$ haben, damit ein Fahrzeug sie mit einer Geschwindigkeit von 18 m/s bei voller Standfestigkeit durchfahren kann? $g = 9{,}81$ m/s^2

2-327. Welchen Überhöhungswinkel a muß eine Kurve mit einem Radius von 180 m haben, damit ein Fahrzeug mit der Geschwindigkeit von 36,7 m/s sie bei voller Standfestigkeit durchfahren kann? $g = 9{,}81$ m/s^2

(2-199) gilt nur für Bewegungsvorgänge von Fahrzeugen, bei denen volle Standfestigkeit besteht, *nicht* für den Zustand, bei dem das Kippmoment das Standmoment gerade überwindet, d. h. das Fahrzeug zu kippen beginnt.
Dafür folgt aus (2-112) unter der Berücksichtigung, daß in jedem Fall die Normalkraft F_N eines Körpers sein Standmoment verursacht:

$$F_z h_s = \frac{F_N b_K}{2} \quad \longleftarrow \quad F_z = \frac{m_K v^2}{r} \text{ und } F_N = \frac{G_K}{\cos a} = \frac{m_K g}{\cos a}$$

$$\frac{m_K v^2 h_s}{r} = \frac{m_K g b_K}{2} \Rightarrow \frac{v^2 h_s}{r} = \frac{g b_K}{2 \cos a} \sigma$$

$$v^2 = \frac{g b_K r}{2 h_s \cos a} \tag{2-200}$$

Rechenbeispiel 2-235. Der äußere Abstand der Räder eines Fahrzeugs beträgt 2,75 m. Sein Schwerpunkt liegt genau in seiner Mitte 0,65 m über dem Boden. Ab welcher Geschwindigkeit besteht die Gefahr, daß es beim Durchfahren einer Kurve mit dem Überhöhungswinkel $a = 8{,}5°$ und dem Radius $r = 100$ m kippt? $g = 9{,}81$ m/s^2

Gesucht: v **Gegeben:** $m_K = 1850$ kg; $b_K = 2{,}75$ m; $h_s = 0{,}65$ m; $a = 8{,}5°$; $r = 100$ m; $g = 9{,}81$ m/s^2

Aus (2-200) folgt für die Geschwindigkeit v des Fahrzeugs:

$$v^2 = \frac{g b_K r}{2 h_s \cos a} \Rightarrow v = \sqrt{\frac{g b_K r}{2 h_s \cos a}} = \sqrt{\frac{9{,}81 \text{ m s}^{-2} \cdot 2{,}75 \text{ m} \cdot 100 \text{ m}}{2 \cdot 0{,}65 \text{ m} \cdot \cos 8{,}5°}}$$

$v = 45{,}8$ m/s $= 165$ km/h

Rechenbeispiel 2-236. Wie groß muß der Krümmungsradius einer Kurve, die nach außen hin um 10° ansteigt, mindestens sein, damit ein kleiner Bus mit einer äußeren Spurbreite $b_K = 3{,}15$ m diese Kurve mit einer Geschwindigkeit von 55 km/h durchfahren kann, ohne zu kippen? Der Schwerpunkt des Fahrzeugs liegt genau in seiner Mitte 1,15 m über dem Boden. $g = 9{,}81$ m/s^2

2.3 Dynamik (Kinetik) 355

Gesucht: r **Gegeben:** $a_a = 10°$; $a_b = 0°$; $b_K = 3{,}15$ m; $v = 55$ km/h; $h_s = 1{,}15$ m; $g = 9{,}81$ m/s^2

a) Aus (2-204) folgt für den Kurvenradius r:

$$v^2 = \frac{g\, b_K\, r}{2\, h_s \cos a} \Rightarrow$$

$$r = \frac{2\, v^2\, h_s \cos a_a}{g\, b_K}$$

$$= \frac{2 \cdot (55\text{ km h}^{-1})^2 \cdot 1{,}15\text{ m} \cdot \cos 10°}{9{,}81\text{ m s}^{-2} \cdot 3{,}15\text{ m}} = \frac{2 \cdot \left(\frac{55}{3{,}6}\right)^2 \text{m s}^{-1} \cdot 1{,}15\text{ m} \cdot \cos 10°}{9{,}81\text{ m s}^{-2} \cdot 3{,}15\text{ m}}$$

$r = 17{,}1$ m

b) Aus (2-204) folgt mit **$\cos 0° = 1$** für den Kurvenradius r:

$$v^2 = \frac{g\, b_K\, r}{2\, h_s \cos a_b} \Rightarrow$$

$$r = \frac{2\, v^2\, h_s}{g\, b_K} = \frac{2 \cdot (55\text{ km h}^{-1})^2 \cdot 1{,}15\text{ m}}{9{,}81\text{ m s}^{-2} \cdot 3{,}15\text{ m}} = \frac{2 \cdot \left(\frac{55}{3{,}6}\right)^2 \text{m s}^{-1} \cdot 1{,}15\text{ m}}{9{,}81\text{ m s}^{-2} \cdot 3{,}15\text{ m}}$$

$r = 17{,}4$ m

Rechenbeispiel 2-237. Um wieviel Grad muß eine Kurve mit dem Krümmungsradius $r = 45$ m nach außen hin überhöht sein, damit ein Pkw mit einer äußeren Spurbreite von 2,05 m diese Kurve mit einer Geschwindigkeit von 40 m/s nehmen kann, ohne zu kippen? Wie groß muß der Winkel bei der Geschwindigkeit $v = 50$ m/s sein? Der Schwerpunkt des Fahrzeugs liegt genau in seiner Mitte 0,45 m über dem Boden. $g = 9{,}81$ m/s^2

Gesucht: a **Gegeben:** $r = 45$ m; $b_K = 2{,}05$ m; $v_1 = 40$ m/s; $v_2 = 50$ m/s; $h_s = 0{,}45$ m; $g = 9{,}81$ m/s^2

Aus (2-204) folgt für den Überhöhungswinkel a der Kurve:

$$v^2 = \frac{g\, b_K\, r}{2\, h_s \cos a} \Rightarrow \cos a = \frac{g\, b_K\, r}{2\, h_s\, v^2} = \frac{9{,}81\text{ m s}^{-2} \cdot 2{,}05\text{ m} \cdot 45\text{ m}}{2 \cdot 0{,}45\text{ m} \cdot (40\text{ m s}^{-1})^2} = 0{,}628$$

$a = 51{,}1°$

2 Rechnen in der Mechanik

Aus (2-204) folgt für den Überhöhungswinkel a der Kurve:

$$v^2 = \frac{g\, b_K\, r}{2\, h_s \cos a} \Rightarrow \cos a = \frac{g\, b_K\, r}{2\, h_s\, v^2} = \frac{9{,}81 \text{ m s}^{-2} \cdot 2{,}05 \text{ m} \cdot 45 \text{ m}}{2 \cdot 0{,}45 \text{ m} \cdot (50 \text{ m s}^{-1})^2} = 0{,}402$$

$\underline{a = 66{,}3°}$

Übungsaufgaben:

2-328. Der äußere Abstand der Räder eines Fahrzeugs beträgt 2,65 m. Sein Schwerpunkt liegt genau in seiner Mitte 0,70 m über dem Boden. Mit welcher Geschwindigkeit kann das Fahrzeug durch eine Kurve mit dem Winkel $a = 8{,}5°$ und dem Radius $r = 100$ m fahren, ohne daß es kippt? $g = 9{,}81$ m/s^2

2-329. a) Wie groß muß der Krümmungsradius einer Kurve, die nach außen hin um 12° ansteigt, mindestens sein, damit ein kleiner Bus mit der äußeren Spurbreite $b_K = 3{,}10$ m diese Kurve mit einer Geschwindigkeit von 18 m/s durchfahren kann, ohne zu kippen? b) Wie groß müßte der Radius ohne Überhöhung sein? Der Schwerpunkt des Fahrzeugs liegt genau in seiner Mitte 1,05 m über dem Boden. $g = 9{,}81$ m/s^2

2-330. Um wieviel Grad muß eine Kurve mit dem Krümmungsradius $r = 65$ m nach außen hin überhöht sein, damit ein Pkw mit einer äußeren Spurbreite von 2,00 m diese Kurve (ohne zu kippen) mit einer Geschwindigkeit $v = 45$ m/s nehmen kann? Der Schwerpunkt des Fahrzeugs liegt genau in seiner Mitte 0,45 m über dem Boden. $g = 9{,}81$ m/s^2

2-331. Wie groß sind für ein Fahrzeug (äußere Spurbreite = 2,25 m, Lage des Schwerpunktes in der Fahrzeugmitte 0,80 m über dem Boden), das bei der Fahrt durch eine Kurve nicht kippen soll, die in der untenstehenden Tabelle fehlenden Größenwerte? $g = 9{,}81$ m/s^2

	Geschwindigkeit v	Kurvenradius r	Überhöhungswinkel a
a)	100 km/h	60 m	?
b)	15 m/s	?	14°
c)	?	50 m	4°

Vollführt ein Körper eine Kreisbewegung senkrecht zur Erdoberfläche, z. B. ein Turner bei einer Riesenfelge am Reck oder ein Flugzeug beim senkrechten Looping, verändert sich seine Zentrifugalkraft unter dem Einfluß seiner Gewichtskraft ständig (vgl. Abb. 2-64), wodurch auch seine Geschwindigkeit auf der Kreisbahn gemäß (2-203) eine ständige Änderung erfährt.

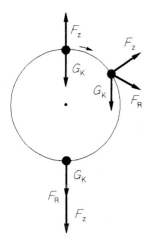

Abb. 2-64. Zentrifugal- und Schwerkraft eines Körpers bei senkrechter Kreisbewegung

Gemäß (2-82) gilt mit $F_1 = F_z$ und $F_2 = G_K$ für die resultierende Zentrifugalkraft $F_{R,z}$:

$$F_{R,z} = \sqrt{F_z + G_K + 2\,F_z\,G_K \cos a} \tag{2-201}$$

Aus Abb. 2-64 geht hervor, daß diese Kraft auf jedem Punkt der Kreisbahn mindestens so groß wie die Gewichtskraft sein muß, weil sonst der Körper nach unten abstürzt.

Rechenbeispiel 2-238. Welche Geschwindigkeit hat ein Körper im a) tiefsten Punkt und b) höchsten Punkt seiner Kreisbahn mit dem Radius $r = 2$ m, wenn seine Zentrifugalkraft gleich seiner Gewichtskraft G ist? c) Wie groß ist seine Geschwindigkeit bei 90°, wenn er sich vom tiefsten Punkt aus auf seiner Kreisbahn nach oben bewegt?
$g = 9{,}81$ m/s²

Gesucht: v **Gegeben:** $r = 2$ m; $F_z = G_K$; $a_a = 0°$; $a_b = 180°$; $a_c = 90°$; $g = 9{,}81$ m/s²

a) Aus (2-201) folgt mit $a = 0°$, $F_z = G_K$, $F_{R,z} = m\,v^2/r$ und $G = m\,g$ für die Geschwindigkeit v:

$F_{R,z} = \sqrt{F_z^2 + G_K^2 + 2\,F_z\,G_K \cos a} \quad \longleftarrow \quad F_z = G_K$

$F_{R,z} = \sqrt{2\,G_K^2 + 2\,G_K^2 \cos a} \quad \longleftarrow \quad F_{R,z} = \dfrac{m_K\,v^2}{r}$ und $G_K = m_K\,g$

$\dfrac{m_K\,v^2}{r} = \sqrt{2\,(m_K\,g)^2 + 2(m_K\,g)^2 \cos a} \Rightarrow \dfrac{v^2}{r} = g\sqrt{2 + 2\cos a} \Rightarrow$

$v = \sqrt{r\,g\,\sqrt{2 + 2\cos a}} = \sqrt{2\text{ m} \cdot 9{,}81\text{ m s}^{-2} \cdot \sqrt{2 + 2\cos 0°}}$

$v = 6{,}26$ m/s

b) Es gelten die gleichen Beziehungen wie bei a) mit $a = 180°g$:

$$v = \sqrt{r\,g}\sqrt{2 + 2\cos a} = \sqrt{2\text{ m} \cdot 9{,}81\text{ m s}^{-2}} \cdot \sqrt{2 + 2\cos 180°}$$

$v = 0$

c) Es gelten die gleichen Beziehungen wie bei a) mit $a = 90°g$:

$$v = \sqrt{r\,g}\sqrt{2 + 2\cos a} = \sqrt{2\text{ m} \cdot 9{,}81\text{ m s}^{-2}} \cdot \sqrt{2 + 2\cos 90°}$$

$v = 5{,}27$ m/s

Rechenbeispiel 2-239. a) Wie groß ist der Radius einer Kreisbahn, wenn ein Körper an ihrem tiefsten Punkt (bei 0°) die Geschwindigkeit von 10 m/s hat und die Fliehkraft doppelt so groß ist wie die Gewichtskraft? b) Wie groß wäre der Radius einer zweiten Kreisbahn, für die die genannten Bedingungen am höchsten Punkt (bei 180°) gelten?

$g = 9{,}81$ m/s^2

Gesucht: r **Gegeben:** $v = 10$ m/s; $F_z = 2\,G_K$; $a_a = 0°$; $a_b = 180°$; $g = 9{,}81$ m/s^2

a) Aus (2-201) folgt mit $a = 0°$, $F_z = 2\,G_K$, $F_{R,z} = m\,v^2/r$ und $G = m\,g$ für den Radius r:

$$F_{R,z} = \sqrt{F_z^2 + G_K^2 + 2\,F_z\,G_K \cos a} \quad \longleftarrow \quad F_z = 2\,G_K$$

$$F_{R,z} = \sqrt{5\,G_K^2 + 2 \cdot 2\,G_K^2 \cos a} \quad \longleftarrow \quad F_{R,z} = \frac{m_K\,v^2}{r} \text{ und } G_K = m_K\,g$$

$$\frac{m_K\,v^2}{r} = \sqrt{5\,(m_K\,g)^2 + 4(m_K\,g)^2 \cos a} \Rightarrow \frac{v^2}{r} = g\sqrt{5 + 4\cos a} \Rightarrow$$

$$r = \frac{v^2}{g\sqrt{5 + 4\cos a}} = \frac{(10\text{ m s}^{-1})^2}{9{,}81\text{ m s}^{-2} \cdot \sqrt{5 + 4\cos 0°}}$$

$r = 3{,}4$ m

Zum gleichen Ergebnis kommt man durch Addition der Kräfte unter Berücksichtigung der Kraftrichtungen gemäß Abb. 2-64:

$F_{R,z} = F_z + G_K$ ← $F_z = 2\,G_K$

$F_{R,z} = 3\,G_K$ ← $F_{R,z} = \dfrac{m_K\,v^2}{r}$ und $G_K = m_K\,g$

$\dfrac{m_K\,v^2}{r} = 3\,m_K\,g \Rightarrow r = \dfrac{v^2}{3\,g} = \dfrac{(10\text{ m s}^{-1})^2}{3 \cdot 9{,}81\text{ m s}^{-2}} = \dfrac{(10)^2\text{ m}^2\text{ s}^{-2}}{3 \cdot 9{,}81\text{ m s}^{-2}}$

$r = 3{,}4$ m

b) Es gelten die gleichen Beziehungen wie bei a) mit $\alpha = 180°g$:

$r = \dfrac{v^2}{g\sqrt{5 + 4\cos\alpha}} = \dfrac{(10\text{ m s}^{-1})^2}{9{,}81\text{ m s}^{-2}\cdot\sqrt{5 + 4\cos 180°}}$

$r = 10{,}2$ m

Zum gleichen Ergebnis kommt man durch Addition der Kräfte unter Berücksichtigung der Kraftrichtungen gemäß Abb. 2-64:

$F_{R,z} = F_z + (-G_K)$ ← $F_z = 2\,G_K$

$F_{R,z} = 2\,G_K - G_K$ ← $F_{R,z} = \dfrac{m_K\,v^2}{r}$ und $G_K = m_K\,g$

$\dfrac{m_K\,v^2}{r} = m_K\,g \Rightarrow r = \dfrac{v^2}{g} = \dfrac{(10\text{ m s}^{-1})^2}{9{,}81\text{ m s}^{-2}} = \dfrac{(10\text{ m s}^{-1})^2\text{ m}^2\text{ s}^{-2}}{9{,}81\text{ m s}^{-2}}$

$r = 10{,}2$ m

Übungsaufgaben:

2-332. Welche Geschwindigkeit hat ein Körper im a) tiefsten Punkt und b) höchsten Punkt seiner Kreisbahn mit dem Radius $r = 3{,}5$ m, wenn seine Zentrifugalkraft doppelt so groß ist wie seine Gewichtskraft G? c) Wie groß ist seine Geschwindigkeit bei 30°, wenn er sich vom tiefsten Punkt aus auf seiner Kreisbahn nach oben bewegt?
$g = 9{,}81$ m/s²

2-333. Welchen Radius hat eine Kreisbahn, wenn ein Körper bei a) 0°, d. h. an ihrem tiefsten Punkt und b) bei 180°, d. h. an ihrem höchsten Punkt eine Geschwindigkeit von 10 m/s haben soll, und die Fliehkraft dreimal so groß ist wie die Gewichtskraft?
$g = 9{,}81$ m/s²

360 2 Rechnen in der Mechanik

Bei einer bestimmten Geschwindigkeit tritt für einen Körper, z. B. einen Satelliten, der die Erde auf einer Kreisbahn umrundet, der Zustand der Schwerelosigkeit ein, bei dem die Gewichtskraft des Körpers gleich seiner Zentrifugalkraft ist.
Für den Zusammenhang zwischen Geschwindigkeit und Radius der Kreisbahn folgt daraus mit (2-163) und (2-198):

$$G_K = F_z \quad \longleftarrow \quad G = m\,g \text{ und } F_z = \frac{m\,v^2}{r}$$

$$m\,g = \frac{m\,v^2}{r} \Rightarrow$$

$$v^2 = g\,r \tag{2-202}$$

Rechenbeispiel 2-240. Wie groß muß die Geschwindigkeit eines Satelliten sein, wenn er, ohne daß Kräfte auf ihn einwirken, die Erde auf einer Kreisbahn mit dem Radius $r = 6500$ km umrunden soll? Die Erdbeschleunigung wird unverändert mit $g = 9{,}81$ m/s² angenommen!

Gesucht: v **Gegeben:** $r = 6500$ km; $g = 9{,}81$ m/s²

Aus (2-202) folgt für die Geschwindigkeit v:

$$v^2 = g\,r \Rightarrow v = \sqrt{g\,r} = \sqrt{9{,}81 \text{ m s}^{-2} \cdot 6500 \text{ km}} = \sqrt{9{,}81 \text{ m s}^{-2} \cdot 6500 \cdot 10^3 \text{ m}}$$

$v = 7985$ m/s

2.3.1.6 Massenträgheitsmoment

Auch bei einem drehbaren Körper ist eine angreifende Kraft F die Ursache für eine Änderung seines Bewegungszustandes. Sie überwindet die Trägheitskraft des Körpers; der Körper erfährt eine Winkelbeschleunigung α, die allerdings nicht nur der Kraft, sondern auch dem der Abstand r zur Drehachse direkt proportional ist.

Entsprechend (2-86) ist demnach das Drehmoment $M = F\,r$ letztlich die Ursache für die Winkelbeschleunigung und die Überwindung des *Massenträgheitsmomentes J*:

Das Massenträgheitsmoment J eines rotierenden Körpers ist das Verhältnis aus dem wirkenden Drehmoment M und der erzielten Winkelbeschleunigung α.

$$\text{Massenträgheitsmoment} = \frac{\text{Drehmoment}}{\text{Winkelbeschleunigung}}$$

$$J = \frac{M}{\alpha} \tag{2-203}$$

Die SI-Einheit des Massenträgheitsmoments ist 1 *Kilogramm mal Quadratmeter* (Einheitenzeichen: kg m²). Sie ergibt sich bei der Dimensionsbetrachtung der Definitionsgleichung (2-203) für das Massenträgheitsmoment:

$$[J] = \frac{[M]}{[a]} = \frac{1 \text{ N m}}{1 \text{ s}^{-2}} = \frac{1 \text{ kg m s}^{-2} \text{ m}}{1 \text{ s}^{-2}} = 1 \text{ kg m}^2$$

Aus (2-203) folgt durch Umstellen:

$$M = J\,\alpha \qquad (2\text{-}204)$$

Diese Beziehung entspricht dem dynamischen Grundgesetz für Translationsvorgänge in der Form $F = m\,a$ (vgl. 2-163) und wird deshalb auch als *dynamisches Grundgesetz der Rotation* bezeichnet.

Beim Vergleich von (2-204) mit (2-163) wird deutlich, daß auf der linken Seite nicht eine Kraft F, sondern ein Drehmoment $M = F\,r$ steht. Dies ist einsichtig, weil nur eine Kraft, die in einem bestimmten Abstand zur Drehachse angreift, eine Drehung eines Körpers um diese Achse bewirken kann (s. oben).

Daraus ergibt sich, das *alle* Gesetzmäßigkeiten für rotierende Körper sich nur dadurch von denen für sich geradlinig bewegende Körper unterscheiden, daß statt der Größen *Kraft F, Masse m, Beschleunigung b* und *Weg s* die Größen *Drehmoment M, Massenträgheitsmoment J, Winkelbeschleunigung α* und *Drehwinkel φ* verwendet werden.

Tab. 2-8. Vergleich der wichtigsten Größen in der Dynamik

Translation Grundgesetz: $F = m\,a$		Rotation Grundgesetz: $M = J\,\alpha$	
Größe	Zeichen/Formel	Größe	Zeichen/Formel
Kraft	F	Drehmoment	M
Masse	m	Massenträgheitsmoment	J
Beschleunigung	a	Winkelbeschleunigung	α
Weg	s	Drehwinkel	φ
Bewegungsenergie	$W = \dfrac{m\,v^2}{2}$	Bewegungsenergie	$W = \dfrac{J\,\omega^2}{2}$
Arbeit	$W = F\,s$	Arbeit	$W = M\,\varphi$
Leistung	$P = F\,v$	Leistung	$P = M\,\omega$
Impuls	$p = m\,v$	Drehimpuls	$p = J\,\omega$

Ein Punkt am Rand einer rotierenden Scheibe bewegt sich mit der Umfangsgeschwindigkeit v im Abstand r zur Drehachse (vgl. Abb. 2–65).

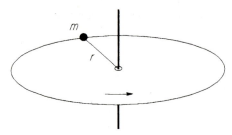

Abb. 2-65. Massenträgheitsmoment eines Massepunktes

Für seine Bewegungsenergie W_{kin} folgt aus (2-179) mit (2-71):

$$W_{kin} = \frac{m\,v^2}{2} \quad \longleftarrow \quad v = \omega\,r$$

$$W_{kin} = \frac{\omega^2}{2}\,m\,r^2 \tag{2-205}$$

Den Ausdruck **m r²** bezeichnet man als das Massenträgheitsmoment J_p eines Massepunktes:

$$J_P = m\,r^2 \tag{2-206}$$

Dieses Massenträgheitsmoment ist bestenfalls auf einen Körper mit einem sehr kleinen Radius r anwendbar. Bei kontinuierlicher Massenverteilung über einen größeren Radius gilt deshalb:

$$J = \int r^2\,dm \tag{2-206a}$$

Das Massenträgheitsmoment J eines Körpers ist die Summe der Produkte aus den Massenelementen dm und den Quadraten r^2 ihrer Abstände von der Drehachse.

Demnach ist das Massenträgheitsmoment eines Körpers abhängig von

1. der Masse des Körpers und
2. der Masseverteilung in Bezug auf denkbare Drehachsen.

Durch den Schwerpunkt eines Körpers lassen sich drei Achsen legen, die zueinander jeweils einen rechten Winkel bilden, also senkrecht aufeinander stehen. Solche Achsen bezeichnet man als *Hauptträgheitsachsen* oder auch als *freie Achsen*, da sich beim Drehen um diese Achsen alle Zentrifugalkräfte aufheben. Mit diesen Drehachsen ergeben sich für einen Körper die *kleinsten* Massenträgheitsmomente J_S (vgl. Tab. 2-9).

Als *parallele Achsen* bezeichnet man solche, die in einem bestimmten Abstand parallel zu den genannten, durch den Schwerpunkt gehenden Hauptträgheitsachsen verlaufen. Mit ihnen ergeben sich die *größten* Massenträgheitsmomente.

Tab. 2-9. Massenträgheitsmomente J von Körpern (bezogen auf Hauptträgheitsachsen durch den Körperschwerpunkt S)

Körper	Lage der Drehachse	Massenträgheitsmoment J
Quader, sehr dünn ($A = a\,b$)	Längs der Seite b	$1/3\ m\,a^2$
Quader, sehr dünn, Diagonale d	Senkrecht durch die Körpermitte	$1/12\ m\,d^2$
Stab, dünn, Länge l	Stabmitte, senkrecht zum Stab	$1/12\ m\,l^2$
Stab, dünn, Länge	Stabende, senkrecht zum Stab	$1/3\ m\,l^2$
Kreisscheibe, Radius r	Längs des Durchmessers	$1/4\ m\,r^2$
Kreisscheibe, Radius	Senkrecht durch die Scheibenmitte	$1/2\ m\,r^2$
Kreisringscheibe, Radius r	Senkrecht zur Ebene	$1/1\ m\,r^2$
Zylinder, Radius r	Längsachse des Zylinders	$1/2\ m\,r^2$
Hohlzylinder, Radien R und r	Längsachse des Hohlzylinders	$1/2\ m\,(R^2 + r^2)$
Kugel, Radius r	Durch den Mittelpunkt	$2/5\ m\,r^2$
Hohlkugel, dünnwandig, Radius r	Durch den Mittelpunkt	$2/3\ m\,r^2$

2.3.1.6.1 Massenträgheitsmomente von Körpern mit Hauptträgheitsachsen

Für Körper, deren Drehachse mit einer Hauptträgheitsachse übereinstimmt, lassen sich die Massenträgheitsmomente mit den Beziehungen in Tab. 2-9 aus ihren Massen und Abmessungen ermitteln.

Rechenbeispiel 2-241. Welche Massenträgheitsmomente haben folgende Körper mit den angegebenen Drehachsen?
a) Kreisringscheibe, $m = 75$ g, $r = 90$ mm, Drehachse senkrecht zur Ringebene
b) Dünner Stab, $m = 500$ g, $l = 1{,}12$ m, Drehachse am Stabende
c) Hohlzylinder, $m = 3{,}55$ kg, $R = 55$ cm, $r = 35$ cm, Drehachse = Längsachse

Gesucht: J **Gegeben:** (s. Werte in der Aufgabenstellung!)
(Massenträgheitsmomente aus Tab. 2-9)

a) Mit dem Massenträgheitsmoment $J = m\,r^2$ für eine Kreisringscheibe gilt:

$$J = m\,r^2 = 75\text{ g} \cdot (90\text{ mm})^2 = 75 \cdot 10^{-3}\text{ kg} \cdot (0{,}090\text{ m})^2$$

$$\underline{J = 6{,}1 \cdot 10^{-4}\text{ kg m}^2}$$

b) Mit dem Massenträgheitsmoment $J = m\,r^2/3$ für einen Stab gilt:

$$J = \frac{m\,r^2}{3} = \frac{500\text{ g} \cdot (1{,}12\text{ m})^2}{3} = \frac{0{,}500\text{ kg} \cdot (1{,}12\text{ m})^2}{3}$$

$$\underline{J = 0{,}209\text{ kg m}^2}$$

c) Mit dem Massenträgheitsmoment $J = m (R + r^2)/3$ für einen Hohlzylinder gilt:

$$J = \frac{m (R^2 + r^2)}{2}$$

$$= \frac{3{,}55 \text{ kg} \cdot [(55 \text{ cm})^2 + (35 \text{ cm})^2]}{2} = \frac{3{,}55 \text{ kg} \cdot [(0{,}55 \text{ m})^2 + (0{,}35 \text{ m})^2]}{2}$$

$J = 0{,}75$ kg m^2

Übungsaufgaben:

2-334. Welche Massenträgheitsmomente haben folgende Körper mit den angegebenen Drehachsen? Die Berechnungsformeln für die einzelnen Massenträgheitsmomente sind in Tab. 2-9 zu finden!
 a) Kreisscheibe, $m = 5{,}25$ kg, $r = 590$ mm, Drehachse längs des Durchmessers
 b) Hohlkugel, $m = 500$ g, $r = 0{,}82$ m, Drehachse durch den Mittelpunkt
 c) Zylinder, $m = 6{,}55$ kg, $r = 35$ cm, Drehachse = Längsachse

2-335. Welchen Radius hat eine Kugel, $m = 96{,}5$ kg, mit dem Massenträgheitsmoment $J = 22{,}5$ kg m^2, die um eine Achse durch ihren Mittelpunkt rotiert? Dabei gilt für das Massenträgheitsmoment einer Kugel $J = 2/5\ m\ r^2$.

2-336. Welche Masse besitzt ein Zylinder, $d = 20$ cm, der bei einem Massenträgheitsmoment von $0{,}11$ kg m^2 um seine Längsachse rotiert? Das Massenträgheitsmoment eines Zylinders berechnet sich unter dieser Bedingung nach $J = 1/2\ m\ r^2$.

2.3.1.6.2 Massenträgheitsmomente von Körpern mit parallelen Drehachsen

Häufig rotieren Körper um Achsen, die *nicht* durch ihren Schwerpunkt gehen, sondern in einem bestimmten Abstand zu einer solchen Hauptträgheitsachse parallel verlaufen (vgl. Abb. 2-66).

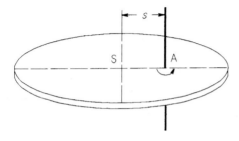

Abb. 2-66. Rotation um eine parallele Drehachse

In einem solchen Fall vergrößert sich das Massenträgheitsmoment im Vergleich zur Rotation um eine Hauptträgheitsachse.
Die kinetische Energie des Körpers bei der Rotation um eine Achse, die durch seinen Schwerpunkt verläuft, ergibt sich gemäß (2-205). Daraus ergibt sich das entsprechende Massenträgheitsmoment J_S:

$$W_{\text{kin},S} = \frac{\omega^2}{2} m\, r^2 \Rightarrow m\, r^2 = J_S$$

Stellt man sich die gesamte Masse des Körpers in seinem Schwerpunkt S vereinigt vor, so vergrößert sich seine Energie bei der Rotation um eine Achse, die durch den Punkt A im Abstand s verläuft. Daraus folgt ein zusätzliches Massenträgheitsmoment J_z:

$$W_{\text{kin},A} = \frac{\omega^2}{2} m\, s^2 \Rightarrow m\, s^2 = J_z$$

Nach *Steiner* gilt für das Massenträgheitsmoment J_A eines Körpers bei der Rotation um eine parallele Drehachse:

$$J_A = J_S + m\, s^2 \tag{2-207}$$

Rechenbeispiel 2-242. Wie groß ist das Massenträgheitsmoment einer Kreisscheibe (wie in Abb. 2-66) mit dem Radius $r = 60$ cm und der Masse $m = 4{,}95$ kg, die um eine Achse im einem Abstand von 38 cm vom Scheibenrand rotiert? Wie groß ist das zusätzlich verursachte Massenträgheitsmoment J_z? $J_S = 1/2\, m\, r^2$

Gesucht: J_A; J_z **Gegeben:** $r = 60$ cm; $m = 4{,}95$ kg; $s = (60 - 38)$ cm $= 22$ cm; $J_S = 1/2\, m\, r^2$

Mit (2-207) und $J_S = 1/2\, m\, r^2$ gilt für das Massenträgheitsmoment J_A der Kreisscheibe:

$$J_A = J_S + m\, s^2 = \frac{m\, r^2}{2} + m\, s^2$$

$$= \frac{4{,}95 \text{ kg} \cdot (60 \text{ cm})^2}{2} + 4{,}95 \text{ kg} \cdot (22 \text{ cm})^2$$

$$= \frac{4{,}95 \text{ kg} \cdot (0{,}60 \text{ cm})^2}{2} + 4{,}95 \text{ kg} \cdot (0{,}22 \text{ cm})^2$$

$\underline{J_A = 1{,}13 \text{ kg m}^2}$

Aus (2-207) und $J_z = m\, s^2$ folgt für das zusätzliche Massenträgheitsmoment J_z:

$J_z = m\, s^2 = 4{,}95 \text{ kg} \cdot (22 \text{ cm})^2 = 4{,}95 \text{ kg} \cdot (0{,}22 \text{ m})^2$

$\underline{J_z = 0{,}24 \text{ kg m}^2}$

366 2 Rechnen in der Mechanik

Übungsaufgaben:

2-337. Wie groß ist das Massenträgheitsmoment einer Kreisscheibe (wie in Abb. 2-66) mit dem Radius $r = 60$ cm und der Masse $m = 7{,}65$ kg, die um eine Achse im Abstand von 12 cm vom Scheibenrand rotiert? Wie groß ist das zusätzlich verursachte Massenträgheitsmoment J_z? Das Massenträgheitsmoment einer Kreisscheibe ist $J_S = 1/2 \; m \, r^2$ (vgl. Tab. 2-9), wenn die Achse senkrecht durch den Schwerpunkt verläuft!

2-338. Wie groß ist die Masse eines Zylinders, $r = 31$ cm, der um eine parallele Achse im Abstand $s = 9{,}5$ cm zur Längsachse rotiert, wobei ein Massenträgheitsmoment $J_A = 1{,}2$ kg m^2 auftritt? Das Massenträgheitsmoment eines Zylinders ist $J_S = 1/2 \; m \, r^2$ (vgl. Tab. 2-9), wenn die Drehachse mit der Längsachse übereinstimmt!

2-339. Wie groß ist der Radius r einer Kugel, $m = 11{,}2$ kg, die um eine parallele Achse im Abstand $s = 28$ mm zur Mittelpunktsachse rotiert, wenn dabei ein Massenträgheitsmoment $J_A = 0{,}28$ kg m^2 auftritt? Das Massenträgheitsmoment der Kugel ist $2/5 \; m \, r^2$ (vgl. Tab. 2-9), wenn ihre Drehachse durch den Mittelpunkt verläuft!

2-340. In welchem Abstand s zur Mittelpunktsachse muß eine Kugel, $r = 250$ mm, $m = 10{,}6$ kg, um eine parallele Achse rotieren, wenn dabei das Massenträgheitsmoment $J_A = 0{,}32$ kg m^2 auftritt? Das Massenträgheitsmoment einer Kugel ist $2/5 \; m \, r^2$ (vgl. Tab. 2-9), wenn die Drehachse durch den Mittelpunkt verläuft!

2.3.1.7 Drehmoment

Gemäß (2-204) gilt für das Drehmoment M eines sich drehenden Körpers:

Das an einem Körper eine Drehbewegung verursachende Drehmoment M ist das Produkt aus dem Massenträgheitsmoment J des Körpers und der Winkelbeschleunigung α, die sie bewirkt.

Drehmoment = Massenträgheitsmoment · Winkelbeschleunigung

$M = J \, \alpha$

Die SI-Einheit des Drehmoments ist 1 *Newtonmeter* (Einheitenzeichen: N m). Sie folgt aus der Dimensionsbetrachtung gemäß (2-204):

$[M] = [J] \cdot [\alpha] = 1 \text{ kg m}^2 \cdot 1 \text{ s}^{-2} = 1 \text{ N m}$

Aus (2-204) folgt mit (2-61) und $t_e - t_a = t$ für die Berechnung des Drehmomentes aus der Winkelgeschwindigkeit ω:

2.3 Dynamik (Kinetik)

$$M = J\alpha \quad \longleftarrow \quad \alpha = \frac{\Delta\omega}{\Delta t} = \frac{\omega_e - \omega_a}{t} \Leftarrow \alpha = \frac{\Delta\omega}{\Delta t} = \frac{\omega_e - \omega_a}{t_e - t_a}$$

$$M = \frac{J\,\Delta\omega}{t} = \frac{J\,(\omega_e - \omega_a)}{t} \tag{2-208}$$

Aus (2-208) folgt mit (2-71) für die Berechnung aus der Umfangsgeschwindigkeit v:

$$M = \frac{J\,\Delta\omega}{t} = \frac{J\,(\omega_e - \omega_a)}{t} \quad \longleftarrow \quad \omega = \frac{v}{r} \Leftarrow \omega = v\,r$$

$$M = \frac{J\,\Delta v}{t\,r} = \frac{J\,(v_e - v_a)}{t\,r} \tag{2-208a}$$

Aus (2-208a) folgt mit (2-74) für die Berechnung aus der Drehzahl n:

$$M = \frac{J\,\Delta v}{t\,r} = \frac{J\,(v_e - v_a)}{t\,r} \quad \longleftarrow \quad v = 2\,\pi\,r\,n$$

$$M = \frac{J\,\Delta v}{t\,r} = \frac{2\,J\,(n_e - n_a)\,\pi}{t} \tag{2-208b}$$

Rechenbeispiel 2-243. Wie groß muß ein Drehmoment M sein, das an einem Körper mit dem Massenträgheitsmoment $J = 5{,}0$ kg m² eine Winkelbeschleunigung von 75/s² bewirkt?

Gesucht: M **Gegeben:** $J = 5{,}0$ kg m²; $\alpha = 75/s^2$

Mit (2-204) und **1 N = 1 kg m/s²** gilt für das Drehmoment M:

$$M = J\,\alpha = 5{,}0 \text{ kg m}^2 \cdot \frac{75}{s^2} = 5{,}0 \cdot 75 \text{ N m}$$

$\underline{M = 375 \text{ N m}}$

Rechenbeispiel 2-244. Wie groß muß ein Drehmoment M sein, das an einem Körper mit dem Massenträgheitsmoment $J = 5{,}0$ kg m² in 6,5 s eine Änderung der Winkelgeschwindigkeit von 75/s bewirkt?

Gesucht: M **Gegeben:** $J = 5{,}0$ kg m²; $t = 6{,}5$ s; $\omega = 75/s$

Mit (2-208) und **1 N = 1 kg m/s²** gilt für das Drehmoment M:

$$M = \frac{J\,\Delta\omega}{t} = \frac{5{,}0 \text{ kg m}^2 \cdot 75 \text{ s}^{-1}}{6{,}5 \text{ s}} = \frac{5{,}0 \cdot 75 \text{ N m}}{6{,}5}$$

$\underline{M = 57{,}7 \text{ N m}}$

Rechenbeispiel 2-245. Wie groß muß ein Drehmoment M sein, das an einem Körper mit dem Massenträgheitsmoment $J = 5{,}0$ kg m^2 und dem Radius $r = 45$ cm a) in 6,5 s die Umfangsgeschwindigkeit um 17,5 m/s erhöht und b) die Drehzahl n aus der Ruhe auf 5000/min bringt?

Gesucht: M **Gegeben:** $J = 5{,}0$ kg m^2; $r = 45$ cm; $t = 6{,}5$ s; $v = 17{,}5$ m/s; $n_a = 0$; $n_e = 5000$/min

a) Mit (2-208a) und **1 N = 1 kg m/s²** gilt für das Drehmoment M:

$$M = \frac{J \, \Delta v}{t \, r} = \frac{5{,}0 \text{ kg m}^2 \cdot 17{,}5 \text{ m s}^{-1}}{6{,}5 \text{ s} \cdot 45 \text{ cm}} = \frac{5{,}0 \text{ kg m}^2 \cdot 17{,}5 \text{ m s}^{-1}}{6{,}5 \text{ s} \cdot 0{,}45 \text{ m}} = \frac{5{,}0 \cdot 17{,}5 \text{ N m}}{6{,}5 \cdot 0{,}45}$$

$M = 29{,}9$ N m

b) Mit (2-208b), $n_a = 0$ und **1 N = 1 kg m/s²** gilt für das Drehmoment M:

$$M = \frac{2 J (n_e - n_a) \pi}{t} \quad \longleftarrow \quad n_a = 0$$

$$M = \frac{2 J n_e \pi}{t} = \frac{2 \cdot 5{,}0 \text{ kg m}^2 \cdot 5000 \text{ min}^{-1} \cdot \pi}{6{,}5 \text{ s}} = \frac{2 \cdot 5{,}0 \text{ kg m}^2 \cdot \frac{5000}{60} \text{ s}^{-1} \cdot \pi}{6{,}5 \text{ s}}$$

$M = 403$ N m

Übungsaufgaben:

2-341. Welches Drehmoment muß an einem Körper mit dem Massenträgheitsmoment $J = 8{,}25$ kg m^2 angreifen, um eine Winkelbeschleunigung von 75/s^2 zu bewirken?

2-342. Wie groß muß ein Drehmoment M sein, das an einem Körper mit dem Massenträgheitsmoment $J = 4{,}0$ kg m^2 in 9,5 s eine Änderung der Winkelgeschwindigkeit von 27,5/s bewirkt?

2-343. Wie groß muß ein Drehmoment M sein, das an einem Körper mit dem Massenträgheitsmoment $J = 6{,}0$ kg m^2 und dem Radius $r = 45$ cm in 5,5 s a) die Umfangsgeschwindigkeit um 19,5 m/s erhöht und b) die Drehzahl n aus der Ruhe auf 5000/min bringt?

2-344. Welches Massenträgheitsmoment J hat ein Körper, an dem ein Drehmoment von 50,0 N m eine Winkelbeschleunigung von 12/s^2 bewirkt?

2-345. Wie groß ist die Winkelbeschleunigung, die ein Drehmoment von 43,0 N m an einem Körper mit dem Massenträgheitsmoment $J = 7{,}8$ kg m^2 bewirkt?

2-346. Wie groß ist die a) Winkelgeschwindigkeit, b) Umfangsgeschwindigkeit und c) Drehzahl, auf die ein Körper mit dem Massenträgheitsmoment $J = 5{,}8$ kg m^2 und dem Radius $r = 30$ cm aus dem Stand durch ein Drehmoment von 20 N m in 3,5 s gebracht wird?

2.3.1.8 Energie, Arbeit und Leistung bei der Rotation
2.3.1.8.1 Rotationsenergie

Aus (2-204) folgt mit $J = m\, r^2$ für die Bewegungsenergie W_{rot} rotierender Körper, wie z. B. Maschinenteile, Räder, Schwungräder usw.:

$$W_{rot} = \frac{\omega^2}{2} m\, r^2 \quad \longleftarrow \quad J = m\, r^2$$

$$W_{rot} = \frac{J\omega^2}{2} \tag{2-209}$$

Rechenbeispiel 2-246. Wie groß ist die Rotationsenergie eines Körpers mit dem Massenträgheitsmoment $J = 35{,}5$ kg m^2, der sich mit einer Winkelgeschwindigkeit von 6000/min um seine Achse dreht?

Gesucht: W_{rot} **Gegeben:** $J = 35{,}5$ kg m^2; $\omega = 6000$/min

Mit (2-209) gilt mit **1 J = 1 kg m^2/s^2** für die Rotationsenergie W_{rot} des Körpers:

$$W_{rot} = \frac{J\omega^2}{2} = \frac{35{,}5 \text{ kg m}^2 \cdot (6000 \text{ min}^{-1})^2}{2} = \frac{35{,}5 \text{ kg m}^2 \cdot \left(\frac{6000}{60}\right)^2 \text{s}^{-2}}{2}$$

$\underline{W_{rot} = 177{,}5 \text{ kJ}}$

Rechenbeispiel 2-247. Welche Rotationsenergie besitzt eine Kugel, $J = 2/5\, m\, r^2$, $m = 7{,}8$ kg, $r = 68$ mm, die sich mit der Winkelgeschwindigkeit $\omega = 45$/s um ihre durch den Mittelpunkt gehende Drehachse dreht?

Gesucht: W_{rot} **Gegeben:** $J = 2/5\, m\, r^2$; $m = 7{,}8$ kg; $r = 68$ mm; $\omega = 45$/s

Mit (2-209) gilt mit $J = 2/5\, m\, r^2$ und **1 J = 1 kg m^2/s^2** für die Rotationsenergie W_{rot}:

$$W_{rot} = \frac{J\omega^2}{2} = \frac{\frac{2}{5} m\, r^2\, \omega^2}{2}$$

$$= \frac{2 \cdot 7{,}8 \text{ kg} \cdot (68 \text{ mm})^2 \cdot (45 \text{ s}^{-1})^2}{5 \cdot 2} = \frac{7{,}8 \text{ kg} \cdot (68 \cdot 10^{-3} \text{ m})^2 \cdot (45 \text{ s}^{-1})^2}{5}$$

$\underline{W_{rot} = 14{,}6 \text{ J}}$

370   2 Rechnen in der Mechanik

Übungsaufgaben:

2-347. Wie groß ist die Rotationsenergie eines Körpers mit einem Massenträgheitsmoment von 300 kg m² und dem Radius $r = 40$ cm, wenn er sich mit einer a) Winkelgeschwindigkeit $\omega = 7000$/min, b) Umfangsgeschwindigkeit $v = 12{,}2$ m/s und c) Drehzahl $n = 120$/min um seine Achse dreht?

2-348. Welche Rotationsenergie besitzen die folgenden Körper, die sich beide mit der Winkelgeschwindigkeit $\omega = 50$/s um ihre jeweilige Achse drehen?
a) Zylinder, $m = 7{,}8$ kg, $r = 68$ mm, Drehachse durch Mittelpunkt, $J = m\,r^2/2$
b) Kreisscheibe, $m = 1{,}85$ kg, $r = 15{,}2$ cm, Drehachse = Durchmesser, $J = m\,r^2/4$

2-349. Mit welcher a) Winkelgeschwindigkeit ω und b) Umfangsgeschwindigkeit und c) Drehzahl n muß sich eine Hohlkugel mit der Masse $m = 8{,}2$ kg und dem Radius $r = 0{,}36$ m um ihre Achse drehen, um die Rotationsenergie $W_{rot} = 2{,}75$ kJ zu besitzen? J (Hohlkugel) $= 2\,m\,r^2/3$

2.3.1.8.2 Rotationsarbeit

Bei Translationsvorgängen ist die Arbeit W das Produkt aus einer an einem Körper angreifenden Kraft F und dem zurückgelegten Weg s (vgl. Abschn. 2.3.1.4.1). Das gilt auch für Drehbewegungen.

Aus (2-170) folgt deshalb mit $M = F\,r$ und (2-67) für die Rotationsarbeit W_{rot}:

$$W_{rot} = F\,s \quad \longleftarrow \quad F = \frac{M}{r} \text{ und } s = \varphi\,r$$

$$W_{rot} = M\,\varphi \qquad (2\text{-}210)$$

Die an einem Körper verrichtete Rotationsarbeit W_{rot} ist das Produkt aus dem an ihm wirkenden Drehmoment M und dem von ihm beschriebenen Drehwinkel φ.

(2-210) gilt nur, wenn das Drehmoment während der Drehbewegung konstant bleibt. Ist hingegen das Drehmoment eine Funktion des Drehwinkels, so gilt:

$$W_{rot} = \int_{\varphi_1}^{\varphi_2} M\,\mathrm{d}\varphi$$

Die Rotationsarbeit W_{rot} ist das Drehwinkelintegral des Drehmomentes.

Bei Berechnungen der Rotationsarbeit werden in der Praxis anstelle des Drehwinkels φ meist der am Kreisumfang zurückgelegte Weg s oder auch die Zahl z der Umdrehungen verwendet:

2.3 Dynamik (Kinetik)

$$W_{rot} = M\,\varphi \quad \longleftarrow \quad \varphi = \frac{s}{r} \quad \longleftarrow \quad s = 2\,\pi\,r\,z$$

$$W_{rot} = \frac{M\,s}{r} = 2\,M\,\pi\,z \tag{2-211}$$

Rechenbeispiel 2-248. Wie groß ist die Rotationsarbeit, die durch ein Drehmoment von 300 N m an einem drehbaren Körper, $r = 1{,}20$ m, verrichtet wird, der a) an seinem Umfang einen Weg $s = 200$ m zurücklegt und b) 200 Umdrehungen macht?

Gesucht: W_{rot} **Gegeben:** $M = 300$ N m; $r = 1{,}20$ m; $s = 200$ m; $z = 200$

a) Mit (2-211) gilt mit **1 J = 1 N m** für die Rotationsarbeit W_{rot}:

$$W_{rot} = \frac{M\,s}{r} = \frac{300\text{ N m} \cdot 200\text{ m}}{1{,}20\text{ m}}$$

$\underline{W_{rot} = 50{,}0\text{ kJ}}$

b) Mit (2-211) gilt mit **1 J = 1 N m** für die Rotationsarbeit W_{rot}:

$$W_{rot} = 2\,M\,\pi\,z = 2 \cdot 300\text{ N m} \cdot \pi \cdot 200$$

$\underline{W_{rot} = 377\text{ kJ}}$

Übungsaufgaben:

2-350. Welche Arbeit wird durch ein Drehmoment von 3,1 kN m an einem drehbaren Körper mit dem Radius $r = 0{,}95$ m verrichtet, der a) an seinem Umfang einen Weg $s = 100$ m zurücklegt und b) 8,5 Umdrehungen macht?

2-351. Welches Drehmoment muß an einem drehbaren Körper, $r = 2{,}3$ m, angreifen, wenn an ihm eine Arbeit $W = 175$ kJ verrichtet werden und er dabei a) an seinem Umfang einen Weg $s = 345$ m zurücklegen und b) 125 Umdrehungen machen soll?

2-352. Welchen Radius r muß ein drehbarer Körper haben, an dem durch ein Drehmoment $M = 4{,}20$ N m eine Arbeit $W = 965$ J verrichtet wird, wenn er dabei den Umfangsweg $s = 285$ m zurücklegt?

2-353. a) Welchen Weg s legt ein drehbarer Körper mit dem Radius $r = 65$ cm an seinem Umfang zurück, wenn durch ein Drehmoment $M = 45{,}0$ N m an ihm die Arbeit $W = 7{,}25$ kJ verrichtet wird? b) Wieviel Umdrehungen macht der Körper dabei?

2-354. Wie groß sind die in der untenstehenden Tabelle fehlenden Größenwerte?

	Arbeit W_{rot}	Drehmoment M	Radius r	Umfangsweg s
a)	?	78 N m	1,52 m	12,2 m
b)	500 J	?	35 cm	25,0 m
c)	385 kJ	720 N m	?	180 m
d)	635 J	20,0 N m	820 mm	?

2-355. Wie groß sind die in der untenstehenden Tabelle fehlenden Größenwerte?

	Arbeit W_{rot}	Drehmoment M	Zahl z der Umdrehungen
a)	?	78 N m	75
b)	330 kJ	?	1200
c)	395 J	25,5 N m	?

2.3.1.8.3 Rotationsleistung

Bei Translationsvorgängen ist die Leistung P_{rot} das Produkt aus einer an einem Körper angreifenden Kraft F und seiner Geschwindigkeit v (vgl. Abschn. 2.3.1.4.4). Das gilt auch für Drehbewegungen.

Aus (2-185) folgt deshalb mit $M = F\,r$ und (2-71):

$P_{rot} = F\,v$ ⟵ $F = \dfrac{M}{r}$ und $v = \omega\,r$

$$P_{rot} = \dfrac{M}{r} \tag{2-212}$$

Die an einem Körper verrichtete Rotationsleistung P_{rot} ist das Produkt aus dem an ihm wirkenden Drehmoment M und seiner Winkelgeschwindigkeit ω.

$$P_{rot} = M\,\omega \tag{2-212a}$$

Aus (2-212) folgt mit (2-74):

$P_{rot} = \dfrac{M\,v}{r}$ ⟵ $v = 2\,\pi\,r\,n$

$$P_{rot} = 2\,M\,\pi\,n \tag{2-212b}$$

Rechenbeispiel 2-249. Welche Leistung wird an einem drehbaren Körper, Radius $r =$ 780 mm und der a) Winkelgeschwindigkeit $\omega = 10{,}0/s$, b) Umfangsgeschwindigkeit

$v = 10,0$ m/s und c) Drehzahl $n = 2,5/$s erbracht, wenn ein Drehmoment von 500 N m an dem Körper wirkt?

Gesucht: P_{rot} **Gegeben:** $r = 780$ mm; $\omega = 10,0/$s; $v = 10,0$ m/s; $n = 2,5/$s; $M = 500$ N m

a) Mit (2-212a) und **1 W = 1 N m/s** gilt für die Rotationsleistung P_{rot}:

$P_{rot} = M \omega = 500$ N m $\cdot$ 10,0 s^{-1} = 500 $\cdot$ 10,0 W

$\underline{P_{rot} = 5,00 \text{ kW}}$

b) Mit (2-212) und **1 W = 1 N m/s** gilt für die Rotationsleistung P_{rot}:

$$P_{rot} = \frac{M v}{r} = \frac{500 \text{ N m} \cdot 10,0 \text{ m s}^{-1}}{780 \text{ mm}} = \frac{500 \cdot 10,0 \text{ W m}}{0,780 \text{ m}}$$

$\underline{P_{rot} = 6,41 \text{ kW}}$

c) Mit (2-212b) und **1 W = 1 N m/s** gilt für die Rotationsleistung P_{rot}:

$P_{rot} = 2 M \pi n = 2 \cdot 500$ N m $\cdot \pi \cdot 2,5$ s^{-1} = 2 $\cdot$ 500 $\cdot \pi \cdot$ 2,5 W

$\underline{P_{rot} = 7,85 \text{ kW}}$

Übungsaufgaben:

2-356. Welche Leistung wird an einem drehbaren Körper, $r = 2,25$ m, mit der a) Winkelgeschwindigkeit $\omega = 8,3/$s und b) Umfangsgeschwindigkeit $v = 8,3$ m/s erbracht, wenn ein Drehmoment von 20,5 N m an ihm wirkt?

2-357. Welches Drehmoment wirkt an einem drehbaren Körper mit einem Radius von 65 cm und der a) Winkelgeschwindigkeit $\omega = 5,5/$s und b) Umfangsgeschwindigkeit $v = 5,5$ m/s, wenn er eine Leistung von 720 W aufnimmt?

2-358. Die Leistungsaufnahme eines Körpers, $r = 70$ cm, bei einem Drehmoment von 75 Nm beträgt 1,60 kW. Wie groß ist seine a) Winkelgeschwindigkeit und b) Umfangsgeschwindigkeit?

2-359. Ein drehbarer Körper nimmt durch ein Drehmoment von 75 Nm eine Leistung von 1,60 kW auf. Wie groß ist sein Radius r bei einer Umfangsgeschwindigkeit von 6,4 m/s?

2-360. Wie groß sind die in der untenstehenden Tabelle fehlenden Größenwerte?

	Leistung P_{rot}	Drehmoment M	Winkelgeschwindigkeit ω
a)	?	78 N m	75/s
b)	3,30 kJ	?	1200/min
c)	395 J	25 N m	?

2-361. Wie groß sind die in der untenstehenden Tabelle fehlenden Größenwerte?

	Leistung P_{rot}	Radius r	Drehmoment M	Umfangsgeschwindigkeit v
a)	?	58 cm	78 N m	75 m/s
b)	6,60 kW	?	1,10 kN m	9,8 m/s
c)	3,30 kW	1,10 m	?	20 m/s
d)	395 W	450 mm	25 N m	?

2-362. Welche Leistungen nehmen drehbare Körper mit den folgenden Drehzahlen n und Drehmomenten M auf?
a) $n = 6000/\text{min}$; $M = 450$ N m; b) $n = 85/\text{s}$; $M = 8,0$ N m; c) $n = 2,4/\text{s}$; $M = 20$ N m

2-363. Welche Drehzahlen erreichen Körper mit den folgenden Leistungsaufnahmen P_{rot} und Drehmomenten M?
a) $P_{rot} = 145$ kW; $M = 550$ N m; b) $P_{rot} = 40$ W; $M = 10$ N m

2.3.1.9 Wiederholungsaufgaben

2-121. Wie groß sind die Gleitreibungskräfte eines Holzkörpers mit der Gewichtskraft $G = 500$ N auf einer Stahlunterlage ($\mu_G = 0,15$), wenn er sich a) auf horizontaler Unterlage und b) auf einer Rampe mit dem Steigungswinkel $\alpha = 45°$ befindet?

2-122. Welcher Fahrwiderstand F_{RF} muß überwunden werden, um ein Fahrzeug mit der Gewichtskraft $G_K = 12,5$ kN auf horizontaler Straße mit gleichförmiger Geschwindigkeit zu bewegen? Wie groß wäre der Fahrwiderstand auf einer schiefen Ebene mit dem Steigungswinkel $\alpha = 11°$? $\mu_F = 0,02$

2-123. An einem Körper wirkt eine Kraft $F = 200$ N über einen Weg $s = 40,0$ m. Wie groß ist die dabei verrichtete Arbeit, wenn die Kraft a) in Wegrichtung und b) unter einem Winkel von 30° zur Wegrichtung wirkt?

2-124. Eine Kraft $F = 7,5$ kN soll an einem Körper eine Arbeit von 425 kJ verrichten. Wie lang muß der Weg s sein, wenn die Kraft a) in Wegrichtung und b) in einem Winkel von 23° zur Wegrichtung angreift?

2-125. Ein Körper mit der Masse $m_K = 785$ kg wird 12,0 m hochgehoben. Wie groß ist die dabei verrichtete Hubarbeit? $g = 9,81$ m/s^2

2-126. Um welche Höhe können drei verschiedene Körper mit a) der Gewichtskraft von 3,5 kN, b) der Masse von 3,75 kg und und c) dem Volumen von 15,0 dm^3 mit der Dichte $\rho = 2050$ kg/m^3 angehoben werden, wenn in jedem Fall eine Arbeit von 600 J verrichtet wird? $g = 9,81$ m/s^2

2-127. Ein Körper, $m_K = 20,0$ kg, wird auf seiner Unterlage um 7,5 m verschoben. Die Gleitreibungszahl ist 0,25. Wie groß ist die verrichtete Reibungsarbeit W_R auf einer schiefen Ebene mit dem Steigungswinkel $a = 18°$?

2-128. Eine Feder erfährt durch Anhängen eines Körpers, $m = 32,7$ kg, eine Längenänderung von 76 mm. Wie groß ist die verrichtete Dehnungsarbeit W_D? $g = 9,81$ m/s^2

2-129. Ein Kraftwagen, $m = 1250$ kg, soll aus dem Stand auf eine Geschwindigkeit von 100 km/h beschleunigt werden. Welche Beschleunigungsarbeit W_B muß verrichtet werden?

2-130. Welche Masse hat ein Körper, der (ohne Berücksichtigung von Reibungskräften) durch eine Beschleunigungsarbeit von 650 J aus der Ruhelage auf eine Geschwindigkeit von 7,5 m/s gebracht wird?

2-131. Um welche Höhe muß ein Körper, $m_K = 390$ g, angehoben werden, damit er die potentielle Energie $W_{pot} = 60$ J besitzt? $g = 9,81$ m/s^2

2-132. Beim Abreißen von Mauern wird eine Rammkugel mit einer Masse $m = 195$ kg verwendet. Mit welcher Geschwindigkeit muß die Kugel aufprallen, wenn eine Arbeit von 3,2 kJ geleistet werden soll?

2-133. Eine Kugel, $m = 500$ g, soll mit einem Katapult 60 m senkrecht hochgeschossen werden. Wie weit muß zu diesem Zweck die Feder des Katapults mit einer Kraft von 750 N zusammengedrückt werden? $g = 9,81$ m/s^2

2-134. Um welche Höhe muß ein Körper angehoben werden, damit er beim freien Fall mit der Geschwindigkeit $v = 10$ m/s am Boden auftrifft? $g = 9,81$ m/s^2

2-135. Ein Kugel verläßt die zuvor mit einer Kraft von 1850 N um 10,5 cm gespannte Feder eines Katapults mit der Geschwingigkeit $v = 95$ m/s. Welche Masse besitzt die Kugel?

2-136. Ein Körper, $m = 220$ kg, wird mit einem Faktorenflaschenzug mit drei losen Rollen, $m_{R,Ges} = 0,72$ kg, $\mu_{Ges} = 0,007$, um 1,5 m angehoben. a) Welche Hubarbeit muß a) theoretisch (d. h. ohne Berücksichtigung von Reibungskräften) und b) praktisch (d. h. mit Berücksichtigung von Reibungskräften) verrichtet werden? c) Wie groß wäre in beiden Fällen die kinetische Energie, mit der der Motorblock alleine im Falle eines Unfalls am Boden aufprallt? $g = 9,81$ m/s^2

2-137. Eine Maschine verrichtet eine Arbeit von 550 kJ in 11,0 min. Wie groß ist die Leistung der Maschine?

2-138. Welche Arbeit muß in 2,35 h verrichtet werden, um eine Leistung von 1,25 kW zu erreichen?

2-139. Welche Leistung wird erbracht, wenn ein Körper durch eine Kraft von 175 N mit einer mittleren Geschwindigkeit von 16 m/s bewegt wird?

2-140. Wie groß ist die mittlere Geschwindigkeit eines Körpers, an dem eine Kraft von 600 N angreift, wenn eine Leistung von 1,40 kW erbracht wird?

2-141. Welche Durchschnittsleistung wird erbracht, wenn ein Körper durch eine Kraft von 1,50 kN aus der Ruhelage auf eine Geschwindigkeit von 27 m/s beschleunigt wird?

2-142. Ein Fahrzeugmotor hat eine Leistung von 87,5 kW. Auf welche Endgeschwindigkeit kann er das Fahrzeug aus dem Stand beschleunigen, wenn Reibungskräfte von insgesamt 3,50 kN zu überwinden sind?

2-143. Wie groß ist die Gewichtskraft eines Aufzugs, den ein Motor mit einer Leistung von 5,0 kW in 25 s um 18,5 m nach oben befördert?

2-144. Um welche Höhe kann ein Körper, G_K = 550 N, durch eine Leistung von 220 W in 20 s angehoben werden?

2-145. In welcher Zeit wird ein Körper mit der Gewichtskraft G_K = 750 N durch eine Leistung von 400 W um 25 m angehoben?

2-146. Welche Leistung ist nötig, um einen Körper, G_K = 400 N, mit einer Geschwindigkeit von 5,5 m/s hochzuheben?

2-147. Welche Masse hat ein Körper, wenn eine Leistung von 600 W nötig ist, um ihn mit einer Geschwindigkeit von 2,5 m/s anzuheben?

2-148. Welche Leistung hat eine Pumpe, die 13 m³ Wasser, ρ_{Fl} = 998 kg/m³, in 10 min 9,5 m hochpumpt? g = 9,81 m/s²

2-149. Wieviel Liter Flüssigkeit, ρ_{Fl} = 1260 kg/m³, kann man mit einer Pumpe mit der Leistung P = 1,50 kW in 50 s um 8,2 m hochpumpen? g = 9,81 m/s²

2-150. 11,5 m³ Flüssigkeit werden von einer Pumpe mit der Leistung P = 1,13 kW in 8,5 min 3,2 m hochgepumpt? Welche Dichte hat die Flüssigkeit?

2-151. Welche Masse hat ein Fahrzeug, das von seinem Motor, P = 59,0 kW, in 10,5 s aus dem Stand auf 100 km/h beschleunigt?

2-152. In welcher Zeit beschleunigt ein Motorrad, m_K = 195 kg, mit der Motorleistung P = 42,5 kW aus dem Stand auf eine Geschwindigkeit von 30,0 m/s?

2-153. Ein Motor mit dem Wirkungsgrad $\eta = 95\,\%$ nimmt eine Leistung von 3,85 kW auf. Welche Leistung kann er bei einem Arbeitsvorgang abgeben?

2-154. Der Motor eines Motorrads hat eine Leistungsaufnahme von 45 kW. Er kann dieses Fahrzeug, $m = 132$ kg, in 4,2 s aus dem Stand auf eine maximale Geschwindigkeit von 180 km/h beschleunigen? Welchen Wirkungsgrad besitzt der Motor?

2-155. Der Motor eines Motorrads, $\eta = 85\,\%$, beschleunigt das Fahrzeug, $m = 125$ kg, in 6,8 s aus dem Stand auf eine Geschwindigkeit von 135 km/h. Welche Leistung nimmt der Motor auf?

2-156. In welcher Zeit kann ein Körper, $G_K = 7{,}50$ kN, durch einen Kran mit einem Wirkungsgrad von 79 % und einer Leistungsaufnahme von 4,00 kW um 25 m angehoben werden?

2-157. Welches Volumen einer Flüssigkeit, $\rho_{Fl} = 1220$ kg/m^3, kann mit einer Pumpe, $\eta = 89\,\%$, durch die zugeführte Leistung von 1,50 kW in 65 s um 7,2 m hochgepumpt werden? $g = 9{,}81$ m/s^2

2-158. Um welche Höhe kann ein Körper, $m_K = 75$ kg, durch eine Hebevorrichtung mit einem Wirkungsgrad von 93 % durch eine zugeführte Leistung von 500 W in 10,0 s angehoben werden? $g = 9{,}81$ m/s^2

2-159. Mit welcher Geschwindigkeit kann ein Körper, $G_K = 6{,}00$ kN, durch einen Kran mit einem Wirkungsgrad von 90 % durch eine zugeführte Leistung von 6,50 kW hochgehoben werden?

2-160. Auf welche Geschwindigkeit kann ein Motor, $\eta = 90\,\%$, mit der zugeführten Leistung von 60 kW ein Motorrad, $m_K = 265$ kg, aus dem Stillstand in 4,5 s beschleunigen?

2-161. Mit einer Pumpe, $\eta_1 = 95\,\%$, werden stündlich 35 m^3 einer Flüssigkeit, $\rho_{Fl} = 879$ kg/m^3, 12,0 m hoch gefördert. Welche Leistung muß dem Pumpenmotor mit dem Wirkungsgrad $\eta_2 = 93\,\%$ zugeführt werden? $g = 9{,}81$ m/s^2

2-162. Welche Masse muß ein Körper haben, wenn seine Geschwindigkeit durch eine 5,4 s lang an ihm wirkende Kraft von 6,00 kN um 13,5 km/h erhöht wird?

2-163. Wie groß ist die Geschwindigkeitsänderung, die ein Fahrzeug mit einer Masse von 475 kg durch eine treibende Kraft von 790 N innerhalb von 6,5 s erfährt?

2-164. Über welchen Zeitraum muß eine Kraft von 645 N an einem Körper mit der Masse von 85 kg wirken, um seine Geschwindigkeit um 20 m/s zu steigern?

2-165. Beim Entspannen einer Feder werden zwei Körper 1 und 2 mit den Geschwindigkeiten $v_1 = 280$ m/s und $v_2 = 50$ m/s in entgegengesetzte Richtungen geschleudert. Wie groß ist die Masse von Körper 2, wenn der Körper 1 eine Masse von 12,2 g hat?

2-166. Ein leerer Eisenbahnwaggon prallt beim Rangieren mit einer Geschwindigkeit von 6,6 m/s auf einen zweiten Waggon mit gleicher Masse, der sich schon mit einer Geschwindigkeit von 3,0 m/s in die gleiche Richtung bewegt. Welche Geschwindigkeit haben die beiden Wagen nach dem Einklinken der Wagenkupplung?

2-167. Um den Hammer, $m = 7{,}25$ kg, eine bestimmte Strecke weit zu werfen, muß ihn ein Athlet auf seiner Kreisbahn, $r = 175$ cm, auf die Umfangsgeschwindigkeit $v = 36$ m/s beschleunigen. Welche Zentripetalkraft F_r muß der Athlet (ohne Berücksichtigung der Schwerkraft) unter diesen Bedingungen aufbringen?

2-168. Um den Hammer, $m = 7{,}25$ kg, eine bestimmte Strecke weit zu werfen, muß ihn ein Athlet auf seiner Kreisbahn, $r = 1750$ cm, auf eine Winkelgeschwindigkeit von 27,7/s beschleunigen. Welche Zentripetalkraft F_r muß ein Athlet (ohne Berücksichtigung der Schwerkraft) aufbringen, wenn er den Hammer wie in Aufgabe 2-163 auf eine Winkelgeschwindigkeit von 20/s beschleunigt?

2-169. Zwei Körper A und B bewegen sich auf einer Kreisbahn, Radius $r = 75$ cm, mit einer Umfangsgeschwindigkeit von 15,0 m/s (A) bzw. der Winkelgeschwindigkeit $\omega = 20{,}0/s$ (B). Wie groß ist die Masse dieser Körper A und B, wenn auf beide die Zentripetalkraft $F_r = 1{,}15$ kN wirkt?

2-170. Ein Körper, $m_K = 1{,}90$ kg, bewegt sich auf einer Kreisbahn mit dem Radius $r = 30{,}5$ cm. Wie groß ist seine Drehzahl n, wenn eine Zentripetalkraft von 650 N an ihm wirkt?

2-171. Ein Körper, $m_K = 2{,}55$ kg, bewegt sich mit einer Drehzahl von 9,2/s auf einer Kreisbahn. Dabei wirkt eine Zentrifugalkraft von 1,65 kN. Wie groß ist der Radius der Kreisbahn?

2-172. Welchen Krümmungsradius r muß eine Kurve mit dem Überhöhungswinkel $\alpha = 20°$ haben, damit ein Fahrzeug sie mit einer Geschwindigkeit von 18 m/s bei voller Standfestigkeit durchfahren kann? $g = 9{,}81$ m/s^2

2-173. Welchen Überhöhungswinkel α hat eine Kurve mit einem Radius von 100 m, wenn ein Fahrzeug mit einer Geschwindigkeit von 16,7 m/s sie bei voller Standfestigkeit durchfahren kann? $g = 9{,}81$ m/s^2

2-174. a) Wie groß muß der Krümmungsradius einer Kurve, die nach außen hin um 12° ansteigt, mindestens sein, damit ein Bus mit einer äußeren Spurbreite $b_K = 3{,}05$ m diese Kurve mit einer Geschwindigkeit von 60 km/h durchfahren kann, ohne zu kippen? b) Wie groß müßte der Radius ohne Überhöhung sein? Der Schwerpunkt des Fahrzeugs liegt genau in seiner Mitte 1,15 m über dem Boden. $g = 9{,}81$ m/s^2

2-175. Welchen Radius hat ein Zylinder, $J = 1/2\, m\, r^2$, $m = 125$ kg, mit einem Massenträgheitsmoment von 25 kg m^2, der um seine Längsachse rotiert?

2-176. Wie groß ist das Massenträgheitsmoment einer Kreisscheibe (wie in Abb. 2-66) mit dem Radius $r = 30$ cm und der Masse $m = 2{,}95$ kg, die um eine Achse in einem Abstand von

18 cm vom Scheibenrand rotiert? Wie groß ist das zusätzlich verursachte Massenträgheitsmoment J_z? $J_S = 1/2\ m\ r^2$

2-177. Wie groß ist die Masse eines Zylinders, $r = 21$ cm, der um eine parallele Achse im Abstand $s = 6{,}5$ cm zur Längsachse rotiert, wobei das Massenträgheitsmoment $J_A = 10$ kg m² auftritt? $J_{Zyl} = J_S = 1/2\ m\ r^2$ (vgl. Tab. 2-9)!

2-178. In welchem Abstand s zur Mittelpunktsachse muß eine Kugel, $r = 250$ mm, $m = 12{,}6$ kg, um eine parallele Achse rotieren, wenn dabei das Massenträgheitsmoment $J_A = 0{,}35$ kg m² auftritt? Das Massenträgheitsmoment einer Kugel ist $2/5\ m\ r^2$ (vgl. Tab. 2-9), wenn die Drehachse durch den Mittelpunkt verläuft!

2-179. Wie groß muß ein Drehmoment M sein, das an einem Körper mit dem Massenträgheitsmoment $J = 5{,}5$ kg m² eine Winkelbeschleunigung $\alpha = 55/s^2$ bewirkt?

2-180. Wie groß muß ein Drehmoment M sein, das an einem Körper mit dem Massenträgheitsmoment $J = 5{,}0$ kg m² und dem Radius $r = 40$ cm a) in 8,5 s die Umfangsgeschwindigkeit um 12,5 m/s erhöht und b) die Drehzahl n aus der Ruhe auf 4000/min bringt?

2-181. Auf welche Winkelgeschwindigkeit ω, Umfangsgeschwindigkeit v und Drehzahl n wird ein Körper mit dem Massenträgheitsmoment $J = 8{,}8$ kg m² und dem Radius $r = 40$ cm aus der Ruhelage durch das Drehmoment $M = 200$ N m in der Zeit $t = 70$ s beschleunigt?

2-182. Welche Rotationsenergie hat ein Körper mit einem Massenträgheitsmoment $J = 27{,}5$ kg m², der sich mit einer Winkelgeschwindigkeit von 5000/min um seine Achse dreht?

2-183. Mit welcher a) Winkelgeschwindigkeit ω und b) Umfangsgeschwindigkeit und c) Drehzahl n muß sich ein Körper mit dem Radius $r = 0{,}26$ m und dem Massenträgheitsmoment $J = 25{,}5$ kg m² um seine Achse drehen, damit er die Rotationsenergie $W_{rot} = 2{,}5$ kJ besitzt?

2-184. Wie groß ist die Rotationsarbeit, die durch ein Drehmoment von 250 N m an einem drehbaren Körper, $r = 1{,}05$ m, verrichtet wird, der a) an seinem Umfang einen Weg $s = 20$ m zurücklegt und b) 20 Umdrehungen macht?

2-185. Welches Drehmoment M muß an einem drehbaren Körper mit dem Radius $r = 6{,}3$ m angreifen, wenn an ihm eine Arbeit $W = 32{,}5$ kJ verrichtet werden und er dabei a) an seinem Umfang einen Weg $s = 1{,}65$ km zurücklegen und b) 225 Umdrehungen machen soll?

2-186. a) Welchen Weg legt ein drehbarer Körper mit dem Radius $r = 75$ cm an seinem Umfang zurück, wenn durch ein Drehmoment $M = 25{,}0$ N m an ihm eine Arbeit $W = 7{,}25$ kJ verrichtet wird? b) Wieviel Umdrehungen macht der Körper?

2-187. Welche Leistung nimmt ein drehbarer Körper mit dem Radius $r = 680$ mm und der a) Winkelgeschwindigkeit $\omega = 12{,}0$/s und b) Umfangsgeschwindigkeit $v = 12{,}0$ m/s auf, wenn ein Drehmoment von 400 N m an ihm wirkt?

2.3.2 Dynamik strömender Flüssigkeiten (Hydrodynamik)

Die Bewegung von Flüssigkeiten oder Gasen bezeichnet man als *Strömung*. Ursache für eine solche Strömung sind die Schwerkraft und Druckdifferenzen. Eine Flüssigkeit z. B. strömt immer vom Ort höherer potentieller Energie zum Ort niedriger potentieller Energie, d. h. auch vom Ort höheren Druckes zum Ort niedrigeren Druckes.

Für strömende Gase gelten die gleichen Gesetzmäßigkeiten wie für strömende Flüssigkeiten, wenn die Strömungsgeschwindigkeit geringer als die Schallgeschwindigkeit ist, weil strömende Gase in diesem Bereich als praktisch *unkomprimierbar* angenommen werden können.

Den Raum, den die strömenden Flüssigkeits- oder Gasteilchen erfüllen, bezeichnet man als *Strömungsfeld*. Jedem Teilchen kann man in jedem Augenblick einen Geschwindigkeitsvektor zuordnen, weil es zu jedem Zeitpunkt eine in Betrag *und* Richtung ausgezeichnete Geschwindigkeit besitzt.

Diese Vektoren faßt man zu sog. *Stromlinien* zusammen, die zur Kennzeichnung der Geschwindigkeitsrichtung der Teilchen dienen. Wenn die Stromlinien für längere Zeit ihre Form beibehalten, bezeichnet man die Strömung als *stationär*. Dies ist im allgemeinen bei langsamen Strömungen der Fall.

2.3.2.1 Reibungsfrei (ideal) strömende Flüssigkeiten

Sieht man von der inneren Reibung und Wirbelbildung in Flüssigkeiten ab, so spricht man von einer *idealen* Flüssigkeit.

Die Stromlinien bilden zusammen eine *Stromröhre* von bestimmtem Querschnitt A, durch den in einer bestimmten Zeit t ein bestimmtes Flüssigkeitsvolumen V strömt:

Der *Volumenstrom* $\dot{V}$ ist der Quotient aus dem durch einen bestimmten Querschnitt A strömenden Flüssigkeitsvolumen V und der dazu benötigten Zeit t.

$$\dot{V} = \frac{V}{t} \tag{2-213}$$

Der Volumenstrom $\dot{V}$ ist eine abgeleitete, physikalische Größe der Dimension *Volumen durch Zeit*. Durch die Dimensionsbetrachtung von (2-213) ergibt sich seine SI-Einheit mit *1 Kubikmeter durch Sekunde* (Einheitenzeichen: m³/s oder m³ s⁻¹):

$$[\dot{V}] = \frac{[V]}{[t]} = \frac{1 \text{ m}^3}{1 \text{ s}} = 1 \text{ m}^3/\text{s} = 1 \text{ m}^3 \text{ s}^{-1}$$

In der Praxis werden daneben oft auch andere Einheiten z. B. *Kubikmeter durch Stunde* (m³/h) oder *Liter durch Minute* (L/min) verwendet.

2.3 Dynamik (Kinetik)

Der *Massestrom* $\dot{m}$ ist der Quotient aus der durch einen bestimmten Querschnitt strömenden Flüssigkeitsmasse *m* und der dazu benötigten Zeit *t*.

$$\dot{m} = \frac{m}{t} \qquad (2\text{-}213a)$$

Seine SI-Einheit ist 1 *Kilogramm durch Sekunde* (Einheitenzeichen: kg/s oder kg s^{-1}). Sie ergibt sich aus der Dimensionsbetrachtung der Definitionsgleichung (2-213a):

$$[\dot{m}] = \frac{[m]}{[t]} = \frac{1 \text{ kg}}{1 \text{ s}} = 1 \text{ kg/s} = 1 \text{ kg s}^{-1}$$

In der Praxis werden daneben oft auch andere Einheiten z. B. *Tonne durch Stunde* (t/h) oder *Kilogramm durch Minute* (kg/min) verwendet.

Der Zusammenhang zwischen dem Volumenstrom und dem Massestrom einer strömenden Flüssigkeit ergibt sich aus (2-213) und (1-53):

$$\dot{m} = \frac{m}{t} \quad \longleftarrow \quad m = V\rho \Leftarrow \rho = \frac{m}{V}$$

$$\dot{m} = \frac{V\rho}{t} \quad \longleftarrow \quad \frac{V}{t} = \dot{V}$$

$$\dot{m} = \dot{V}\rho \qquad (2\text{-}213b)$$

Rechenbeispiel 2-250. In 45 s werden in einer Rohrleitung 65 L Flüssigkeit mit der Dichte ρ_{Fl} = 791 kg/m^3 gefördert. Wie groß sind a) der Volumenstrom und b) der Massestrom?

Gesucht: $\dot{V}$; $\dot{m}$ **Gegeben:** t = 45 s; V = 65 L; ρ = 791 kg/m^3

a) Mit (2-213) gilt für den Volumenstrom $\dot{V}$:

$$\dot{V} = \frac{V}{t} = \frac{65 \text{ L}}{45 \text{ s}} = \frac{0{,}065 \text{ m}^3}{\frac{45 \text{ h}}{3600}} = \frac{0{,}065 \text{ m}^3 \cdot 3600}{45 \text{ h}}$$

$$\underline{\dot{V} = 1{,}44 \text{ L/s} = 5{,}20 \text{ m}^3/\text{h}}$$

b) Mit (2-213b) folgt mit (2-213) für den Massestrom $\dot{m}$:

$$\dot{m} = \dot{V}\rho = \frac{V}{t} \cdot \rho = \frac{0{,}065 \text{ m}^3}{45 \text{ s}} \cdot 791 \text{ kg m}^{-3}$$

$$\underline{\dot{m} = 1{,}14 \text{ kg/s}}$$

Übungsaufgaben:

2-364. In 35 s fließen durch ein Rohr 50 L Flüssigkeit, $\rho = 791$ kg/m^3. Wie groß sind a) der Volumenstrom und b) der Massestrom?

2-365. Welches Volumen eines Gases strömt bei einem Volumenstrom $\dot{V} = 2,6$ m^3/h in 20 s durch eine Rohrleitung?

2-366. In einer Rohrleitung herrscht ein Volumenstrom von 1,7 m^3/h. In welcher Zeit fließen 125 L durch diese Rohrleitung?

2.3.2.1.1 Durchfluß durch Röhren

Da Flüssigkeiten praktisch inkompressibel sind, muß ein Flüssigkeitsvolumen V_1, das in einer bestimmten Zeit t durch den Teil eines Rohres mit dem Querschnitt A_1 strömt, gleich dem Volumen V_2 sein, das in der gleichen Zeit durch einen anderen Teil eines Rohres mit dem Querschnitt A_2 strömt. Dies bedeutet auch, daß der Volumenstrom einer Flüssigkeit in einem Rohr mit wechselnden Querschnitten immer gleich ist. Die Fronten zweier angenommener Flüssigkeitszylinder gleichen Volumens legen dabei die Strecken s_1 bzw. s_2 zurück (vgl. Abb. 2-67).

Abb. 2-67. Strömung bei wechselndem Rohrquerschnitt

Wegen der Inkompressibilität von Flüssigkeiten folgt aus (2-213) mit $V = A\,s$ (für das Volumen der Flüssigkeitszylinder) und (2-1) (für die Strömungsgeschwindigkeit) eine Beziehung, die als *Kontinuitätsgleichung* oder als *Durchflußgesetz* bezeichnet wird:

$$\dot{V}_1 = \dot{V}_2 \Rightarrow \frac{V_1}{t} = \frac{V_2}{t} \quad \longleftarrow \quad V = A\,s$$

$$\frac{A_1 s_1}{t} = \frac{A_2 s_2}{t} \quad \longleftarrow \quad s = v\,t \quad \longleftarrow \quad v = \frac{s}{t}$$

$$\frac{A_1 v_1 t}{t} = \frac{A_2 v_2 t}{t} \Rightarrow$$

$$A_1 v_1 = A_2 v_2 \qquad\qquad\qquad\qquad\qquad\qquad\qquad\qquad (2\text{-}214\text{a})$$

Anstelle von (2-214a) gilt auch allgemein:

$$\dot{V} = A\,v = k \tag{2-214b}$$

Der Volumenstrom $\dot{V}$, das Produkt aus dem Querschnitt A eines Rohres und der Geschwindigkeit v eines sich durch dieses Rohr strömenden Mediums (Flüssigkeit oder Gas), ist konstant.

Aus (2-214a) folgt durch Umstellen auch:

$$\frac{A_1}{A_2} = \frac{v_2}{v_1} \tag{2-214c}$$

Die wechselnden Querschnitte A_i eines Rohres verhalten sich umgekehrt wie die Geschwindigkeiten v_i eines durch dieses Rohr strömenden Mediums.

Aus (2-214c) folgt mit $A = d^2/4$:

$$\frac{A_1}{A_2} = \frac{v_2}{v_1} \quad \longleftarrow \quad A = \frac{d^2\,\pi}{4}$$

$$\frac{d_1^2}{d_2^2} = \frac{v_2}{v_1} \tag{2-214d}$$

Die Quadrate der wechselnden Durchmesser d_i eines Rohres verhalten sich umgekehrt wie die Geschwindigkeiten v_i eines durch dieses Rohr strömenden Mediums.

Volumenstrom in Röhren

Gemäß (2-214b) läßt sich der Volumenstrom $\dot{V}$ eines Mediums aus dem angeströmten Querschnitt A eines Rohres und der Strömungsgeschwindigkeit v berechnen.

Rechenbeispiel 2-251. Eine Flüssigkeit strömt mit der Geschwindigkeit $v = 1{,}45$ m/s durch ein Rohr mit dem Querschnitt $A = 7{,}2$ cm². Wie groß ist ihr Volumenstrom?

Gesucht: $\dot{V}$ **Gegeben:** 1,45 m/s; $A = 7{,}2$ cm²

Mit (2-214b) gilt für den Volumenstrom $\dot{V}$:

$\dot{V} = A\,v = 7{,}2$ cm² $\cdot$ 1,45 m/s = $7{,}2 \cdot 10^{-2}$ dm² $\cdot$ 14,5 dm/s

$\underline{\dot{V} = 1{,}04\ \text{dm}^3/\text{s} = 1{,}04\ \text{L/s}}$

Übungsaufgaben:

2-367. Eine Flüssigkeit strömt mit der Geschwindigkeit $v = 0{,}70$ m/s durch ein Rohr mit dem Querschnitt $A = 7{,}5$ cm². Wie groß ist ihr Volumenstrom?

2-368. Eine Flüssigkeit strömt durch ein Rohr mit dem Querschnitt $A = 5{,}0$ cm². Sie legt dabei in 15,0 s einen Weg von 18,0 m zurück. Wie groß ist der Volumenstrom im Rohr?

In der Verfahrenstechnik wird für Rohrleitungssysteme die sog. *Nennweite* DN als Kenngröße (ohne Einheit) für zueinander passende Teile wie Rohre, Formstücke und Armaturen verwendet. Sie entspricht dem lichten (inneren) Durchmesser der Rohrleitungsteile in Millimeter.
Gemäß (2-214b) läßt sich der Volumenstrom mit $A = d^2/4$ (vgl. 1-19) aus der Nennweite DN bzw. dem Durchmesser d berechnen.

Rechenbeispiel 2-252. Durch ein Rohr mit der Nennweite DN 50 strömt ein Gas mit der Geschwindigkeit $v = 2{,}0$ m/s. Wie groß ist der Volumenstrom im Rohr?

Gesucht: $\dot{V}$ **Gegeben:** DN 50, d. h. $d = 50$ mm; $v = 2{,}0$ m/s

Mit (2-214b) und $A = d^2/4$ gilt für den Volumenstrom $\dot{V}$:

$$\dot{V} = A\,v \quad \longleftarrow \quad A = \frac{d^2\,\pi}{4}$$

$$\dot{V} = \frac{d^2\,\pi}{4}\cdot v = \frac{(50\text{ mm})^2\cdot\pi}{4}\cdot 2{,}0\text{ m s}^{-1} = \frac{(0{,}050\text{ m})^2\cdot\pi}{4}\cdot 2{,}0\cdot 3600\text{ m h}^{-1}$$

$$\underline{\dot{V} = 14{,}1\text{ m}^3/\text{h}}$$

Übungsaufgaben:

2-369. Durch ein Rohr mit der Nennweite DN 65 strömt ein Gas mit einer Geschwindigkeit von 2,2 m/s. Wie groß ist der Volumenstrom im Rohr?

2-370. Durch ein Rohr mit dem inneren Durchmesser $d = 80$ mm strömt eine Flüssigkeit mit der Geschwindigkeit $v = 0{,}85$ m/s. Wie groß ist der Volumenstrom im Rohr?

Strömungsgeschwindigkeit in Röhren

Mit (2-214b) kann die Strömungsgeschwindigkeit v aus dem Volumenstrom $\dot{V}$ und dem angeströmten Querschnitt A oder dem inneren Durchmesser d bzw. der Nennweite DN berechnet werden.

2.3 Dynamik (Kinetik)

Rechenbeispiel 2-253. Durch ein Rohr mit dem Querschnitt $A = 9{,}7$ cm² strömt eine Flüssigkeit mit einem Volumenstrom von 2,45 m³/h. Mit welcher Geschwindigkeit bewegt sich die Flüssigkeit?

Gesucht: v **Gegeben:** $A_1 = 9{,}7$ cm²; $\dot{V} = 2{,}45$ m³/h

Aus (2-214b) folgt für die Strömungsgeschwindigkeit v:

$$\dot{V} = A\,v \Rightarrow v = \frac{\dot{V}}{A} = \frac{2{,}45 \text{ m}^3 \text{ h}^{-1}}{9{,}7 \text{ cm}^2} = \frac{2{,}45 \text{ m}^3 \cdot (3600 \text{ s})^{-1}}{9{,}7 \cdot 10^{-4} \text{ m}^2} = \frac{2{,}45 \text{ m} \cdot 10^4}{9{,}7 \text{ m}^2 \cdot 3600 \text{ s}}$$

$v = 0{,}702$ m/s

Mit (2-214a) bzw. (2-214d) läßt sich die Strömungsgeschwindigkeit v eines Mediums in Rohren mit wechselnden Querschnitten A und Durchmessern d berechnen.

Rechenbeispiel 2-254. Eine Flüssigkeit strömt mit der Geschwindigkeit $v = 0{,}15$ m/s durch ein Rohr mit dem Querschnitt $A = 30$ cm². Mit welcher Geschwindigkeit muß sich die Flüssigkeit bewegen, wenn sich der Rohrquerschnitt auf 17 cm² verjüngt?

Gesucht: v_2 **Gegeben:** $v_1 = 0{,}15$ m/s; $A_1 = 30$ cm²; $A_2 = 17$ cm²

Aus (2-214a) folgt für die Strömungsgeschwindigkeit v:

$$A_1 v_1 = A_2 v_2 \Rightarrow v_2 = \frac{A_1 v_1}{A_2} = \frac{30 \text{ cm}^2 \cdot 0{,}15 \text{ m s}^{-1}}{17 \text{ cm}^2}$$

$v_2 = 0{,}26$ m/s

Übungsaufgaben:

2-371. Durch ein Rohr mit dem Querschnitt $A = 8{,}0$ cm² strömt eine Flüssigkeit mit einem Volumenstrom von 1,45 m³/h. Wie groß ist die Strömungsgeschwindigkeit der Flüssigkeit?

2-372. Durch ein Rohr mit dem inneren Durchmesser $d = 4{,}9$ cm strömt eine Flüssigkeit mit einem Volumenstrom von 3,45 m³/h. Wie groß ist die Strömungsgeschwindigkeit der Flüssigkeit?

2-373. Durch ein Rohr mit der Nennweite DN 100 strömt ein Gas mit einem Volumenstrom von 30,0 m³/h. Mit welcher Geschwindigkeit bewegt sich das Gas?

2-374. Eine Flüssigkeit strömt mit der Geschwindigkeit $v = 0{,}25$ m/s durch ein Rohr mit dem Querschnitt $A = 30$ cm². Mit welcher Geschwindigkeit muß sich die Flüssigkeit bewegen, wenn sich der Rohrquerschnitt auf 12 cm² verjüngt?

2-375. Eine Flüssigkeit strömt mit der Geschwindigkeit $v = 0{,}25$ m/s durch ein Rohr mit dem Durchmesser $d = 30$ mm. Mit welcher Geschwindigkeit muß sich die Flüssigkeit bewegen, wenn sich der Rohrdurchmesser auf 42 mm vergrößert?

2-376. Durch ein Rohr strömt ein Gas mit einem Volumenstrom von 1,8 m³/h. Es bewegt sich dabei mit einer Geschwindigkeit von 0,42 m/s? Wie groß ist der Rohrquerschnitt A?

2-377. Durch ein Rohr strömt ein Medium mit einem Volumenstrom von 2,2 m³/h. Es bewegt sich dabei mit einer Geschwindigkeit von 0,25 m/s? Wie groß ist der Durchmesser d des Rohres?

2-378. Eine Flüssigkeit strömt mit der Geschwindigkeit $v = 0{,}25$ m/s durch eine Rohrleitung mit dem Querschnitt $A_1 = 22{,}5$ cm². Im weiteren Verlauf der Rohrleitung vergrößert sich die Strömungsgeschwindigkeit der Flüssigkeit auf 0,90 m/s. Wie groß ist nun der Querschnitt des Rohres?

2-379. Eine Flüssigkeit strömt mit der Geschwindigkeit $v = 1{,}25$ m/s durch eine Rohrleitung mit dem Durchmesser $d_1 = 22{,}5$ mm. Im weiteren Verlauf der Rohrleitung verringert sich die Strömungsgeschwindigkeit der Flüssigkeit auf 0,90 m/s. Wie groß ist nun der Durchmesser des Rohres?

2.3.2.2 Druck in strömenden Medien

In einer ruhenden Flüssigkeit existiert nur der statische Druck; er ist gleich dem hydrostatischen Druck der Flüssigkeit.

In jedem strömenden Medium bestehen zwei unterschiedliche Drücke. Der *statische Druck* wirkt senkrecht zur Strömungsrichtung, der *dynamische Druck* oder *Staudruck* hingegen in Strömungsrichtung.

In einer horizontal verlaufenden Rohrleitung mit wechselndem Querschnitt nimmt im engeren Rohrteil die Strömungsgeschwindigkeit des Mediums und damit auch seine kinetische Energie W_{kin} zu (vgl. Abb. 2-68).

Die Zunahme ΔW_{kin} der kinetischen Energie kann nach dem Gesetz von der Erhaltung der Energie (vgl. Abschn. 2.3.1.4.3) nur durch die zugeführte Arbeit ΔW zustandekommen:

$$\Delta W = \Delta W_{kin} \quad \longleftarrow \quad W = F\,s \text{ und } W_{kin} = \frac{m\,v^2}{2}$$

$$F_1\,s_1 - F_2\,s_2 = \frac{m_2\,v_2^2}{2} - \frac{m_1\,v_1^2}{2}$$

Da in den unterschiedliche Rohrteilen in einer bestimmten Zeit t die gleiche Masse der Flüssigkeit gefördert wird, gilt mit $\boldsymbol{F = p\,A}$ und $\boldsymbol{m_1 = m_2 = \rho\,V}$:

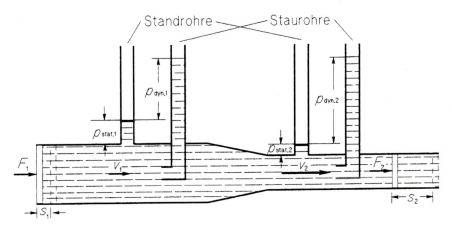

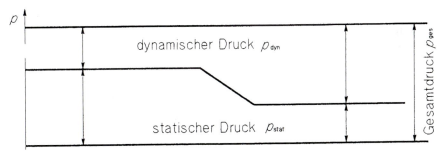

Abb. 2-68. Druck in einer strömenden Flüssigkeit

$$p_1 A_1 s_1 - p_2 A_2 s_2 = \frac{\rho V_2 v_2^2}{2} - \frac{\rho V_1 v_1^2}{2} \quad \longleftarrow \quad A s = V$$

$$p_1 V_1 - p_2 V_2 = \frac{\rho V_2 v_2^2}{2} - \frac{\rho V_1 v_1^2}{2}$$

Wegen der Inkompressibilität von Flüssigkeiten folgt mit $V_1 = V_2$:

$$p_1 - p_2 = \frac{\rho v_2^2}{2} - \frac{\rho v_1^2}{2} \Rightarrow$$

$$p_1 + \frac{\rho v_1}{2} = p_2 + \frac{\rho v_2}{2} = k \tag{2-215}$$

Gemäß (2-113) ist der dynamische Druck p_{dyn} der Quotient aus der in Strömungsrichtung wirkenden Kraft F und dem angeströmten Querschnitt A. Mit (2-170), (2-179) und (1-53) folgt daraus:

$$p_{dyn} = \frac{F}{A} \longleftarrow F = \frac{W}{s} \Leftarrow W = F\,s$$

$$p_{dyn} = \frac{W}{A\,s} = \frac{W}{V} \longleftarrow W_{kin} = \frac{m\,v^2}{2}$$

$$p_{dyn} = \frac{m\,v^2}{2\,V} \longleftarrow \rho = \frac{m}{V}$$

$$p_{dyn} = \frac{\rho\,v^2}{2} \tag{2-216}$$

Der dynamische Druck (Staudruck) p_{dyn} ist der Dichte ρ des strömenden Mediums und dem Quadrat der Strömungsgeschwindigkeit v direkt proportional.

Rechenbeispiel 2-255. In einer Rohrleitung fließt eine Flüssigkeit, $\rho_{Fl} = 791$ kg/m³, mit der Geschwindigkeit $v = 5{,}6$ m/s. Wie groß ist der dynamische Druck (Staudruck) der Flüssigkeit?

Gesucht: p_{dyn} **Gegeben:** $\rho_{Fl} = 791$ kg/m³; $v = 5{,}6$ m/s

Mit (2-216) und **1 N = 1 kg m/s²** gilt für den dynamischen Druck (Staudruck) p_{dyn}:

$$p_{dyn} = \frac{\rho\,v^2}{2} = \frac{791\text{ kg m}^{-3} \cdot (5{,}6\text{ m s}^{-1})^2}{2} = \frac{791\text{ kg m}^{-3} \cdot (5{,}6)^2\text{ m}^2\text{ s}^{-2}}{2}$$

$p_{dyn} = 12{,}4$ kPa

Übungsaufgaben:

2-380. In einer Rohrleitung fließt Wasser, $\rho = 1000$ kg/m³, mit einer Geschwindigkeit von 7,6 m/s. Wie groß ist der dynamische Druck des Wassers?

2-381. In einer Rohrleitung fließt ein Gas, $\rho = 1{,}25$ kg/m³, mit einem dynamischen Druck $p_{dyn} = 200$ Pa. Wie groß ist die Strömungsgeschwindigkeit des Gases?

2-382. Welche Dichte hat eine Flüssigkeit, die mit einer Strömungsgeschwindigkeit $v = 15$ m/s durch eine Rohrleitung fließt, wenn ein dynamischer Druck von 200 kPa gemessen wird?

Die Drücke p_1 und p_2 in (2-215) sind die senkrecht zur Strömungsrichtung, d. h. auf die Wandung wirkenden, statischen Drücke in den verschiedenen Rohrabschnitten, die Konstante k entspricht dem Gesamtdruck p_{ges}, der gleich dem hydrostatischen Druck der ruhenden Flüssigkeit ist (vgl. Abb. 2-68):

$$p_{stat,1} + \frac{\rho\, v_1^2}{2} = p_{stat,2} + \frac{\rho\, v_2^2}{2} = k = p_{ges} \tag{2-217}$$

Für eine stationäre Flüssigkeit, d. h. für eine langsam strömende Flüssigkeit, bei der die Stromlinien über eine längere Zeit erhalten bleiben, gilt bei horizontaler Strömung das *Gesetz von Bernoulli*[28] *(Strömungsgesetz)* (vgl. Abb. 2-68):

In einer stationären Strömung ist die Summe aus dem statischen Druck p_{stat} und dem dynamischen Druck p_{dyn} konstant; sie entspricht dem hydrostatischen Druck p_{hyd} der Flüssigkeit.

$$p_{stat} + p_{dyn} = k = p_{ges} = p_{hyd} \tag{2-218a}$$

Mit (2-218a) folgt aus (2-216):

$$p_{stat} + \frac{\rho\, v^2}{2} = k = p_{ges} = p_{hyd} \tag{2-218b}$$

Rechenbeispiel 2-256. In einem Rohr fließt Wasser, $\rho = 1000$ kg/m³, mit einer Strömungsgeschwindigkeit von 4,6 m/s. Dabei wird ein statischer Druck von 95 kPa gemessen. Wie groß ist der statische Druck hinter einer Rohrverengung, wenn dort die Strömungsgeschwindigkeit auf 10,0 m/s ansteigt?

Gesucht: $p_{stat,2}$ **Gegeben:** $\rho = 1000$ kg/m³; $p_{stat,1} = 95$ kPa; $v_1 = 4{,}6$ m/s; $v_2 = 10{,}0$ m/s

Aus (2-217) folgt mit **1 Pa = 1 kg m^{-1} s^{-2} $\Rightarrow$ 1 kg = 1 Pa m s²** für den Druck $p_{stat,2}$:

$$p_{stat,1} + \frac{\rho_{Fl}\, v_1^2}{2} = p_{stat,2} + \frac{\rho_{Fl}\, v_2^2}{2} \Rightarrow$$

$$p_{stat,2} = p_{stat,1} + \frac{\rho_{Fl}\, v_1^2}{2} - \frac{\rho_{Fl}\, v_2^2}{2} = p_{stat,1} + \frac{\rho_{Fl}\,(v_1^2 - v_2^2)}{2}$$

$$= 95 \text{ kPa} + \frac{1000 \text{ kg m}^{-3} \cdot [(4{,}6 \text{ m s}^{-1})^2 - (10{,}0 \text{ m s}^{-1})^2]}{2}$$

$$= 95 \text{ kPa} + \frac{1000 \text{ Pa s}^2 \text{ m}^{-2} \cdot [(4{,}6 \text{ m s}^{-1})^2 - (10{,}0 \text{ m s}^{-1})^2]}{2}$$

$\boldsymbol{p_{stat,2} = 55{,}6}$ **kPa**

---

28 Daniel Bernoulli, 1700 bis 1782, schweizerischer Mathematiker und Physiker

Übungsaufgaben:

2-383. In einem Rohr fließt Wasser, $\rho = 1000$ kg/m^3, mit einer Strömungsgeschwindigkeit von 5,0 m/s. Dabei wird ein statischer Druck von 100 kPa gemessen. Wie groß ist die Strömungsgeschwindigkeit hinter einer Rohrverengung, wenn dort der statische Druck auf 65 kPa abfällt?

2-384. In einem Rohr fließt Wasser, $\rho = 1000$ kg/m^3, mit einer Strömungsgeschwindigkeit von 3,6 m/s. Dabei wird ein statischer Druck von 120 kPa gemessen. Wie groß ist der statische Druck hinter einer Rohrverengung, wenn dort die Geschwindigkeit auf 10,0 m/s ansteigt?

In Rohrleitungen, die *nicht* horizontal verlaufen, in denen vielmehr von der Flüssigkeit die Höhendifferenz Δh überwunden wird, verändert sich neben der kinetischen Energie W_{kin} auch die potentielle Energie W_{pot}. Der Gesamtdruck umfaßt dann neben dem statischen und dynamischen Druck auch noch gemäß (2-123) den hydrostatischen Druck p_{hyd} der entsprechenden Flüssigkeitssäule (vgl. Abb. 2-69).

Aus (2-218a) und (2-218b) sowie (2-217) folgen damit:

$$p_{stat} + p_{dyn} + p_{hyd} = k = p_{ges} \qquad (2\text{-}219a)$$

$$p_{stat} + \frac{\rho v^2}{2} + \rho g \Delta h = k = p_{ges} \qquad (2\text{-}219b)$$

$$p_{stat,1} + \frac{\rho v_1^2}{2} + \rho g h_1 = p_{stat,2} + \frac{\rho v_2^2}{2} + \rho g h_2 \qquad (2\text{-}219c)$$

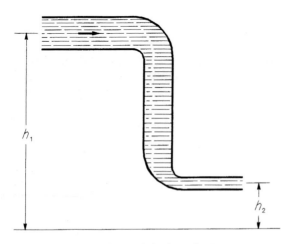

Abb. 2-69. Druck in einer *nicht* horizontalen Strömung

2.3 Dynamik (Kinetik)

Rechenbeispiel 2-257. In einer Rohrleitung, in der ein statischer Druck von 200 kPa herrscht, wird Wasser, $\rho = 1000$ kg/m^3, mit einer Geschwindigkeit von 2,4 m/s in ein höherliegendes, offenes Vorratsgefäß gefördert. In einer Höhe von 5,2 m verläuft das Rohr mit vergrößertem Querschnitt waagrecht zum Behälter hin, sodaß das Wasser mit einer Geschwindigkeit von nur noch 1,0 m/s von oben einfließt. Wie groß ist der statische Druck in diesem Rohr? $g = 9{,}81$ m/s^2

Gesucht: $p_{\text{stat},2}$

Gegeben: $p_{\text{stat},1} = 200$ kPa; $\rho = 1000$ kg/m^3; $v_1 = 2{,}4$ m/s; $\Delta h = h_2 - h_1 = 5{,}2$ m; $v_2 = 1{,}0$ m/s; $g = 9{,}81$ m/s^2

Aus (2-219c) folgt mit $\Delta h = h_2 - h_1$ und **1 kg = 1 Pa m s^2** für den Druck $p_{\text{stat},2}$:

$$p_{\text{stat},1} + \frac{\rho v_1^2}{2} + \rho g h_1 = p_{\text{stat},2} + \frac{\rho v_2^2}{2} + \rho g h_2 \Rightarrow$$

$$p_{\text{stat},2} = p_{\text{stat},1} + \frac{\rho v_1^2}{2} + \rho g h_1 - \frac{\rho v_2^2}{2} - \rho g h_2 \quad \longleftarrow \quad h_1 - h_2 = -\Delta h$$

$$= p_{\text{stat},1} + \frac{\rho(v_1^2 - v_2^2)}{2} - \rho g \Delta h = p_{\text{stat},1} + \rho_{\text{Fl}} \left(\frac{(v_1^2 - v_2^2)}{2} - g \Delta h \right)$$

$$= 200 \text{ kPa} + 1000 \text{ kg m}^{-3} \cdot \left(\frac{(1{,}0)^2 - (2{,}4)^2 \text{ m}^2 \text{ s}^{-2}}{2} - 9{,}81 \text{ m s}^{-2} \cdot 5{,}2 \text{ m} \right)$$

$$= 200 \text{ kPa} + 1000 \text{ Pa m}^{-2} \text{ s}^{-2} \cdot \left(\frac{(1{,}0)^2 - (2{,}4)^2 \text{ m}^2 \text{ s}^{-2}}{2} - 9{,}81 \text{ m s}^{-2} \cdot 5{,}2 \text{ m} \right)$$

$p_{\text{stat},2} = 147000$ Pa $= 147$ kPa

Übungsaufgaben:

2-385. In einer Rohrleitung, in der ein statischer Druck von 300 kPa herrscht, wird Wasser, $\rho = 1000$ kg/m^3, mit einer Geschwindigkeit von 4,4 m/s in ein höherliegendes, offenes Vorratsgefäß gefördert. In einer Höhe von 5,0 m verläuft das Rohr mit vergrößertem Querschnitt waagrecht zum Behälter hin, so daß das Wasser mit der Geschwindigkeit $v = 1{,}5$ m/s von oben einfließt. Wie groß ist der statische Druck in diesem Rohr? $g = 9{,}81$ m/s^2

2-386. In einer Rohrleitung, in der ein statischer Druck von 150 kPa herrscht, wird Wasser, $\rho = 1000$ kg/m^3, mit einer Geschwindigkeit von 6,0 m/s in ein höherliegendes, offenes Vorratsgefäß gefördert. In einer Höhe von 4,5 m verläuft das Rohr mit vergrößertem Querschnitt waagrecht zum Behälter hin, so daß das Wasser von oben einfließt. Wie groß ist die Strömungsgeschwindigkeit des Wassers in diesem Rohrleitungsteil, wenn hier ein statischer Druck von 120 kPa gemessen wird? $g = 9{,}81$ m/s^2

2.3.2.3 Ausfluß aus Gefäßen

Eine Flüssigkeit oder ein Gas kann aus einem Behälter durch eine Öffnung nur dann ausströmen, wenn der Gesamtdruck p_{ges} im Innenraum größer ist als der Umgebungsdruck p_{stat} an der Gefäßöffnung, der im Normalfall dem atmosphärischen Luftdruck entspricht. Die Ausströmgeschwindigkeit v ist der Differenz Δp dieser beiden Drücke direkt proportional. Aus (2-218b) folgt mit $\Delta p = p_{ges} - p_{stat}$:

$$p_{stat} + \frac{\rho v^2}{2} = p_{ges} \Rightarrow \frac{\rho v^2}{2} = p_{ges} - p_{stat} = \Delta p \Rightarrow$$

$$v = \sqrt{\frac{2\,\Delta p}{\rho}} \tag{2-220a}$$

In der Praxis ergeben sich für die Ausströmgeschwindigkeit deutlich geringere Werte. Dies ist zu einem Teil auf die innere Reibung des Mediums, zum größeren Teil aber auch auf die Form und Lage der Ausflußöffnung zurückzuführen. Mit der entsprechenden *Ausflußzahl* μ folgt aus (2-220a):

$$v = \mu \sqrt{\frac{2\,\Delta p}{\rho}} \tag{2-220b}$$

Rechenbeispiel 2-258. a) Mit welcher Geschwindigkeit tritt ein Wasserstrahl unter idealen Ausflußbedingungen aus der Öffnung eines Behälters aus, in dem ein Überdruck von 10 bar herrscht? b) Wie groß ist die Ausflußgeschwindigkeit bei einer Ausflußzahl $\mu = 0{,}65$? $\rho(\text{Wasser}) = 1000 \text{ kg/m}^3$

Gesucht: v **Gegeben:** $\Delta p = 10 \text{ bar} = 1{,}0 \text{ MPa}$; $\mu = 0{,}65$

a) Mit (2-220a) gilt unter idealen Bedingungen mit **1 Pa = 1 kg m^{-1} s^{-2}** für die Ausflußgeschwindigkeit v:

$$v = \sqrt{\frac{2\,\Delta p}{\rho}} = \sqrt{\frac{2 \text{ MPa}}{1000 \text{ kg m}^{-3}}} = \sqrt{\frac{2 \cdot 10^6 \text{ kg m}^{-1} \text{ s}^{-2} \text{ m}^{-2}}{1000 \text{ kg m}^{-3}}} = \sqrt{\frac{2 \cdot 10^6 \text{ m}^{-2} \text{ s}^{-2}}{1000}}$$

$\underline{v = 44{,}7 \text{ m/s}}$

b) Mit (2-220b) gilt mit der Ausflußzahl μ für die Austrittsgeschwindigkeit v:

$$v = \mu\sqrt{\frac{2\,\Delta p}{\rho}} = \mu\sqrt{\frac{2 \text{ MPa}}{1000 \text{ kg m}^{-3}}} = 0{,}65\sqrt{\frac{2 \cdot 10^6 \text{ m}^2 \text{ s}^{-2}}{1000}}$$

$\underline{v = 29{,}1 \text{ m/s}}$

2.3 Dynamik (Kinetik)

Übungsaufgaben:

2-387. Mit welcher Geschwindigkeit strömt Wasser, $\rho(\text{Wasser}) = 1{,}000$ g/cm^3, unter idealen Ausflußbedingungen aus der Öffnung eines Behälters aus, in dem ein Überdruck von 12 bar herrscht? Wie groß ist die Ausflußgeschwindigkeit bei einer Ausflußzahl $\mu = 0{,}62$?

2-388. Unter welchem Überdruck muß ein Gas, $\rho = 4{,}4$ g/L, in einem Behälter stehen, wenn durch eine Öffnung mit dem Querschnitt $A = 3{,}25$ cm^2 in 20 s bei idealen Ausflußbedingungen 875 L Gas austreten?

2-389. Eine Flüssigkeit steht in einem Behälter unter dem Überdruck $\Delta p = 3{,}5$ bar. Wie groß ist ihre Dichte, wenn sie durch eine Bodenöffnung (Ausflußzahl $\mu = 0{,}66$) mit einer Geschwindigkeit von 17,4 m/s austritt?

Beim Ausfließen einer Flüssigkeit aus einem offenen Behälter ist die Druckdifferenz Δp gleich dem hydrostatischen Druck p_{hyd} (Schweredruck) der Flüssigkeit. Mit (2-123) folgt aus (2-220a) das Ausflußgesetz von *Torricelli*[29]:

$$v = \sqrt{\frac{2\,\Delta p}{\rho}} \quad \longleftarrow \quad \Delta p = p_{\text{hyd}} = h\,\rho\,g$$

$$v = \sqrt{2\,g\,h} \qquad (2\text{-}221\text{a})$$

Mit der entsprechenden *Ausflußzahl* μ folgt aus (2-221a):

$$v = \mu\,\sqrt{2\,g\,h} \qquad (2\text{-}221\text{b})$$

Rechenbeispiel 2-259. Mit welcher Geschwindigkeit strömt Wasser aus der Bodenöffnung eines offenen Behälters, die sich 1,7 m unter der Wasseroberfläche befindet? Ausflußzahl $\mu = 0{,}64$; $g = 9{,}81$ m/s^2

Gesucht: v **Gegeben:** $h = 1{,}7$ m; $\mu = 0{,}64$; $g = 9{,}81$ m/s^2

Mit (2-221b) gilt für die Ausflußgeschwindigkeit v:

$$v = \mu\,\sqrt{2\,g\,h} = 0{,}64\,\sqrt{2 \cdot 9{,}81\ \text{m s}^{-2} \cdot 1{,}7\ \text{m}}$$

$\underline{v = 3{,}70\ \text{m/s}}$

---

[29] Evangelista Torricelli, 1608 bis 1647, Professor in Florenz

Übungsaufgaben:

2-390. Mit welcher Geschwindigkeit strömt Wasser aus der Bodenöffnung eines offenen Behälters, die sich 2,5 m unter der Wasseroberfläche befindet?
Ausflußzahl $\mu = 0{,}64$; $g = 9{,}81$ m/s^2

2-391. Durch eine Rohrleitung fließt Wasser, $\rho = 1000$ kg/m^3, zu einem 280 m tiefer gelegenen Kraftwerk (Ausflußzahl $\mu = 0{,}64$). Mit welcher Geschwindigkeit kommt das Wasser im Kraftwerk an, wenn dort ein um 32 kPa höherer Luftdruck herrscht als an der Oberfläche des Stausees? $g = 9{,}81$ m/s^2

2.3.2.4 Wiederholungsaufgaben

2-188. In 10 s werden in einer Rohrleitung 15 L Flüssigkeit gefördert. Wie groß sind der Volumen- und Massestrom? $\rho_{Fl} = 791$ kg/m^3

2-189. In einer Rohrleitung herrscht ein Volumenstrom von 4,0 m^3/h. In welcher Zeit fließen 325 L durch diese Rohrleitung?

2-190. Durch ein Rohr, $A = 8{,}0$ cm^2, strömt eine Flüssigkeit mit der Geschwindigkeit $v = 1{,}7$ m/s. Wie groß ist der Volumenstrom der Flüssigkeit?

2-191. Durch ein Rohr mit dem inneren Durchmesser $d = 2{,}45$ cm strömt eine Flüssigkeit mit einem Volumenstrom von 0,45 m^3/h. Wie groß ist ihre Strömungsgeschwindigkeit?

2-192. Eine Flüssigkeit strömt mit der Geschwindigkeit $v = 0{,}40$ m/s durch ein Rohr mit dem Querschnitt $A = 20$ cm^2. Mit welcher Geschwindigkeit bewegt sich die Flüssigkeit, wenn sich der Rohrquerschnitt auf 15 cm^2 verjüngt?

2-193. Eine Flüssigkeit strömt mit der Geschwindigkeit $v_1 = 0{,}15$ m/s durch ein Rohr mit dem Durchmesser $d = 30$ mm. Mit welcher Geschwindigkeit bewegt sich die Flüssigkeit, wenn sich der Rohrdurchmesser auf 17 mm verringert?

2-194. Eine Flüssigkeit strömt mit der Geschwindigkeit $v = 1{,}15$ m/s durch ein Rohr mit dem Durchmesser $d = 30$ mm. Welchen Durchmesser nimmt das Rohr dort an, wo die Flüssigkeit mit einer Geschwindigkeit von 1,45 m/s strömt?

2-195. In einer Rohrleitung fließt eine Flüssigkeit, $\rho_{Fl} = 791$ kg/m^3, mit der Geschwindigkeit $v = 1{,}6$ m/s. Wie groß ist der dynamische Druck (Staudruck) der Flüssigkeit?

2-196. In einem Rohr fließt Wasser, $\rho = 1000$ kg/m^3, mit der Strömungsgeschwindigkeit $v_1 = 4{,}6$ m/s. Dabei wird ein statischer Druck $p_{stat,1} = 80$ kPa gemessen. Wie groß ist die Strömungsgeschwindigkeit des Wassers hinter einer Rohrverengung, wenn dort der statische Druck $p_{stat,2} = 65$ kPa gemessen wird?

2-197. In einer Rohrleitung, in der ein statischer Druck von 150 kPa herrscht, wird Wasser, $\rho = 1000$ kg/m³, mit einer Geschwindigkeit von 2,4 m/s in ein höherliegendes, offenes Vorratsgefäß gefördert. In einer Höhe von 4,5 m verläuft das Rohr mit vergrößertem Querschnitt waagrecht zum Behälter hin, so daß das Wasser mit einer Geschwindigkeit von nur noch 1,0 m/s einfließt. Welcher statische Druck herrscht in diesem Rohr?
$g = 9{,}81$ m/s²

2-198. Mit welcher Geschwindigkeit tritt ein Wasser, $\rho = 1000$ kg/m³, aus der Öffnung eines Behälters aus, in dem ein Überdruck von 10 bar herrscht, wenn ideale Ausflußbedingungen gegeben sind?

2-199. Unter welchem Überdruck steht ein Gas mit der Dichte $\rho = 6{,}2$ kg/m³, in einem Behälter, wenn durch eine Öffnung mit dem Querschnitt $A = 1{,}2$ cm² in 20 s bei idealen Ausflußbedingungen 575 L Gas austreten?

2-200. Mit welcher Geschwindigkeit strömt Wasser aus der Bodenöffnung eines offenen Behälters, die sich 3,8 m unter der Wasseroberfläche befindet?
Ausflußzahl $\mu = 0{,}64$; $g = 9{,}81$ m/s²

2-201. Durch eine Rohrleitung fließt Wasser, $\rho = 1000$ kg/m³, aus einem Stausee zu einem 250 m tiefer gelegenen Kraftwerk (Ausflußzahl $\mu = 0{,}64$). Wie groß wäre die Strömungsgeschwindigkeit, wenn die Druckunterschiede aufgrund der Höhenlage von Stausee und Kraftwerk unberücksichtigt bleiben? $g = 9{,}81$ m/s²

2.4 Aufgaben

2-1. Ein Personenkraftwagen mit einer Masse von 1,85 t wird innerhalb von 6,2 s von der Geschwindigkeit $v_a = 125$ km/h auf die Geschwindigkeit $v_e = 22$ km/h abgebremst. a) Welche durchschnittliche Geschwindigkeit v_m (in m/s) hat der Wagen während des Bremsvorganges? b) Welche Beschleunigung a erfährt er beim Bremsen? c) Wie groß ist sein Bremsweg s? d) Welche kinetische Energie W_{kin} kann der Wagen noch abgeben, wenn er am Ende des Bremsvorganges auf ein Hindernis prallt? e) Aus welcher Höhe h müßte der Pkw zum Erdboden stürzen, um die gleiche Aufprallarbeit zu verrichten? $g = 9{,}81$ m/s^2

2-2. Ein Fahrzeug wird in 6,9 s aus dem Stand auf eine Geschwindigkeit von 100 km/h beschleunigt. a) Welche Beschleunigung erfährt das Fahrzeug? b) Welche Strecke legt es während der Beschleunigungsphase zurück? Wie groß wäre c) die Beschleunigung und d) die zurückgelegte Strecke, wenn das Fahrzeug schon eine Anfangsgeschwindigkeit von 30 km/h besäße?

2-3. a) Welche Zeit t_1 benötigt ein Körper mit der Masse $m_1 = 3{,}25$ kg, um im freien Fall eine Strecke von 95 m zurückzulegen? b) Welche kinetische Energie W_{kin} besitzt der Körper am Ende der Fallstrecke? c) Welche Strecke s müßte ein zweiter Körper, $m_2 = 1{,}75$ kg, der mit einer Anfangsgeschwindigkeit von 12 m/s senkrecht nach unten geworfen wird, zurücklegen, um die gleiche kinetische Energie wie der erste Körper zu besitzen? d) In welcher Zeit t_2 legt der zweite Körper die Strecke von 95 m zurück? $g = 9{,}81$ m/s^2

2-4. Welche Steighöhe $h_{s,max}$ kann ein von einem Katapult mit einer Anfangsgeschwindigkeit von 65 km/h senkrecht nach oben geschleuderter Stein, $m = 0{,}28$ kg, maximal erreichen? Welche Beschleunigungsarbeit W verrichtet der Katapult? Welche maximale Steighöhe $h_{s,max}$ könnte der Stein ereichen, wenn er den Katapult unter einem Winkel von 30° zur Waagrechten verläßt? Wie groß wäre die Wurfweite s_{max} in der Waagrechten? $g = 9{,}81$ m/s^2

2-5. Eine Granate verläßt eine Kanone mit der Anfangsgeschwindigkeit $v = 300$ m/s und im Winkel $\alpha = 30°$ zur Horizontalen. Wie lange fliegt die Granate bis zum Aufschlag auf den Boden? In welcher Entfernung s zur Kanone schlägt sie auf? $g = 9{,}81$ m/s^2

2-6. Ein Flugzeug bewegt sich mit einer Geschwindigkeit von 650 km/h in der Höhe $h = 1200$ m parallel zur Erdoberfläche. Nach welcher Zeit schlägt t eine abgeworfene Bombe am Erdboden auf? Welche horizontale Strecke s legt sie bis zu ihrem Aufprall zurück? Unter welchem Winkel α zur Senkrechten muß ein gegebenes Ziel anvisiert werden? $g = 9{,}81$ m/s^2

2-7. Wie groß wäre die Geschwindigkeit v_1 eines Sportflugzeuges bei Windstille, wenn es sich bei einem Seitenwind, der mit der Geschwindigkeit $v_2 = 35$ km/h in einem Winkel von 30° schräg von vorne zur Bewegungsrichtung des Flugzeugs einfällt, mit einer tatsächlichen Geschwindigkeit $v_R = 181$ km/h bewegt?

2-8. Ein mit der Anfangsgeschwindigkeit $v_a = 25$ m/s waagrecht von einem Turm geschleuderter Körper mit einer Masse von 325 g trifft nach 5,0 s auf dem Erdboden auf. Wie hoch ist der Turm? Wie groß ist die Geschwindigkeit des Körpers beim Auftreffen? In welcher Entfernung zum Turm trifft er auf? Wie groß ist seine kinetische Energie beim Auftreffen? $g = 9,81$ m/s^2

2-9. Ein Körper mit der Masse $m = 2,45$ kg wird mit der Anfangsgeschwindigkeit $v = 28$ m/s im Winkel von 35° zur Waagrechten schräg nach oben geschleudert. Wie groß sind dabei die maximal erreichbare Steighöhe h_{max}, die benötigte Steigzeit t_{hmax}, die erreichbare Wurfweite s_{max} und die Gesamtflugzeit t_{smax}? $g = 9,81$ m/s^2

2-10. Eine 10 mm dicke Kreisscheibe aus Stahl, $\rho = 7,8$ g/cm^3, $r = 300$ mm, rotiert mit einer Winkelgeschwindigkeit $\omega = 4,0$ rad/s um ihren Mittelpunkt. Wie groß sind die Drehzahl n der Scheibe, ihre Umlaufzeit T, ihre Umfangsgeschwindigkeit v, der in 20 s von einem Punkt an ihrem Rand zurückgelegte Weg s, ihr Massenträgheitsmoment J und ihre kinetische Energie W_{kin}? Wie groß wären die Winkelbeschleunigung a und das Drehmoment M der Scheibe, wenn man sie aus der Ruhelage in 10 s auf eine Winkelgeschwindigkeit von 25 rad/s beschleunigte? Für eine senkrecht um ihre Drehachse im Mittelpunkt rotierende Kreisscheibe gilt allgemein das Massenträgheitsmoment $J = 1/2\, m\, r^2$!

2-11. Bei einem Kettenkarussell befinden sich die an 4,0 m langen Ketten aufgehängten Sitze, $m = 2,5$ kg, im gleichen Abstand $r = 12,5$ m zum Drehpunkt. Wie groß sind bei einer maximalen Drehzahl $n = 12$/min die Umlaufzeit T, die Umfangsgeschwindigkeit v und die Winkelgeschwindigkeit ω der Sitze? Wie groß ist die Zentrifugalkraft F_z, die auf einen Sitz mit einem Kind, $m = 29$ kg, wirkt? Welchen Winkel a bildet das Tragseil zur Senkrechten? Welche resultierende Kraft F_R greift am Tragseil an? $g = 9,81$ m/s^2

2-12. Mit einem Boot, das sich in stehendem Wasser mit einer Eigengeschwindigkeit von 9,5 km/h bewegt, soll über einen 250 m breiten Fluß, der eine Strömungsgeschwindigkeit von 3,5 km/h hat, zu einer genau gegenüberliegenden Stelle übergesetzt werden. In welchem Winkel a zum Ufer muß das Boot gesteuert werden? Welche Strecke s legt das Boot bei der Flußüberquerung tatsächlich zurück? Welche resultierende Geschwindigkeit v hat das Boot? Welche Zeit t benötigt es zur Überquerung des Flusses?

2-13. Aus einem Fahrzeug, das sich mit einer Geschwindigkeit von 55,0 km/h bewegt, wird ein 100 g schwerer Gegenstand mit einer Geschwindigkeit von 4,5 m/s rechtwinklig zur Fahrtrichtung nach außen geworfen. Welche Geschwindigkeit (relativ zur Erde) und kinetische Energie hat der Gegenstand zu Beginn seines Flugs? In welchem Winkel zur Fahrtrichtung verläuft seine Flugbahn?

2-14. Auf einer schiefen Ebene mit einem Steigungswinkel von 18° befindet sich ein Körper mit der Masse $m = 125$ kg. Welche Kräfte F_1 und F_2 wirken parallel bzw. senkrecht zur Auflagefläche des Körpers? Welche Kräfte F_3 und F_4 sind notwendig, um den Körper in Bewegung zu versetzen bzw. mit gleichbleibender Geschwindigkeit die schiefe Ebene hinaufzuziehen, wenn Haft- und Gleitreibungszahlen mit $\mu = 0,50$ bzw. $0,15$ bekannt sind? $g = 9,81$ m/s^2

2-15. Drei Männer tragen einen gleichförmigen Holzbalken mit der Länge l = 4,8 m. Ein Mann hält das eine Ende des Balkens. In welchem Abstand l zum freien Ende müssen die beiden anderen Männer gemeinsam anpacken, wenn jeder die gleiche Kraft aufbringen soll?

2-16. Eine 0,95 m breite und 2,30 m hohe Tür mit einer Masse von 36,5 kg ist an zwei Scharnieren, die 1,95 m voneinander entfernt sind, aufgehängt. Welche Kräfte werden im oberen und unteren Scharnier A bzw. B wirksam? In welchen Winkeln bezogen auf die senkrechte Türkante greifen diese Kräfte in den Scharnieren an? g = 9,81 m/s^2

2-17. Eine 12,0 kg schwere Hoflampe hängt in der Mitte eines 12 m langen Drahtseils, dessen beiden Enden in gleicher Höhe an zwei Gebäudemauern befestigt sind, die sich in einem Abstand von 11 m zueinder befinden. In welchem Winkel zu der Horizontalen zwischen den beiden Befestigungspunkten an den Mauern verlaufen die beiden Seile? Welche Kraft müssen die beiden gleichlangen Seilenden zwischen der Lampe aufnehmen? g = 9,81 m/s^2

2-18. Ein Körper, m_K = 20,0 kg, wird auf seiner Unterlage um 7,5 m verschoben. Die Gleitreibungszahl ist 0,25. Wie groß ist die verrichtete Reibungsarbeit W_R auf einer waagrechten Unterlage? g = 9,81 m/s^2

2-19. An einem Fahrzeug, m_K = 120 kg, wird eine Beschleunigungsarbeit von 950 J verrichtet. Welche Geschwindigkeit erreicht es (ohne Berücksichtigung von Reibungskräften)?

2-20. Ein Auto prallt mit einer Geschwindigkeit von 40,0 km/h auf eine Wand. Es verrichtet eine Beschleunigungsarbeit von 85 kJ. Welche Masse hat das Auto?

2-21. Welche Bremskraft F ist erforderlich, um ein Kraftfahrzeug, m = 975 kg, das sich mit der Geschwindigkeit v = 85 km/h auf ebener Strecke bewegt, innerhalb von 75 m zum Stillstand zu bringen?

2-22. Ein Aufzug, m = 2250 kg, beginnt seine Abwärtsfahrt mit einer Beschleunigung von 1,4 m/s^2. Welche Kraft wirkt bei der Anfahrt im Tragseil der Anlage? g = 9,81 m/s^2

2-23. Welche Kraft übt ein 80 kg schwerer Mann auf den Boden eines Fahrstuhls aus, der a) mit einer konstanten Geschwindigkeit von 1,6 m/s nach oben fährt? Wie groß ist diese Kraft, wenn sich der Aufzug mit einer Beschleunigung von 1,6 m/s^2 b) nach oben und c) nach unten bewegt? Welchen Druck bewirkt der Mann in den Fällen a bis c am Boden des Aufzugs, wenn man seine Standfläche mit insgesamt 580 cm^2 annimmt? g = 9,81 m/s^2

2-24. Ein Auto, m = 1360 kg, fährt mit einer Geschwindigkeit von 180 km/h. Wie groß ist seine Bewegungsenergie W_{kin}? Welche konstante Reibungskraft F_R muß die Bremsanlage des Fahrzeugs aufbringen, wenn es innerhalb von 10 s zum Stillstand gebracht werden soll? Welche Beschleunigung a wird durch diese Kraft bewirkt? Wie groß ist der Bremsweg s_{Br} des Autos?

2-25. Ein Fallschirmspringer wiegt mit Fallschirm 72,5 kg. Nach einem freien Fall von 5,5 s öffnet sich der Fallschirm innerhalb von 0,8 s. Dabei veringert sich die Geschwindigkeit um 10 m/s. Welche Strecke legt der Mann bis zum Öffnen des Fallschirms zurück? Welche Beschleunigung erfährt er beim Öffnen des Schirms? Welche Kraft wirkt während des Öffnungsvorganges auf jedes der vier Fallschirmseile? $g = 9{,}81$ m/s^2

2-26. Ein 1400 kg schweres Fahrzeug rollt aus dem Stand eine Gefällstrecke mit dem Neigungswinkel $\alpha = 18°$ hinab. Bei einer Geschwindigkeit von 15 m/s betätigt der Fahrer die Bremse. Welche Kraft muß von der Bremsanlage aufgebracht werden, wenn das Fahrzeug nach 40 m anhalten soll? Welche Bremsarbeit wird verrichtet? Wie groß ist die kinetische Energie des Fahrzeugs unmittelbar vor dem Bremsvorgang? Wie groß ist die Abnahme der potentiellen Energie während des Bremsvorgangs? $g = 9{,}81$ m/s^2

2-27. Ein Lastwagen rollt aus dem Stand eine 1000 m lange Strecke mit einem Gefälle von 2,5 % hinab. Welche Geschwindigkeit v hat der Wagen am Ende der Gefällstrecke, wenn von allen Reibungseffekten abgesehen wird? Wie groß ist seine Geschwindigkeit, wenn eine Widerstandskraft von 5 % seiner Gewichtskraft angenommen wird? Welchen Weg s würde der Lastwagen im Anschluß an die Gefällstrecke auf einer horizontalen Strecke zurücklegen, bevor er zum Stillstand kommt? $g = 9{,}81$ m/s^2

2-28. Um welche Strecke muß die Feder des Katapults mit einer Kraft von 3,00 kN gespannt werden, damit eine Kugel, $m = 275$ g, den Katapult beim Loslassen der Feder mit einer Geschwindigkeit von 180 km/h verläßt? $g = 9{,}81$ m/s^2

2-29. Ein Kran hebt in 40 s einen 168 kg schweren Behälter, der mit 2,5 m^3 Sand, $\rho = 2160$ kg/m^3, beschickt ist, 8,5 m hoch. Wie groß sind a) die verrichtete Arbeit, b) die Nutzleistung des Krans und c) der Wirkungsgrad der Anlage, wenn der Antriebsmotor eine Leistung von 14,5 kW aufnimmt?

2-30. Aus einem Stausee fließt Wasser, $\rho = 1000$ kg/m^3, auf eine 115 m tiefer liegende Turbine, die in 60 min 200 m^3 aufnimmt und einen Wirkungsgrad von 82 % besitzt. Wie groß ist die Nutzleistung der Turbine bei Vernachlässigung von Reibungseffekten?

2-31. Ein Motorrad wird von einer Geschwindigkeit von 92,0 km/h auf 50 km/h abgebremst. Welche mittlere Bremskraft wird von einer hydraulischen Bremsanlage mit einer Leistung von 0,95 kW bewirkt?

2-32. Mit welcher Geschwindigkeit kann ein Körper, $m_K = 60$ kg, durch eine Leistung von 650 W hochgehoben werden? $g = 9{,}81$ m/s^2

2-33. Auf welche Geschwindigkeit kann ein Motor mit der Leistung von 45,5 kW ein Motorrad, $m_K = 225$ kg, aus dem Stand in 3,5 s beschleunigen?

2-34. Die Pumpe eines Löschbootes fördert Wasser aus einem Fluß, dessen Oberfläche sich 3,2 m unter dem Pumpenniveau befindet, und gibt es mit einer Geschwindigkeit von 45 m/s durch eine Düse mit einem Durchmesser von 4,5 cm ab. Welche Leistung muß die Pumpe bei einem Wirkungsgrad von 72 % aufnehmen? $g = 9{,}81$ m/s^2

2-35. Wie groß sind a) das Kräfteverhältnis F_r/F_R, b) das Wegeverhältnis s_R/s_r und c) der Wirkungsgrad η eines Wellrades (vgl. Abb. 2.35, S. 210) mit den Radien R und r von 600 mm bzw. 75 mm, mit dem eine Last von 220 kg durch eine Kraft von 360 N gehoben werden kann? $g = 9{,}81$ m/s^2

2-36. Eine Lokomotive, $m_1 = 11{,}2$ t, stößt mit der Geschwindigkeit $v_1 = 2{,}5$ m/s auf einen beladenen, stehenden Güterwagen, $m_2 = 35{,}5$ t. Wie groß ist die Geschwindigkeit v_2 der dabei verkuppelten Fahrzeug nach dem Zusammenstoß?

2-37. Wie groß ist die Mündungsgeschwindigkeit einer Revolverkugel, $m_1 = 7{,}5$ g, die waagrecht in einen freibeweglichen Holzkörper, $m_2 = 10{,}2$ kg, geschossen wird, wenn der Holzkörper sich danach mit einer Geschwindigkeit von 0,6 m/s bewegt?

2-38. Ein Lastwagen, $m_1 = 8{,}0$ t, der mit der Geschwindigkeit $v_1 = 20$ km/h fährt, stößt mit einem von vorne im Winkel $a = 30°$ zu seiner Fahrtrichtung mit der Geschwindigkeit $v_2 = 45$ km/h ankommenden Auto, $m_2 = 1{,}4$ t, zusammen. Mit welcher Geschwindigkeit v und in welchem Winkel zur ursprünglichen Fahrtrichtung des Lastwagens bewegen sich die ineinander verkeilten Fahrzeuge gemeinsam weiter?

2-39. Eine an einem 30 cm langen Faden in einem festen Punkt aufgehängte Kugel, $m = 135$ g, bewegt sich auf einer horizontalen Kreisbahn, deren Mittelpunkt senkrecht unter dem Aufhängungspunkt liegt. Wie groß sind a) der Radius r der Kreisbahn, b) die Umfangsgeschwindigkeit v der Kugel, c) ihre Winkelgeschwindigkeit ω, d) ihre kinetische Energie W_{kin} und e) die Zentripetalkraft F_z, die auf sie wirkt, wenn der Faden mit der Vertikalen einen Winkel von 30° bildet?

2-40. Welche Leistung gibt eine Motor mit einem Drehmoment von 145 N m bei einer Drehzahl von 50/s ab?

2-41. Welches Drehmoment erzeugt ein Motor mit einer Leistung von 95 kW bei einer Drehzahl von 6000/min?

2-42. Ein Körper, $m_K = 2{,}65$ kg, bewegt sich auf einer Kreisbahn mit dem Radius $r = 46{,}0$ mm mit der Drehzahl $n = 500$/min. Wie groß ist die wirkende Zentripetalkraft F_r?

2-43. Mit welcher Geschwindigkeit kann ein Fahrzeug eine Kurve mit dem Radius $r = 25$ m und dem Überhöhungswinkel $a = 9{,}5°$ bei voller Standfestigkeit durchfahren? $g = 9{,}81$ m/s^2

2-44. Der äußere Abstand der Räder eines Fahrzeugs, dessen Schwerpunkt genau in seiner Mitte 0,50 m über dem Boden liegt, beträgt 2,75 m. Ab welcher Geschwindigkeit besteht die Gefahr, daß es beim Durchfahren einer Kurve mit dem Überhöhungswinkel $a = 8°$ und dem Radius $r = 75$ m kippt? $g = 9{,}81$ m/s^2

2-45. Eine Kugel, $J = 2/5\, m\, r^2$ (vgl. Tab. 2-9), mit dem Durchmesser $d = 28$ cm und dem Massenträgheitsmoment $J = 1{,}24$ kg m^2 rotiert um eine Mittelpunktsachse. Welche Masse hat die Kugel?

2-46. Wie groß muß ein Drehmoment M sein, das an einem Körper mit dem Massenträgheitsmoment $J = 5,8$ kg m^2 in $t = 7,5$ s eine Änderung der Winkelgeschwindigkeit $\omega = 80$/s bewirkt?

2-47. Welches Massenträgheitsmoment J hat ein Körper, an dem ein Drehmoment von 400 N m eine Winkelbeschleunigung von 38/s^2 bewirkt?

2-48. Welche Rotationsenergie besitzt eine Kugel, $J = 2/5 \, mr^2$, mit einer Masse von 5,8 kg und einem Radius von 60 mm, die sich mit einer Winkelgeschwindigkeit von 45/s um ihre durch den Mittelpunkt gehende Drehachse dreht?

2-49. Mit welcher a) Winkelgeschwindigkeit ω und b) Umfangsgeschwindigkeit v rotiert ein Körper mit dem Radius $r = 1,4$ m, der durch ein Drehmoment von 500 Nm die Leistung $P_{\text{rot}} = 600$ W aufnimmt?

2-50. a) Wie groß ist das Drehmoment, das einem Zylinder mit dem Radius $r = 25$ cm und der Masse $m = 26,5$ kg bei der Drehung um eine Drehachse, die durch den Schwerpunkt geht, eine Winkelbeschleunigung von 10/s^2 erteilt? b) Wie ist das Drehmoment, wenn die Drehachse parallel im Abstand $s = 15,0$ cm zur Schwerpunktsachse verläuft? $J_S = m \, r^2/2$

2-51. Zwischen zwei Pfeilern einer Gondelbahn mit einem Abstand von 120 m beträgt der durchschnittliche Neigungswinkel des Tragseils zur Horizontalen 22°. Wie groß sind die parallel bzw. senkrecht zum Seil gerichteten Kräfte, die eine Gondel mit einer Masse von 1850 kg bewirkt? Welche horizontal gerichtete Kraft greift am oberen Ende des bergwärts stehenden Pfeilers an? Welche Leistung muß der Antriebsmotor der Bahn allein für diese Gondel abgeben, wenn sie sich mit einer Geschwindigkeit von 4,0 m/s aufwärtsbewegt und ihr Gesamtwirkungsgrad 68 % beträgt? $g = 9,81$ m/s^2

2-52. Eine Last mit einer Masse von 350 kg soll von einem Arbeiter, der eine Zugkraft von maximal 875 N aufbringt, mit Hilfe eines Flaschenzugs um 2,5 m angehoben werden. Wieviel Rollen muß der Flaschenzug mindestens haben? Wieviel Meter Zugseil müssen vom Arbeiter zu diesem Zweck eingeholt werden? Welche Hubarbeit wird von dem Arbeiter verrichtet?

2-53. Eine Last von 800 kg wird mit einem Potenzflaschenzug mit vier losen Rollen um 6,5 m hochgehoben. Welche Zugkraft ist nötig?

2-54. Welche Masse m hat eine Last, durch die ein Draht, $A = 3,0$ mm^2, $l = 200$ cm, mit dem Elastizitätsmodul $E = 2,1 \cdot 10^{11}$ N/m^2 um 4,2 mm gedehnt wird? Wie groß sind dabei die Dehnung ε des Drahtes (in Prozent) und seine Spannung ρ?

2-55. Mit welcher Zugkraft F kann ein Draht mit einem Querschnitt von 8,2 mm^2 und der Bruchspannung $\sigma = 175$ N/mm^2 belastet werden, ohne daß er reißt?

2-56. Ein Bohrloch eines Ölfelds soll mit Bohrschlamm, $\rho = 1880$ kg/m^3, verschlossen werden. Wie hoch muß der Bohrschlamm im Bohrloch stehen, wenn im Ölvorkommen ein Druck von 220 bar gemessen wird? $g = 9,81$ m/s^2

2-57. Welcher Überdruck muß bei einem Atmosphärendruck von 1008 hPa aufgewendet werden, um in 90 m Tiefe Wasser aus den Ballasttanks eines U-Bootes zu verdrängen? Die Dichte des Meerwasser beträgt 1030 kg/m³! $g = 9{,}81$ m/s²

2-58. In der Sperrmauer eines Stausees befinden sich mehrere in einem Winkel von 8° zur Vertikalen geneigte Sicherheitsschotts, die jeweils 4,0 m breit und 1,5 m hoch sind und durch die bei Bedarf Wasser abgelassen werden kann. Welche Druckkraft wirkt auf ein solches Schott, dessen oberer Rand sich 18 m unter der Wasseroberfläche des Sees befindet? Die Dichte des Wassers ist 1000 kg/m³! $g = 9{,}81$ m/s²

2-59. Welche Auftriebskraft F_A erfährt ein 80 L-Faß, das zu 65 % seines Volumens in Wasser, $\rho = 1000$ kg/m³, eintaucht? $g = 9{,}81$ m/s²

2-60. Welche Last könnte ein Kahn, mit einer Gesamtverdrängung von 450 L, der leer 145 kg wiegt, noch maximal aufnehmen, ohne daß er dabei sinkt? ρ (Wasser) = 1000 kg/m³; $g = 9{,}81$ m/s²

2-61. Ein Personenkraftwagen, $m = 1050$ kg, wird mit einer hydraulischen Hebeanlage, deren Lastkolben den Durchmesser $d_1 = 225$ mm hat, 1,50 m angehoben. Welche Hubarbeit W_{Hub} wird verrichtet? Welchen Druck p erzeugt der Pkw an der Fläche des Lastkolbens? Welche Druckkraft F muß an der Fläche des Lastkolben mit dem Durchmesser $d_1 = 25$ mm angreifen? $g = 9{,}81$ m/s²

2-62. In welcher Höhe zeigt das Barometer eines Flugzeuges einen Druck von 850 hPa an? Der Luftdruck am Boden beträgt 1020 hPa! ρ_1(Luft) = 1,293 kg/m³; $g = 9{,}81$ m/s²

2-63. In einer Gasstahlflasche, $V = 125$ L, ebfindet sich ein Gas einem absoluten Druck von 85,0 bar. Welcher Druck herrscht in der Flasche, wenn beim äußeren Luftdruck von 985 mbar 4,50 m³ Gas entnommen werden?

2-64. Ein Gas wird in einem Gasbehälter über einer Sperrflüssigkeit, $\rho = 850$ kg/m³, aufbewahrt. Wie groß ist der Druck im Gasraum, wenn an einem Manometer, dessen Anschluß sich 125 cm unter der Oberfläche der Sperrflüssigkeit befindet, ein Druck von 2,15 bar angezeigt wird, und der äußere Luftdruck 985 mbar beträgt? $g = 9{,}81$ m/s²

2-65. Ein Motorrad fährt mit einer Geschwindigkeit von 100 km/h. Nach welcher Zeit kommt das Fahrzeug zum Stillstand, wenn es mit 4,7 m/s² abgebremst wird? Welchen Weg legt es während des Bremsvorgangs noch zurück? Welche Trägheitskraft wirkt auf dabei auf den Fahrer, $m = 72{,}5$ kg?

2-66. Wie groß ist der Fahrwiderstand F_{RF} eines Lastwagen, $m = 2{,}75$ t, auf einer horizontaler Straße, wenn mit der Fahrwiderstandszahl $\mu_F = 0{,}07$ gerechnet werden muß? Welche Arbeit muß verrichtet werden, um das Fahrzeug mit gleichbleibender Geschwindigkeit über die Strecke $s = 250$ m zu bewegen? $g = 9{,}81$ m/s²

2-67. Ein Holzkiste, $m = 850$ kg, wird 25 m weit über einen Betonboden gezogen. Die Gleitreibungszahl beträgt 0,15. Welche Reibungskraft muß dabei überwunden werden? Welche Reibungsarbeit wird verrichtet? Welche Zugkraft muß in einem Winkel von 35° zur Bodenfläche an der Kiste angreifen?

2-68. Ein Faß, $m = 75{,}0$ kg, wird eine Rampe von 8,5 m Länge mit einem Steigungswinkel von 9° hinaufgerollt. Die Rollreibungszahl ist 0,03. Welche Reibungskraft muß dabei überwunden werden? Welche Reibungsarbeit wird verrichtet? Welche Zugkraft muß in einem Winkel von 10° zur Rampenfläche an dem Faß angreifen? Welche Hubarbeit wird verrichtet?

2-69. Ein Lastwagen mit einer Gesamtmasse von 3,65 t soll in 25 s aus dem Stand auf eine Geschwindigkeit von 80 km/h gebracht werden. Wie groß sind die a) vom Fahrzeug zurückgelegte Strecke s, b) die Beschleunigung a, die es dabei erfährt, und c) die Beschleunigungsarbeit W_B, die insgesamt verrichtet werden muß, wenn die Fahrwiderstandszahl des Lastwagens mit 0,09 angenommen wird? d) Wieviel Prozent der gesamten Beschleunigungsarbeit macht die Reibungsarbeit F_R aus?

2-70. Ein Pkw, $m_1 = 1175$ kg, prallt mit der Geschwindigkeit $s_1 = 125$ km/h von hinten auf einen Lastwagen, $m_2 = 3200$ kg, der sich mit der Geschwindigkeit $s_2 = 75$ km/h in der gleichen Richtung bewegt. Mit welcher Geschwindigkeit bewegen sich die beiden miteinander verkeilten Fahrzeuge weiter? Welche Energie gibt der Pkw beim Zusammenstoß ab? Aus welcher Höhe müßte der Pkw frei fallen, um beim Aufprall auf den Boden die gleiche Energie abzugeben wie beim Zusammenstoß mit dem Lastwagen?

2-71. Die Feder eines Katapults, $c = 350$ N/mm, wird um 20,0 cm zusammengedrückt. Welche Kraft ist dazu notwendig? Wie groß ist die verrichtete Spannarbeit? Wie hoch kann ein auf dem Katapult befindlicher Stein mit einer Masse von 1,50 kg beim Entspannen senkrecht nach oben geschleudert werden? Mit welcher Geschwindigkeit verläßt der Stein den Katapult? $g = 9{,}81$ m/s^2

2-72. Ein Lastenaufzug mit einer Gesamtlast von 1650 kg bewegt sich mit einer Geschwindigkeit von 1,5 m/s nach oben. Welche Hubleistung gibt der Motor des Aufzugs ab? $g = 9{,}81$ m/s^2

2-73. Ein Kran hebt eine Last von 600 kg in 20 s 12,5 m hoch. Sein Antriebsmotor hat eine Leistungsaufnahme von 5,5 kW. Wie groß ist der Gesamtwirkungsgrad des Krans? $g = 9{,}81$ m/s^2

2-74. Bei einer Kunstflugveranstaltung vollführt ein Sportflugzeug einen Looping auf einer senkrechten Kreisbahn. Am tiefsten Punkt, d. h. bei 0°, hat es eine Geschwindigkeit von 250 km/h; die Fliehkraft ist doppelt so groß wie seine Gewichtskraft. Welchen Durchmesser hat die vom Flugzeug beschriebene Kreisbahn? $g = 9{,}81$ m/s^2

2-75. Das Sägeblatt einer Kreissäge, $m = 960$ g, mit dem Radius $r = 140$ mm wird in 5,6 s auf die maximale Drehzahl $n = 200$/s beschleunigt. Wie groß ist das notwendige Drehmoment M? Welche Rotationsenergie W_{rot} hat das Sägeblatt bei maximaler Drehzahl? Für das Massenträgheitsmoment einer Kreisscheibe gilt $J = 1/2\, m\, r^2$!

2-76. Wieviel Liter Wasser strömen bei einem Volumenstrom von 2,6 m^3/h in 3,5 min durch eine Rohrleitung?

2-77. Durch ein Rohr mit der Nennweite DN 80 strömt ein Gas mit der Geschwindigkeit $v = 1{,}80$ m/s. Wie groß ist der Volumenstrom im Rohr?

404   2 Rechnen in der Mechanik

2-78. Durch ein Rohr mit dem Querschnitt $A = 8,5$ cm² strömt eine Flüssigkeit mit einem Volumenstrom von 3,25 m³/h. Wie groß ist die Strömungsgeschwindigkeit der Flüssigkeit?

2-79. Eine Flüssigkeit strömt mit der Geschwindigkeit $v_1 = 0,15$ m/s durch ein Rohr mit dem Querschnitt $A_1 = 30$ cm². Auf welchen Querschnitt verjüngt sich das Rohr in seinem weiteren Verlauf, wenn die Flüssigkeit danach mit einer Geschwindigkeit $v_2 = 0,60$ m/s strömt?

2-80. In einer Rohrleitung erzeugt fließendes Wasser, $\rho = 1000$ kg/m³, einen dynamischen Druck $p_{dyn} = 30,5$ kPa. Wie groß ist die Strömungsgeschwindigkeit des Wassers?

2-81. Welche Dichte hat ein Gas, das sich mit einer Strömungsgeschwindigkeit $v = 40,0$ m/s durch eine Rohrleitung bewegt, wenn ein dynamischer Druck von 1,60 kPa gemessen wird?

2-82. In einem Rohr fließt Wasser, $\rho = 1000$ kg/m³, mit der Strömungsgeschwindigkeit $v_1 = 2,6$ m/s. Dabei wird der statische Druck $p_{stat,1} = 15$ kPa gemessen. Wie groß ist der statische Druck $p_{stat,2}$ hinter einer Rohrquerschnittsverringerung, wenn die Strömungsgeschwindigkeit auf 4,0 m/s ansteigt?

2-83. In einer Rohrleitung, in der ein statischer Druck von 300 kPa herrscht, wird Wasser, $\rho = 1000$ kg/m³, mit einer Geschwindigkeit von 3,0 m/s in ein höherliegendes, offenes Vorratsgefäß gefördert. In einer Höhe von 4,2 m verläuft das Rohr mit erweitertem Querschnitt waagrecht zum Behälter hin, so daß das Wasser von oben einfließt. Wie groß ist die Strömungsgeschwindigkeit des Wasser in diesem Rohrleitungsteil, wenn hier ein statischer Druck von 260 kPa gemessen wird? $g = 9,81$ m/s²

2-84. Mit welcher Geschwindigkeit v tritt unter idealen Ausflußbedingungen Wasser aus einem Behälter aus, in dem ein Überdruck von 3,5 bar besteht? Wie hoch steigt ein senkrecht nach oben austretender Wasserstrahl, wenn von der Luftreibung abgesehen wird? Wie hoch steigt der Strahl maximal, wenn er aus dem Behälter in einem Winkel von 60° zur Horizontalen austritt und welchen waagrechten Weg legt er dabei zurück? Die Dichte des Wassers ist 1000 kg/m³! $g = 9,81$ m/s²

2-85. Mit welcher Geschwindigkeit tritt Wasser, $\rho = 1000$ kg/m³, aus der Öffnung eines Behälters, in dem ein Überdruck von 10 bar herrscht, aus, wenn die Ausflußzahl $\mu = 0,65$ ist?

2-86. Eine Flüssigkeit steht in einem Behälter unter dem Überdruck $\Delta p = 2,5$ bar. Wie groß ist ihre Dichte, wenn sie durch eine Bodenöffnung (Ausflußzahl $\mu = 0,7$) mit einer Geschwindigkeit von 12,4 m/s austritt?

2-87. Aus einem Stausee fließt durch eine Rohrleitung Wasser, $\rho = 1000$ kg/m³, zu einem 150 m tiefer gelegenen Kraftwerk (Ausflußzahl $\mu = 0,64$). Wie groß ist die Strömungsgeschwindigkeit des Wassers, wenn die Druckunterschiede aufgrund der Höhenlage von Stausee und Kraftwerk unberücksichtigt bleiben? $g = 9,81$ m/s²

Literatur

Zitierte Literatur

[1] DIN 1313, *Physikalische Größen und Gleichungen – Begriffe, Schreibweisen* (April 1978)
[2] DIN 1304, *Allgemeine Formelzeichen* (Februar 1978)
[3] DIN 1301, *Einheiten – Einheitennamen, Einheitenzeichen* (Oktober 1978)
[4] Bundesgesetzblatt 1969, Teil 1; *Ausführungsverordnung zum Gesetz über Einheiten im Meßwesen* vom 26. 6. 1970
[5] DIN 32625, *Stoffmenge und davon abgeleitete Größen – Begriffe und Definitionen* (Juli 1980)
[6] DIN 1315, *Winkel – Begriffe, Einheiten* (August 1982)
[7] DIN 1314, *Druck – Grundbegriffe, Einheiten* (Februar 1977)

Zusätzliche Literatur

EBEL, H. F. und BLIEFERT, C. (1982): *Das Naturwissenschaftliche Manuskript.* Verlag Chemie, Weinheim.
EBEL, H. F. und BLIEFERT, C. (1990): *Schreiben und Publizieren in den Naturwissenschaften.* VCH, Weinheim.

Ergebnisse der Übungsaufgaben

zu Kapitel 1

1-1.
a) $l = 2,5 \cdot 10^3$ m
b) $l = 2,5 \cdot 10^5$ cm
c) $l = 2,5 \cdot 10^6$ mm

1-2.
a) $l = 25,00$ dm
b) $l = 64,5$ dm
c) $l = 1,72 \cdot 10^5$ dm
d) $l = 0,025$ dm
e) $l = 380$ dm

1-3.
a) $l = 27,5$ cm
b) $l = 95$ cm
c) $l = 2875$ cm
d) $l = 2,5 \cdot 10^4$ cm
e) $l = 2800$ cm

1-4.
a) $l = 2,753 \cdot 10^8$ mm
b) $l = 6,2 \cdot 10^7$ mm
c) $l = 7,5 \cdot 10^{-4}$ mm

1-5. $l = 7,22$ mi

1-6.
a) $m = 1,75 \cdot 10^{-2}$ t
b) $m = 1750$ g
c) $m = 1,75 \cdot 10^6$ mg
d) $m = 1,75 \cdot 10^9$ µg

1-7.
a) $m = 3,26 \cdot 10^6$ g
b) $m = 4,58 \cdot 10^4$ g
c) $m = 0,275$ mg
d) $m = 0,5000$ g

1-8.
a) $t = 3,718 \cdot 10^{-3}$ a
b) $t = 1,354$ d
c) $t = 1950$ min
d) $t = 1,170 \cdot 10^5$ s
e) $t = 1,170 \cdot 10^8$ ms

1-9.
a) $t = 8,667$ min
b) $t = 4,50 \cdot 10^4$ s
c) $t = 1,388$ h
d) $t = 4,5139$ d

1-10.
a) $I = 3,25 \cdot 10^4$ mA
b) $I = 0,0325$ kA
c) $I = 3,25 \cdot 10^7$ µA

1-11.
a) $t = 573$ °C
b) $t = 458,4$ °R
c) $t = 1063,4$ °F

1-12.
a) $t = 1063,4$ °F
b) $t = 1063,4$ °F
c) $t = 1063,4$ °F

1-13.
a) $n = 0,0235$ kmol
b) $n = 2,35 \cdot 10^4$ mmol

1-14.
a) $A = 2,85 \cdot 10^6$ mm^2
b) $A = 2,85 \cdot 10^4$ cm^2
c) $A = 2,85 \cdot 10^2$ m^2
d) $A = 0,0285$ a
e) $A = 2,85 \cdot 10^{-4}$ ha
f) $A = 2,85 \cdot 10^{-6}$ km^2

1-15.
a) $A = 2,560$ dm^2
b) $A = 1500$ dm^2
c) $A = 2,82 \cdot 10^3$ dm^2
d) $A = 8 \cdot 10^3$ dm^2
e) $A = 2 \cdot 10^3$ dm^2
f) $A = 1,5 \cdot 10^8$ dm^2

1-16.
a) $A = 0,25$ ha
b) $A = 0,500$ ha
c) $A = 120$ ha
d) $A = 2500$ ka

1-17.
a) $A = 2,638 \cdot 10^{-3}$ km^2
b) $A = 26$ ha
c) $A = 7250$ cm^2
d) $A = 300$ mm^2

1-18.
a) $V = 5,72 \cdot 10^{-9}$ km^3
b) $V = 5,72 \cdot 10^3$ dm^3
c) $V = 5,72 \cdot 10^3$ L
d) $V = 5,72 \cdot 10^6$ cm^3
e) $V = 5,72 \cdot 10^6$ mL
f) $V = 5,72 \cdot 10^9$ µL

1-19.
a) $V = 40.5$ cm^3
b) $V = 120$ cm^3
c) $V = 37,6$ cm^3
d) $V = 22400$ cm^3
e) $V = 9,0 \cdot 10^4$ cm^3
f) $V = 2,38 \cdot 10^4$ cm^3
g) $V = 7,5 \cdot 10^9$ cm^3

1-20.
a) $V = 5,68 \cdot 10^6$ cm^3
b) $V = 3005$ dm^3
c) $V = 4,8 \cdot 10^{-5}$ mL

d) $V = 5{,}0 \cdot 10^{-11}$ km^3
e) $V = 925$ cm^3
f) $V = 1{,}22 \cdot 10^7$ mm^3

1-21.
a) $A = 54{,}72$ ha
b) $A = 3{,}090$ m^2
c) $A = 10{,}00$ a

1-22.
a) $c = 48{,}5$ dm
b) $c = 219$ cm
c) $c = 32{,}9$ cm

1-23.
a) $h = 1480$ cm
b) $h = 400$ cm
c) $h = 20{,}00$ cm
d) $h = 6{,}00$ cm

1-24.
a) $c = 27{,}73$ cm
b) $c = 82{,}01$ cm
c) $c = 95{,}04$ cm

1-25.
a) $a = 808$ cm
b) $a = 216{,}5$ cm
c) $a = 122$ cm

1-26.
a) $c = 34{,}6$ dm
b) $c = 99$ dm
c) $c = 4{,}89$ dm

1-27.
a) $a = b = 3{,}148$ cm
   $U = 7{,}856$ cm
b) $a = b = 540$ cm
   $U = 1950$ cm
c) $a = b = 10{,}78$ cm
   $U = 37{,}06$ cm

1-28.
a) $c = 127{,}4$ cm
   $U = 302{,}4$ cm
b) $c = 477$ cm
   $U = 1047$ cm
c) $c = 63{,}3$ cm
   $U = 138{,}3$ cm

1-29.
a) $h = 7{,}8$ cm
b) $h = 95{,}90$ cm
c) $h = 175$ cm

1-30.
a) $U = 20{,}833$ dm
b) $U = 1{,}187$ dm
c) $U = 16{,}73$ dm

1-31.
a) $h = 61{,}14$ cm
b) $h = 303{,}1$ cm
c) $h = 65{,}51$ cm

1-32.
a) $a = 94{,}69$ cm
   $U = 284{,}07$ cm
b) $a = 352{,}18$ cm
   $U = 1056{,}54$ cm
c) $a = 2{,}89$ cm
   $U = 8{,}67$ cm

1-33.
a) $U = 155$ cm
b) $U = 802$ cm
c) $U = 202$ cm

1-34.
a) $b = 373$ cm
b) $b = 157{,}5$ cm
c) $b = 122{,}5$ cm

1-35.
a) $A = 1140$ m^2
b) $A = 312{,}1$ m^2
c) $A = 1{,}08$ m^2

1-36.
a) $A = 6{,}8$ dm^2
b) $A = 5565$ dm^2
c) $A = 676{,}0$ dm^2
d) $A = 70{,}90$ dm^2

1-37.
a) $b = 5{,}456$ m
   $d = 5{,}479$ m
b) $a = 300{,}0$ mm
   $d = 336{,}3$ mm
c) $b = 23{,}96$ dm
   $U = 35{,}73$ dm

1-38.
a) $a = 3{,}074$ m
   $d = 4{,}347$ m
b) $a = 12{,}985$ dm
   $d = 18{,}364$ dm
c) $b = 41{,}83$ cm
   $U = 59{,}16$ cm
d) $b = 50{,}0$ mm
   $U = 70{,}71$ mm

1-39. $A = 514$ cm^2

1-40.
a) $A = 7{,}12$ m^2
b) $A = 14{,}65$ m^2
c) $A = 0{,}0030$ m^2

1-41.
a) $U = 29{,}00$ m
b) $U = 9{,}40$ m
c) $U = 0{,}301$ m

1-42.
a) $a = 1300$ mm
b) $a = 26{,}5$ mm
c) $a = 45{,}5$ mm

1-43.
a) $A = 625$ cm^2
b) $A = 8556$ cm^2
c) $A = 1369$ cm^2

1-44.
a) $A = 10{,}71$ cm^2
b) $A = 73{,}88$ dm^2
c) $A = 10{,}80$ dm^2

Ergebnisse der Übungsaufgaben

1-45. a) $h = 7{,}688$ dm
       b) $h = 11{,}6$ m
1-46. a) $c = 0{,}615$ m
       b) $c = 184{,}7$ mm
1-47. a) $A = 7{,}97$ m^2
       b) $A = 1916$ cm^2
       c) $A = 6{,}54$ dm^2
1-48. a) $h = 172{,}0$ cm
       b) $h = 251{,}6$ mm
       c) $h = 17{,}6$ m
1-49. a) $a = 87$ cm
       b) $b = 5{,}76$ m
       c) $h = 0{,}350$ m
1-50. a) $b = 5{,}26$ m
       b) $h = 37{,}97$ cm
       c) $A = 69{,}3$ cm^2
1-51. a) $U = 5{,}18$ m
       b) $U = 3{,}226$ m
       c) $U = 22{,}81$ m
1-52. a) $d = 0{,}637$ km
       b) $d = 270{,}75$ dm
       c) $d = 1034{,}5$ mm
1-53. a) $r = 3{,}291$ m
       b) $r = 7{,}617$ km
1-54. a) $A = 7088$ dm^2
       b) $A = 0{,}0177$ km^2
       c) $A = 16{,}26$ mm^2
1-55. a) $d = 288{,}1$ cm
       b) $d = 1871$ m
       c) $d = 21{,}85$ dm
1-56. a) $A = 74{,}8$ dm^2
       b) $A = 176{,}7$ a
       c) $A = 0{,}22$ ha
1-57. a) $r = 169{,}3$ mm
       b) $r = 120{,}5$ mm
       c) $r = 1557{,}4$ m
1-58. a) $A = 51{,}7$ dm^2
       b) $A = 50$ mm^2
1-59. a) $U = 658{,}4$ mm
       b) $U = 75{,}78$ cm
1-60. a) $U = 4{,}24$ m
       b) $U = 2{,}640$ m
       c) $U = 18{,}66$ m
1-61. a) $d = 778$ m
       b) $d = 33{,}09$ m
       c) $d = 1{,}264$ m

1-62. a) $r = 4{,}022$ m
       b) $r = 9{,}308$ km
1-63. a) $A = 3544$ km^2
       b) $A = 8{,}84 \cdot 10^{-3}$ km^2
       c) $A = 813$ cm^2
1-64. a) $d = 407{,}5$ cm
       b) $d = 2646$ m
       c) $d = 30{,}90$ dm
1-65. a) $A = 3{,}096$ m^2
       b) $A = 297$ mm^2
1-66. a) $U = 762{,}0$ mm
       b) $U = 87{,}70$ cm
1-67. a) $A = 128$ cm^2
       b) $A = 42{,}9$ cm^2
       c) $A = 748$ dm^2
1-68. a) $D = 58{,}04$ cm
       b) $d = 39$ cm
1-69. a) $A = 1{,}41 \cdot 10^4$ m^2
       b) $A = 15166$ cm^2
1-70. a) $r = 3{,}93$ mm
       b) $R = 25{,}1$ cm
1-71. a) $A_O = 41$ cm^2
       b) $A_O = 3{,}81$ dm^2
       c) $A_O = 1{,}314$ m^2
       d) $A_O = 5{,}30$ m^2
1-72. a) $a = 2{,}52$ cm
       b) $a = 1{,}095$ cm
       c) $a = 2{,}938$ cm
1-73. a) $V = 1{,}52$ m^3
       b) $V = 131{,}1$ dm^3
       c) $V = 32{,}8$ cm^3
1-74. a) $a = 85{,}50$ cm
       b) $a = 1{,}33$ cm
       c) $a = 3{,}60$ cm
1-75. a) $A_O = 153$ cm^2
       b) $A_O = 4{,}102$ m^2
1-76. a) $V = 1{,}66$ dm^3
       b) $V = 2{,}68$ dm^3
       c) $V = 12{,}1$ dm^3
1-77. a) $h = 1{,}727$ m
       b) $b = 2{,}30$ m
       c) $a = 3{,}25$ m
1-78. $A_O = 71{,}7$ cm^2
1-79. $A_O = 173$ cm^2
1-80. a) $A_M = 1{,}31$ m^2
       b) $A_O = 1{,}40$ m^2

1-81. $h = 1{,}45$ m
1-82. $h = 57{,}5$ cm
1-83. a) $V = 9{,}57$ cm^3
b) $V = 23{,}7$ dm^3
c) $V = 69{,}5$ dm^3
1-84. a) $d = 5{,}751$ mm
b) $d = 1{,}117$ m
c) $d = 65{,}31$ cm
1-85. a) $h = 9{,}93$ mm
b) $h = 5{,}53$ m
c) $h = 61{,}8$ cm
1-86. a) $A_{M,a} = 240$ cm^2
b) $A_{M,i} = 221$ cm^2
1-87. $A_O = 2404$ cm^2
1-88. a) $A_{M,a} = 692$ cm^2
b) $A_{M,i} = 508$ cm^2
c) $A_O = 1201$ cm^2
1-89. $h = 1{,}834$ m
1-90. a) $A_O = 601$ cm^2
b) $A_O = 2468$ cm^2
c) $A_O = 235$ cm^2
1-91. a) $A_O = 22{,}7$ m^2
b) $A_O = 2354$ cm^2
c) $A_O = 229$ dm^2
1-92. a) $h = 52{,}1$ mm
b) $h = 13{,}63$ cm
c) $h = 410$ mm
1-93. $V = 6{,}37$ cm^3
1-94. $h = 66{,}7$ cm
1-95. $D = 2{,}899$ cm
1-96. $d = 3{,}61$ cm
1-97. $V = 138{,}9$ cm^3
1-98. $A_O = 314$ cm^2
1-99. a) $A_O = 276$ cm^2
b) $A_O = 471{,}4$ cm^2
c) $A_O = 1{,}656 \cdot 10^4$ cm^2
d) $A_O = 2734$ cm^2
1-100. $d = 58{,}4$ cm
1-101. a) $d = 8{,}92$ cm
b) $d = 3{,}568$ cm
c) $d = 44{,}6$ cm
d) $d = 97{,}7$ cm
1-102. a) $V = 144$ cm^3
b) $V = 28{,}7$ cm^3
c) $V = 49{,}3$ dm^3
d) $V = 2{,}81$ m^3
e) $V = 33{,}5$ cm^3
f) $V = 0{,}998$ m^3
1-103. a) $d = 41{,}53$ cm
b) $d = 42{,}43$ cm
c) $d = 6{,}2$ cm
d) $d = 17{,}81$ mm
1-104. $A_O = 429$ cm^2
1-105. a) $A_O = 7{,}5$ cm^2
b) $A_O = 942$ cm^2
c) $A_O = 495$ cm^2
d) $A_O = 2886$ cm^2
1-106. $d = 4{,}7$ cm
1-107. a) $d = 0{,}933$ m
b) $d = 17{,}84$ mm
c) $d = 16{,}8$ cm
d) $d = 3{,}27$ cm
1-108. a) $d = 11{,}75$ cm
b) $d = 152{,}3$ cm
c) $d = 12{,}3$ dm
1-109. a) $V = 5{,}44$ dm^3
b) $V = 0{,}19$ cm^3
c) $V = 47{,}0$ dm^3
d) $V = 4{,}09$ m^3
1-110. a) $\rho = 791$ kg/m^3
b) $\rho = 1840$ kg/m^3
c) $\rho = 13600$ kg/m^3
d) $\rho = 1006$ kg/m^3
1-111. a) $\rho = 1{,}977$ kg/m^3
b) $\rho = 1{,}251$ kg/m^3
c) $\rho = 0{,}0899$ kg/m^3
1-112. a) $\rho = 7{,}840$ g/cm^3
b) $\rho = 7{,}840$ kg/dm^3
c) $\rho = 7{,}840$ t/m^3
d) $\rho = 7{,}840$ g/mL
e) $\rho = 7{,}840$ kg/dm^3
f) $\rho = 7840$ g/L
1-113. a) $\rho = 8{,}940$ g/cm^3
b) $\rho = 1{,}0297$ g/mL
c) $\rho = 1{,}447$ g/L
1-114. $\rho = 1{,}283$ g/mL
1-115. $\rho = 7{,}82$ g/cm^3
1-116. $\rho = 1{,}13$ kg/dm^3
1-117. $\rho = 1{,}309$ kg/dm^3
1-118. $\rho = 4{,}36$ kg/dm^3
1-119. $\rho = 1{,}594$ g/mL
1-120. $\rho = 0{,}8008$ g/mL

Ergebnisse der Übungsaufgaben 411

- **1-121.** a) $\rho = 1{,}210$ g/mL
  b) $\rho = 1{,}019$ g/mL
- **1-122.** $\rho = 8{,}157$ g/cm^3
- **1-123.** $\rho = 2{,}048$ g/cm^3
- **1-124.** a) $\rho_{Schütt} = 1{,}657$ kg/dm^3
  $\rho_{Rütt} = 2{,}21$ kg/dm^3
  b) $\rho_{Schütt} = 1826$ kg/m^3
  $\rho_{Rütt} = 2148$ kg/m^3
- **1-125.** a) $\rho_n = 2{,}860$ g/L
  b) $\rho_n = 0{,}1787$ g/L
  c) $\rho_n = 1{,}965$ g/L
  d) $\rho_n = 1{,}628$ g/L
  e) $\rho_n = 1{,}696$ g/L
- **1-126.** a) $m = 125{,}1$ kg
  b) $m = 1265$ g
  c) $m = 1201$ kg
- **1-127.** $m = 1{,}728$ g
- **1-128.** $m = 1{,}17$ g
- **1-129.** $m = 240$ kg
- **1-130.** $m = 61{,}5$ kg
- **1-131.** a) $V = 26{,}17$ m^3
  b) $V = 2{,}426$ m^3
  c) $V = 48{,}8$ cm^3
- **1-132.** $V = 445{,}1$ mL
- **1-133.** $d = 105{,}5$ cm
- **1-134.** $d = 3{,}261$ cm
- **1-135.** $h = 30{,}3$ cm

zu Kapitel 2
- **2-1.** a) $v = 27{,}8$ m/s
  b) $v = 62{,}1$ mi/h
- **2-2.** a) $v = 10{,}0$ sm/h
  b) $v = 18{,}50$ km/h
  c) $v = 5{,}14$ m/s
- **2-3.** $v = 463$ m/s
- **2-4.** a) $v = 23{,}15$ km/h
  b) $v = 55{,}6$ m/s
  c) $v = 139{,}8$ mi/h
- **2-5.** a) $v = 26{,}54$ km/h
  b) $v = 3{,}073$ m/s
  c) $v = 6{,}02$ sm/h
- **2-6.** a) $s = 315$ m
  b) $s = 42{,}3$ km
  c) $s = 524$ km
- **2-7.** a) $s = 104{,}2$ m
  b) $s = 14{,}75$ km
  c) $s = 97{,}5$ km
- **2-8.** a) $t = 18{,}00$ s
  b) $t = 42{,}0$ min
- **2-9.** a) $t = 9{,}70$ s
  b) $t = 1{,}00$ h
- **2-10.** a) $v_m = 108{,}0$ km/h
  b) $v_m = 198{,}4$ km/h
  c) $v_m = 50$ km/h
  d) $v_m = 146{,}5$ km/h
- **2-11.** a) $v_m = 12{,}96$ m/s
  b) $v_m = 3{,}23$ m/s
  c) $v_m = 8{,}04$ m/s
- **2-12.** a) $v_m = 48{,}56$ km/h
  b) $v_m = 1539$ km/h
  c) $v_m = 355{,}5$ km/h
- **2-13.** a) $v_e = 16{,}74$ km/h
  b) $v_e = 97{,}0$ km/h
- **2-14.** a) $v_a = 23{,}26$ m/s
  b) $v_a = 39{,}98$ m/s
- **2-15.** a) $v_e = 273{,}7$ km/h
  b) $v_e = 229$ km/h
- **2-16.** a) $v_a = 110{,}2$ km/h
  b) $v_a = 66{,}6$ km/h
- **2-17.** a) $v_e = 50{,}71$ m/s
  b) $v_e = 13{,}60$ m/s
  c) $v_e = 55{,}05$ m/s
- **2-18.** a) $v_a = 147{,}0$ km/h
  b) $v_a = 53{,}3$ km/h
  c) $v_a = 121{,}6$ km/h
- **2-19.** a) $s = 31{,}92$ km
  b) $s = 3{,}67$ km
  c) $s = 435$ km
  d) $s = 405$ m
- **2-20.** a) $s = 568$ m
  b) $s = 93{,}1$ m
  c) $s = 563$ m
- **2-21.** a) $s = 5{,}52$ km
  b) $s = 138$ m
- **2-22.** a) $s = 31$ m
  b) $s = 93$ m
- **2-23.** a) $s = 93{,}3$ m
  b) $s = 28{,}41$ m
- **2-24.** a) $s = 12{,}25$ m
  b) $s = 17{,}39$ m
- **2-25.** a) $t = 12{,}92$ min
  $= 775$ s

Ergebnisse der Übungsaufgaben

	b) $t = 3{,}72$ min $= 223$ s	2-40.	a) $h = 692$ m
			b) $v_e = 28{,}8$ m/s
	c) $t = 2{,}82$ min $= 169$ s	2-41.	a) $t = 6{,}19$ s
			b) $v_e = 34{,}3$ m/s
2-26.	a) $t = 25{,}0$ s	2-42.	$h = 19{,}3$ m
	b) $t = 22{,}4$ s	2-43.	$h = 12{,}74$ km
	c) $t = 17{,}9$ s	2-44.	$t = 13{,}1$ s
2-27.	a) $t = 1{,}75$ s	2-45.	$t = 2{,}12$ s
	b) $t = 5{,}26$ s	2-46.	$v_R = 859$ km/h
	c) $t = 8{,}57$ s	2-47.	$v_R = 11{,}45$ m/s
2-28.	a) $t = 3{,}24$ s	2-48.	$v_R = 902{,}3$ km/h
	b) $t = 2{,}92$ s	2-49.	$v_R = 20{,}09$ m/s
2-29.	a) $t = 3{,}75$ s	2-50.	a) $v_B = 104{,}8$ m/s
	b) $t = 6{,}9$ s		b) $s = 320$ m
	c) $t = 62{,}5$ s		c) $h = 50$ m
2-30.	a) $t = 6{,}33$ s	2-51.	a) $t = 3{,}91$ s
	b) $t = 2{,}31$ s		b) $s = 176{,}0$ m
	c) $t = 7{,}02$ s		c) $v_B = 59{,}1$ m/s
2-31.	a) $a = 6{,}00$ m/s² b) $a = -2{,}78$ m/s²	2-52.	a) $v_B = 51{,}8$ m/s
2-32.	a) $a = 20{,}0$ m/s²		b) $s = 173$ m
	b) $a = 6{,}45$ cm/s²		c) $h = 113$ m
	c) $a = -3{,}33$ m/s²		d) $h_{max} = 125$ m
	d) $a = -2{,}69$ m/s²		e) $t_{hmax} = 5{,}05$ s
2-33.	a) $a = 1{,}16$ m/s²		f) $s_{max} = 499$ m
	b) $a = 6{,}5$ cm/s²		g) $t_{smax} = 11{,}0$ s
	c) $a = 6{,}46$ m/s²	2-53.	a) $\varphi = 90°$
2-34.	a) $a = -2{,}83$ m/s²		$\varphi = 1{,}571$ rad
	b) $a = -0{,}40$ m/s²		b) $z = 0{,}792$
	c) $a = -45{,}4$ m/s²		$\varphi = 1{,}571$ rad
2-35.	a) $a = -0{,}189$ m/s²		c) $z = 0{,}676$
	b) $a = -1{,}727$ m/s²		$\varphi = 243{,}5°$
	c) $a = 0{,}446$ m/s²		d) $\varphi = 1170°$
	d) $a = 1{,}870$ m/s²		$\varphi = 20{,}42$ rad
2-36.	a) $h = 195$ m		e) $z = 1{,}25$
	b) $v_e = 61{,}8$ m/s		$\varphi = 7{,}854$ rad
	c) $v_m = 30{,}9$ m/s		f) $z = 1{,}501$
2-37.	a) $t = 6{,}09$ s		$\varphi = 540{,}3°$
	b) $v_e = 59{,}8$ m/s	2-54.	a) $t = 4{,}00$ s
	c) $v_m = 29{,}9$ m/s		b) $n = 92{,}6$/s
2-38.	a) $h = 610$ m		c) $z = 885$
	b) $v_e = 111$ m/s		d) $t = 5{,}20$ s
	c) $v_m = 65{,}5$ m/s		e) $n = 50{,}8$/s
2-39.	a) $t = 6{,}04$ s		f) $z = 448{,}0$
	b) $v_e = 79{,}3$ m/s	2-55.	a) $T = 6{,}06$ s
	c) $v_m = 49{,}7$ m/s		b) $T = 1{,}71 \cdot 10^{-2}$/s
			c) $T = 232{,}3$ s

Ergebnisse der Übungsaufgaben 413

2-56.	a) $n = 6,06/s$		e) $F_R = 111,4$ N	
	b) $n = 57,1/s$		f) $F_R = 100$ N	
	c) $n = 6,54 \cdot 10^{-4}/s$	2-79.	a) $F_R = 450,7$ N	
	$= 0,0392/\text{min}$		b) $F_R = 1274,8$ N	
2-57.	a) $\omega = 0,721$ rad/min	2-80.	a) $F_1 =$	
	$= 1,202 \cdot 10^{-4}$ rad/s		$F_2 =$	
	b) $\varphi = 334,0$ rad		b) $F_1 =$	
	c) $t = 3,39$ s		$F_2 =$	
2-58.	a) $\omega = 0,302$ rad/min		c) $F_1 =$	
	b) $\varphi = 19140°$		$F_2 =$	
	c) $t = 2,55$ s		d) $F_1 =$	
2-59.	a) $\omega = 0,302$ rad/min		$F_2 =$	
	b) $z = 50,0$	2-81.	$M = 48,13$ N m	
	c) $t = 16,98$ s	2-82.	$l = 63,2$ cm	
2-60.	a) $a = 0,534$ rad/s²	2-83.	$F = 1933$ N	
	b) $\Delta\omega = 19,5$ rad/s	2-84.	a) $M = 3,44$ kN m	
	c) $t = 0,295$ s		b) $M = -1,62$ kN m	
2-61.	a) $a = -1,729$ rad/s²	2-85.	a) $F_1 = 456$ N	
	b) $a = 0,688$ rad/s²		b) $l_1 = 184$ cm	
	c) $\omega_a = 30$ rad/s		c) $F_2 = 1,807$ kN	
	d) $\omega_a = 18,88$ rad/s		d) $l_2 = 3,13$ m	
	e) $\omega_e = 209,2$ rad/s	2-86.	$l_2 = 1,02$ m	
	f) $\omega_e = 2,07$ rad/s	2-87.	$l_4 = 147$ cm	
	g) $t = 5,53$ s	2-88.	$F_4 = 927$ mm	
	h) $t = 0,475$ s	2-89.	$F_2 = 67,2$ N	
2-62.	$s = 5,34$ m	2-90.	$F = 136,7$ N	
2-63.	$s = 31,4$ m	2-91.	a) $F_2 = 1450$ N	
2-64.	$s = 24,5$ m		$s_2 = 375$ cm	
2-65.	$s = 130,8$ m		b) $F_1 = 600$ N	
2-66.	$v = 9,78$ m/s		$s_1 = 75$ cm	
2-67.	$\omega = 3,247$ rad/s		c) $F_1 = 430$ N	
2-68.	$v = 57,3$ m/s		$s_1 = 13,0$ m	
2-69.	$v = 2,1$ m/s	2-92.	a) $F_2 = 1875$ N	
2-70.	$v = 273,3$ m/s		$s_2 = 3,17$ m	
2-71.	$v_e = 139,2$ m/s		b) $F_1 = 533$ N	
2-72.	$a = 4,16$ m/s²		$s_1 = 4,50$ m	
2-73.	$a = 5,40$ m/s²		c) $s_1 = 8,00$ m	
2-74.	$a = 13,53$ rad/s²		$F_2 = 107,5$ N	
2-75.	$a_z = 39,24$ m/s²		d) $F_1 = 215$ N	
2-76.	$a_z = 93,0$ m/s²		$s_1 = 1,625$ m	
2-77.	a) $F_R = 625$ N	2-93.	a) $n = 8$	
	b) $F_R = 1000$ N		$s_1 = 16,0$ m	
2-78.	a) $F_R = 300$ N		b) $n = 3$	
	b) $F_R = 264,6$ N		$s_1 = 6,0$ m	
	c) $F_R = 223,6$ N		c) $n = 4$	
	d) $F_R = 173,2$ N		$s_1 = 8,0$ m	

2-94. a) $F_2 = 2500$ N
  $s_2 = 2{,}38$ m
  b) $F_1 = 356$ N
  $s_1 = 13{,}5$ m
  c) $s_1 = 16{,}00$ m
  $F_2 = 2400$ N
2-95. a) $F_2 = 2575$ N
  $s_2 = 211$ cm
  b) $F_1 = 338$ N
  $s_1 = 5{,}33$ m
  c) $s_1 = 3{,}55$ m
  $F_2 = 533$ N
  d) $F_1 = 2421$ N
  $s_2 = 1{,}83$ m
2-96. a) $F_2 = 1871$ N
  $s_2 = 291$ cm
  b) $F_1 = 465$ N
  $s_1 = 3{,}87$ m
  c) $s_1 = 2{,}58$ m
  $F_2 = 387$ N
  d) $F_1 = 3331$ N
  $s_2 = 2{,}52$ m
2-97. a) $F_H = 1{,}53$ kN
  b) $F_N = 4{,}92$ kN
2-98. a) $F_H = 470$ N
  b) $F_N = 2211$ N
2-99. $F_N = 1207$ N
2-100. $F = 557$ N
2-101. $F = 711$ N
2-102. $G = 294$ N
2-103. $h = 25{,}0$ cm
2-104. $b = 2{,}15$ m
2-105. $p = 12{,}34$ kPa
2-106. $G = 12{,}90$ kN
2-107. $A = 0{,}3625$ m^2
2-108. $c = 84$ N/cm
  $= 8{,}4$ N/mm
2-109. $F = 5{,}42$ kN
2-110. $\Delta l = 33{,}3$ mm
  $= 3{,}33$ cm
2-111. a) $\sigma = 105$ N/mm^2
  b) $F = 9{,}5$ kN
  c) $A = 853$ mm^2
  $= 8{,}53$ cm^2
2-112. a) $\sigma_{zul} = 9{,}0$ kN/cm^2
  b) $F = 3{,}52$ kN
  c) $A = 36{,}6$ mm^2
2-113. a) $\varepsilon = 0{,}0031 = 0{,}31$ %
  b) $Dl = 10{,}0$ mm
  c) $l = 30$ cm
2-114. $\sigma = 357$ N/mm^2
2-115. $\varepsilon = 0{,}16$ %
2-116. $E = 68000$ N/mm^2
2-117. $E = 15000$ N/mm^2
2-118. a) $\sigma = 195$ N/mm^2
  $E = 6{,}5 \cdot 10^4$ N/mm^2
  $\varepsilon = 0{,}003$
  b) $\sigma = 485$ N/mm^2
  $E = 1{,}30 \cdot 10^5$ N/mm^2
  $\varepsilon = 0{,}00373$
  c) $\sigma = 24{,}0$ N/mm^2
  $E = 1{,}6 \cdot 10^4$ N/mm^2
  $\varepsilon = 0{,}00150$
  d) $\sigma = 1500$ N/mm^2
  $E = 2{,}00 \cdot 10^5$ N/mm^2
  $\varepsilon = 0{,}0075$
2-119. $\Delta l = 0{,}54$ mm
2-120. $\Delta l = 0{,}56$ mm
2-121. a) $\Delta l = 0{,}24$ mm
  b) $l = 1{,}05$ m
  c) $F = 253$ N
  d) $A = 63$ mm^2
  e) $E = 125$ kN/mm^2
2-122. $\alpha = 1{,}47 \cdot 10^{-5}$ mm^2/N
2-123. $\alpha = 8{,}6 \cdot 10^{-6}$ mm^2/N
2-124. a) $\sigma = 195$ N/mm^2
  $\alpha = 1{,}53 \cdot 10^{-5}$ mm^2/N
  $\varepsilon = 0{,}003$
  b) $\sigma = 485$ N/mm^2
  $\alpha = 7{,}6 \cdot 10^{-6}$ mm^2/N
  $\varepsilon = 0{,}00373$
  c) $\sigma = 24{,}0$ N/mm^2
  $\alpha = 6{,}3 \cdot 10^{-5}$ mm^2/N
  $\varepsilon = 0{,}00150$
  d) $\sigma = 1500$ N/mm^2
  $\alpha = 5{,}0 \cdot 10^{-6}$ mm^2/
  $\varepsilon = 0{,}00752$
2-125. $\Delta l = 0{,}540 = 5{,}40$ %
2-126. a) $\Delta l = 0{,}24$ m
  b) $l = 1{,}05$ m
  c) $F = 253$ N
  d) $A = 64$ mm^2

Ergebnisse der Übungsaufgaben

- e) $a = 8{,}1 \cdot 10^{-6}$ mm²/N
- **2-127.** a) $p_{hyd} = 1{,}059 \cdot 10^4$ Pa $= 105{,}9$ mbar
  - b) $h_{Fl} = 125{,}9$ m
  - c) $\rho_{Fl} = 882$ kg/m³ $= 0{,}882$ g/cm³
- **2-128.** a) $F_D = 15{,}9$ N
  - b) $h_{Fl} = 5{,}1$ m
  - c) $\rho_{Fl} = 997$ kg/m³
  - d) $A = 1{,}86$ m²
- **2-129.** a) $F_D = 15{,}3$ N
  - b) $h_{Fl} = 5{,}0$ m
  - c) $\rho_{Fl} = 997$ kg/m³
  - d) $d = 1{,}54$ m
- **2-130.** $F_{S,l} = 766$ kN
  - $F_{S,b} = 383$ kN
  - $F_B = 7{,}66$ MN
- **2-131.** $F_S = 51$ MN
- **2-132.** a) $F_{Auf} = 10{,}1$ N
  - b) $F_{Auf} = 10{,}1$ N
- **2-133.** a) $F_A = 197{,}2$ kN
  - b) $V_K = 5{,}22$ dm³
  - c) $\rho_{Fl} = 13590$ kg/m³
- **2-134.** a) $F_A = 122{,}6$ kN
  - b) $F_A = 45{,}0$ N
  - c) $F_A = 1{,}501$ N
- **2-135.** a) $F_A = 195{,}8$ kN
  - b) $F_A = 105{,}1$ N
  - c) $F_A = 6{,}47$ N
- **2-136.** a) $F_A = 3{,}846$ N
  - b) $F_A = 2{,}580$ N
  - c) $F_A = 6{,}058$ N
- **2-137.** $F_A = 3{,}50$ kN
- **2-138.** $V_{K,ein} = 0{,}450$ m³
- **2-139.** a) $V_{K,ein} = 1{,}175$ m³
  - b) $V_{K,ein} = 5{,}28$ dm³
  - c) $V_{K,ein} = 14{,}2$ dm³
- **2-140.** $V_{K,ein}/V_K = 62{,}7$ %
- **2-141.** a) $V_{K,ein}/V_K = 68{,}2$ %
  - b) $V_{K,ein}/V_K = 23{,}9$ %
  - c) $V_{K,ein}/V_K = 87{,}4$ %
- **2-142.** a) $V_K = 3{,}30$ m³
  - b) $V_K = 2{,}20$ L
  - c) $V_K = 75{,}0$ dm³
- **2-143.** $h_{K,ein} = 0{,}0245$ m
- **2-144.** $h_{K,ein} = 31{,}1$ cm
- **2-145.** a) $h_{K,ein}/h_K = 49{,}2$ %
- **2-146.** b) $h_{K,ein}/h_K = 52{,}2$ %
- **2-147.** $\rho_{Fl} = 1260$ kg/m³
- **2-148.** $\rho_{Fl} = 1{,}02$ g/cm³
- **2-149.** $\rho_K = 0{,}199$ g/cm³
- **2-150.** $\rho_K = 0{,}504$ g/cm³
- **2-151.** $m_K = 653{,}4$ g
- **2-152.** a) $m_K = 19{,}96$ t
  - b) $m_K = 10{,}71$ kg
  - c) $m_K = 659{,}3$ g
- **2-153.** a) $m_K = 392{,}0$ g
  - b) $m_K = 263{,}0$ g
  - c) $m_K = 617{,}5$ g
- **2-154.** $m_K = 0{,}36$ kg
- **2-155.** $G_L = 1{,}99$ kN
- **2-156.** $G_L = 775$ N
- **2-157.** $G_L = 0{,}0883$ N
- **2-158.** $G_L = 0{,}803$ N
- **2-159.** $G_L = 906$ N
- **2-160.** $m_K = 203$ kg
- **2-161.** $m_K = 79$ kg
- **2-162.** $m_K = 9{,}00$ g
- **2-163.** $m_K = 81{,}9$ g
- **2-164.** $m_K = 92$ kg
- **2-165.** $V_L = 0{,}93$ L
- **2-166.** $V_L = 52{,}1$ cm³
- **2-167.** a) $V_{K,ein} = 0{,}943$ m³
  - b) $V_{ein,L} = 0{,}750$ m³
  - c) $V_{K,ein} = 1{,}693$ m³
- **2-168.** a) $V_{K,ein}/V_K = 48{,}4$ %
  - b) $V_{ein,L}/V_K = 28{,}0$ %
  - c) $V_{K,ein,G}/V_K = 72{,}4$ %
- **2-169.** a) $h_{K,ein} = 15{,}0$ cm
  - b) $h_{ein,L} = 5{,}7$ cm
  - c) $h_{K,ein,G} = 20{,}7$ cm
- **2-170.** a) $h_{K,ein}/h_K = 50{,}0$ %
  - b) $h_{ein,L}/h_K = 18{,}9$ %
  - c) $h_{K,ein,G}/h_K = 068{,}9$ %
- **2-171.** $\rho_K = 11{,}37$ g/cm³
- **2-172.** $\rho_K = 2{,}710$ g/cm³
- **2-173.** a) $\rho_K = 19{,}1$ g/cm³
  - b) $\rho_K = 1{,}740$ g/cm³
  - c) $\rho_K = 2{,}500$ g/cm³
  - d) $\rho_K = 0{,}799$ g/cm³
- **2-174.** $\rho_{Fl} = 0{,}880$ g/cm³
- **2-175.** $\rho_{Fl} = 1{,}261$ g/cm³

416 *Ergebnisse der Übungsaufgaben*

2-176. a) $\rho_{Fl} = 0{,}88$ g/cm^3
b) $\rho_{Fl} = 1{,}021$ g/cm^3
c) $\rho_{Fl} = 0{,}698$ g/cm^3
d) $\rho_{Fl} = 0{,}720$ g/cm^3

2-177. a) $h_{Fl,1} = 15{,}0$ mm
b) $\rho_{Fl,1} = 1{,}002$ g/cm
c) $h_{Fl,2} = 113{,}3$ mm
d) $\rho_{Fl,2} = 1{,}59$ g/mL

2-178. $F = 2{,}45$ kN

2-179. a) F (Last) $= 2{,}29$ kN
b) s (Last) $= 19{,}7$ cm

2-180. a) $F_1 = 0{,}16$ kN
b) $F_2 = 13$ kN
c) $s_1 = 1{,}33$ cm
d) $s_2 = 14{,}5$ cm

2-181. a) $F_1 = 360$ N
$s_1 = 8{,}8$ m
b) $F_2 = 4{,}95$ kN
$s_2 = 400$ cm
c) $A_1 = 22{,}2$ cm^2
$s_1 = 585$ cm
d) $F_1 = 145$ N
$A_2 = 0{,}063$ m^2

2-182. $F = 0{,}0075$ N

2-183. $h = 17$ cm

2-184. $\sigma = 0{,}022$ N/m

2-185. $p = 850$ hPa

2-186. $h = 945$ m

2-187. $F_D = 5{,}33 \cdot 10^3$ kN
m(Luft) $= 543$ t

2-188. $F_D = 1{,}79 \cdot 10^3$ kN

2-189. a) $p = 4150$ mbar
$= 4150$ hPa
b) $p = 0{,}985$ bar
$= 98500$ Pa
$= 985$ hPa
c) $p = 2{,}65$ bar
$= 2650$ hPa
d) $p = 0{,}120$ bar
$= 12000$ Pa

2-190. a) $p_e = 0{,}255$ bar
$= 255$ hPa
b) $p_{abs} = 260$ mbar
c) $p_{amb} = 1002$ mbar

2-191. $V = 115{,}8$ L

2-192. $p_{abs} = 10{,}94$ bar

$\Delta p = 9{,}19$ bar

2-193. $V = 1{,}37$ L

2-194. $p = 105{,}7$ bar

2-195. a) $\rho_2 = 0{,}520$ g/dm^3
b) $V_2 = 17{,}09$ m^3
c) $\rho_1 = 0{,}897$ g/L
d) $V_1 = 347$ cm^3

2-196. $\rho = 0{,}573$ g/L

2-197. $V = 692$ dm^3

2-198. $\rho_2 = 4{,}51$ kg/m^3

2-199. $p_2 = 968$ hPa

2-200. a) $\rho_2 = 0{,}760$ kg/m^3
b) $p_2 = 1186$ mbar
c) $\rho_1 = 1{,}251$ g/L
d) $V_1 = 1013$ hPa

2-201. a) $a = 2{,}162$ m/s^2
b) $F = 6{,}02$ kN
c) $m = 95{,}1$ kg

2-202. a) $g = 9{,}84$ m/s^2
b) $F = 21{,}09$ kN
c) $m = 118{,}6$ kg

2-203. a) $F_T = -600$ N
b) $F_T = 285$ N

2-204. $m = 296{,}8$ kg

2-205. $a = -5{,}25$ m/s^2

2-206. a) $a = 2{,}711$ m/s^2
b) $F_T = 323$ N
c) $m = 118$ kg

2-207. a) $\mu_G = 0{,}11$
b) $\mu_G = 0{,}36$
c) $\mu_G = 0{,}51$

2-208. a) $F_{RH} = 1{,}43$ kN
b) $F_{RH} = 1{,}24$ kN

2-209. a) $F_{RG} = 0{,}77$ kN
b) $F_{RG} = 0{,}67$ kN

2-210. a) $F_{RR} = 35{,}8$ N
a) $F_{RR} = 35{,}0$ N

2-211. $G_K = 715$ N

2-212. $a = 21°$

2-213. a) $F_{RF} = 2{,}35$ kN
b) $F_{RF} = 2{,}34$ kN

2-214. a) $W = 70{,}4$ MJ
b) $W = 54{,}7$ MJ

2-215. a) $F = 755{,}6$ N
b) $F = 782$ N

2-216. a) $s = 57{,}1$ m

Ergebnisse der Übungsaufgaben

	b) $s = 60{,}8$ m	2-247.	$s = 10{,}8$ cm
2-217.	a) $W_{Hub} = 2{,}80$ kJ	2-248.	$m_K = 16{,}0$ g
	b) $W_{Hub} = 1{,}80$ kJ	2-249.	$v = 35{,}0$ m/s
2-218.	a) $W_{Hub} = 27{,}2$ kJ	2-250.	a) $m_K = 153$ g
	b) $W_{Hub} = 12{,}8$ kJ		b) $v = 24{,}5$ m/s
2-219.	$W_{Hub} = 8{,}44$ MJ		c) $F_{max} = 156$ kN
2-220.	a) $G_K = 488$ N		d) $s = 1563$ N
	b) $m_K = 49{,}7$ kg	2-251.	a) $v = 12{,}8$ m/s
	c) $V_K = 0{,}248$ m³		$W_{kin} = 77{,}5$ kJ
2-221.	a) $h = 61{,}5$ cm		b) $v = 12{,}3$ m/s
	b) $h = 29{,}65$ m		$W_{kin} = 72{,}0$ kJ
	c) $h = 3{,}32$ m		c) $v = 6{,}9$ m/s
2-222.	a) $W_{Reib} = 364$ J		$W_{kin} = 22{,}8$ kJ
	b) $W_{Reib} = 337$ J	2-252.	a) $W_H = 6{,}19$ kJ
2-223.	a) $W_{Reib} = 429$ J		$W_{kin} = 6{,}13$ kJ
	b) $W_{Reib} = 413$ J		b) $W_H = 6{,}36$ kJ
2-224.	$W_{Dehn} = 36{,}6$ J		$W_{kin,b} = 6{,}13$ kJ
2-225.	$W_{Dehn} = 17{,}2$ J	2-253.	$P = 1{,}33$ kW
2-226.	$F_{max} = 2{,}78$ kN	2-254.	$W = 210$ kJ
2-227.	$s = 23{,}8$ mm	2-255.	$t = 230{,}8$ s
2-228.	$W_B = 391$ kJ	2-256.	a) $t = 480$ s
2-229.	$m_K = 62{,}8$ kg		b) $W = 32{,}7$ kJ
2-230.	$v = 3{,}89$ m/s		c) $P = 41{,}4$ kW
2-231.	$W_{pot} = 1398$ J	2-257.	$P = 3{,}75$ kW
2-232.	$m_K = 87{,}4$ kg	2-258.	$F = 319$ N
2-233.	$h = 7{,}74$ m	2-259.	$v = 1{,}48$ m/s
2-234.	$W_{kin} = 306$ J	2-260.	a) $v = 2{,}08$ m/s
2-235.	$m_K = 1{,}87$ t		b) $F = 9{,}58$ kN
2-236.	$v = 4{,}05$ m/s		c) $P = 2{,}03$ kW
2-237.	a) $\Delta W_{kin} = 675$ kJ	2-261.	$P = 943$ W
	b) $\Delta W_{kin} = 315$ kJ	2-262.	$F = 48{,}1$ N
2-238.	$m_K = 297$ g	2-263.	$v = 151$ km/h
2-239.	$h = 10{,}5$ m	2-264.	$W_H = 4{,}86$ kW
2-240.	$F = 3{,}88$ kN	2-265.	$G_K = 7{,}69$ kN
2-241.	$s = 66$ cm	2-266.	$h = 14{,}54$ m
2-242.	a) $m_K = 234$ g	2-267.	$t = 21{,}9$ s
	b) $h = 30{,}6$ m	2-268.	a) $W_H = 200$ W
	c) $F_{max} = 2{,}45$ kN		b) $G_K = 16{,}4$ kN
	d) $s = 14{,}9$ cm		c) $h = 9{,}56$ m
2-243.	$v = 38{,}4$ m/s		d) $t = 2{,}64$ s
2-244.	$h = 183$ m	2-269.	$P_H = 833$ W
2-245.	a) $v = 24{,}3$ m/s	2-270.	$G_K = 262$ N
	b) $v = 49{,}5$ m/s	2-271.	$v_H = 1{,}37$ m/s
	c) $h = 13{,}88$ m	2-272.	a) $P_H = 1{,}10$ kW
	d) $h = 157{,}3$ m		b) $G_K = 156$ N
2-246.	$F_{max} = 443$ N		c) $v_H = 0{,}92$ m/s

Ergebnisse der Übungsaufgaben

2-273.   a) $P_H = 0{,}18$ kW
         b) $P_H = 2{,}4$ kW
2-274. $m_{Fl} = 0{,}51$ t
2-275. $V_{Fl} = 226$ dm^3
2-276. $h = 8{,}2$ m
2-277. $t = 28{,}6$ s
2-278. $\rho_{Fl} = 792$ kg/m^3
2-279. $P = 23{,}9$ kW
2-280. $m_K = 2{,}36$ t
2-281. $v = 41{,}5$ m/s
2-282. $t = 0{,}725$ s
2-283. $\eta_{ges} = 0{,}880 = 88{,}0\,\%$
2-284. $P_{ab} = 564$ W
2-285. $P_{zu} = 287$ W
2-286.   a) $\eta = 0{,}996 = 96{,}6\,\%$
         b) $P_{ab} = 1{,}07$ kW
         c) $P_{zu} = 149$ W
2-287. $\eta_{ges} = 0{,}88 = 88\,\%$
2-288. $\eta = 0{,}80 = 80\,\%$
2-289. $P_{zu} = 5{,}6$ kW
2-290. $P_{zu} = 29{,}5$ kW
2-291. $G_K = 209$ N
2-292. $h = 6{,}6$ m
2-293. $t = 79$ s
2-294. $m_K = 0{,}49$ t
2-295. $V_{Fl} = 0{,}215$ m^3 = 215 L
2-296. $h = 7{,}3$ m
2-297. $t = 32{,}5$ s
2-298. $\rho_{Fl} = 0{,}67$ g/cm^3
2-299. $G_K = 220$ N
2-300. $v = 1{,}20$ m/s
2-301. $m_K = 2{,}15$ t
2-302. $v = 38{,}5$ s
2-303. $t = 0{,}78$ s
2-304. $P_{zu} = 0{,}80$ kW
2-305. $\eta_2 = 0{,}934 = 93{,}4\,\%$
2-306. $p = 3{,}25 \cdot 10^4$ kg m/s
2-307. $p = 583$ kg m/s
2-308. $F = 13{,}9$ N
2-309. $m_K = 0{,}89$ t
2-310. $\Delta v = 10{,}3$ m/s
2-311. $v_e = 5{,}44$ m/s
2-312. $\Delta t = 3{,}95$ s
2-313. $v_2 = 3{,}41$ m/s
2-314. $m_1 = 9{,}4$ g
2-315.   a) $F_r = 9{,}36$ kN
         b) $F_r = 1{,}28$ kN
2-316.   a) $v = 19{,}2$ m/s
         b) $\omega = 10{,}37$/s
2-317.   a) $m_A = 0{,}720$ kg
         b) $m_B = 4{,}83$ kg
2-318. $F_z = 540$ N
2-319. $F_z = 40{,}2$ N
2-320. $F_r = 115$ kN
2-321. $n = 1{,}86$/s
2-322. $m_K = 0{,}98$ kg
2-323. $r = 0{,}93$ m = 93 cm
2-324.   a) $\alpha = 32{,}2°$
         b) $r = 92$ m
         c) $v = 5{,}9$ m/s
2-325. $v = 15{,}23$ m/s
2-326. $r = 1{,}55$ m
2-327. $\alpha = 37{,}4°$
2-328. $v = 43{,}3$ m/s
         = 160 km/h
2-329.   a) $r = 21{,}9$ m
         b) $r = 22{,}4$ m
2-330. $\alpha = 45{,}5°$
2-331.   a) $\alpha = 0°$
         b) $r = 129$ m
         c) $v = 9{,}3$ m/s
2-332.   a) $v = 10{,}1$ m/s
         b) $v = 5{,}9$ m/s
         c) $v = 9{,}99$ m/s
2-333.   a) $r = 5{,}10$ m
         b) $r = 2{,}55$ m
2-334.   a) $J = 0{,}457$ kg m^2
         b) $J = 0{,}224$ kg m^2
         c) $J = 0{,}40$ kg m^2
2-335. $r = 76{,}3$ cm
2-336. $m = 0{,}21$ kg
2-337. $J_A = 3{,}14$ kg m^2
         $J_z = 1{,}76$ kg m^2
2-338. $m = 47{,}2$ kg
2-339. $r = 24{,}6$ cm
2-340. $s = 7{,}2$ cm
2-341. $M = 619$ N m
2-342. $M = 11{,}6$ N m
2-343.   a) $M = 47$ N m
         b) $M = 571$ Nm
2-344. $J = 4{,}2$ kg m^2
2-345. $\alpha = 5{,}51$/s^2

Ergebnisse der Übungsaufgaben 419

2-346. a) $\omega = 12{,}1/s$
b) $v = 3{,}6$ m/s
c) $n = 1{,}92/s$

2-347. a) $W_{rot} = 204{,}2$ kJ
b) $W_{rot} = 14{,}0$ kJ
c) $W_{rot} = 2{,}37$ kJ

2-348. a) $W_{rot} = 22{,}5$ kJ
b) $W_{rot} = 13{,}4$ kJ

2-349. a) $\omega = 2{,}79/s$
b) $v = 1{,}00$ m/s
c) $n = 6{,}2/s$

2-350. a) $W = 326$ kJ
b) $W = 166$ kJ

2-351. a) $M = 1{,}17$ kN m
b) $M = 223$ N m

2-352. $r = 1{,}24$ m

2-353. a) $s = 104{,}7$ m
b) $z = 25{,}64$

2-354. a) $W = 626$ J
b) $M = 7{,}0$ N m
c) $r = 0{,}65$ m
d) $s = 26{,}0$ m

2-355. a) $W = 36{,}8$ kJ
b) $M = 43{,}77$ N m
c) $z = 2{,}465$

2-356. a) $P = 170$ W
b) $P = 75{,}6$ W

2-357. a) $M = 131$ N m
b) $M = 85$ N m

2-358. a) $\omega = 21{,}3/s$
b) $v = 14{,}9$ m/s

2-359. a) $r = 30{,}0$ cm

2-360. a) $P = 5{,}85$ kW
b) $M = 165$ N m
c) $\omega = 15{,}8/s$

2-361. a) $P = 10{,}1$ kJ
b) $r = 1{,}63$ m
c) $M = 182$ N m
d) $v = 7{,}1$ m/s

2-362. a) $P = 282{,}7$ kW
b) $P = 4{,}27$ kW
c) $P = 302$ W

2-363. a) $n = 42{,}0/s$
 $= 2518/\text{min}$
b) $n = 0{,}64/s$
 $= 38{,}2/\text{min}$

c) $n = 0{,}233$
 $= 14{,}0/\text{min}$

2-364. a) $\dot{V} = 1{,}43$ L/s
 $= 86$ L/min
 $= 5{,}14$ m^3/h
b) $\dot{m} = 1{,}13$ kg/s
 $= 67{,}8$ kg/min
 $= 4{,}07$ t/h

2-365. $V = 14{,}4$ L

2-366. $t = 265$ s

2-367. $\dot{V} = 0{,}525$ L/s
 $= 1{,}89$ m^3/h

2-368. $\dot{V} = 0{,}600$ L/s
 $= 2{,}16$ m^3/h

2-369. $\dot{V} = 7{,}30$ L/s
 $= 26{,}3$ m^3/h

2-370. $\dot{V} = 4{,}27$ L/s
 $= 15{,}4$ m^3/h

2-371. $v = 0{,}503$ m/s

2-372. $v = 0{,}508$ m/s

2-373. $v = 1{,}06$ m/s

2-374. $v = 0{,}63$ m/s

2-375. $v = 0{,}13$ m/s

2-376. $A = 1{,}19 \cdot 10^{-3}$ m^2
 $= 11{,}90$ cm^2

2-377. $d = 0{,}0558$ m
 $= 55{,}8$ mm

2-378. $A_2 = 6{,}25$ cm^2

2-379. $d_2 = 26{,}5$ mm

2-380. $p_{dyn} = 28{,}9$ kPa

2-381. $v = 17{,}9$ m/s

2-382. $\rho = 1{,}78$ g/cm^3

2-383. $v_2 = 9{,}7$ m/s

2-384. $p_{stat,2} = 76{,}5$ kPa

2-385. $p_{stat} = 242$ kPa

2-386. $v = 2{,}0$ m/s

2-387. $v = 49$ m/s
 $v = 30{,}4$ m/s

2-388. $\Delta p = 40$ kPa
 $= 0{,}40$ bar

2-389. $\rho = 1007$ kg/m^3

2-390. $v = 4{,}48$ m/s

2-391. $v = 47{,}2$ m/s

Ergebnisse der Wiederholungsaufgaben

zu Kapitel 1
- **1-1.**
  - a) $l = 0{,}0750$ km
  - b) $l = 750$ dm
  - c) $l = 7{,}50 \cdot 10^3$ cm
  - d) $l = 7{,}50 \cdot 10^4$ mm
- **1-2.**
  - a) $l = 32{,}5$ cm
  - b) $l = 195$ cm
  - c) $l = 287{,}5$ cm
  - d) $l = 2{,}25 \cdot 10^5$ cm
  - e) $l = 0{,}5000$ cm
- **1-3.**
  - a) $l = 7{,}83 \cdot 10^7$ mm
  - b) $l = 5{,}02 \cdot 10^8$ µm
  - c) $l = 7{,}5 \cdot 10^{-3}$ m
- **1-4.** $l = 222{,}2$ km
- **1-5.**
  - a) $m = 4{,}26 \cdot 10^6$ g
  - b) $m = 6{,}575 \cdot 10^4$ g
  - c) $m = 0{,}325$ g
  - d) $m = 7{,}50 \cdot 10^{-1}$ g
- **1-6.**
  - a) $t = 0{,}01141$ a
  - b) $t = 4{,}17$ d
  - c) $t = 6{,}00 \cdot 10^3$ min
  - d) $t = 3{,}60 \cdot 10^5$ s
  - e) $t = 3{,}60 \cdot 10^8$ ms
- **1-7.**
  - a) $t = 12{,}00$ min
  - b) $t = 1{,}17 \cdot 10^5$ s
  - c) $t = 0{,}2361$ h
- **1-8.**
  - a) $I = 7{,}5 \cdot 10^3$ mA
  - b) $I = 7{,}5 \cdot 10^{-3}$ kA
  - c) $I = 7{,}5 \cdot 10^6$ µA
- **1-9.**
  - a) $t = 602$ °C
  - b) $t = 1115{,}6$ °F
- **1-10.**
  - a) $t = 104{,}4$ °C
  - a) $T = 80$ K
  - a) $t = 755{,}6$ °F
- **1-11.**
  - a) $n = 670$ mol
  - b) $n = 6{,}70 \cdot 10^5$ mmol
- **1-12.** $U = 40$ m
- **1-13.** $b = 25$ m
- **1-14.** $a = 4{,}60$ m
- **1-15.** $a = 43{,}80$ cm
- **1-16.** $d = 5{,}566$ m
- **1-17.** $b = 52$ cm
- **1-18.** $c = 42{,}61$ cm; $U = 102{,}11$ cm
- **1-19.** $U = 81{,}2$ dm
- **1-20.** $U = 57{,}0$ cm
- **1-21.** $U = 228{,}6$ cm
- **1-22.** $h = 1{,}02$ m
- **1-23.** $c = 160$ cm; $h = 132$ cm
- **1-24.** $U = 6{,}6$ m
- **1-25.** $h = 101{,}7$ cm
- **1-26.** $a = 86{,}6$ mm
- **1-27.**
  - a) $U = 394{,}3$ cm
  - b) $U = 4{,}869$ m
- **1-28.**
  - a) $d = 6{,}37$ m
  - b) $r = 3{,}18$ m
- **1-29.**
  - a) $U = 322{,}6$ cm
  - b) $U = 3{,}985$ m
- **1-30.**
  - a) $d = 7{,}78$ m
  - b) $r = 3{,}89$ m
- **1-31.**
  - a) $l = 720$ mm
  - b) $U = 1480$ mm
- **1-32.** $l = 252{,}25$ m
- **1-33.**
  - a) $N = 40$
  - b) $l = 2{,}45$ m
- **1-34.** $l = 62{,}31$ m
- **1-35.**
  - a) $U = 11{,}0$ m
  - b) $U = 283$ cm
  - b) $U = 7{,}917$ m
- **1-36.** $U = 208{,}3$ mm
- **1-37.** $l = 27{,}07$ m
- **1-38.**
  - a) $A = 257{,}5$ cm^2
  - b) $A = 385000$ m^2
  - c) $A = 0{,}575$ dm^2
  - d) $A = 8535$ cm^2

Ergebnisse der Wiederholungsaufgaben

1-39.	$A = 646 \text{ m}^2$		1-74.	$l = h = 181 \text{ cm}$
1-40.	$A = 0{,}578 \text{ m}^2$		1-75.	$A_O = 1521 \text{ mm}^2$
1-41.	a) $b = 4{,}316 \text{ m}$		1-76.	$d = 3{,}251 \text{ cm}$
	b) $d = 4{,}381 \text{ m}$		1-77.	$A_O = 133 \text{ cm}^2$
1-42.	a) $a = 30{,}58 \text{ cm}$		1-78.	$d = 5{,}25 \text{ cm}$
	b) $d = 43{,}24 \text{ cm}$		1-79.	$V = 44500 \text{ cm}^3$
1-43.	$A = 8{,}95 \text{ m}^2$		1-80.	$V = 3{,}675 \text{ cm}^3$
1-44.	a) $a = 8{,}91 \text{ mm}$		1-81.	$V = 265000 \text{ cm}^3$
	b) $A = 79{,}38 \text{ mm}^2$		1-82.	$V = 76{,}8 \text{ cm}^3$
1-45.	$A = 2277 \text{ cm}^2$		1-83.	$a = 36{,}22 \text{ cm}$
1-46.	$c = 63{,}1 \text{ dm}$		1-84.	$V = 215{,}8 \text{ cm}^3$
1-47.	$h = 1711 \text{ cm}$		1-85.	$h = 64{,}6 \text{ cm}$
1-48.	$A = 20{,}19 \text{ cm}^2$		1-86.	$V = 372{,}6 \text{ cm}^3$
1-49.	$h = 2{,}421 \text{ cm}$		1-87.	$d = 6{,}859 \text{ dm}$
1-50.	$c = 90{,}9 \text{ cm}$		1-88.	$h = 1{,}732 \text{ cm}$
1-51.	$A = 5{,}765 \text{ m}^2$		1-89.	$V = 110{,}0 \text{ cm}^3$
1-52.	$h = 1{,}970 \text{ m}$		1-90.	$V = 5{,}28 \text{ cm}^3$
1-53.	$a = 184 \text{ cm}$		1-91.	$h = 50{,}5 \text{ cm}$
1-54.	$A = 56{,}75 \text{ dm}^2$		1-92.	$D = 3{,}126 \text{ cm}$
1-55.	$d = 2{,}065 \text{ m}$		1-93.	$d_i = 3{,}832 \text{ cm}$
1-56.	a) $A = 1110 \text{ cm}^2$		1-94.	$V = 68{,}6 \text{ cm}^3$
	b) $A = 1995 \text{ dm}^2$		1-95.	$V = 20{,}90 \text{ cm}^3$
1-57.	a) $r = 11{,}284 \text{ cm}$		1-96.	$V = 179{,}6 \text{ cm}^3$
	b) $r = 0{,}2148 \text{ m}$		1-97.	$d = 4{,}236 \text{ cm}$
1-58.	$A = 413 \text{ mm}^2$			$r = 2{,}118 \text{ cm}$
1-59.	$U = 97{,}53 \text{ cm}$		1-98.	$V = 452 \text{ mm}^3$
1-60.	$A = 2378 \text{ cm}^2$		1-99.	$V = 89{,}8 \text{ cm}^3$
1-61.	$D = 57{,}69 \text{ cm}$		1-100.	$d = 5{,}337 \text{ cm}$
1-62.	$A = 1{,}379 \cdot 10^4 \text{ cm}^2$			$r = 2{,}669 \text{ cm}$
1-63.	a) $r = 3{,}93 \text{ mm}$		1-101.	$\rho = 971 \text{ kg/m}^3$
	b) $R = 3{,}566 \text{ dm}$		1-102.	$\rho = 1255 \text{ kg/m}^3$
1-64.	a) $A = 138{,}35 \text{ cm}^2$		1-103.	$\rho = 7{,}89 \text{ g/cm}^3$
	b) $A = 19{,}5 \text{ cm}^2$		1-104.	$\rho = 2{,}84 \text{ g/cm}^3$
1-65.	$A_O = 6{,}316 \text{ m}^2$		1-105.	$\rho = 7{,}45 \text{ g/cm}^3$
1-66.	$a = 0{,}845 \text{ cm}$		1-106.	$\rho = 1{,}06 \text{ g/cm}^3$
1-67.	$A_O = 137 \text{ cm}^2$		1-107.	$\rho = 2{,}73 \text{ g/cm}^3$
1-68.	$A_O = 39{,}8 \text{ cm}^2$		1-108.	a) $\rho = 1{,}203 \text{ g/cm}^3$
1-69.	a) $A_M = 10{,}31 \text{ dm}^2$			b) $\rho = 1{,}202 \text{ g/cm}^3$
	b) $A_O = 12{,}55 \text{ dm}^2$		1-109.	$\rho = 8{,}157 \text{ g/cm}^3$
1-70.	$l = h = 42 \text{ mm}$		1-110.	a) $\rho_{\text{Schütt}} = 1{,}818 \text{ g/cm}^3$
1-71.	$l = h = 20{,}8 \text{ cm}$			b) $\rho_{\text{Rütt}} = 1{,}938 \text{ g/cm}^3$
1-72.	a) $A_{M,a} = 334 \text{ cm}^2$		1-111.	$\rho_n = 1{,}902 \text{ g/L}$
	b) $A_{M,i} = 295 \text{ cm}^2$		1-112.	$m = 572{,}0 \text{ g}$
1-73.	a) $A_{M,a} = 1571 \text{ cm}^2$		1-113.	$m = 1{,}13 \text{ t}$
	b) $A_{M,i} = 1420 \text{ cm}^2$		1-114.	$m = 362 \text{ kg}$
	c) $A_O = 2999 \text{ cm}^2$		1-115.	$m = 404 \text{ g}$

1-116. $m = 3{,}28$ t
1-117. $V = 395{,}9$ L
1-118. $d = 58{,}8$ cm
1-119. $V = 464{,}0$ L
1-120. $V = 131{,}6$ L

zu Kapitel 2
2-1. $v_m = 4{,}15$ m/s
2-2. $s = 196{,}3$ km
2-3. $t = 101{,}6$ s $= 1$ min $41{,}6$ s
2-4. a) $t = 112{,}5$ min
b) $s_1 = s_2 = 121{,}9$ km
2-5. a) $t = 0{,}120$ h $= 7{,}20$ min
b) $s_1 = 10{,}8$ km
2-6. $t = 3{,}86$ s
2-7. a) $a = 6{,}00$ m/s^2
b) $v_m = 25{,}0$ m/s
c) $s = 125{,}0$ m
2-8. a) $a = -1{,}543$ m/s^2
b) $s = 140{,}6$ m
2-9. a) $v_m = 36{,}6$ m/s $= 131{,}8$ km/h
b) $s = 567$ m
c) $v_e = 56{,}0$ m/s $= 201{,}5$ km/h
2-10. a) $v_e = 93{,}2$ m/s
b) $s = 443$ m
2-11. a) $v_e = 76{,}6$ m/s
b) $t = 7{,}82$ s
c) $v_m = 38{,}4$ m/s
2-12. a) $v_e = 70{,}0$ m/s
b) $s = 236$ m
2-13. a) $v_e = 70{,}19$ m/s
b) $t = 6{,}69$ s
c) $v_m = 37{,}39$ m/s
2-14. a) $t = 21{,}9$ s
b) $v_m = 25{,}14$ m/s $= 90{,}5$ km/h
2-15. a) $h = 115{,}4$ m
b) $t = 4{,}85$ s
c) $v_e = 47{,}6$ m/s
2-16. a) $t_{hmax} = 4{,}59$ s
b) $h_{max} = 103{,}2$ m

c) $v_a = 62{,}64$ m/s
2-17. a) $v_m = 0{,}808$ m/s
b) $v_R = 6{,}55$ m/s
c) $s = 85{,}7$ m
d) $t = 13{,}08$ s
2-18. a) $v_B = 129{,}8$ m/s
b) $s = 850$ m
c) $h = 490{,}5$ m
2-19. a) $t = 3{,}91$ s
b) $s = 254$ m
c) $v_B = 75{,}5$ m/s
2-20. a) $v_B = 63{,}2$ m/s
b) $s = 128{,}6$ m
c) $h = 122{,}6$ m
d) $h_{max} = 191{,}4$ m
e) $t_{hmax} = 6{,}25$ s
f) $s_{max} = 643$ m
g) $t_{smax} = 12{,}5$ s
2-21. a) $l = r = 5{,}97$ mm
b) $\omega = 377$ rad/h $= 6{,}29$ rad/min $= 0{,}105$ rad/s
c) $v = 2{,}25$ m/s
2-22. a) $n = 11{,}05$/s
b) $T = 0{,}09$ s
c) $\omega = 69{,}44$ rad/s
d) $v = 18{,}06$ m/s
e) $s = 542$ m
2-23. a) $n = 1750$/min $= 29{,}17$/s
b) $T = 0{,}0343$ s
c) $\omega = 183{,}3$ rad/s
d) $v = 22{,}91$ m/s
2-24. a) $v_B = 26{,}13$ m/s
b) $a_z = 143{,}7$ m/s^2
2-25. a) $F_R = 800$ N
b) $F_R = 200$ N
2-26. a) $F_R = 906{,}9$ N
b) $F_R = 716{,}3$ N
2-27. $F_1 = F_2 = 85$ N
2-28. a) $F_1 = 376{,}9$ N
b) $F_2 = 136{,}8$ N
2-29. $M = 183{,}4$ N m
$M = 166$ N m
2-30. a) $M = 589$ N m
b) $M = 509$ N m

Ergebnisse der Wiederholungsaufgaben

2-31.	$l = 0{,}550$ m	**2-55.**	$\varepsilon = 0{,}15\ \%$
	$l = 0{,}569$ m	**2-56.**	$l = 15$ m
2-32.	$F = 1{,}67$ kN	**2-57.**	$E = 200$ kN/mm^2
2-33.	a) $l_2 = 1{,}026$ m	**2-58.**	$\Delta l = 3{,}5$ mm
	b) $F_2 = 0{,}80$ kN	**2-59.**	$E = 46{,}4$ kN/mm^2
	c) $l_1 = 647$ mm	**2-60.**	$\Delta l = 2{,}7$ mm
	d) $F_1 = 160$ N	**2-61.**	$F = 0{,}40$ kN
2-34.	$F_2 = 549$ N	**2-62.**	$l = 60$ mm
2-35.	a) $F_2 = 488$ kN	**2-63.**	$A = 8{,}8$ mm^2
	$s_2 = 7{,}20$ m	**2-64.**	$\Delta l = 2{,}3$ mm
	b) $F_2 = 1623$ N	**2-65.**	$a = 1{,}28 \cdot 10^{-5}$ mm^2/N
	$s_2 = 21{,}6$ m	**2-66.**	$a = 5 \cdot 10^{-5}$ mm^2/N
	c) $F_2 = 244$ N	**2-67.**	$p = 6{,}43 \cdot 10^5$ N/m^2
	$s_2 = 14{,}4$ m		$= 6{,}43$ bar
	d) $F_2 = 107$ N		$F_B = 514$ kN
	$s_2 = 32{,}9$ m	**2-68.**	$h_{Fl} = 5{,}86$ m
	d) $F_2 = 762$ N	**2-69.**	$\rho_{Fl} = 1260$ kg/m^3
	$s_2 = 4{,}6$ m	**2-70.**	$F_B = 722$ kN
2-36.	a) $F_2 = 1200$ N	**2-71.**	$A = 0{,}987$ m^2
	b) $F_2 = 4800$ N		$d = 1{,}12$ m
	c) $F_2 = 4800$ N	**2-72.**	$h_{Fl} = 0{,}55$ m
	d) $F_2 = 4800$ N	**2-73.**	$\rho_{Fl} = 791$ kg/m^3
2-37.	a) $F_H = 457$ N	**2-74.**	$F_{S,l} = 3{,}37$ kN
	b) $F_N = 2{,}152$ kN		$F_{S,b} = 0{,}93$ kN
	c) $h = 125$ cm		$F_B = 6{,}74$ kN
	d) $b = 587$ cm	**2-75.**	$F_S = 8{,}41$ kN
2-38.	$F_H = 328$ N	**2-76.**	$F_D = 1{,}79$ kN
2-39.	a) $\alpha = 10{,}0\,°$	**2-77.**	$F_A = 7{,}34$ N
	b) $F_H = 6{,}8$ kN	**2-78.**	$V_K = 933$ cm^3
	c) $F_N = 38{,}6$ kN	**2-79.**	$\rho_{Fl} = 1261$ kg/m^3
2-40.	$\alpha = 14{,}4\,°$	**2-80.**	$F_A = 151{,}3$ N
2-41.	$F = 0{,}95$ kN	**2-81.**	$G_K = 31{,}9$ N
2-42.	$F = 740$ N	**2-82.**	$F_A = 1{,}79$ N
2-43.	$G = 1{,}07$ kN	**2-83.**	$F_A = 5{,}78$ N
2-44.	$p = 4{,}02$ kN/m^2	**2-84.**	$V_{K,ein} = 1{,}055$ dm^3
	$= 4{,}02$ kPa	**2-85.**	$V_{K,ein} = 196$ cm^3
2-45.	$d = 9{,}89$ cm	**2-86.**	$V_{rel} = 17{,}06\ \%$
2-46.	$G = 6300$ N	**2-87.**	$V_{rel} = 49{,}4\ \%$
2-47.	$c = 417$ N/mm	**2-88.**	$V_K = 80{,}8$ cm^3
2-48.	$\Delta l = 194$ mm	**2-89.**	$h_{K,ein} = 9{,}4$ cm
2-49.	$\sigma = 467$ N/mm^2	**2-90.**	$h_{K,ein} = 14{,}9$ cm
2-50.	$F = 3{,}66$ kN	**2-91.**	$h_{rel} = 60{,}4\ \%$
2-51.	$A = 16{,}7$ mm^2	**2-92.**	$h_{rel} = 52{,}1\ \%$
2-52.	$\sigma_{zul} = 6{,}9$ kN/cm^2	**2-93.**	$\rho_{Fl} = 879$ kg/m^3
2-53.	$F = 1{,}12$ kN	**2-94.**	$\rho_{Fl} = 792$ kg/m^3
2-54.	$A = 27{,}5$ cm^2	**2-95.**	$\rho_{Fl} = 1{,}257$ g/cm^3

2-96.	$\rho_K = 0{,}57$ g/cm^3	2-134.	$h = 5{,}1$ m/s
2-97.	$\rho_K = 0{,}21$ g/cm^3	2-135.	$m_K = 21{,}5$ g
2-98.	$m_K = 608{,}4$ g	2-136.	a) $W_{H,th} = 3{,}25$ kJ
2-99.	$m_K = 240$ g		b) $W_{H,pr} = 3{,}40$ kJ
2-100.	$m_K = 589$ g		c) $W_{kin} = 3{,}24$ kJ
2-101.	$G_L = 537$ N	2-137.	$P = 833$ W
2-102.	$G_L = 3{,}6$ kN	2-138.	$W = 10{,}58$ MJ
2-103.	$m_L = 79{,}6$ kg	2-139.	$P = 2{,}80$ kW
2-104.	$V_L = 275$ mL	2-140.	$v_m = 2{,}33$ m/s
2-105.	$\rho_K = 1{,}745$ g/cm^3	2-141.	$P_m = 20{,}3$ kW
2-106.	$\rho_{Fl} = 0{,}971$ g/cm^3	2-142.	$v_e = 50$ m/s
2-107.	$F_1 = 281$ N		$= 180$ km/h
2-108.	$F_1 = 860$ N	2-143.	$G_K = 6{,}76$ kN
2-109.	$F_1 = 9{,}07$ kN	2-144.	$h = 8{,}0$ m
2-110.	a) $F_2 = 14{,}0$ kN	2-145.	$t = 4{,}7$ s
	b) $s_1 = 8{,}0$ m	2-146.	$P = 2{,}20$ kW
2-111.	$A = 248$ cm^2	2-147.	$m_K = 24{,}5$ kg
2-112.	$m_L = 16{,}52$ t	2-148.	$P = 2{,}015$ kW
2-113.	$F_D = 1665$ kN	2-149.	$V_{Fl} = 740$ L
2-110.	$p_e = -908$ mbar	2-150.	$\rho_{Fl} = 1594$ kg/m^3
2-115.	$p_{abs} = 1080$ mbar	2-151.	$m = 1{,}61$ t
2-116.	$p_1 = 380$ mbar	2-152.	$t = 2{,}06$ s
	$= 380$ hPa	2-153.	$P_{ab} = 3{,}66$ kW
2-117.	$\rho = 1{,}974$ g/L	2-154.	$\eta = 87$ %
2-118.	$V_2 = 637$ mL	2-155.	$P_{auf} = 15{,}2$ kW
2-119.	$\rho_2 = 3{,}458$ kg/m^3	2-156.	$t = 59$ s
2-120.	$p_2 = 1{,}01$ bar	2-157.	$V_{Fl} = 1{,}01$ m^3
2-121.	a) $F_{RG} = 50$ N	2-158.	$h = 6{,}3$ m
	b) $F_{RG} = 35$ N	2-159.	$v = 0{,}975$ m/s
2-122.	$F_{RF} = 250$ N	2-160.	$v_e = 42{,}8$ m/s
	$F_{RF} = 245$ N	2-161.	$P_{zu} = 1{,}14$ kW
2-123.	a) $W = 8{,}00$ kJ	2-162.	$m_K = 8{,}6$ t
	b) $W = 6{,}92$ kJ	2-163.	$\Delta\chi = 10{,}8$ m/s
2-124.	a) $s = 56{,}7$ m	2-164.	$t = 2{,}64$ s
	b) $s = 61{,}6$ m	2-165.	$m_2 = 68$ g
2-125.	$W_{Hub} = 92{,}4$ kJ	2-166.	$v = 4{,}3$ m/s
2-126.	a) $h = 17$ cm	2-167.	$F_r = 5{,}4$ kN
	b) $h = 16{,}31$ m	2-168.	$F_r = 5{,}1$ kN
	c) $h = 1{,}99$ m	2-169.	$m_A = m_B = 3{,}83$ kg
2-127.	$W_R = 350$ J	2-170.	$n = 5{,}33$/s
2-128.	$W_D = 12{,}2$ J	2-171.	$r = 19{,}4$ cm
2-129.	$W_B = 482$ kJ	2-172.	$r = 19{,}4$ cm
2-130.	$m_K = 23{,}1$ kg	2-173.	$a = 15{,}9$ °
2-131.	$h = 15{,}7$ m	2-174.	a) $r = 20{,}9$ m
2-132.	$v = 4{,}66$ m/s		b) $r = 21{,}4$ m
2-133.	$s = 78{,}5$ cm	2-175.	$r = 0{,}632$ m

Ergebnisse der Wiederholungsaufgaben

2-176.	$J_S = 0{,}40$ kg m^2	**2-186.**	a) $s = 218$ m
	$J_Z = 0{,}096$ kg m^2		b) $z = 46{,}2$
2-177.	$m = 656$ kg	**2-187.**	a) $P = 4{,}80$ kW
2-178.	$s = 53$ mm		b) $P = 7{,}06$ kW
2-179.	$M = 302{,}5$ N m	**2-188.**	$\dot{V} = 5{,}4$ m^3/h
2-180.	a) $M = 18{,}4$ N m		$\dot{m} = 1{,}19$ t/h
	b) $M = 246$ N m	**2-189.**	$t = 4{,}88$ min
2-181.	$\omega = 143$/s	**2-190.**	$\dot{V} = 4{,}90$ m^3/h
	$v = 57$ m/s	**2-191.**	$v = 0{,}27$ m/s
	n = 25,3/s	**2-192.**	$v = 0{,}53$ m/s
2-182.	$W_{rot} = 191$ kJ	**2-193.**	$v_2 = 0{,}47$ m/s
2-183.	a) $\omega = 14{,}0$/s	**2-194.**	$d_2 = 26{,}7$ mm
	b) $v = 3{,}6$ m/s	**2-195.**	$p_{dyn} = 1{,}01$ kPa
	c) $n = 2{,}23$/s	**2-196.**	$v_2 = 7{,}2$ m/s
2-184.	a) $W_{rot} = 4{,}76$ kJ	**2-197.**	$p_{stat} = 103{,}5$ kPa
	b) $W_{rot} = 31{,}4$ kJ	**2-198.**	$v = 44{,}7$ m/s
2-185.	a) $M = 124$ N m	**2-199.**	$\Delta p = 1{,}78$ bar
	b) $M = 22{,}98$ N m	**2-200.**	$v = 8{,}63$ m/s
		2-201.	$v = 44{,}8$ m/s

Ergebnisse der Aufgaben

zu Kapitel 1

1-1.
a) $l = 0{,}065$ km
b) $l = 650$ dm
c) $l = 6{,}5 \cdot 10^3$ cm
d) $l = 6{,}5 \cdot 10^4$ mm

1-2.
a) $l = 12{,}5$ cm
b) $l = 295$ cm
c) $l = 387{,}5$ cm
d) $l = 1{,}25 \cdot 10^5$ cm
e) $l = 0{,}500$ cm

1-3.
a) $l = 7{,}03 \cdot 10^7$ mm
b) $l = 6{,}02 \cdot 10^8$ µm
c) $l = 5{,}5 \cdot 10^{-6}$ km

1-4. $s = 118{,}8$ sm

1-5.
a) $m = 2{,}6 \cdot 10^5$ g
b) $m = 6{,}275 \cdot 10^4$ g
c) $m = 0{,}925$ g
d) $m = 0{,}150$ g

1-6.
a) $t = 0{,}001711$ a
b) $t = 0{,}625$ d
c) $t = 900$ min
d) $t = 5{,}40 \cdot 10^4$ s
e) $t = 5{,}40 \cdot 10^7$ ms

1-7.
a) $t = 13{,}00$ min
b) $t = 1{,}17 \cdot 10^5$ s
c) $t = 0{,}02361$ h

1-8.
a) $I = 8{,}5 \cdot 10^3$ mA
b) $I = 0{,}0085$ kA
c) $I = 8{,}5 \cdot 10^6$ µA

1-9.
a) $t = 256$ °C
b) $t = 492{,}8$ °F

1-10.
a) $t = 48{,}9$ °C
b) $T = 100$ K
c) $t = 737{,}6$ °F

1-11.
a) $n = 67$ mol
b) $n = 6{,}7 \cdot 10^4$ mmol

1-12.
a) $U = 260$ m
b) $d = 96{,}2$ m

1-13.
a) $b = 197{,}5$ cm
b) $d = 197{,}9$ cm

1-14.
a) $U = 3700$ cm
b) $U = 1304$ cm
c) $U = 26{,}08$ cm

1-15.
a) $A = 1{,}635 \cdot 10^6$ mm^2
b) $A = 1{,}635 \cdot 10^4$ cm^2
c) $A = 163{,}5$ dm^2
d) $A = 0{,}01635$ a
e) $A = 1{,}635 \cdot 10^{-4}$ ha
f) $A = 1{,}635 \cdot 10^{-6}$ km^2

1-16.
a) $A = 0{,}0256$ m^2
b) $A = 15{,}00$ m^2
c) $A = 0{,}282$ m^2
d) $A = 8 \cdot 10^2$ m^2
e) $A = 2 \cdot 10^3$ m^2
f) $A = 1{,}5 \cdot 10^6$ m^2

1-17.
a) $A = 25{,}00$ a
b) $A = 50{,}00$ a
c) $A = 12000$ a
d) $A = 2{,}5 \cdot 10^5$ a

1-18.
a) $A = 1{,}675 \cdot 10^{-3}$ km^2
b) $A = 56$ ha
c) $A = 720$ cm^2
d) $A = 250$ mm^2

1-19.
a) $V = 3{,}85 \cdot 10^{-9}$ km^3
b) $V = 3{,}85 \cdot 10^3$ dm^3
c) $V = 3{,}85 \cdot 10^3$ L
d) $V = 3{,}85 \cdot 10^6$ cm^3
e) $V = 3{,}85 \cdot 10^6$ mL
f) $V = 3{,}85 \cdot 10^9$ mm^3
g) $V = 3{,}85 \cdot 10^9$ µL

1-20.
a) $V = 0{,}0405$ dm^3
b) $V = 0{,}120$ dm^3
c) $V = 0{,}0376$ dm^3
d) $V = 22{,}4$ dm^3
e) $V = 0{,}900$ dm^3
f) $V = 23{,}8$ dm^3
g) $V = 7{,}5 \cdot 10^8$ dm^3

1-21.
a) $V = 4{,}28 \cdot 10^6$ cm^3
b) $V = 1555$ dm^3
c) $V = 148$ mL

Ergebnisse der Aufgaben 427

	d) $V = 5{,}00 \cdot 10^{-12}$ km^3	1-53.	$A = 3{,}935$ m^2
	e) $V = 125$ cm^3	1-54.	$h = 2{,}99$ m
	f) $V = 1{,}8 \cdot 10^6$ mm^3	1-55.	$a = 135$ cm
1-22.	a) $a = 80{,}0$ cm	1-56.	$A = 70{,}88$ m^2
	b) $a = 15{,}4$ cm	1-57.	$d = 1{,}730$ m
	c) $a = 22{,}05$ cm	1-58.	a) $A = 2606$ cm^2
1-23.	$c = 36{,}22$ cm		b) $A = 725{,}8$ m^2
1-24.	$a = 572$ mm	1-59.	a) $r = 12{,}62$ cm
1-25.	$U = 16{,}0$ dm		b) $r = 27{,}97$ cm
1-26.	$a = b = 241{,}4$ mm	1-60.	$A = 23{,}5$ dm^2
	$U = 738$ mm	1-61.	$U = 90{,}86$ cm
1-27.	$c = 126$ cm	1-62.	$A = 452$ cm^2
	$U = 300$ cm	1-63.	$D = 58{,}27$ cm
1-28.	$h = 117{,}5$ cm	1-64.	$A = 1{,}993$ m^2
1-29.	$a = b = c = 17{,}53$ dm	1-65.	a) $r = 3{,}45$ mm
1-30.	a) $h = 69{,}80$ cm		b) $R = 31{,}01$ cm
	b) $h = 38{,}97$ cm	1-66.	$A_O = 25{,}34$ m^2
1-31.	$a = 35{,}22$ cm	1-67.	$a = 9{,}93$ mm
	$U = 105{,}7$ cm	1-68.	$A_O = 156$ cm^2
1-32.	a) $U = 3{,}30$ m	1-69.	$A_O = 74{,}75$ dm^2
	b) $U = 4{,}807$ m	1-70.	a) $A_M = 831$ cm^2
1-33.	$d = 637$ m		b) $A_O = 1190$ cm^2
1-34.	$r = 1{,}719$ m	1-71.	$h = 23{,}97$ cm
1-35.	Kosten = 15000 DM	1-72.	$h = l = 51{,}09$ cm
1-36.	$b = 55$ cm	1-73.	a) $A_{M,a} = 369$ cm^2
1-37.	a) $c = 28{,}90$ cm		b) $A_{M,i} = 327$ cm^2
	b) $U = 68{,}4$ cm	1-74.	a) $A_{M,a} = 2024$ cm^2
1-38.	$l = 120{,}35$ m		b) $A_{M,i} = 1862$ cm^2
1-39.	a) $N = 41$		c) $A_O = 3906$ cm^2
	b) $l = 3{,}75$ m	1-75.	$l = h = 2{,}066$ m
1-40.	$s = U = 565$ cm	1-76.	$A_O = 467{,}6$ cm^2
1-41.	$A = 646$ m^2	1-77.	$d = 3{,}71$ cm
1-42.	$A = 3{,}10$ m^2	1-78.	$A_O = 722$ cm^2
1-43.	a) $a = 3{,}45$ m	1-79.	$d = 6{,}01$ cm
	b) $d = 3{,}51$ m	1-80.	$A_O = 4{,}396$ m^2
1-44.	a) $a = 23{,}13$ cm	1-81.	$V = 76{,}8$ cm^3
	b) $d = 32{,}71$ cm	1-82.	$a = 36{,}22$ cm
1-45.	$A = 8{,}44$ m^2	1-83.	$V = 215{,}8$ cm^3
1-46.	a) $a = 11{,}03$ cm	1-84.	$h = 64{,}6$ cm
	b) $A = 121{,}7$ cm^2	1-85.	$V = 372{,}6$ cm^3
1-47.	$A = 1908$ cm^2	1-86.	$d = 6{,}86$ dm
1-48.	$c = 80{,}9$ dm	1-87.	$h = 17{,}3$ mm
1-49.	$h = 1444$ cm	1-88.	$V = 12{,}1$ dm^3
1-50.	$A = 32{,}86$ cm^2	1-89.	$V = 5{,}28$ cm^3
1-51.	$h = 1{,}485$ cm	1-90.	$h = 5{,}05$ dm
1-52.	$c = 96{,}2$ cm	1-91.	$D = 3{,}13$ cm

Ergebnisse der Aufgaben

1-92.	$d = 3{,}83$ cm	**2-4.**	$h_{s,max} = 16{,}6$ m
1-93.	$V = 72$ cm^3		$W = 45{,}6$ J
1-94.	$V = 0{,}90$ cm^3		$h_{s,max} = 4{,}15$ m
1-95.	$V = 179{,}6$ cm^3		$s_{max} = 28{,}8$ m
1-96.	$d = 4{,}24$ cm	**2-5.**	$t = 30{,}6$ s
	$r = 2{,}12$ cm		$s = 7{,}96$ km
1-97.	$V = 0{,}452$ cm^3	**2-6.**	$t = 15{,}6$ s
1-98.	$V = 89{,}8$ cm^3		$s = 2824$ m
1-99.	$d = 5{,}34$ cm		$\alpha = 67{,}0°$
	$r = 2{,}67$ cm	**2-7.**	$v_1 = 210$ km/h
1-100.	$\rho = 1840$ kg/m^3	**2-8.**	$h = 122{,}6$ m
1-101.	$\rho = 791$ kg/m^3		$v = 55{,}1$ m/s
1-102.	$\rho = 7{,}85$ g/cm^3		$s = 125$ m
1-103.	$\rho = 11{,}31$ g/cm^3		$W_{kin} = 493$ kJ
1-104.	$\rho = 2{,}01$ g/cm^3	**2-9.**	$h_{max} = 13{,}1$ m
1-105.	$\rho = 4{,}11$ g/cm^3		$t_{hmax} = 1{,}64$ s
1-106.	$\rho = 1{,}078$ g/mL		$s_{max} = 75{,}1$ m
1-107.	$\rho = 7{,}900$ g/cm^3		$t_{smax} = 3{,}27$ s
1-108.	a) $\rho_{\text{Schütt}} = 1846$ kg/m^3	**2-10.**	$n = 0{,}637$/s
	b) $\rho_{\text{Rütt}} = 1992$ kg/m^3		$T = 1{,}57$ s
1-109.	$\rho_n = 3{,}165$ g/L		$v = 1{,}2$ m/s
1-110.	$m = 36{,}89$ kg		$s = 24$ m
1-111.	$m = 1010$ kg		$J = 0{,}09$ kg m^2
1-112.	$m = 200$ kg		$W_{kin} = 0{,}72$ J
1-113.	$m = 593$ g		$\alpha = 2{,}5$ rad/s^2
1-114.	$m = 4{,}68$ t		$M = 0{,}225$ N m
1-115.	$V = 428{,}6$ L	**2-11.**	$T = 5$ s
1-116.	$d = 60{,}7$ cm		$v = 15{,}7$ m/s
1-117.	$V = 158{,}9$ L		$\omega = 1{,}257$ rad/s
1-118.	$V = 88{,}7$ L		$F_z = 622$ kJ
			$\alpha = 63{,}6°$
			$F_R = 695$ kJ
zu Kapitel 2		**2-12.**	$\alpha = 68{,}4°$
2-1.	a) $v_m = 20{,}4$ m/s		$s = 269$ m
	b) $a = 4{,}61$ m/s^2		$v = 8{,}8$ km/h
	c) $s = 127$ m		$t = 102$ s
	d) $W_{kin} = 34{,}5$ kJ	**2-13.**	$v = 15{,}9$ m/s
	e) $h = 1{,}90$ m		$W_{kin} = 12{,}7$ J
2-2.	a) $a_1 = 4{,}03$ m/s^2		$\alpha = 16{,}4°$
	b) $s_1 = 95{,}8$ m	**2-14.**	$F_1 = 518$ N
	c) $a_2 = 2{,}82$ m/s^2		$F_2 = 1111$ N
	d) $s_2 = 125$ m		$F_3 = 1074$ N
2-3.	a) $t_1 = 4{,}40$ s		$F_4 = 685$ N
	b) $W_{kin} = 3{,}03$ kJ	**2-15.**	$l = 1{,}2$ m
	c) $s = 169$ m	**2-16.**	$F_A = 368{,}5$ N
	d) $t = 3{,}34$ s		$F_B = 87{,}2$ N

Ergebnisse der Aufgaben

	$a_A = 13{,}3°$	2-39.	a) $r = 15{,}0$ cm
	$a_B = 90°$		b) $v = 0{,}92$ m/s
2-17.	$a = 23{,}6°$		c) $\omega = 6{,}14$ rad/s
	$F = 53{,}9$ N		d) $W_{kin} = 0{,}057$ J
2-18.	$W_R = 368$ J		e) $F_z = 0{,}76$ J
2-19.	$v = 3{,}98$ m/s	2-40.	$P = 45{,}6$ kW
2-20.	$m_K = 1377$ kg	2-41.	$M = 151$ N m
2-21.	$F = 3{,}62$ kN	2-42.	$F_r = 344$ N
2-22.	$F = 18{,}9$ kN	2-43.	$v = 6{,}4$ m/s
2-23.	a) $F = 785$ N	2-44.	$v = 45{,}2$ m/s
	$p = 13{,}5$ kPa	2-45.	$m = 158$ kg
	b) $F = 913$ N	2-46.	$M = 61{,}9$ N m
	$p = 15{,}7$ kPa	2-47.	$J = 10{,}5$ kg m^2
	c) $F = 657$ N	2-48.	$W_{rot} = 8{,}5$ J
	$p = 11{,}3$ kPa	2-49.	a) $\omega = 1{,}20/$s
2-24.	$W_{kin} = 1{,}70$ MJ		b) $v = 1{,}68/$s
	$F_R = 6{,}80$ kN	2-50.	a) $M = 8{,}3$ N m
	$a = -5{,}0$ m/s^2		b) $M = 14{,}2$ N m
	$s_{Br} = 250$ m	2-51.	$F_H = 6{,}80$ kN
2-25.	$h = 148{,}4$ m		$F_N = 16{,}6$ kN
	$a = -54{,}9$ m/s		$F_{hor} = 6{,}30$ kN
	$F = 1{,}17$ kN		$P = 40{,}0$ kW
2-26.	$F = 3{,}94$ kN	2-52.	a) $n = 4$
	$W = 158$ kJ		b) $s = 10$ m
	$W_{kin} = 158$ kJ		c) $W = 8{,}58$ kJ
	$\Delta W_{pot} = -170$ kJ	2-53.	$F = 491$ kJ
2-27.	$v = 22{,}1$ m/s	2-54.	$m = 134{,}9$ kg
	$v_2 = 14{,}0$ m/s		$\varepsilon = 0{,}21$ %
	$s = 200$ m		$\sigma = 441$ N/mm^2
2-28.	$s = 20{,}8$ cm	2-55.	$F = 1{,}44$ kN
2-29.	a) $W = 464{,}3$ kJ	2-56.	$h = 1192$ m
	b) $P = 11{,}6$ kW	2-57.	$p_e = 10{,}1$ MPa
	c) $\eta = 80{,}0$ %	2-58.	$F = 1{,}10$ MN
2-30.	$P = 50{,}1$ kW	2-59.	$F_A = 510$ N
2-31.	$F_m = 48{,}2$ N	2-60.	m(Last) $= 305$ kg
2-32.	$v = 1{,}104$ m/s	2-61.	$W_{Hub} = 15{,}5$ kN
2-33.	$v_e = 37{,}6$ m/s		$p = 259$ kPa
	$= 135$ km/h		$F = 127$ N
2-34.	$W = 74{,}7$ kW	2-62.	$h = 1466$ m
2-35.	a) $F_r/F_R = 6{,}00$	2-63.	$p = 49{,}5$ bar
	b) $s_R/s_r = 8{,}00$	2-64.	$p = 3{,}03$ bar
	c) $\eta = 0{,}75 = 75$ %	2-65.	$t = 5{,}9$ s
2-36.	$v_2 = 0{,}60$ m/s		$s = 164$ m
2-37.	$v = 817$ m/s		$F_T = 341$ N
2-38.	$v = 11{,}7$ km/h	2-66.	$F_{RF} = 1{,}89$ kN
	$a = -16{,}6°$		$W = 472$ kJ

2-67. $F_R = 1251$ N
$W_R = 31{,}3$ kJ
$F_{Zug} = 1527$ N
2-68. $F_R = 21{,}8$ N
$W_R = 185{,}3$ N
$F_{Zug} = 22{,}1$ N
$W_H = 115{,}1$ N
2-69. a) $s = 278$ m
b) $a = 0{,}89$ m/s²
c) $W_B = 904$ kJ
d) $F_{R,rel} = 0{,}36$ %
2-70. $v = 24{,}6$ m/s
$= 88{,}4$ km/h
$W_{ab} = 60{,}6$ kJ
$h = 5{,}3$ m
2-71. $F = 70{,}0$ kN
$W = 7{,}00$ kJ
$h = 476$ m
$v = 96{,}6$ m/s
2-72. $P = 24{,}3$ kW

2-73. $\eta = 0{,}67 = 67$ %
2-74. $d = 328$ m
2-75. $M = 2{,}11$ N m
$W_{rot} = 7{,}43$ kJ
2-76. $V = 152$ L
2-77. $\dot{V} = 32{,}6$ m³/h
2-78. $v = 1{,}06$ m/s
2-79. $A_2 = 7{,}5$ cm²
2-80. $v = 7{,}8$ m/s
2-81. $\rho_{Gas} = 2{,}00$ kg/m³
2-82. $p_{stat,2} = 10{,}4$ kPa
2-83. $v = 2{,}6$ m/s
2-84. $v = 26{,}5$ m/s
$h = 35{,}7$ m
$h = 29{,}2$ m
$s = 61{,}8$ m
2-85. $v = 29{,}1$ m/s
2-86. $\rho_{Fl} = 1593$ kg/m³
2-87. $v = 34{,}7$ m/s

Register

Absolutdruck 284
Adhäsionskraft 225
Aerostatik 281 ff
Ampere 15 f
Angström 11
Ar 22
Aräometer 269
Arbeit 306 ff, 361
- als Vektor 307
- bei der Rotation 369
- Beschleunigungsarbeit 315 f
- Dehnungsarbeit 313
- Huharbeit 310
- Reibungsarbeit 312 f
- Rotationsarbeit 369
- Spannarbeit 313
Atmosphärendruck 284
Aufdruckkraft 241, 245 f
Auftrieb 246
Auftriebskraft 246 ff
Ausfluß aus Gefäßen 392 ff
Ausflußzahl 392 f
Ausströmgeschwindigkeit 392

Barometrische Höhenformel 282
Basisdimension 2
Basiseinheit 4
Basisgröße 1
- Rechnen mit Basisgrößen 10 ff
Beharrungsvermögen 294
Beschleunigung 116 ff, 121
- augenblickliche 143 f
- Berechnung 138 ff
- Winkelbeschleunigung 156
Beschleunigungsarbeit 315 f, 319
Beschleunigungsleistung 336
Bewegung
- auf gekrümmter Bahn 176 ff
- Drehbewegung 155 ff
- fortschreitende 117, 294
- - gleichförmige 118
- - gleichmäßig beschleunigte 120 ff
- - ungleichmäßig beschleunigte 141 ff
- - zusammengesetzte 147 ff
Bewegungsarten 155 ff, 294 ff
- Rotation 155 ff, 294
- - gleichförmige 155

- - gleichmäßig beschleunigte 155
- - ungleichmäßig beschleunigte 155
- Translation 117 ff, 294 ff
- - gleichförmige 118 ff
- - gleichmäßig beschleunigte 120 ff
- - - Sonderfälle 144 ff
- - ungleichmäßig beschleunigte 141 ff
Bewegungsenergie 317, 361
Bewegungsgesetze 294
- 1. Bewegungsgesetz von Newton 294
- 2. Bewegungsgesetz von Newton 294
Bewegungslehre 113
Bodendruckkraft 241 ff
Boyle-Mariotte 286
Bruchgrenze 226, 228

Celsiustemperatur 17

Dehnung 227, 229 ff
Dehnungsarbeit 313 f
Dehnungszahl 227, 234 ff
Dezimeter 10
Dichte 90 ff
- Bestimmung 94 ff, 264 ff
- - mit dem Pyknometer 94 ff
- - mit der hydrostatische Waage 264 ff
- - mit der Mohrschen Waage 268 f
- Rohdichte 98
- Rüttdichte 98 ff
- Schüttdichte 98 ff
- von Gasen 99
- - im Normzustand 99
- - bei konstanter Temperatur 290 ff
Differenzdruck 285
Differentialflaschenzug 207
Dimension 2
Drehachse 361 ff
- Hauptträgheitsachse 362 ff
- parallele 362
Drehbewegung 155 ff, 294
Drehmoment 188 ff, 361, 366 ff
- Gesamtdrehmoment 190
Drehwinkel 155f, 157ff, 361
Drehimpuls 361
Drehzahl 156, 159
Dreieck 27 ff
- gleichschenkliges 32

Dreieck, gleichseitiges 34
- rechtwinkliges 30
Druck 220 f
- atmosphärischer 284
- dynamischer 386
- hydrostatischer 239
- statischer 386
- in strömenden Medien 386
- - Staudruck 386
- Schweredruck 220
- von Gasen 286
- - bei konstanter Temperatur 286, 291
Druckausbreitung in Flüssigkeiten 271 ff
Druckdifferenz 284, 285
Durchfluß durch Röhren 382 f
Dynamik 113, 294 ff
- fester Körper 294 ff
- strömender Flüssigkeiten 380 ff
Dynamischer Druck 386 ff
Dynamisches Grundgesetz 295

Einheit 2, 4
Einheitengleichung 6 f
Einheitensystem 2
- internationales 2
Elastizität 226
Elastizitätsgrenze 226
Elastizitätskonstante 226
Elastizitätsmodul 227
Energie 306, 317 ff
- der Bewegung 317, 319 f
- der Lage 317 ff
- kinetische 317, 319 f
- potentielle 317
- Rotationsenergie 369 f
Energiezustand 1
Erdbeschleunigung 297
- Normalerdbeschleunigung 297

Fahrenheit 17
Fahrwiderstand 305
Fahrwiderstandszahl 305
Faktorenflaschenzug 201 f
Fall
- freier 144 ff
Fallbeschleunigung 297
Federkonstante 226 ff
Federkraft 226
Festigkeit 225
- statische 228
Fläche 22
- regelmäßige, geometrische 27 ff

Flaschenzüge 201 ff
- Differentialflaschenzug 207
- Faktorenflaschenzug 201 f
- Potenzflaschenzug 205
Flüssigkeiten
- reibungsfreie (ideale) 380
- stationäre 389
Flüssigkeitsdruck 239
Flüssigkeitspresse 271 ff

Gasdruck 281
Gase 281 ff
- allgemeine Zustandsgleichung 281
- Druck in Gasen 281 ff
- Schweredruck 281
- Statik von Gasen 281 ff
Geschwindigkeit 113 ff
- als Zeitintegral 144
- Anfangsgeschwindigkeit 125 f
- augenblickliche 142
- Endgeschwindigkeit 125 f
- mittlere 122 f
- Winkelgeschwindigkeit 156, 162 f, 165
Gesamtdrehmoment 190
Gesetz
- von Bernoulli 389
- von Boyle-Mariotte 286 ff
- von der Erhaltung des Impulses 346
- von der Erhaltung der Masse 321
- von Pascal 238
Gewichtskraft 296
Gleichgewicht 181
- am Hebel 192
- labiles 218
- stabiles 218
Gleichgewichtsbedingungen 191
Gleichgewichtslehre 181 ff
Gleichungen
- Einheitengleichung 6 f
- Größengleichung 5 f
- physikalische Gleichungen 5 f
- Zahlenwertgleichung 7 f
Gleitreibungskraft 303
Goldene Regel der Mechanik 192, 272
Gramm 13
- Mikrogramm 13
- Milligramm 13
Größe 1
- abgeleitete 1
- physikalische 1
- vektorielle 181
Größengleichung 5 f

Größensymbol 2
Größenwert 2

Härte 225
Hangabtriebskraft 213, 301
Hauptträgheitsachse 362 f
Hebel 192
- einseitiger 192
- zweiseitiger 192
Hebelgesetz 192 f
Hektar 22
Höhenformel, barometrische 282
Hohlzylinder 72 ff
Hookesches Gesetz 226
Hubarbeit 310 ff, 318
Hubleistung 332 ff
Hydraulische Presse 271 ff
Hydrodynamik 380 ff
Hydrostatik 238 ff
Hydrostatischer Druck 239 ff, 389
Hydrostatisches Paradoxon 239
Hydrostatische Waage 264 ff

Impuls 343, 346
Impulsänderung 344 f
Impulserhaltung 346
Impulssatz 343
Isotherme 287

Jahr 14
Joule 307

Kapillarität 239, 275 ff
Keil 216 f
Kelvin 16
Kilogramm 13
Kilometer 10
Kinematik 113
Kinetik 113
Kinetische Energie 317, 319 ff
Kippmoment 218
Körper
- plastische 226
- regelmäßige, geometrische 62 ff
- schwimmende 249 ff
Kohäsionskraft 225
Kommunizierende Gefäße 269 f
Kräfte 182 ff
- bei der Translation 294 ff
- - hemmende Kräfte 298
- - Trägheitskräfte 298 ff
- bei der Rotation 348 ff
- - Trägheitskräfte 350 ff
- - Zentrifugalkraft 350 ff

- - Zentripetalkraft 348 f
- Gewichtskraft 295
- Gleitreibungsraft 303
- Haftreibungskraft 303
- Hangabtriebskraft 213, 301
- mit gemeinsamem Angriffspunkt 183
- mit gleicher Wirkungslinie 182
- mit verschiedenem Angriffspunkt 185
- Normalkraft 213 ff, 300 ff
- parallele 186
- Reibungskraft 300 ff
- Rollreibungskraft 303
- Zerlegen von Kräften 186 f
- Zusammensetzen von Kräften 182
Kräfteparallelogramm 183 f
Kräftepolygon 185
Kraft 181, 298
- Angriffspunkt 183
- Bestimmungsstücke 181
- Darstellung 181
- Ersatzkraft 182
- Hangabtriebskraft 213
- Krafteck 185
- Normalkraft 213
- resultierende 182
- Richtung 181
- Wirkungslinie 181
- Zerlegung in Komponenten 187
Kraftstoß 344 f
Kraftwirkungsgesetz 295
Kreis 47 ff
- Halbkreis 51 ff
- Kreisring 55 ff
Kubikkilometer 25
Kubikmeter 25
Kubikmillimeter 25
Kubikzentimeter 25
Kugel 81 ff
- Halbkugel 84 ff

Länge 10 ff
Längeneinheiten 10 f
Landmeile 11
Leistung 306 ff, 328 ff, 361
- augenblickliche 330
- Beschleunigungsleistung 336
- Hubleistung 332 ff
- Rotationsleistung 372
Lichtstärke 20
Liter 25
Luftdruck 281

Maschinen 192 ff
- einfache 192 ff
- - feste Rolle 197 f
- - lose Rolle 198 f
- - Flaschenzüge 201 ff
- - - Faktorenflaschenzug 201 f
- - - Differentialflaschenzug 207
- - - Faktorenflaschenzug 201 f
- - - Potenzflaschenzug 205
- - Schiefe Ebene 213
- - Seilwinde 210 f
- - Wellrad 210 f
Masse 13 f
Massenträgheitsmoment 360 ff
Massestrom 381
Mechanik 113 ff
- goldene Regel 192, 272
Meßwert 2
- Bedeutung von Meßwerten 8 f
Meter 10
Mikrogramm 13
Mikroliter 25
Mikrometer 10
Milligramm 13
Milliliter 25
Millimeter 10
Minute 14
Mohrsche Waage 268
Mol 18f
Momentensatz 190

Nanometer 10
Naturwissenschaft 1
- exakte 1
Newton 181, 295
Newton, Isaac 294
Newtonmeter 188, 307
Newtonsekunde 344
Normalerdbeschleunigung 297
Normalkraft 213 ff, 300

Oberflächenspannung 239, 275 ff

Parallelogramm 43
Pascal 221, 227 f
- Gesetz von Pascal 238
Periodendauer 161
Physik 1
Pikometer 10
Plastizität 226
Potentielle Energie 317 ff
Potenzflaschenzug 205
Prinzip von Archimedes 246

Pythagoras 30
- Satz von Pythagoras 30 f

Quader 64 ff
Quadrat 22, 37, 39 ff
Quadratdezimeter 22
Quadratkilometer 22
Quadratmeter 22
Quadratmillimeter 22
Quadratzentimeter 22

Radiant 157
Reaumur 17
Rechteck 37
Reibungsarbeit 312 f
Reibungskraft 300 ff
- Fahrwiderstand 305
- Gleitreibungskraft 303
- Haftreibungskraft 303
- Rollreibungskraft 303
Reibungszahl 300
Resultante 182
Resultierende 182
Rohdichte 98
Rohr 77 ff
Rolle 197 ff
- feste 197
- lose 198 f
Rollreibungskraft 303
Rotation 155 ff, 294
- gleichförmige 155
- gleichmäßig beschleunigte 155
- ungleichmäßig beschleunigte 155
Rotationsarten 156
Rotationsarbeit 370
Rotationsenergie 369 f
Rotationsleistung 372
Rotationsvorgänge 156 ff
Rüttdichte 98 ff

Schiefe Ebene 213
Schüttdichte 98 ff
Schwerebeschleunigung 297
Schweredruck 220 ff
Schwerkraft 296
Schwerpunkt 218
Seemeile 11
Seitendruckkraft 241, 243 ff
Seilwinde 210 f
Sekunde 14
- Millisekunde 14
SI (Systeme international) 2
Spannarbeit 313 f

Spannung 227 ff
- mechanische 227
- zulässige 228
Spindel 269
Staudruck 386
Standfestigkeit 218 f
Standmoment 218
Statik 113, 181 ff, 225 ff
- von festen Körpern 181 ff
- von elastischen Körpern 225 ff
- von Gasen 281
- Flüssigkeiten 238 ff
Statischer Druck 386, 389
Stoffmenge 18
Stoß 343
Strömungsgeschwindigkeit 384
Strömungsgesetz 389
Stromstärke
- elektrische 15
Stunde 14

Tag 14
Temperatur
- Celsiustemperatur 17
- Fahrenheittemperatur 17
- Reaumurtemperatur 17
- thermodynamische 16ff
Tonne 13
Toricelli, Evangelista 393
Trägheit 294
Trägheitsgesetz 294
Trägheitskräfte
- bei der Translation 298 ff
Trägheitskraft 298 ff
Translation 117 ff, 294 ff
- gleichförmige 118 ff
- gleichmäßig beschleunigte 120 ff
- - Sonderfälle 144 ff
- ungleichmäßig beschleunigte 141 ff
Trapez 44 f

Überdruck 284
Umfangsbeschleunigung 174 ff
Umfangsbewegung 168
Umfangsgeschwindigkeit 171 ff
Umlauffrequenz 159ff
Umlaufzeit 156
Unterdruck 285

Verbundene Gefäße 269 f
Vektor 181, 188
- axialer 188
- linienflüchiger 181
Volumen 25 ff
- von Gasen 286
- - bei konstanter Temperatur 290
- - bei konstanter Temperatur 286
Volumenstrom 380, 383 f
Vorsätze 7

Watt 329
Wattsekunde 307
Weg
- als Zeitintegral 142
- zurückgelegter 129 ff
Wellrad 210 f
Winkel 156
Winkelbeschleunigung 156, 166 ff, 360 ff
Winkelgeschwindigkeit 156, 162 f, 165
Wirkungsgrad 306, 337 ff
Wirkungslinie 181
Würfel 62 ff
Wurf
- schräger 149, 151 ff
- senkrechter, nach oben 145
- senkrechter, nach unten 145
- waagrechter 149
Wurfhöhe 153
Wurfweite 153
Wurfzeit 153

Yard 11

Zahlenwert 2
Zahlenwertgleichung 7 f
Zeit 14f
- benötigte 133 ff
Zentimeter 10
Zentralbeschleunigung 176 ff, 348
Zentrifugalkraft 350 ff
Zentripetalkraft 348 f
Zustandsgleichung der Gase 281
Zustandsvariable 281
Zylinder 67 ff